"十二五"职业教育国家规划教材

经全国职业教育教材审定委员会审定

网络服务器配置与管理

主　编　刘晓川　段　红

副主编　朱晓彦　张　磊

中国铁道出版社有限公司

CHINA RAILWAY PUBLISHING HOUSE CO., LTD.

内容简介

本书是“教学做一体化”教学改革的产物，编者均为高职院校网络专业一线教师、企业工程师。

本书基于 Windows Server 2012 R2 全面深入地阐述了主流网络服务器的配置与管理，内容涉及 DHCP 服务、DNS 服务、Web 服务、FTP 服务、电子邮件服务、流媒体服务、NAT 与 VPN 服务、CA 证书服务、SSL/TLS 与 HTTPS、Hyper-V 虚拟化等。

本书以项目引导、任务驱动方式组织理论知识与实践技能训练，结构清晰、内容详尽、实用性强，适合作为高职院校计算机网络类专业的教材，也可作为网络管理员及网络爱好者的培训教材或技术参考书。

图书在版编目（CIP）数据

网络服务器配置与管理/刘晓川，段红主编.—3 版.—北京：中国铁道出版社有限公司, 2021.1（2024.11重印）

“十二五”职业教育国家规划教材

ISBN 978-7-113-27366-8

I.① 网… II.① 刘… ② 段… III.① 网络服务器-高等职业教育-教材 IV.① TP368.5

中国版本图书馆 CIP 数据核字(2020)第 207267 号

书　　名：网络服务器配置与管理

作　　者：刘晓川　段　红

策　　划：翟玉峰　　　　**编辑部电话**：（010）51873135

责任编辑：翟玉峰　贾淑媛

封面设计：刘　颖

责任校对：张玉华

责任印制：赵星辰

出版发行：中国铁道出版社有限公司（100054，北京市西城区右安门西街 8 号）

网　　址：https:// www.tdpress.com/51eds

印　　刷：三河市兴达印务有限公司

版　　次：2011 年 3 月第 1 版　2021 年 1 月第 3 版　2024 年 11 月第 3 次印刷

开　　本：787 mm×1 092 mm 1/16　**印张**：19.75　**字数**：476 千

书　　号：ISBN 978-7-113-27366-8

定　　价：52.00 元

前言

Windows Server 2012 是微软成熟的服务器操作系统，具有部署各种网络服务器的强大功能。本书以 Windows Server 2012 R2 为平台，对网络基本架构的实现与管理做了较为详细的阐述，内容主要包括 TCP/IP 协议组及部署网络连接、使用 DHCP 分配 IP 地址、解析 DNS 主机名称、配置与管理 Web 网站、配置与管理 FTP 服务、架设电子邮件服务器、配置与管理流媒体服务、架设 NAT 服务器与 VPN 服务器、使用证书服务保护网络通信、使用 SSL/TLS 安全连接网站、Hyper-V 虚拟化等 11 个项目。

党的二十大提出“加快建设教育强国、科技强国、人才强国，坚持为党育人、为国育才，全面提高人才自主培养质量，着力造就拔尖创新人才，聚天下英才而用之”。要培养造就大批德才兼备的高素质人才，培养造就更多高技能人才，在产学研深度融合基础上，通过真实的企业网络项目构建与组织内容，以具体任务完成实践操作，每个任务基于工作过程组织知识点与技能点，最终实现基于 Windows Server 2012 R2 操作系统的网络基本架构与管理的能力。

本书内容详尽、结构清晰、通俗易懂，最突出的特点是：融理论于工作任务过程之中，以真实企业网络项目形成教学案例，层次递进地完成理论学习与实践能力的培养。

本书由安徽职业技术学院刘晓川教授和安徽省教育科学研究院职业与成人教育研究部教研员段红老师任主编，安徽工业经济职业技术学院朱晓彦老师和安徽工商职业学院张磊老师任副主编，安徽职业技术学院胡春雷老师参与编写。全书编写分工如下：刘晓川编写项目 1 和项目 3，段红编写项目 5，朱晓彦编写项目 6～项目 8，张磊编写项目 9～项目 11，胡春雷编写项目 2 和项目 4。全书由段红统稿，刘晓川审稿。

本书对应的课程是计算机网络专业的核心课程，是形成网络系统管理能力的必修课程。为了突出职业能力的培养，基于工作任务的项目课程最适合开展“教学做一体化”教学。本书参考学时为 76 学时，各项目的参考学时参见下表。

项目序号	项目名称	参考学时
项目 1	TCP/IP 协议组及部署网络连接	4
项目 2	使用 DHCP 分配 IP 地址	10
项目 3	解析 DNS 主机名称	10
项目 4	配置与管理 Web 网站	8
项目 5	配置与管理 FTP 服务	8
项目 6	架设电子邮件服务器	8
项目 7	配置与管理流媒体服务	6
项目 8	架设 NAT 服务器与 VPN 服务器	6
项目 9	使用证书服务保护网络通信	8
项目 10	使用 SSL/TLS 安全连接网站	4
项目 11	Hyper-V 虚拟化	4
合计		76

在本书编写的过程中，编者参考了大量相关文献和网站资料，在此向这些文献的作者和网站管理者深表感谢。安徽迅时网络科技有限公司李常亮总经理、安徽企想科技有限公司庞远彬总经理在教学情境设计、教材内容选取上给予了帮助和技术指导，在此也一并表示感谢。由于编者水平有限，书中难免存在不足之处，恳请广大专家、读者批评指正，您的鞭策将使我们更努力地做好编写工作，从而促进本书更加完善。

本书配套有MOOC教学资源，访问方式为：在学银在线平台（http://www.xueyinonline.com）搜索：网络服务器配置与管理、刘晓川，或者访问网址：http://www.xueyinonline.com/detail/211653893即可访问、报名学习“网络服务器配置与管理”课程的相关内容。为了适应模块化、项目式教学模式需要，提供活页式项目实训工单，实训工单以Windows Server 2012 R2为平台，并兼顾Windows Server新版本的功能与使用技能，需要的读者请与出版社联系：http://www.tdpress.com/51eds/。

编　者

2022年12月

目 录

项目1

TCP/IP协议组及部署网络连接

学习情境

网坚信息技术有限责任公司是一家中外合资企业，主要从事网络软件开发和系统集成业务。公司总部在北京，有若干子公司分布于其他主要城市，每个子公司都独立构成子网。

公司的区域网络分配了172.16.28.0/24的地址空间，该区域网络中有行政部门、财务部门、产品研发部门、软件开发部门、销售部门、技术部门、信息中心等部门。公司申请了Internet域名，wjnet.com是公司注册的域名。

公司网络中客户端均使用Windows 10操作系统，网络应用服务器使用Windows Server 2012操作系统进行配置与管理，网络通信基于TCP/IP实现。

TCP/IP是目前最完整并被广泛支持的通信协议组，使用该协议可以在不同网络结构、不同操作系统的计算机之间进行相互通信。理解TCP/IP协议组，并能够正确、合理地配置网络中各主机的TCP/IP参数，有助于确定网络上的主机是否能够和网络上的其他主机进行通信，这是执行常见网络管理任务所必须具备的基本知识。本项目主要包括以下任务：

- 了解网络体系结构。
- 部署网络连接。

任务1　了解网络体系结构

任务描述

Windows Server 2012的网络功能提供了各种不同的网络解决方案，使网络管理员可以方便地创建各种不同的网络环境。在实现这些网络解决方案之前，熟悉网络体系结构及相关协议体系是必要的。通过本次任务的学习主要掌握：

- OSI参考模型及各层次的功能。
- TCP/IP网络模型和协议体系。

任务分析

为了能够使分布在不同地理位置且功能相对独立的计算机之间组成网络以实现资源共享及通信，计算机网络系统需要设计和解决许多复杂的问题，包括信号传输、差错控制、寻址、数据交换和提供用户接口等一系列问题。计算机网络体系结构是为了简化这些问题的研究、设计与实现而抽象出来的一种结构模型。这种结构模型，一般采用层次模型。在层次模型中，往往将系统所要实现的复杂功能分解为若干个相对简单的细小功能，每一项分功能以相对独立的方式去实现。

在计算机网络系统中，为了保证通信双方能正确地、自动地进行数据通信，针对通信过程的各种情况，制定了一组约定，两个通信对象在进行通信时，须遵从这组约定和规则，这些约定和规则即为网络协议。

本任务主要包括以下知识点与技能点：

- OSI 参考模型及各层的功能。
- TCP/IP 模型各层的主要协议及功能。
- TCP/IP 协议组的体系结构。

任务实施

1. 理解 OSI 参考模型

（1）OSI 参考模型的体系结构

为了促进异种机互联网络的研究和发展，20 世纪 70 年代后期，国际标准化组织（International Organization for Standardization，ISO）制定了 OSI（Open System Interconnection，开放系统互连）参考模型。OSI 参考模型是一种描述网络通信的体系结构模型，用来对通过网络进行通信的计算机的服务等级和交互类型进行标准化。

OSI 参考模型将整个通信系统划分为 7 个协议层，由下到上分别为物理层（Physical Layer）、数据链路层（Data Link Layer）、网络层（Network Layer）、传输层（Transport Layer）、会话层（Session Layer）、表示层（Presentation Layer）和应用层（Application Layer），如图 1-1 所示。

OSI 参考模型的底层（1～3 层）负责在网络中进行数据传输，常常又把它们称为“介质层”，OSI 参考模型的高层（4～7 层）在下 3 层进行数据传输的基础上，保证数据传输的可靠性，它们又常常被称为“主机层”。当接收数据时，数据自下而上传输；当发送数据时，数据自上而下传输。

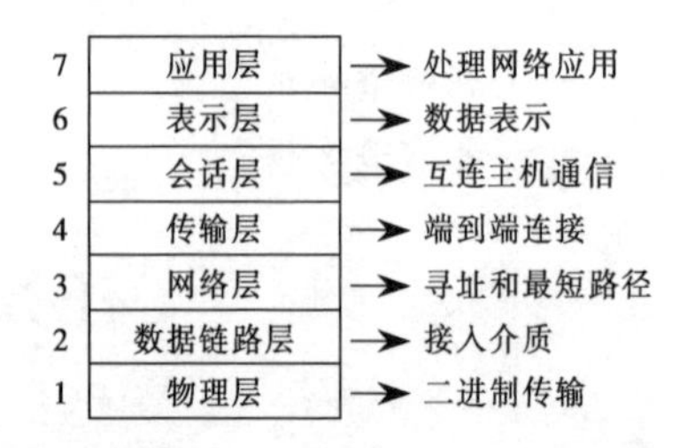

图 1-1 OSI 参考模型

（2）OSI 参考模型各层的功能

OSI 参考模型每一层都代表了不同的网络功能，各层的功能如表 1-1 所示。

表 1-1 OSI 参考模型各层的功能

层	功 能
应用层	应用层提供应用进程进入 OSI 环境的手段，负责管理和执行应用程序
表示层	表示层在两个通信实体之间的信息传送过程中负责数据的表示语法，其目的是解决数据格式和数据表示的差别
会话层	会话层提供应用进程间会话控制的机制。它负责在两个应用层实体之间建立一次连接，即会话，并组织和同步该会话，为管理该会话的数据交换提供必要的手段，如会话双方的资格审查和验证、会话方向的交替管理、故障点定位及恢复等
传输层	传输层负责提供在不同系统的进程间进行数据交换的可靠服务，在网络内两实体间建立端到端通信信道，用以传输信息。传输层是面向应用的高层和与网络有关的下层协议之间的接口，它为会话层提供与网络类型无关的可靠传送机制，对会话层屏蔽了下层网络的细节操作

续表

层	功　　能
网络层	网络层负责传输具有地址标识和网络层协议信息的格式化信息组，即数据包或分组，并负责数据包传输的路径选择和拥塞控制。它为传输层提供数据包传输服务，使得传输实体无须知道任何数据传输和用于连接系统的技术细节
数据链路层	数据链路层在物理层提供的比特流服务基础上，建立两个结点之间的数据链路，传输按一定格式组织起来的位组合，即数据帧；同时为网络层提供信息传送机制，将数据包封装成适合于正确传输的帧形式
物理层	物理层通过定义机械特性、电气特性、功能特性和过程特性，在两个结点之间建立、维持和拆除物理连接，为数据链路层提供传输比特流的途径

2. 理解 TCP/IP 协议组

（1）TCP/IP 协议组的体系结构

OSI 参考模型只是一个理论上的模型，在实际应用中一直未能实现，但是 OSI 参考模型为人们考查其他协议各部分之间的工作方式提供了框架和评估基础。以 OSI 参考模型为框架的 TCP/IP 协议组得到了广泛的实际应用。

TCP/IP 协议组是由美国国防部高级研究计划局（DARPA）开发，在 ARPANET 上采用的一个协议组，后来随着 ARPANET 发展成为 Internet，TCP/IP 也就成了事实上的工业标准。TCP/IP 实际上是由以传输控制协议（TCP）和网际协议（IP）为代表的许多协议组成的协议组，简称 TCP/IP。

TCP/IP 协议组的协议栈紧密地映射到 OSI 参考模型的底层，在 OSI 参考模型中的主要应用是在传输层和应用层上。TCP/IP 支持所有的、标准物理和数据链路协议。TCP/IP 网络模型将整个通信系统划分为 4 层，由下到上依次为网络接口层（Network Interface Layer）、网际层（Internet Layer）、传输层（Transport Layer）和应用层（Application Layer）。TCP/IP 参考模型对应 OSI 参考模型的层次关系如图 1-2 所示。

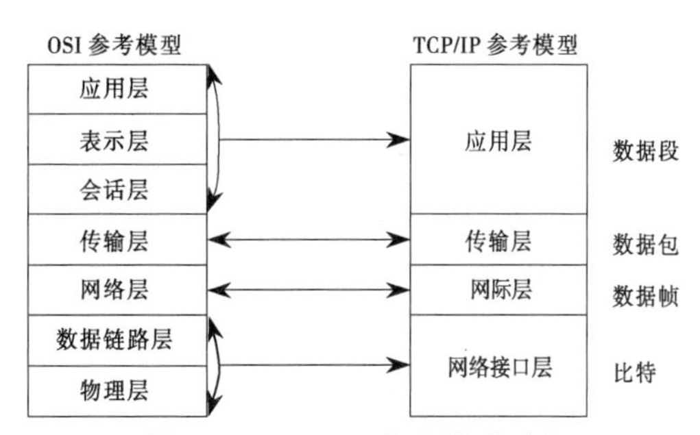

图 1-2　TCP/IP 参考模型对应 OSI 参考模型的层次关系

TCP/IP 参考模型的 4 层结构可以实现 OSI 参考模型的 7 层所定义的功能，其各层功能如表 1-2 所示。

表 1-2　TCP/IP 体系结构各层功能

层	功　　能
应用层	应用层提供了网络上计算机之间的各种应用服务，如 HTTP（超文本传输协议）、FTP（文件传输协议）、SMTP（简单邮件传输协议）和 Telnet（远程登录协议）等
传输层	传输层主要为两台主机上的应用程序提供端到端的数据通信，通过两个不同的协议分别提供高可靠性的和不可靠的通信服务
网际层	网际层负责处理数据包或分组在网络中的活动。该层是网络互连的基础，提供了无连接的数据包或分组交换服务，是对大多数数据包或分组交换网所提供服务的抽象。网际层的任务是允许主机将数据包或分组发送到网络中，并让每个数据包或分组独立地到达目的地
网络接口层	网络接口层是 TCP/IP 参考模型的最低层，该层定义了各种网络标准，如以太网、FDDI、ATM 和令牌环，并负责从上层接收 IP 数据包，并把 IP 数据进一步处理成数据帧发送出去，或从网络上接收物理帧，解开数据帧，抽出 IP 数据包，并把数据包交给网际协议层

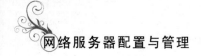

（2）TCP/IP 体系结构

TCP/IP 体系结构在各个层次中分别定义了可以实现网络通信过程中不同功能的网络协议，这些协议互相结合，共同完成网络通信。

① 应用层：应用层提供使应用程序能够访问网络资源的服务和实用程序。该层提供的实现与其他网络主机相连或者通信的协议如表 1-3 所示。

表 1-3　TCP/IP 体系结构应用层协议

协　议	描　述
HTTP	超文本传输协议，实现在 Web 浏览器和 Web 服务器之间的客户端/服务器交互过程
FTP	文件传输协议，实现文件传输和远程计算机上的基本文件管理服务
SMTP	简单邮件传输协议，实现在服务器间或从客户端到服务器端传输电子邮件服务
DNS	域名解析系统，将 Internet 主机名解析成可供网络实现通信的 IP 地址
RIP	路由信息协议，使路由器可以实现接收来自网络上其他路由器的信息
SNMP	简单网络管理协议，使用户能够收集关于网络设备的信息，如路由器、网桥等

② 传输层：传输层的服务允许用户按照传输层的数据格式分段，以及封装应用层传送过来的数据。该层为数据通信提供了端到端的传输服务，在发送主机与接收主机之间建立一个端到端的逻辑连接。该层提供的协议如表 1-4 所示。

表 1-4　TCP/IP 体系结构传输层协议

协　议	描　述
TCP	传输控制协议。TCP 是一个可靠的、面向连接的协议，该协议允许 Internet 上两台主机之间信息的无差错传输。TCP 还进行必要的流量控制，以避免发送过快而造成网络拥塞
UDP	用户数据报协议。UDP 是一个不可靠的、无连接的协议，该协议不管发送的数据是否到达目的主机，不论数据是否出错，收到数据包的主机都不会返回发送方是否正确地收到了数据消息，UDP 的可靠性是由应用层协议来保障的。应用程序使用 UDP 可以更快地通信，所需的开销也比使用 TCP 要少，使用 UDP 时，应用程序一般每次只传送少量的数据

③ 网际层：网际层协议将传输层的数据封装成数据包，给它们分配地址，并且把它们路由到目的地。该层提供的协议如表 1-5 所示。

表 1-5　TCP/IP 体系结构网际层协议

协　议	描　述
IP	网际协议。IP 是将数据包从一台主机传送到另一台主机的传递机制，主要包括三大功能：选择路由、无连接并且不可靠的传递服务和数据分段与分组
ARP	地址解析协议。根据 IP 地址，获取同一物理网络上的主机的硬件地址
RARP	反向地址转换协议。RARP 的功能与 ARP 正好相反，它将已知的物理地址解析为 IP 地址
ICMP	Internet 控制消息协议。负责发送消息并且报告与数据包传输相关的错误。常用的 ping 命令就是使用了 ICMP

④ 网络接口层：网络接口层规定了发送和接收数据包的要求，负责在物理网络保存数据并接收来自物理网络的数据。该层可以使用 OSI 参考模型中的物理层和数据链路层定义的任何协议。

课堂练习

1. 练习场景

TCP/IP 体系结构在其各个层次中分别定义了可以实现网络通信过程中不同功能的网络协议，这些协议互相结合，共同完成网络通信。所以，熟悉各层中包含哪些协议是网络管理中非常重要的基础。

2. 练习目标

将 TCP/IP 协议组与 OSI 模型关联起来。

3. 练习的具体要求与步骤

将每个协议正确填写在相应的层中。

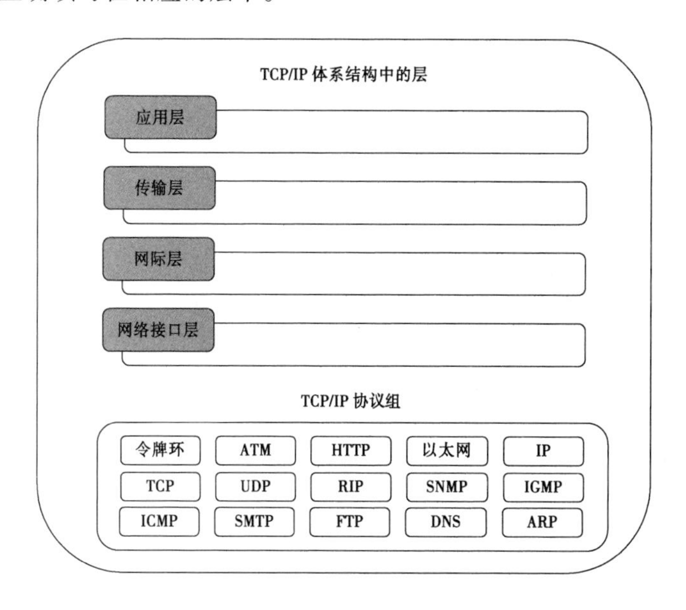

拓展与提高——了解 IPv6

1. IPv4 存在的不足

现行的 IPv4 自 1981 年 RFC 791 标准发布以来并没有多大的改变。事实证明，IPv4 具有相当旺盛的生命力，易于实现且互操作性良好，经受住了从早期小规模互联网络扩展到如今全球范围 Internet 应用的考验。所有这一切都应归功于 IPv4 最初的优良设计。但是，还是有一些发展是设计之初未曾预料到的，主要有如下几点：

① IPv4 地址空间面临枯竭。

② 主干网路由器路由表庞大，维护能力差。

③ 配置复杂。

④ IP 层安全性能差。

⑤ 服务质量差。

为了解决上述问题，Internet 工程任务组（IETF）开发了 IPv6。这一新版本，也曾被称为

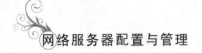

下一代 IP，综合了多个对 IPv4 进行升级的提案。在设计上，IPv6 力图避免增加太多的新特性，从而尽可能地减少对现有的高层和低层协议的影响。

2. IPv6 的新特性

IPv6 具有以下新特性：

（1）新的报头格式

IPv6 报头的设计原则是力图将报头开销降到最低，具体做法是将一些非关键性字段和可选字段移出报头，置于 IPv6 报头之后的扩展报头中。因此，尽管 IPv6 地址长度是 IPv4 的 4 倍，但报头仅为 IPv4 的 2 倍，改进后的 IPv6 报头在中转路由器中处理效率更高。由于两者的报头没有互操作性，且 IPv6 也并非是可向后兼容 IPv4 的功能扩展集，因此为了识别和处理这两种报头格式，必须在主机和路由器中分别实现 IPv4 和 IPv6。

（2）大型地址空间

IPv6 地址长度为 128 位（16 字节），即有 $2^{128}-1$ 个地址，这一地址空间是 IPv4 地址空间的 1×10^{28} 倍。IPv6 采用分级地址模式，支持从 Internet 核心主干网到企业内部子网等多级子网地址分配方式。在 IPv6 的庞大地址空间中，目前全球连网设备已分配掉的地址仅占其中极小一部分，有足够的余量可供未来的发展之用。同时，由于有充足可用的地址空间，NAT 之类的地址转换技术将不再需要。

（3）高效的层次寻址及路由结构

用于 Internet 的 IPv6 全局地址旨在创建有效的、分级的和摘要的路由基础结构，该结构为常见的多层次 Internet 服务提供商编址。在 IPv6 协议的 Internet 上，主干网路由器的路由表非常小，使得整个路由器的路由效率大大提高。

（4）全状态和无状态地址配置

为了简化主机配置，IPv6 支持全状态和无状态（Stateful and Stateless）两种地址配置方式。在 IPv4 中，动态主机配置协议（DHCP）实现了主机 IP 地址及其相关配置的自动设置，IPv6 继承 IPv4 的这种自动配置服务，并将其称为全状态自动配置（Stateful Autoconfiguration）。除了全状态自动配置，IPv6 还采用了一种被称为无状态自动配置（Stateless Autoconfiguration）的自动配置服务。在无状态自动配置过程中，在线主机自动获得本地路由器的地址前缀和链路局部地址以及相关配置。

（5）内置安全性

对 IPSec 安全协议的支持是 IPv6 协议套件所要求的。这种要求为网络安全的需求提供了基于标准的解决方案，并提高了不同 IPv6 实现之间的互操作性，使得 IPv6 协议下的 VPN 通信更加安全，效率更高。

（6）更好的 QoS（服务质量）支持

IPv6 报头的新字段定义了数据流如何识别和处理。IPv6 报头中的流标识（Flow Label）字段用于识别数据流身份，利用该字段，IPv6 允许终端用户对通信质量提出要求。路由器可以根据该字段标识出同属于某一特定数据流的所有包，并按需对这些包提供特定的处理。由于数据流身份信息包含在 IPv6 报头中，因此即使是经过 IPSec 加密的数据包也可以获得 QoS 支持。

（7）可扩展性

通过在 IPv6 报头后添加扩展报头，可以扩展 IPv6 来实现新功能。与 IPv4 报头不同，IPv6

扩展报头的大小只受 IPv6 数据包大小的限制。

3. IPv4 与 IPv6 的主要区别

IPv4 与 IPv6 的主要区别如表 1-6 所示。

表 1-6　IPv4 与 IPv6 的主要区别

IPv4	IPv6
地址长度 32 位	地址长度 128 位
IPSec 为可选扩展协议	IPSec 成为 IPv6 的组成部分，对 IPSec 的支持是必需的
包头中没有支持 QoS 的数据流识别项	包头中的流标识字段提供数据流识别功能，支持不同 QoS 要求
由路由器和发送主机两者完成分段	路由器不再做分段工作，分段仅由发送主机进行

任务 2　部署网络连接

任务描述

在运行 TCP/IP 协议组的网络中，IP 地址为计算机提供唯一的标识符，这使得运行任意操作系统的计算机在任意平台上能够互相通信。由于 IPv4 在设计时考虑得不完善，造成目前存在 IP 地址浪费与 IP 地址严重缺乏等问题，因此需要合理地构造 IP 地址，并将这些 IP 地址合理地分配给网络中的主机。通过本任务的学习主要掌握：

- 理解分类 IP 地址、子网掩码、网关的概念与表示方法。
- 掌握划分子网的方法。
- 理解 VLSM 与 CIDR。

任务分析

合理地构造与分配 IP 地址需要涉及 IP 地址、子网掩码和网关地址，同时针对 IPv4 存在的局限性，可以使用 VLSM 与 CIDR 等技术。本任务主要包括以下知识点与技能点：

- 分类 IP 地址及表示。
- 子网掩码。
- 使用子网掩码进行子网划分。
- 使用 VLSM 划分子网。
- 默认网关地址。
- 使用 CIDR 实现超网。

任务实施

1. 分配 IP 地址

IP 主要应用于 Internet 通信，目前使用的是 IPv4。在应用 TCP/IP 的网络环境中，要唯一确定一台主机的位置，必须为 TCP/IP 指定 3 个参数：IP 地址、子网掩码和网关地址。

（1）IP 地址的表示

IP 地址是一台计算机区别于网络中其他计算机（使用 TCP/IP 进行通信的各种网络设备）

的唯一标识，用来确定该计算机在网络中的位置。IP 地址由 32 位（bit）二进制数组成，为了便于阅读，将其分为 4 组，每组 8 位，并对应转换为十进制数，各组之间用小数点分隔，如 192.168.0.1。

IP 地址分为两部分：网络 ID 和主机 ID。其中，网络 ID 标识计算机所处的网段，主机 ID 标识同一个网段内的计算机及网络设备。

注意

IP 地址实际上是分配给网络接口，而不是分配给计算机的。如果计算机拥有一个以上的网络接口（例如两块网络接口卡，或一个网络接口卡和一个调制解调器），那么它的每个接口都必须拥有一个单独的 IP 地址。

（2）IP 地址的分类

IPv4 规定，IP 地址共有 A、B、C、D、E 这 5 种类型。IP 地址分类定义了可能存在的网络数以及每个网络中的主机数。

① A 类地址：A 类 IP 地址用第一个 8 位字节表示网络号，其中第一位固定为 0，可表示的网络号范围为 1～126；A 类 IP 地址用后 3 个 8 位字节表示主机号，共 24 位，每个网络可连接 16 777 214 台计算机。A 类地址格式如图 1-3 所示。

网络号	主机号	主机号	主机号
1～126	1～254	1～254	1～254

图 1-3　A 类 IP 地址格式

② B 类地址：B 类地址用前两个 8 位字节为网络号，第一个字节前两位固定为“10”；B 类地址用后两个 8 位字节说明主机号。

B 类地址是 Internet 的 IP 地址应用的重点，共可表示约 16 000 个 B 类网络，每个 B 类网络最多可连接 65 534 台计算机。B 类地址主要用于中型网络。

B 类地址格式如图 1-4 所示。

网络号	网络号	主机号	主机号
128～191	1～254	1～254	1～254

图 1-4　B 类 IP 地址格式

③ C 类地址：C 类地址用前 3 字节表示网络号，第一字节前三位固定为“110”；最后一个字节表示主机号。

C 类地址用于有较多网络但每个网络主机不太多的机构。每个 C 类网络最多可连接 254 台计算机。

C 类地址格式如图 1-5 所示。

网络号	网络号	网络号	主机号
192～223	1～254	1～254	1～254

图 1-5　C 类 IP 地址格式

④ D、E 类地址：D 类地址（224.0.0.1～239.255.255.255）称为多播地址，多播地址考虑一

个 IP 地址与超过一台的主机相联系。E 类地址用于扩展备用地址。

⑤ 私有 IP 地址：在 IP 地址中有些被归类为私有 IP 地址，在企业网络内部可以自行使用，而不需要申请。私有 IP 地址范围如表 1-7 所示。

表 1-7 私有 IP 地址

网 络 号	类 别	地 址 范 围
10.0.0.0	A 类	10.0.0.1～10.255.255.254
172.16.0.0	B 类	172.16.0.1～172.31.255.254
192.168.0.0	C 类	192.168.0.1～192.168.255.254

私有 IP 地址只能在企业的局域网内部使用，虽然它可以使局域网内计算机实现通信，但是无法与局域网外部的计算机直接进行通信。因此使用私有 IP 地址，计算机如果要与局域网外部的计算机进行通信，就必须使用 NAT（地址转换）等技术。其他不属于私有 IP 地址的 IP 地址称为公共 IP 地址，如 207.46.230.221。

（3）子网掩码

虽然人们用点分十进制格式书写 IP 地址（如 198.146.118.20），但是网络中看到的地址仍然是二进制数（如 11000110 10010010 01110110 00010100）。地址的哪部分是网络 ID、哪部分是主机 ID 呢？可以使用子网掩码分隔 IP 地址中的网络 ID 和主机 ID。子网掩码与 IP 地址一样，由 4 字节二进制数组成，其中 1 表示网络，0 表示主机。

默认情况下，A、B、C 三类网络的子网掩码如表 1-8 所示。

表 1-8 默认子网掩码

类 别	子网掩码类模式	默认子网掩码
A 类	11111111.00000000.00000000.00000000	255.0.0.0
B 类	11111111.11111111.00000000.00000000	255.255.0.0
C 类	11111111.11111111.11111111.00000000	255.255.255.0

（4）网关地址

网关位于网络层，当连接不同类型而协议差别又较大的网络时，要选用网关设备。网关将协议进行转换，将数据重新分组，以便在两个不同类型的网络系统之间进行通信。另外，将专用网络连接到公共网络的路由器也称为网关。网关在网络拓扑图中的位置如图 1-6 所示。

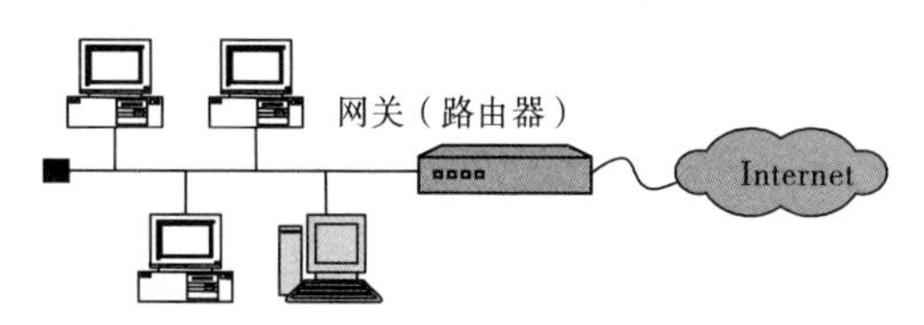

图 1-6 网关在网络拓扑图中的位置

对于特定的主机，与其位于同一网段的路由器的 IP 地址称为该主机的默认网关地址。主机发送到其他网段的所有信息都是通过默认网关路由的。

2. **划分子网**

用户可以通过使用物理设备（如路由器和网桥）添加网段来扩展网络。此外，还可以通过使用物理设备将网络分隔成较小的网段来提高网络效率。由路由器分隔的网段称为子网。

创建子网时，必须分隔子网上主机的网络 ID。把用于在 Internet 上通信的网络 ID 分隔成较小（根据指定的 IP 地址的数量）的子网网络 ID 的过程，称为对网络进行子网分隔。接下来，必须使用子网掩码来指定 IP 地址的哪个部分将作为子网的新网络 ID。

子网掩码的计算方法如下：

① 将要划分的子网数目转换为 2 的 *m* 次幂。例如要划分 8 个子网，则 $8=2^3$。如果恰好不是 2 的多少次幂，则采用取大原则，例如要划分 6 个子网，则同样考虑 2^3。

② 将上一步确定的幂 *m* 按高序（自左至右）占用主机地址 *m* 位后，转换为十进制数。例如，*m* 为 3 表示主机的高 3 位被划分为子网网络 ID，由于网络 ID 应全为 1，所以主机号对应的字段为“11100000”，转换为十进制数后为 224，这就是最终确定的子网掩码。如果是 C 类网，则子网掩码为 255.255.255.224；如果是 B 类网，则子网掩码为 255.255.224.0；如果是 A 类网，则子网掩码为 255.224.0.0。

3. 弥补 IPv4 的局限性

分类 IP 地址存在的主要局限性包括：B 类地址空间中可用地址已快用完、Internet 路由器的路由表几乎饱和、所有可用 IP 地址最终会全部用完。解决 IPv4 局限性的方法主要有：

- 使用私有网络（划分子网）。
- 使用非标准子网掩码（可变长度子网掩码——VLSM）。
- 使用超网（无类域间路由——CIDR）。

（1）使用 VLSM 分配 IP 地址

虽然子网掩码是对网络地址的有益补充，但还存在着一些缺陷，例如将一个 C 类地址划分成 6 个子网，每个子网可包含 30 台主机，大的子网利用了全部的 IP 地址，而小的子网却浪费了很多 IP 地址，为避免地址的浪费，可以使用可变长度子网掩码（Variable Length Subnet Mask，VLSM）技术。VLSM 用直观的方法在 IP 地址后面加上网络号及子网掩码比特数，如 192.168.10.0/27，前 27 位表示网络 ID 和子网 ID，即子网掩码长度为 27 位，主机地址长度为 5 位。

VLSM 提供了在一个主类（A、B、C 类）网络内包含多个子网掩码的能力，以及对一个子网再进行子网划分的能力。其优点是：

① 根据主机数目创建不同规模的子网。

② 减少大量不必要的 IP 地址浪费——如果不采用 VLSM，公司将被限制为在一个 A、B、C 类网络号内只能使用一个子网掩码。

③ 路由归纳的能力更强。

注意

子网化是对于“有限地址快速耗尽”这一棘手问题的理想解决办法。

【VLSM 举例】某公司有 5 个子公司，其中 3 个子公司有 60 台主机，2 个子公司有 30 台主机，公司 IP 地址是 200.102.34.0。分别写出 5 个子公司的网络地址范围和子网掩码。

【解】首先分成 4 个子网，前 3 个子网的地址范围和子网掩码为：

200.102.34.1～62/26

200.102.34.65～126/26

200.102.34.129～190/26

将第 4 个子网再划分为 2 个子网，地址范围和子网掩码分别为：

200.102.34.193～222/27

200.102.34.225～254/27

（2）使用 CIDR 实现超网技术

CIDR（Classless Inter-Domain Routing，无类域间路由）是开发用于帮助减缓 IP 地址和路由表增大问题的一项技术。CIDR 的基本思想是取消 IP 地址的分类结构，将多个地址块聚合在一起生成一个更大的网络，以包含更多的主机。CIDR 支持路由聚合，能够将路由表中的许多路由条目合并为更少的数目，因此可以限制路由器中路由表的增大。同时，CIDR 有助于 IPv4 地址的充分利用。ISP 常用这样的方法给客户分配地址。

根据 CIDR 策略，用户可以采用申请几个 C 类地址取代申请一个单独的 B 类地址的方式来解决 B 类地址匮乏的问题。所分配的 C 类地址不是随机的，而应是连续的，它们的最高位相同，即具有相同的前缀。因此路由表只须用一个记录来表示一组网络地址，这种方法称为“路由表聚集”，也称为超网化。

注意

RIP v1 不支持无级别的站点间路由（CIDR）或可变长度的子网掩码（VLSM）的具体实现。如果网际网络的一部分支持 CIDR 和 VLSM，而另外部分不支持，那么有可能会出现路由问题。

【CIDR 举例】有一组 C 类地址为 220.78.168.0～220.78.175.0，使用 CIDR 将这组地址聚合为一个网络，试判断聚合后的网络地址和子网掩码。

【解】聚合前该组 IP 地址的网络 ID 与二进制子网掩码如下所示：

	网络 ID	子网掩码（二进制）
开始网络 ID	220.78.168.0	11011100 01001110 10101000 00000000
结束网络 ID	220.78.175.0	11011100 01001110 10101111 00000000

聚合后该组的网络 ID 与二进制掩码如下所示：

网络 ID	子网掩码（十进制）	子网掩码（二进制）
220.78.168.0	255.255.248.0	11111111 11111111 11111000 00000000

课堂练习

1. 练习场景

华伟公司 2019 年业务扩展，吞并了 5 个分布于不同区域的小公司。原公司均有局域网，每个网络各有约 15 台主机，而华伟公司只向 NIC（网络信息中心）申请了一个 C 类网络号 201.12.37.0，那么，如何规划其 IP 地址呢？

2. 练习目标

掌握计算子网掩码的方法。

掌握子网 IP 地址的确定方法。

3. 练习的具体要求与步骤

① 确定大于且最接近 5 的 2 次幂。

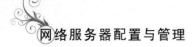

最接近 5 的 2 次幂的是________________。

② 将上一步确定的幂按高序（自左至右）占用主机地址后，转换为十进制数。

____

③ 将确定的子网掩码与子网 IP 地址范围填入表 1-9 中。

表 1-9　华伟公司子网 IP 地址的划分

子网	子网网络 ID	十进制表示	子网 IP 地址范围
0			
1			
2			
3			
4			
5			
6			
7			

拓展与提高 ——配置 IPv6 网络连接

Windows Server 2012 提供了对 IPv6 的支持，配置 IPv6 网络连接的操作过程如下：

① 使用具有管理员权限的用户账户登录要配置网络连接的主机。

② 右击桌面上的“网上邻居”图标，在弹出的快捷菜单中选择“属性”命令，打开“网络连接”窗口。

③ 在“网络连接”窗口中右击“本地连接”图标，在弹出的快捷菜单中选择“属性”命令，弹出“本地连接属性”对话框。

④ 单击“安装”按钮，弹出“选择网络组件类型”对话框。

⑤ 双击“协议”选项，弹出“选择网络协议”对话框。

⑥ 在“选择网络协议”对话框的“网络协议”栏中选择“Microsoft TCP/IP 版本 6”选项并单击“确定”按钮进行安装。

网络管理与维护经验

1. 无法访问 IP 地址故障的排除

当线路连接和硬件有故障，或网络配置不正确时，都会阻止成功建立 TCP/IP 通信。此时可用以下方法进行故障检测与排除。

（1）检查网络连接的媒体连接状态

如果网络线缆已拔出或已损坏，Windows 将检测到这个问题，而且在“网络连接”文件夹中和任务栏最右侧的通知区域中将显示带有红色“×”号的该网络连接图标。如果所连接到的网络交换机已损坏或者已断开电源，则在网络连接上也将显示红色“×”号。

例如，如果用户的多宿主计算机有多个连接到一个网络交换机的网络适配器，而且那些网络适配器的所有网络连接图标都带有红色“×”号，则说明它们连接的交换机可能没有正常工作。如果多台计算机连接到一个公共交换机，而且它们的网络连接都显示有红色“×”号，这也能表明它们连接的交换机没有正常工作。相反，如果连接到一个公共交换机的两个网络适配器中只有一个显示有红色“×”号，则很可能是将该网络适配器连接到交换机的线缆没有正确插入，或者线缆已经损坏。

（2）使用修复功能

在确认用户的网络适配器没有处于媒体断开或禁用状态后，可以使用修复功能尝试从公共网络恢复。修复将刷新网络设置。右击网络连接图标，在弹出的快捷菜单中选择“修复”命令。

（3）检查网络配置

如果在确认硬件没有处于媒体断开状态并运行了“修复”命令后，计算机继续出现连接问题，此时可以检查网络设置和硬件配置设置，方法是：使用网络连接的“状态”菜单命令，或者使用 Netdiag.exe 或命令行工具 ipconfig。

（4）通过使用 ping 和 pathping 测试网络连接

如果在 TCP/IP 配置中没有出现问题，则下一步可使用 ping 和 pathping 工具测试计算机连接到 TCP/IP 网络上其他主机的能力，包括验证在本地计算机和网络主机之间是否存在路由、验证名称解析是否正确等。如果按 IP 地址 ping 可以成功，但是按网址 ping 却失败，则问题出在主机名解析而不是网络连接上。

（5）刷新 ARP 缓存

ARP 缓存中的错误项会阻止连接到本地主机或远程主机(如果默认网关的 ARP 缓存项不正确）。使用 arp -a（或 arp -g）命令可以显示 ARP 缓存的内容，使用 arp -d *命令可以刷新 ARP 缓存。

（6）验证默认网关

检查默认网关。网关地址必须与本地主机在同一子网上；如果不在同一子网上，则无法将来自主机的数据包转发到本地子网外的任何位置。然后，进行检查以确保在主机上正确配置了默认网关地址（通过自动配置或手动配置）。

（7）ping 远程主机

如果默认网关正确响应，则 ping 远程主机以确保远程网络通信像预期的那样工作。如果此操作失败，可使用 Tracert 工具检查到目标的路径。

2. 排除 TCP/IP 故障

排除 TCP/IP 故障可以按以下步骤进行：

① 检查有问题计算机上的网络接口是否处于媒体断开状态。

② 检查有问题计算机的 TCP/IP 配置是否正确。

③ 检查有问题计算机与其目标主机之间是否存在路由路径。

④ 如果怀疑连接不稳定，可在一天的不同时间使用 pathping 命令，并记录成功率。

⑤ 如果仍未检测到故障原因，可使用“Microsoft 网络监视器”等抓包工具抓取数据包并进行分析，以便找到故障原因。

另外，在解决故障过程中，可通过以下问题帮助判断故障原因：

① 同一子网上的其他计算机是否可以访问目标资源？

② 哪些应用程序失败了？哪些正在工作？它们之间有何关系？

③ 是基本 IP 连接有问题还是名称解析有问题？如果是名称解析有问题，那么，出现故障的应用程序使用的是 NetBIOS 名称还是主机名？

④ 出现故障的应用程序过去在此计算机上是否曾经成功运行过？

⑤ 是否能确定应用程序出现故障之前计算机或网络发生了哪些变化？

练 习 题

一、填空题

1. 在 OSI 参考模型中规定，计算机网络体系结构共分为________、________、________、________、________、________和________ 7 层。

2. TCP/IP 体系结构中，网际层常见的协议有________、________、________、________等。

3. TCP/IP 包括________和________两个主要子协议，其中________协议面向连接，而________则是面向操作的。

4. 在 TCP/IP 的诊断工具中，________用来查询远程计算机的配置信息；________用来诊断网络是否通畅；________用来查询计算机本地的 MAC 地址；________用来显示和修改计算机路由表；________用来查询当前活动 TCP 的连接情况；________用来诊断当前域名系统。

5. IP 地址是由________和________两部分组成的，A 类地址中网络标识共有________位，C 类地址中主机标识共有________位。

6. A 类地址的默认子网掩码为________，B 类地址的默认子网掩码为________，C 类地址的默认子网掩码为________。

二、选择题

1. 在 OSI 参考模型中，为用户的应用程序提供网络服务的层是（　　）。

A. 传输层　　B. 会话层　　C. 网络层　　D. 应用层

2. 在 OSI 参考模型中，完成差错报告、网络拓扑结构和流量控制功能的层是（　　）。

A. 物理层　　B. 数据链路层　　C. 网络层　　D. 传输层

3. 当一台计算机发送 E-mail 到另一台计算机时，下列正确描述了数据包打包的 5 个转换过程的是（　　）。

A. 数据、数据段、数据包、数据帧、比特

B. 比特、数据帧、数据包、数据段、数据

C. 数据包、数据段、数据、比特、数据帧

D. 数据段、数据包、数据帧、比特、数据

4. 下列属于 B 类 IP 地址的是（　　）。

A. 112.213.12.23　　B. 210.123.23.12　　C. 23.123.213.23　　D. 156.123.32.12

5. 有 16 个 IP 地址，最多可以允许入网的用户数为（　　）。

A. 32　　B. 16　　C. 8　　D. 1

6. 假设有一组 C 类地址为 192.168.8.0 ~ 192.168.16.0，如果用 CIDR 将这组地址聚合为一个网络，其网络地址和子网掩码为（　　）。

A. 192.168.8.0/21　　B. 192.168.8.0/20　　C. 192.168.8.0/24　　D. 192.168.8.15/24

项目 2

使用 DHCP 分配 IP 地址

学习情境

网坚公司近几年业务得到迅速发展，网络的规模在不断扩大。随着笔记本式计算机的普及以及无线技术的发展，移动办公现象越来越普及。当计算机从一个网络移动到另外一个网络时，需要重新获取新的 IP 地址、网关等信息，这就要求用户需要知道整个网络的部署情况，需要知道处于哪个网段、哪些 IP 地址可用、默认网关是多少等信息。手动重新配置 IP 地址等信息，对于公司员工来说可能是一个不小的挑战，而且还容易出错，这就需要一种更加方便、快捷的方法来配置 IP 地址等信息。

本项目讲述的是使用 DHCP（Dynamic Host Configuration Protocol，动态主机配置协议）服务来为内网主机自动配置 IP 地址等网络信息。DHCP 服务不仅可以为内网中每一台主机分配 IP 地址，而且可以配置子网掩码、默认网关、DNS 服务器地址等参数。DHCP 服务器能够从预先设置的 IP 地址池中自动给主机分配 IP 地址等参数，不仅减去了用户手动配置网络地址的工作量，而且能够有效地避免 IP 地址冲突的问题，同时还能够及时回收不再使用的 IP 地址以提高 IP 地址的利用率。

本项目基于 Windows Server 2012，在网坚公司的企业网络中部署 DHCP 服务，为公司内部主机提供网络地址配置服务。本项目主要包括以下任务：

- 了解 DHCP 服务。
- 架设 DHCP 服务器。
- 创建和管理 DHCP 作用域。
- 管理与维护 DHCP 服务。

任务 1　了解 DHCP 服务

任务描述

DHCP 服务是一种简化计算机 IP 地址分配管理的 TCP/IP 标准协议。网络管理员可以利用 DHCP 服务动态分配 IP 地址以完成其他相关的网络环境配置工作。在部署 DHCP 服务之前，理解 DHCP 的概念、熟悉 DHCP 的工作原理是必要的。通过本次任务的学习主要掌握：

- 了解 IP 地址的配置方式。
- 理解 DHCP 的作用和应用场景。
- 理解 DHCP 服务的工作过程。

任务分析

TCP/IP 网络中的每一台主机都需要一个 IP 地址，并通过 IP 地址来与网络上其他主机通信。在网络管理中，为客户端分配 IP 地址是网络管理员的一项常规工作。为主机分配 IP 地址的常用方式有手动配置和自动配置两种。手动配置的方式是指由管理员或者用户手动为主机配置 IP 地址、子网掩码、默认网关、DNS 服务器等网络信息，要求配置者对所处的网络比较了解。当网络中主机数目较少时，可以由管理员对每台主机进行手动配置。但是，随着网络规模的不断增大，网络中包含着成百上千台主机，使用这种配置方式不仅效率低下，而且配置过程中极易出错（网络参数输入错误、IP 地址冲突等）。搭建 DHCP 服务，为网络内主机动态分配 IP 地址，可以大大提高网络配置的效率，同时减少 IP 地址冲突等情况的发生。

本任务主要包括以下知识点与技能点：

- IP 地址的配置方式。
- DHCP 的作用与应用场景。
- DHCP 服务的工作过程。

任务实施

1. 配置 IP 地址的方式

（1）手动配置方式

手动配置方式是指由网络管理员或者用户手动地为主机配置 IP 地址、子网掩码、默认网关、DNS 服务器等网络信息，其配置界面如图 2-1 所示。手动配置方式需要配置者对主机所处的网络比较了解并具有一定的网络基础知识，否则容易出现网络地址配置出错而导致不能连接网络。

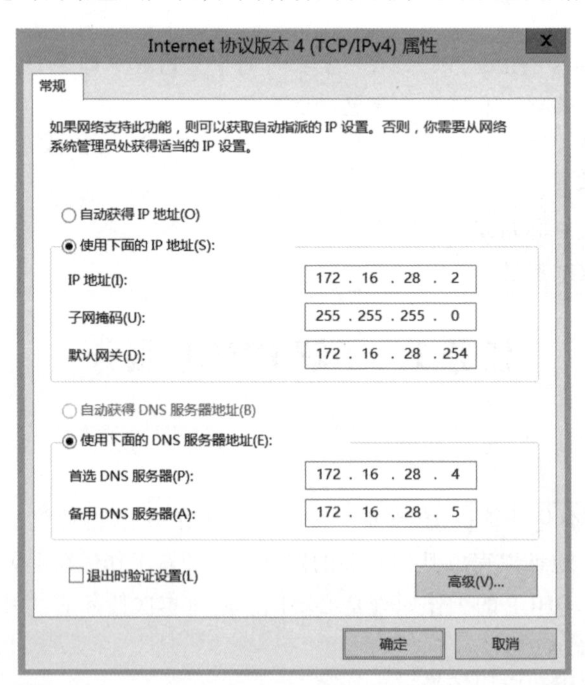

图 2-1 “Internet 协议版本 4（TCP/IPv4）属性”对话框

（2）自动分配方式

随着网络规模的不断扩大，手动配置方式将由于效率低下、容易出错等原因不能适应新的网络管理的需求，于是产生了使用 DHCP 服务器自动分配和管理 IP 地址。在这种模式下，每台计算机并不设定固定的 IP 地址，而是在计算机开机时自动向 DHCP 服务器请求 IP 地址，接收到此请求的 DHCP 服务器会为该计算机分配 IP 地址，并提供子网掩码、默认网关等网络地址配置。

想要使用 DHCP 方式分配 IP 地址，网络内必须要有 DHCP 服务器，客户端也需要将 IP 地址的配置方式改成自动获取。DHCP 服务器动态管理所负责分配的 IP 地址，对于 IP 的分配也是采用租用的方式分配给客户端主机使用，如果客户端未在租约到期前向给其分配 IP 地址的 DHCP 服务器更新租约，则 DHCP 服务器将收回该 IP 地址的使用权。正是由于自动分配 IP 的特点，通常将 DHCP 服务器租用的 IP 地址称为动态 IP 地址，而手动配置的 IP 地址称为静态 IP 地址。

注意

在 DHCP 服务器中可以为指定的客户端主机绑定某个特定的 IP 地址，该指定客户端不需要定期向 DHCP 服务器发送更新租约申请。

2. 了解 DHCP 的作用与应用场景

DHCP（Dynamic Host Configuration Protocol，动态主机配置协议）服务主要用于为内网主机自动分配 IP 地址，配置子网掩码、默认网关、DNS 地址等信息，不仅减轻网络管理员手动配置和维护 IP 地址等信息的工作量，而且可以实现对 IP 地址资源的动态管理，及时回收不用的 IP 地址，提高 IP 地址资源利用率。

DHCP 在以下应用场景下使用具有特别的优势：

① 大规模网络。当网络中需要分配 IP 地址的主机很多时，手动配置 IP 地址不仅配置工作量很大，而且手动配置也容易出错，导致 IP 地址冲突等网络问题，后期网络管理维护的任务也会比较重。

② IP 地址资源紧张的网络。采用静态配置 IP 地址的方式，分配出去的 IP 地址将一直为配置该 IP 地址的主机所有，即使该主机没有开机，也不会把其占有的 IP 地址分配给其他主机使用。若采用 DHCP 方式，DHCP 客户端采用向 DHCP 服务器租用的方式获得某个 IP 地址的使用权，当其使用完或者关机后可以释放其使用的 IP 地址，以便 DHCP 服务器可以将该地址分配给其他 DHCP 客户端使用，从而提高 IP 地址资源的利用率。

③ 移动办公网络。随着笔记本式计算机的普及以及无线技术的发展，移动办公越来越普遍，当笔记本式计算机从一个网络移动到另外一个网络时，每次切换网络都需要重新配置 IP 地址，DHCP 的存在将省去用户配置 IP 地址的麻烦，使得移动办公变得更加便捷。

注意

DHCP 提供了一种安全、可靠的 IP 地址分配机制，不仅可以避免手动配置的出错，而且可以防止 IP 地址的冲突，同时还有利于网络参数的调整。

3. 理解 DHCP 服务的工作过程

DHCP 客户端启动时会自动向 DHCP 服务器发送 IP 地址申请请求。它们之间的通信过程会因是第一次申请 IP 地址还是续约之前已经申请使用的 IP 地址而有所不同。

（1）向 DHCP 服务器申请 IP 地址

当 DHCP 客户端启动时，会通过以下步骤向 DHCP 服务器申请 IP 地址等信息（见图 2-2）

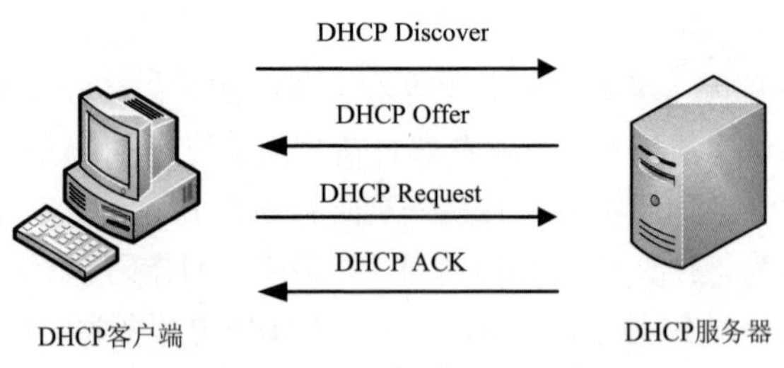

图 2-2　DHCP 工作流程示意图

① DHCP 客户端通过广播报文发送 DHCP Discover 消息在网络中寻找能够为其提供 IP 地址的 DHCP 服务器。

② 当 DHCP 服务器收到客户端的 DHCP Discover 消息后，它会从 IP 地址池中挑选一个尚未分配出去的 IP 地址，形成 DHCP Offer 消息，然后以广播的方式发送给客户端（之所以使用广播方式，是因为此时 DHCP 客户端尚无 IP 地址，只有通过广播方式让其收到应答消息）。此时，DHCP 服务器需要将该 IP 地址暂时保留，不再分配给其他客户端。

当网络中存在多台 DHCP 服务器时，DHCP 服务器收到 DHCP 客户端的 DHCP Discover 消息后都会为其预留 IP 地址，并以 DHCP Offer 消息回应。但 DHCP 客户端会选择第一个收到的 DHCP Offer 消息。

③ DHCP 客户端收到 DHCP Offer 消息后，会首先检查 DHCP 服务器提供的 IP 地址是否已经被其他计算机所使用，若发现此地址已经被其他计算机占用，则它会发出一个 DHCP Decline 消息给 DHCP 服务器，表示拒绝接受所提供的 IP 地址。如果 DHCP 服务器提供的 IP 地址未被其他计算机所使用，则此时它将利用 DHCP Request 消息向 DHCP 服务器正式提出使用此 IP 地址的申请。该消息也是采用广播方式，目的是通知到其他为该客户端提供地址的 DHCP 服务器，让它们将原本为此客户端预留的地址释放出来，以便可以将该 IP 地址提供给其他需要的 DHCP 客户端使用。

④ 当 DHCP 服务器收到客户端的 DHCP Request 消息后，会对其回应 DHCP ACK 消息，以确认将该 IP 地址分配给此 DHCP 客户端使用。DHCP ACK 消息会包含着客户端所需的 IP 地址、子网掩码、默认网关、DNS 等相关配置参数。DHCP ACK 消息的发送采用的也是广播方式，之所以采用广播方式，是因为 DHCP 客户端还没有真正获取到 IP 地址，只有通过广播方式发送才能让其收到此消息。DHCP 服务器发送 DHCP ACK 消息后，就启用对此 IP 地址的租约计时。

⑤ 当 DHCP 客户端收到 DHCP ACK 消息后，就将按照此消息中的参数来配置网络。至此，申请 IP 地址的工作全部完成。

（2）DHCP 客户端第 2 次登录网络

当 DHCP 客户端获得 IP 地址后再次登录到网络时，一般不需要重新发送 DHCP Discover 消息来申请 IP 地址，而是向 DHCP 服务器直接发送包含前一次所申请到的 IP 地址 DHCP Request 消息，DHCP 服务器收到 DHCP Request 消息，会尝试让客户端继续使用其原来使用的 IP 地址，并回应一个 DHCP ACK 的确认消息（见图 2-3）。如果 DHCP 服务器无法分配给客户端原来的 IP 地址，则回应一个 DHCP NACK 消息。当客户端收到 DHCP NACK 消息后，会重新发送 DHCP Discover 消息来申请新的 IP 地址。

（3）自动更新 IP 地址的租约

DHCP 服务器分配给客户端使用的 IP 地址往往有使用时间期限，这个时间期限被称为 DHCP

租约。DHCP 客户端必须在租约到期前向 DHCP 服务器申请更新租约。当 DHCP 客户端的租约时间过半时，会自动向 DHCP 服务器发送 DHCP Request 消息请求更新 IP 的使用租约。如果 DHCP 服务器可用并且同意租约更新，则回应 DHCP ACK 消息更新租约，DHCP 客户端收到 DHCP ACK 消息后，便开始一个新的租用周期。如果租约时间过半时无法成功更新租约，则客户端仍然可以继续使用原来的 IP 地址，不过客户端会在租期过 7/8（87.5%）时，再利用 DHCP Request 消息向网络中任何一台 DHCP 服务器发送更新租约申请，如果仍然无法更新成功，则该客户端将放弃正在使用的 IP 地址，然后重新发送 DHCP Discover 消息来申请新的 IP 地址。

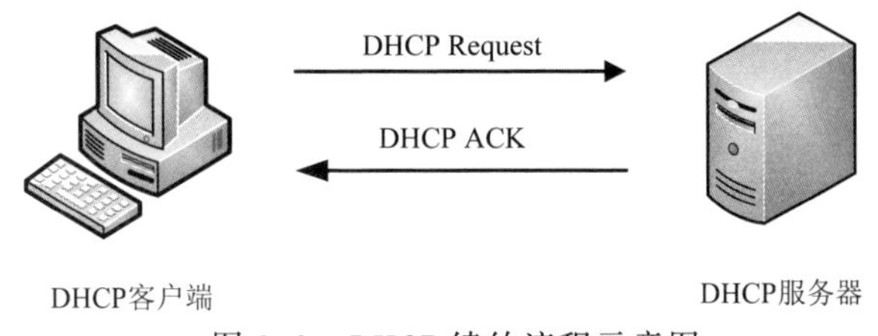

图 2-3　DHCP 续约流程示意图

> **注意**
> 除了自动更新 IP 地址租约，DHCP 客户端还可以采用手动方式来更新租约。用户可以在客户端使用 ipconfig /renew 命令来更新租约，也可以使用 ipconfig /release 命令释放 IP 地址。

课堂练习

1. **练习场景**

网坚公司北京总部拥有办公计算机近两百台，而且这些计算机分布在不同的楼层。为了方便员工上网，公司建设了无线全覆盖网络，随着移动办公的需要，公司还给所有销售经理和中层干部配备了笔记本式计算机。

2. **练习目标**

① 理解静态设置 IP 地址和动态分配 IP 地址的区别。

② 理解 DHCP 的工作过程。

3. **练习的具体要求与步骤**

① 根据练习场景描述，作为网络管理员，你认为应该选择哪种 IP 地址分配方式比较合理？并说明理由。

② 试分析静态设置 IP 地址和动态分配 IP 地址的区别。

③ 当 DHCP 客户端向 DHCP 服务器申请 IP 地址时，整个申请过程一共有四个交互信息，请指出每个信息的目的地址是单播地址还是广播地址，并说明为什么。

任务 2　架设 DHCP 服务器

任务描述

网坚公司北京总部为了方便公司员工配置 IP 地址，减轻网络管理员的工作负担，决定在企业网络中部署 DHCP 服务器，为公司内部用户提供自动分配 IP 地址服务。公司部署 DHCP 服务网络拓扑结构如图 2-4 所示。

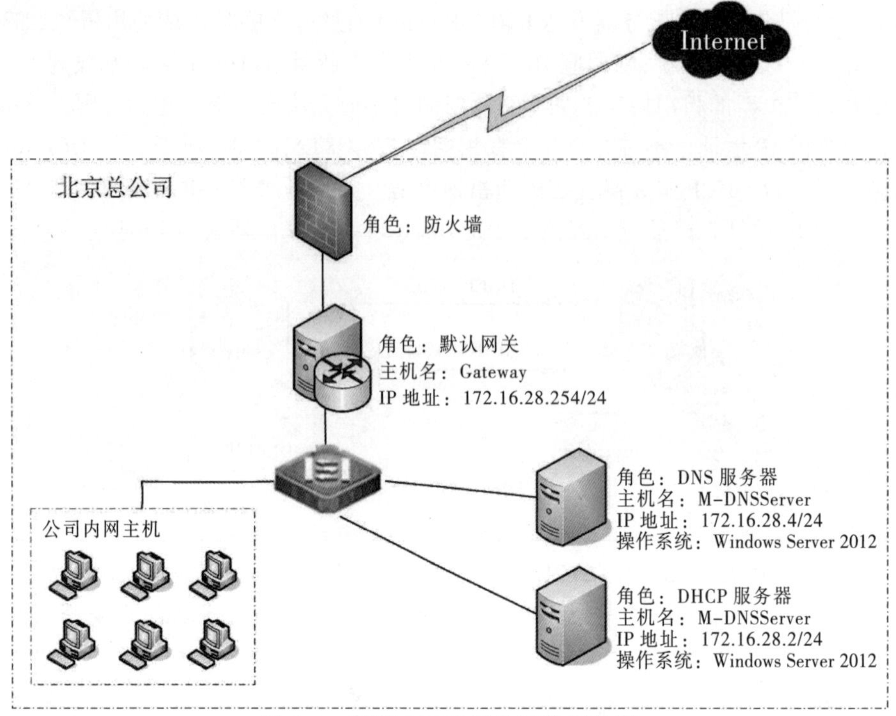

图 2-4　部署 DHCP 服务网络拓扑图

要创建用于自动分配 IP 地址的 DHCP 解决方案，首先应该架设 DHCP 服务器。通过本任务的学习主要掌握：

- 安装 DHCP 服务的操作方法。
- 授权 DHCP 服务器的操作方法。

任务分析

安装 DHCP 服务需要满足以下要求：

① DHCP 服务器必须安装能够提供 DHCP 服务的 Windows 版本。

② DHCP 服务器的 IP 地址应是静态的，即 IP 地址、子网掩码、默认网关等 TCP/IP 属性均需手动设置。

③ 安装 DHCP 服务需要具有系统管理员的权限。

架设 DHCP 服务器，首先需要在满足上述要求的计算机中安装 DHCP 服务，如果工作在域环境下，还需要对安装的 DHCP 服务器进行授权。本任务主要包括以下知识点与技能点：

- 安装 DHCP 服务器角色。
- 授权 DHCP 服务器。

任务实施

1. 安装 DHCP 服务

（1）使用“服务器管理器”安装 DHCP 服务

使用 Windows Server 2012 自带的“服务器管理器”应用程序，可以快速、方便地安装各种服务器角色。安装 DHCP 服务的操作过程如下：

① 在准备安装 DHCP 服务的计算机中，将其主机名称修改为 M-DHCPServer，并手动配置该计算机的 TCP/IP 属性——IP 地址为 172.16.28.2，子网掩码为 255.255.255.0，默认网关为 172.16.28.254。

② 使用具有管理员权限的用户账户登录计算机 M-DHCPServer。

③ 打开“服务器管理器”窗口，单击仪表板处的“添加角色和功能”链接，如图 2-5 所示，然后连续单击“下一步”按钮，直到出现“添加角色和功能向导”窗口，在“添加角色和功能向导”窗口中，勾选“DHCP 服务器”复选框，如图 2-6 所示。

图 2-5 服务器管理器的“仪表板”窗口

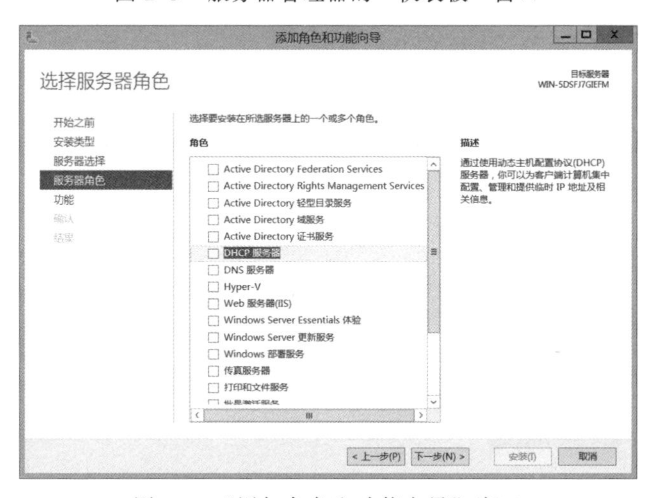

图 2-6 “添加角色和功能向导”窗口

④ 在弹出的“添加角色和功能向导”对话框中单击“添加功能”按钮，如图 2-7 所示，连续单击“下一步”按钮，直到出现“确认安装所选内容”窗口时单击“安装”按钮，如图 2-8 所示。DHCP 安装进度如图 2-9 所示。

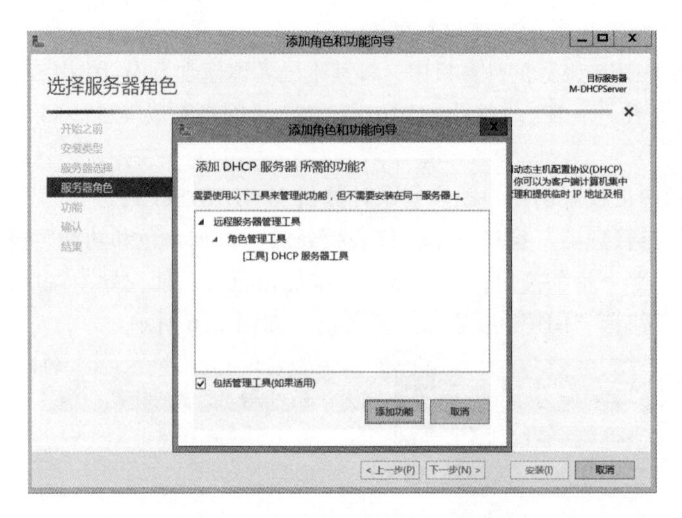

图 2-7 “添加角色和功能向导”中添加功能消息框

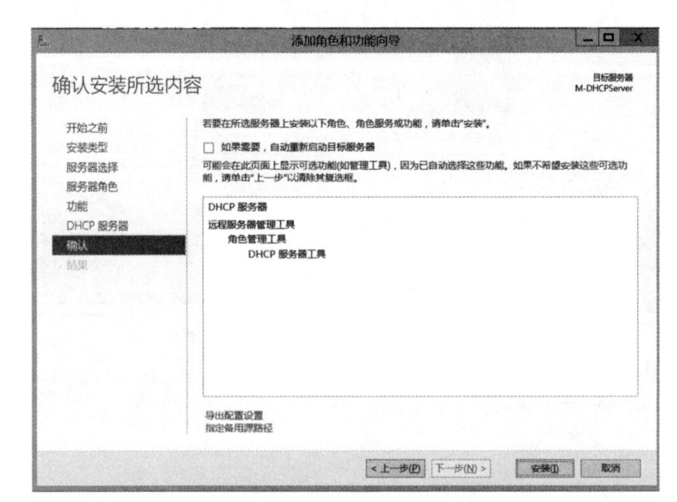

图 2-8 “确认安装所选内容”窗口

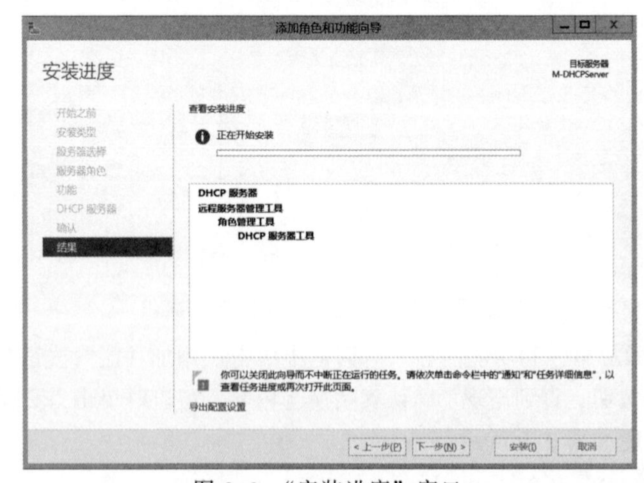

图 2-9 “安装进度”窗口

⑤ 完成功能安装后，还需对安装的功能进行配置，如图 2–10 所示，单击“完成 DHCP 配置”链接后，继续单击“下一步”按钮，则会弹出“DHCP 安装后配置向导”窗口，如图 2–11 所示。

图 2–10 “添加角色和功能向导”窗口

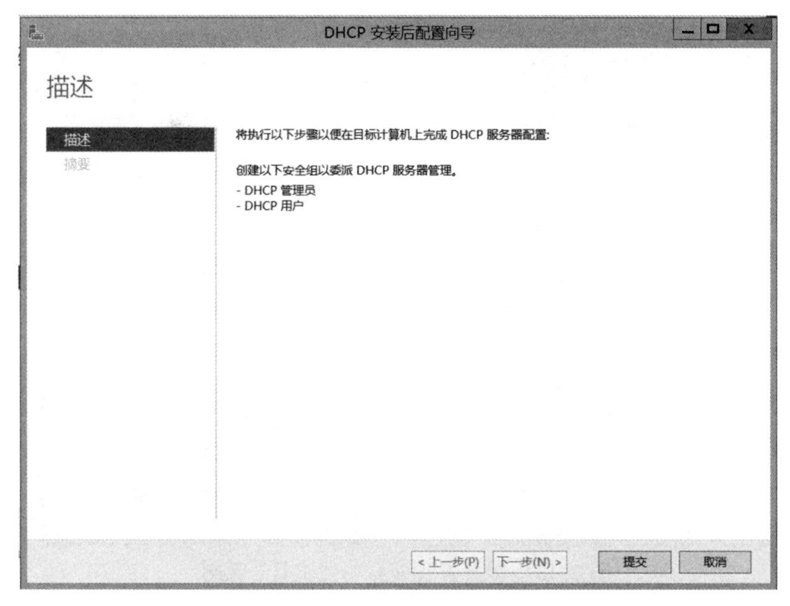

图 2–11 “DHCP 安装后配置向导”窗口

⑥ 单击“提交”按钮，会出现图 2–12 所示 DHCP 安装后配置向导的“摘要”提示窗口，单击“关闭”按钮后，将重新回到图 2–10 所示添加角色和功能向导的“安装进度”窗口，此时已完成安装的 DHCP 角色的配置工作，单击“关闭”按钮结束安装过程。

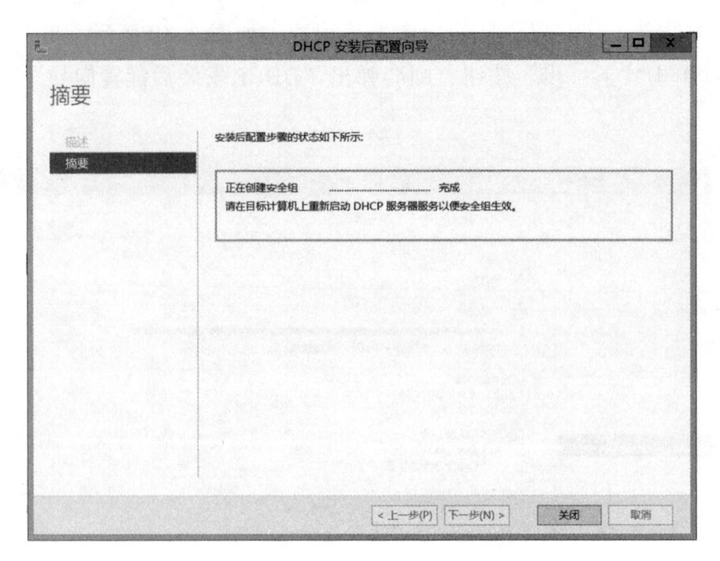

图 2-12　DHCP 安装后配置向导“摘要”窗口

（2）检查安装结果

① 通过“服务器管理器”查看：在“服务器管理器”窗口中的“工具”菜单中可以查看安装完成后的 DHCP 服务，如图 2-13 所示。

图 2-13　服务器管理器的“工具”菜单

② 通过“管理工具”查看：按 Window 键（⊞）切换到“开始”菜单，然后打开“管理工具”，如图 2-14 所示，可以看到 DHCP 安装完成后会在此处添加一个名叫“DHCP”的快捷方式，通过双击该快捷方式可以打开 DHCP 管理控制台。

③ DHCP 服务安装成功后将自动启动，系统服务名称为“DHCP Server”。选择“开始”→“管理工具”，在管理工具中双击“服务”快捷方式打开系统的“服务”窗口，在服务列表中可以查看到已启动的 DHCP 服务，如图 2-15 所示。

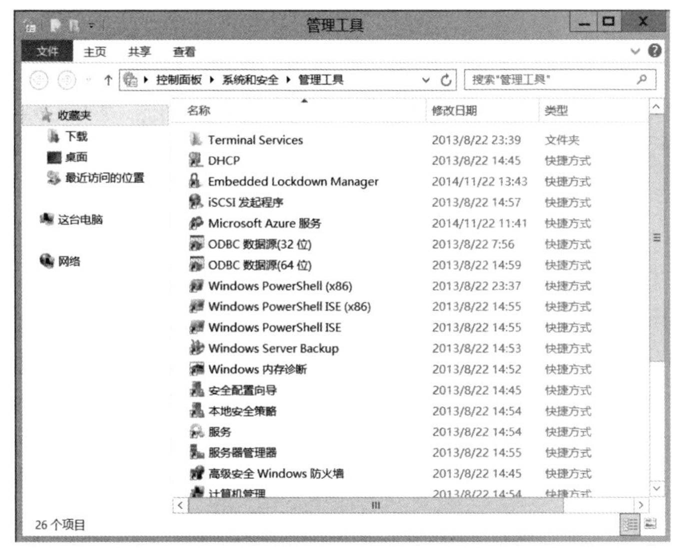

图 2-14　“管理工具”窗口

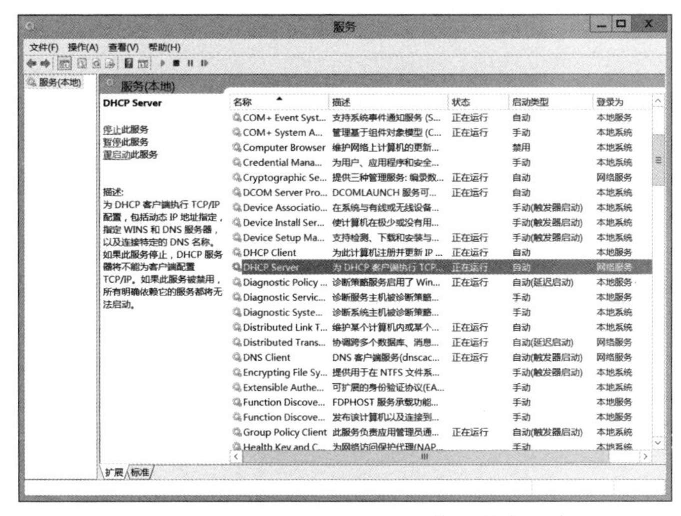

图 2-15　Windows Server 2012 系统“服务”窗口

注意

通过服务器管理器来安装角色服务时，服务器的 Windows 防火墙会自动放行与该服务相关的网络访问流量。

2. 授权 DHCP 服务器

（1）DHCP 服务器授权的作用

如果网络内已经存在了一台能够为客户端主机动态分配 IP 地址的 DHCP 服务器，随后该网络内又出现了另外一台 DHCP 服务器，而且该服务器分配的地址信息不正确，那么将导致该网络内某些主机会获取到错误的地址信息，从而影响到网络的正常运行。为了防止不正确搭建的 DHCP 服务器影响到网络的正常使用，在域环境下增加了 DHCP 服务器的授权功能，通过授权操作来确认域内权威 DHCP 服务器。域内搭建好的 DHCP 服务器不能立即工作，必须经过授权操作才能在域内提供 IP 地址租用服务。

（2）DHCP 服务器授权的原理

只有工作在域环境的 DHCP 服务器才需要被授权。已被授权的 DHCP 服务器的 IP 地址会被注册在域控制器 AD DS 数据库中。当 DHCP 服务器启动时会通过 AD DS 数据库来查询其 IP 地址是否注册在 DHCP 服务器授权列表内。如果没有注册，则 DHCP 服务不能启动。如果已注册，则 DHCP 服务正常启动，并对外提供 IP 地址租用服务。

在工作组环境下，DHCP 服务器是独立服务器，无须被授权（也不可以被授权）即可向客户端提供 IP 地址租用服务。在域环境下，独立身份的 DHCP 服务器，由于其不是域成员，因此不能被授权，但该 DHCP 服务器能否对外提供 IP 地址租用服务，要看该服务器所在网络存不存在任何一台已被授权的 DHCP 服务器，若此子网内已经存在已被授权的 DHCP 服务器，则该服务器不会启动 DHCP 服务。若此子网内尚不存在已被授权的 DHCP 服务器，则该服务器可以正常启动并对外提供 IP 地址租用服务。

（3）DHCP 服务器的授权操作

对 DHCP 服务器进行授权操作，用户必须是 Enterprise Admins 组的成员或是已被委派的对 DHCP 服务器进行授权的用户账户。对 DHCP 服务器进行授权的操作步骤为：在“开始”菜单的“管理工具”中打开 DHCP 控制台窗口，右击控制台树中的“DHCP”，在弹出的快捷菜单中选择“管理授权的服务器”菜单选项，如图 2–16 所示，然后如图 2–17 所示，在打开的“管理授权的服务器”对话框中进行授权操作。

图 2–16 选择“管理授权的服务器”菜单选项

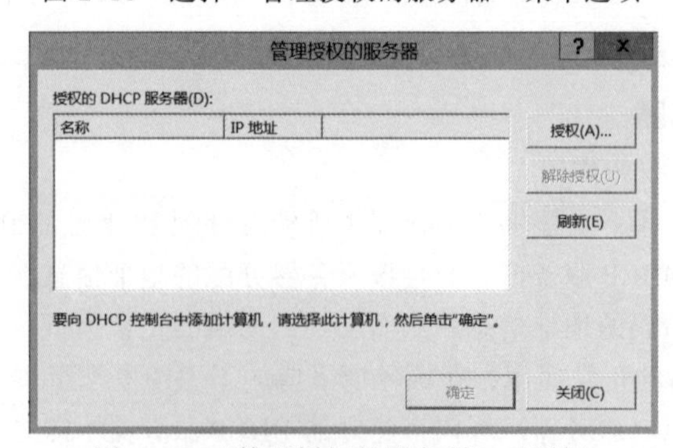

图 2–17 “管理授权的服务器”对话框

课堂练习

1. 练习场景

网坚公司北京总部为了方便公司员工配置 IP 地址，减轻网络管理员的工作负担，决定在企业网络中部署 DHCP 服务器，为公司内部用户提供自动分配 IP 地址服务。

2. 练习目标

掌握安装 DHCP 服务器角色。

3. 练习的具体要求与步骤

在 Windows Server 2012 中安装 DHCP 服务器角色。

任务 3　创建和管理 DHCP 作用域

任务描述

安装完 DHCP 角色服务之后，还需要建立并配置一个或者多个 IP 地址作用域才能为 DHCP 客户端提供 IP 地址租用服务。通过本任务的学习主要掌握：

- 建立 DHCP 服务器作用域。
- 配置 DHCP 客户端。
- 配置 DHCP 服务器作用域。

任务分析

在 DHCP 服务器中，通过作用域对象来完成 IP 地址的分配和管理工作。因此，要想为 DHCP 客户端提供 IP 地址租用服务，安装好 DHCP 服务器角色就必须建立相应的作用域。除了 IP 地址之外，DHCP 服务器还可以为 DHCP 客户端提供默认网关、DNS 服务器 IP 地址等其他相关选项设置，可以通过 DHCP 选项来完成这些信息的设置与更改。本任务主要包括以下知识点与技能点：

- DHCP 作用域的概念。
- 建立 DHCP 服务器作用域。
- 配置 DHCP 客户端。
- 保留特定 IP 地址。
- 配置 DHCP 选项。

任务实施

1. 创建 DHCP 作用域

DHCP 作用域是 DHCP 服务器对子网 IP 地址进行管理的分组。管理员首先要在 DHCP 服务器上为每个物理子网创建一个作用域，然后对创建的作用域配置客户端所需要的网络参数。DHCP 服务器只能使用作用域中定义的 IP 地址来分配给 DHCP 客户端，因此，必须先创建作用域才能让 DHCP 服务器分配 IP 地址给 DHCP 客户端。

在创建作用域之前，必须先确定作用域的地址范围（即该作用域给客户端分配的 IP 地址的范围）、子网掩码、默认网关、DNS 服务器地址等网络信息。

这里以在网坚公司 DHCP 服务器上创建 IPv4 作用域为例进行介绍。假设 DHCP 服务器的 IP 地址为 172.16.28.2/24，建立的作用域名称为 test，地址池的 IP 地址范围为 172.16.28.10~172.16.28.100/24，子网掩码为 255.255.255.0，默认网关为 172.16.28.254/24，DNS 服务器 IP 地址为 172.16.28.4/24。具体操作步骤如下：

① 在 DHCP 控制台窗口中右击 IPv4，在弹出的快捷菜单中选择“新建作用域”，如图 2-18 所示。

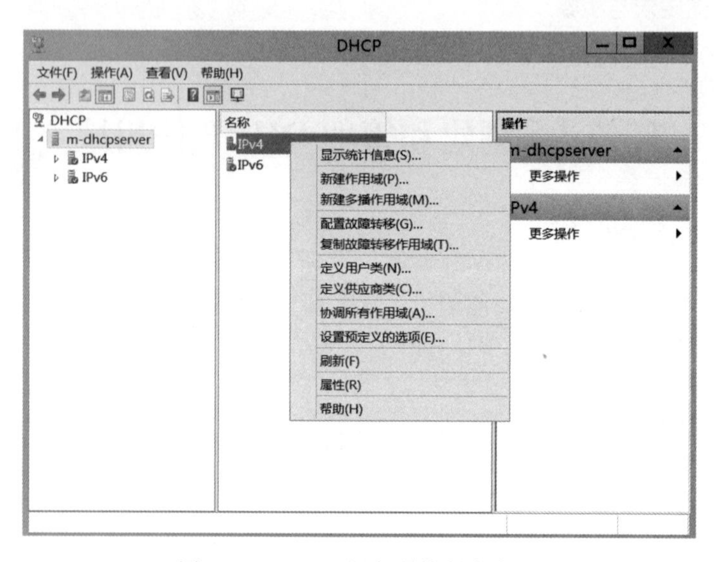

图 2-18 DHCP 服务器控制台窗口

② 在弹出的“新建作用域向导”对话框中，单击“下一步”按钮，如图 2-19 所示。

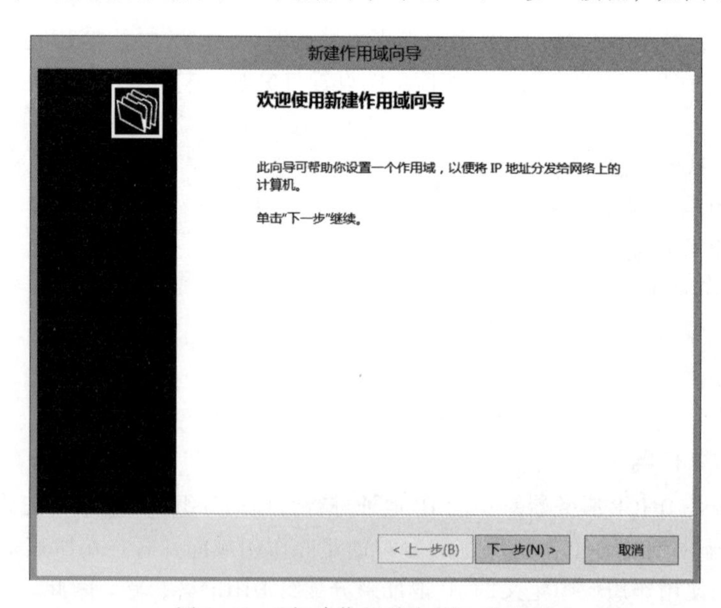

图 2-19 “新建作用域向导”对话框

③ 在打开的“作用域名称”对话框中为此作用域命名，此处命名为 test（用户根据自己的需要进行作用域命名），并填写对此作用域的相关描述，然后单击“下一步”按钮，如图 2-20 所示。

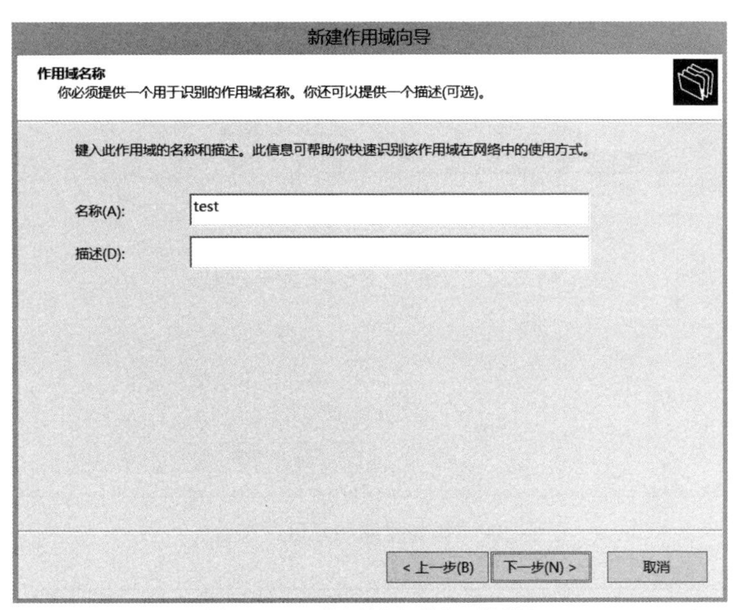

图 2-20 “作用域名称”对话框

④ 配置作用域的 IP 地址范围、子网掩码的长度，根据前面所预设的场景，配置信息如图 2-21 所示，配置完后，单击“下一步”按钮。

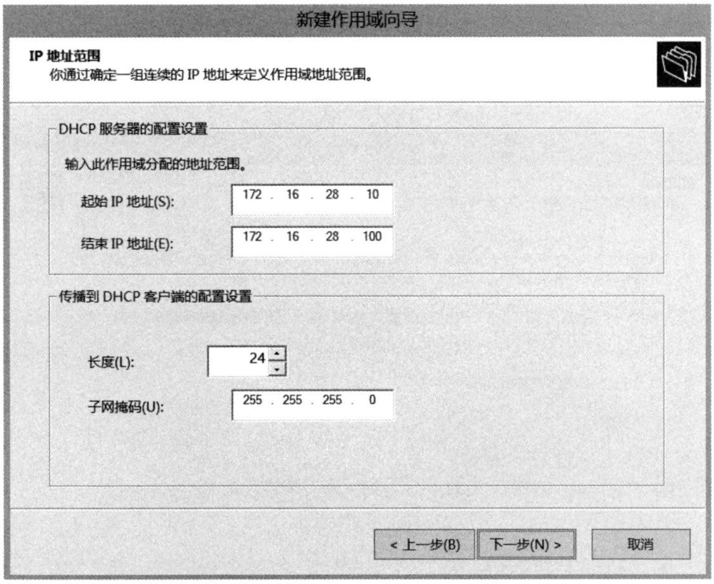

新建作用域向导
IP 地址范围
你通过确定一组连续的 IP 地址来定义作用域地址范围。
DHCP 服务器的配置设置
输入此作用域分配的地址范围。
起始 IP 地址(S): 172 . 16 . 28 . 10
结束 IP 地址(E): 172 . 16 . 28 . 100
传播到 DHCP 客户端的配置设置
长度(L): 24
子网掩码(U): 255 . 255 . 255 . 0
< 上一步(B) 下一步(N) > 取消

图 2-21 “IP 地址范围”对话框

⑤ 如果上述配置的 IP 地址范围内存在某些地址需要排除在外（即这些地址不作为地址池中可用的 IP 地址分配给客户端使用），则需在图 2-22 所示的“添加排除和延迟”对话框中填写排除地址的范围。“子网延迟”选项采用默认的设置即可。设置完成单击“下一步”按钮。

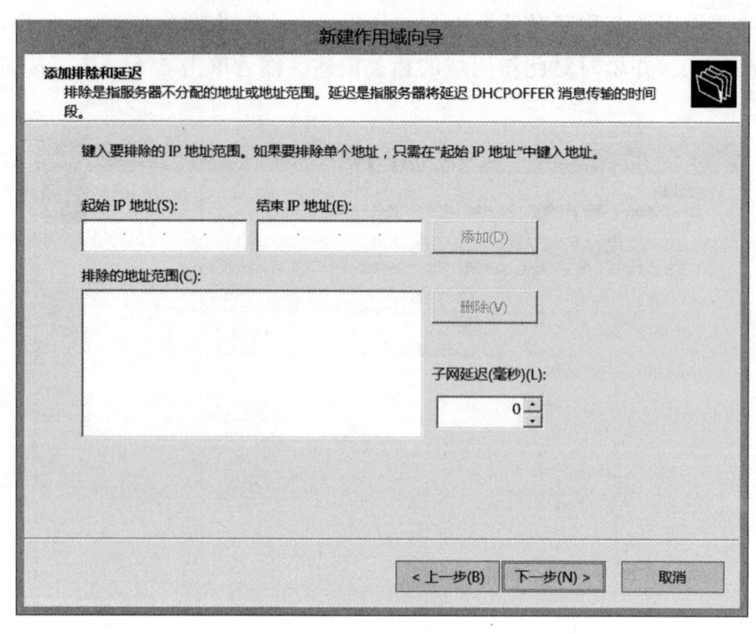

图 2-22 “添加排除和延迟”对话框

注意

“子网延迟”选项用于设置此作用域收到 DHCP 客户端的 DHCP Discover 报文后，延迟多久再回应 DHCP Offer 报文，设置这个选项值的作用在于调整作用域提供 IP 地址的优先级。当局域网内有多个 DHCP 服务器时，DHCP 客户端往往会选择第一个为其发送 DHCP Offer 消息的 DHCP 服务器为其分配 IP 地址。

⑥ 在图 2-23 中设置 IP 地址的租用期限，默认为 8 天。此处采用默认设置即可，继续单击“下一步”按钮。

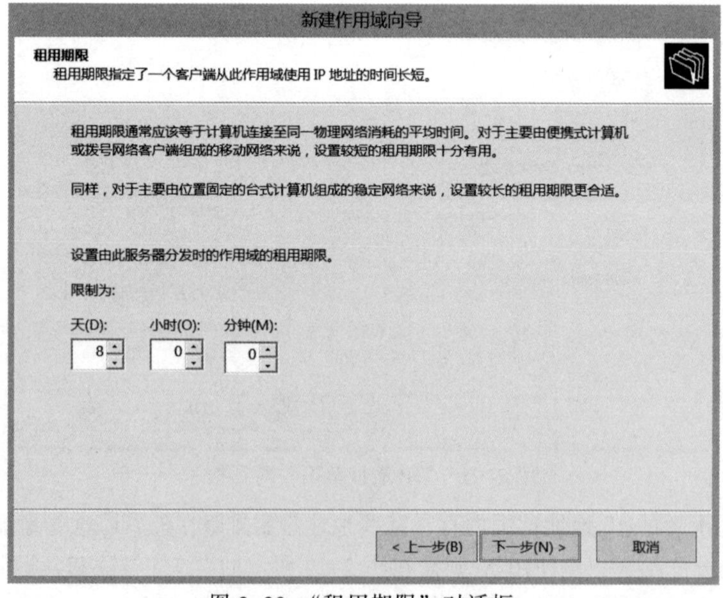

图 2-23 “租用期限”对话框

⑦ 在“配置 DHCP 选项”对话框中（见图 2-24），可以选择何时配置诸如默认网关、DNS 服务器等选项信息，如果选择“否，我想稍后配置这些选项”，则可以在作用域创建完毕后通过对作用域进行设置来完成选项的配置，此处选择“是，我想现在配置这些选项”，继续单击“下一步”按钮。

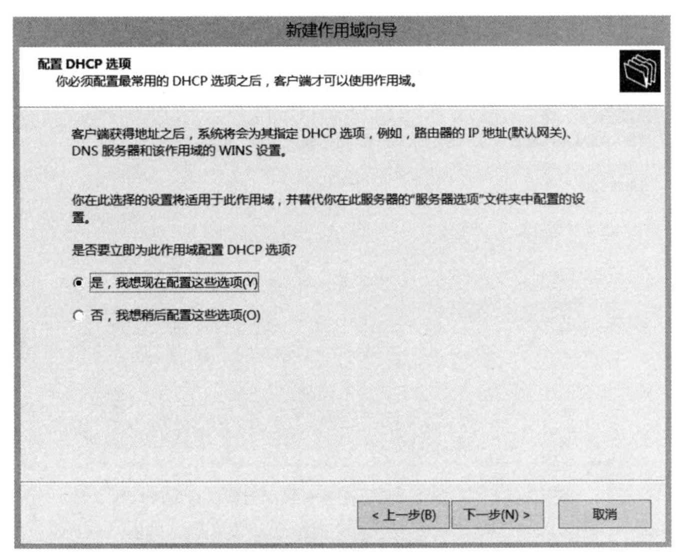

图 2-24 “配置 DHCP 选项”对话框

⑧ 在设置默认网关对话框中，根据作用域的应用场景为该作用域配置默认网关信息，如图 2-25 所示，在“IP 地址”栏中输入默认网关的地址后单击“添加”按钮，然后单击“下一步”按钮。

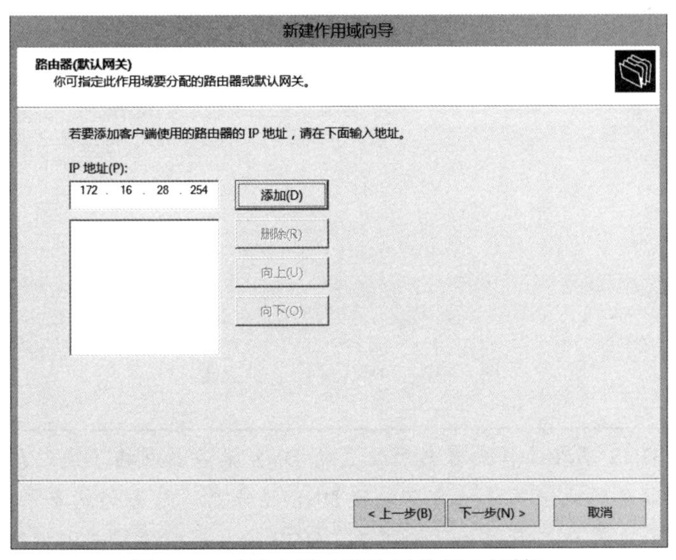

图 2-25 “路由器（默认网关）”对话框

⑨ 在“域名称和 DNS 服务器”对话框中，根据作用域的应用场景为该作用域配置 DNS 服务器地址，在“父域”文本框中输入进行 DNS 解析时使用的父域，在“IP 地址”栏中输入 DNS 服务器的 IP 地址后单击“添加”按钮，如图 2-26 所示，然后单击“下一步”按钮。此时会弹

出“DNS验证”消息框，如图2-27所示，主要验证所配置的DNS服务器是否正常工作，验证工作需要一段时间，耐心等待即可。

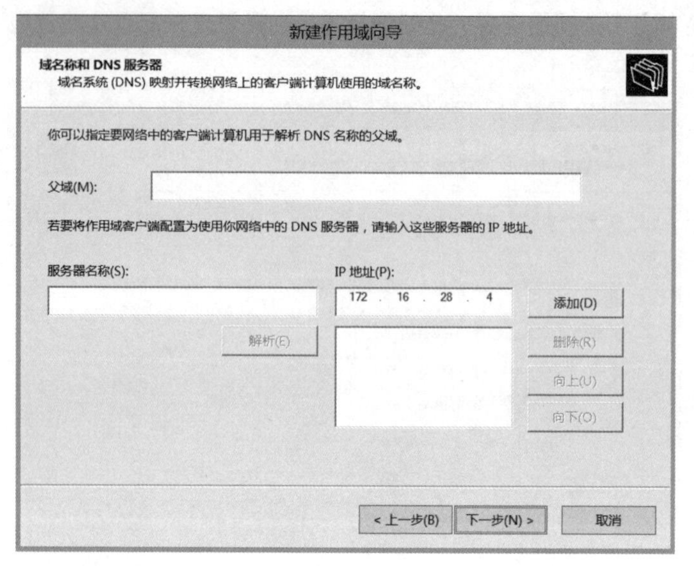

图2-26 “域名称和DNS服务器”对话框

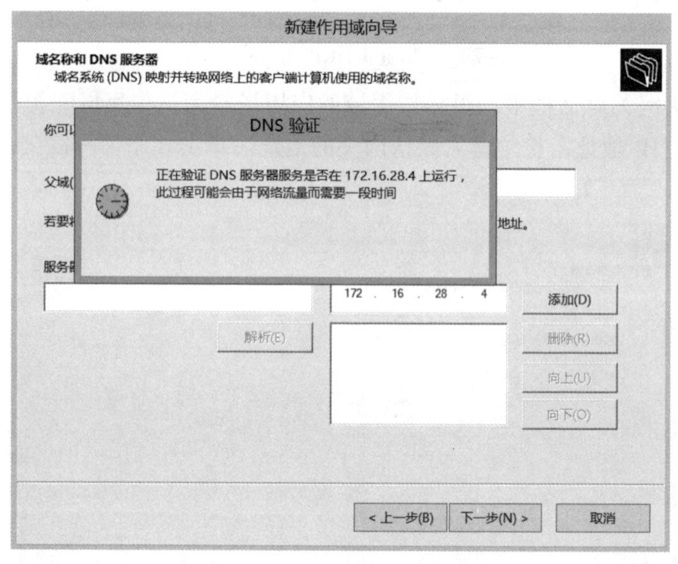

图2-27 “DNS验证”消息框

注意

如果所配置的DNS不在工作或者与所配置的DNS服务器网络不通，则验证结束后会弹出对话框提示“所配置的地址不是一个有效的DNS服务器，是否仍然要添加该地址”。针对本案例，主要是为了完成DHCP服务器能够为DHCP客户端配置相应的网络地址信息，并没有在案例中指定的172.16.28.3中安装DNS服务器，因此在验证DNS后会提示“IP地址172.16.28.3不是一个有效的DNS服务器，是否仍然要添加该地址”，此处单击“是”按钮继续下一步的设置。

⑩ 在“WINS 服务器”对话框中，如图 2-28 所示，可以设置 WINS 服务器。如果网络中没有配置 WINS 服务器，则不必设置。针对本案例，不用配置 WINS 服务器，直接单击“下一步”按钮。在新弹出的“激活作用域”对话框中，如图 2-29 所示，选择“是，我想现在激活此作用域”，单击“下一步”按钮。在新弹出的“正在完成新建作用域向导”对话框中单击“完成”按钮，完成作用域的创建。作用域创建完毕后，可以在 DHCP 服务器控制台中看到新建的作用域信息，如图 2-30 所示。

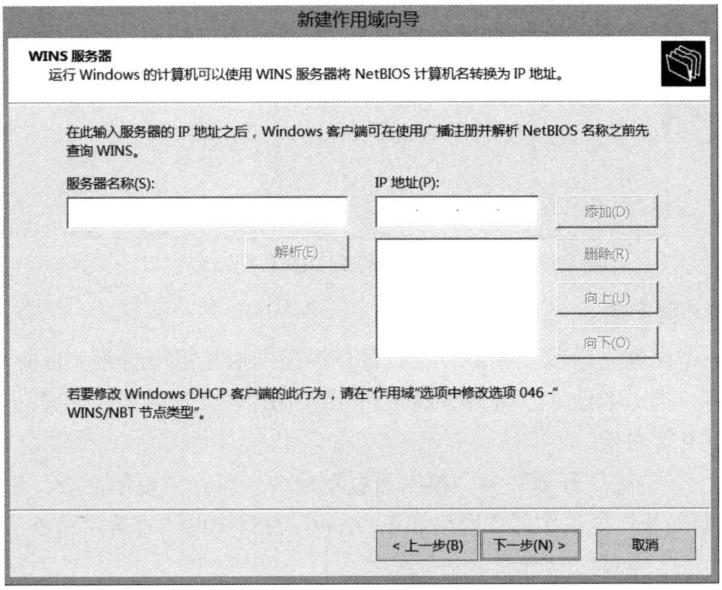

新建作用域向导
WINS 服务器
运行 Windows 的计算机可以使用 WINS 服务器将 NetBIOS 计算机名转换为 IP 地址。
在此输入服务器的 IP 地址之后，Windows 客户端可在使用广播注册并解析 NetBIOS 名称之前先查询 WINS。
服务器名称(S):
IP 地址(P):
添加(D)
解析(E)
删除(R)
向上(U)
向下(O)
若要修改 Windows DHCP 客户端的此行为，请在“作用域”选项中修改选项 046 -“WINS/NBT 节点类型”。
< 上一步(B) 下一步(N) > 取消

图 2-28 “WINS 服务器”对话框

新建作用域向导
激活作用域
作用域激活后客户端才可获得地址租用。
是否要立即激活此作用域?
是，我想现在激活此作用域(Y)
否，我将稍后激活此作用域(O)
< 上一步(B) 下一步(N) > 取消

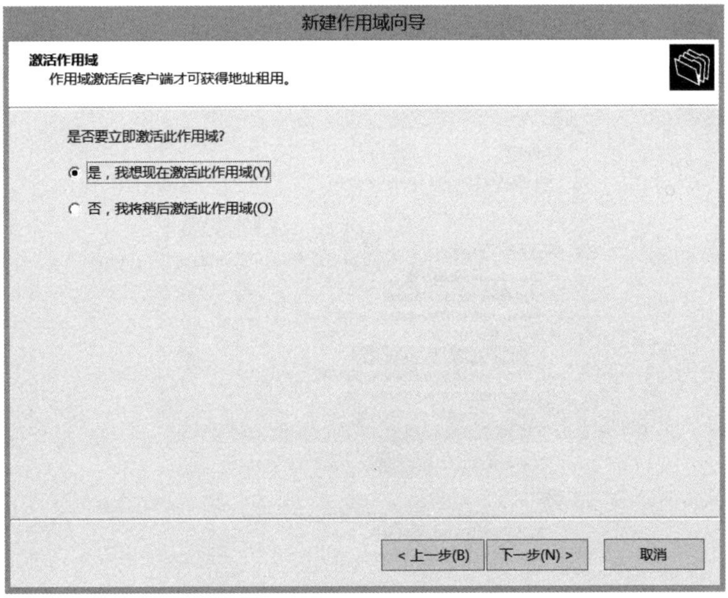

图 2-29 “激活作用域”对话框

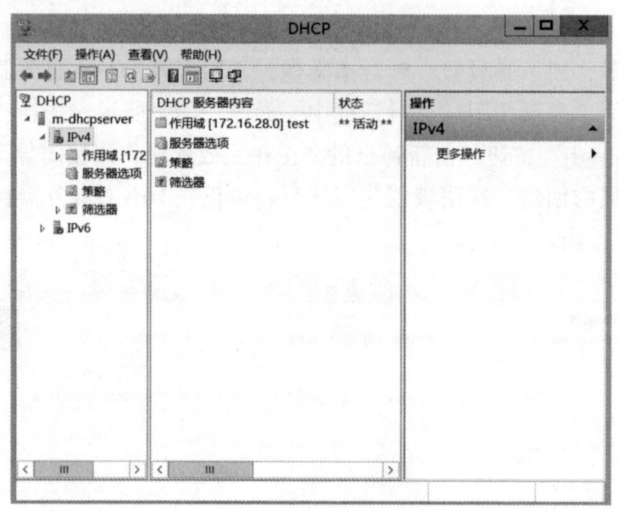

图 2-30　添加作用域后的 DHCP 控制台窗口

2. 配置 DHCP 客户端

当 DHCP 服务器配置完毕后即可为 DHCP 客户端提供地址租用服务。目前常用的操作系统均可作为 DHCP 客户端，本任务以 Windows 平台作为 DHCP 客户端进行配置。

（1）配置 DHCP 客户端

① 在客户端上，选择“开始”→“控制面板”命令，打开“控制面板”窗口。

② 单击“控制面板”窗口中的“网络和 Internet”栏目下的“查看网络状态和任务”链接，打开“网络共享中心”窗口。

③ 在“网络共享中心”窗口中选择左侧的“更改适配器设置”链接，打开“网络连接”窗口，找到需要配置的网络连接图标，在网络连接图标上双击，或者右击并在弹出的快捷菜单中选择“属性”命令，打开本地连接属性对话框，如图 2-31 所示。

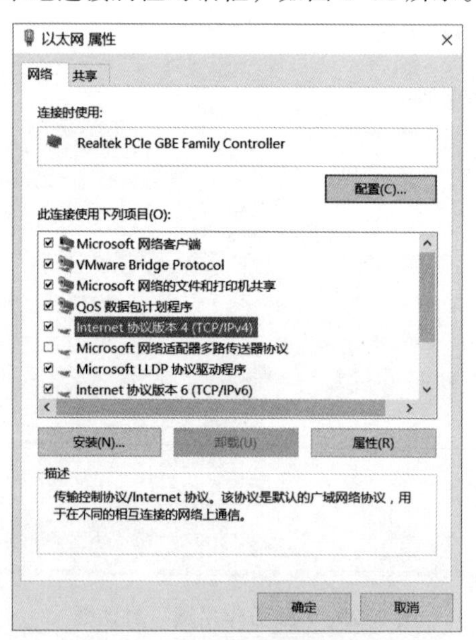

图 2-31　本地连接属性对话框

④ 双击本地连接属性对话框中“Internet 协议版本 4（TCP/IPv4）”选项，在弹出的“Internet 协议版本 4（TCP/IPv4）属性”对话框中，选中“自动获得 IP 地址”和“自动获得 DNS 服务器地址”，如图 2-32 所示，完成 DHCP 客户端的配置。

⑤ 配置完成后，通过在网络连接图标上右击并在弹出的快捷菜单中选择“状态”命令，打开“网络连接状态”对话框，在该对话框中单击“详细信息”按钮，打开“网络连接详细信息”对话框，如图 2-33 所示，查看 DHCP 客户端获取的网络地址信息。也可在 DHCP 客户端的命令提示符窗口输入“ipconfig -all”命令来查看网络配置信息。同时，在 DHCP 服务器控制台的“地址租用”栏目中也可查看被分配出去的 IP 地址信息及客户端的信息，如图 2-34 所示。

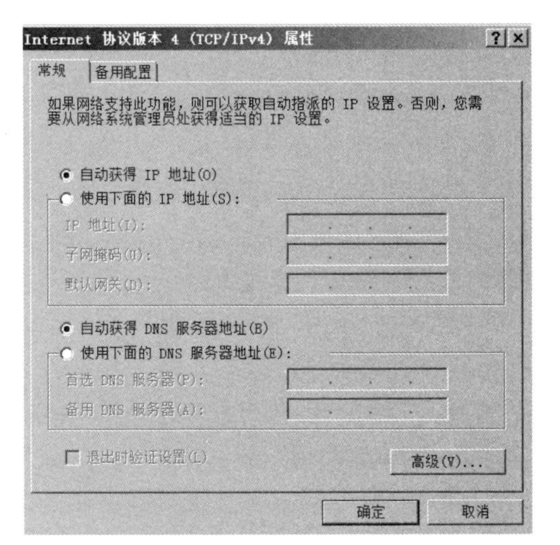

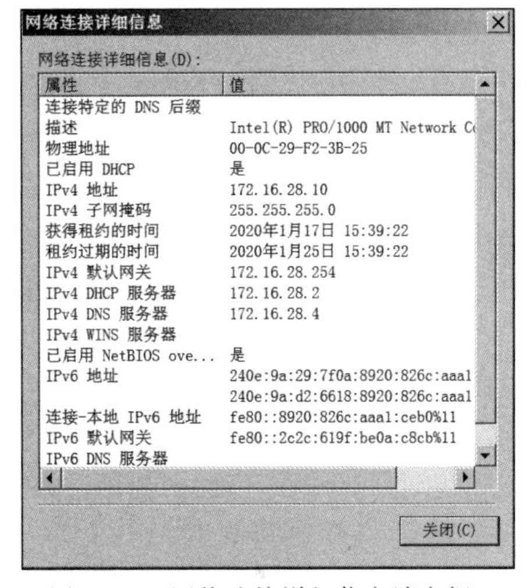

图 2-32　Internet 协议版本 4（TCP/IPv4）属性对话框　　图 2-33　网络连接详细信息消息框

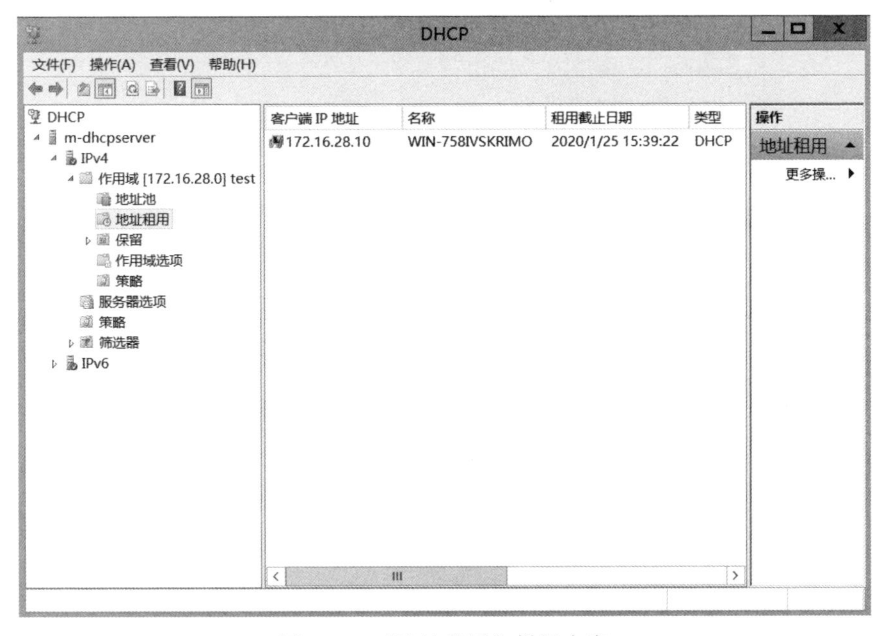

图 2-34　“地址租用”栏目内容

注意

当客户端因故无法向 DHCP 服务器租到 IP 地址，则会每隔 5min 自动寻找 DHCP 服务器为其分配 IP 地址，在未租到 IP 地址之前，客户端会暂时使用 169.254.0.0/16 网段的自动专用 IP 地址（Automatic Private IP Addressing，APIPA）来与局域网内的其他计算机通信。用户也可以通过“Internet 协议版本 4（TCP/IP 属性）”对话框中的“备用配置”选项卡中的“用户配置”来为客户端设置为成功从 DHCP 服务器获取 IP 地址时的备用 IP 地址。

（2）手动更新或释放 IP 地址租约

DHCP 客户端在租约到期前会自动地向 DHCP 服务器申请更新租约（即续约），这个过程由客户端自动完成。但也可由用户在客户端手动向 DHCP 服务器发送租约更新请求，如图 2-35 所示，通过在 DHCP 客户端的命令提示符窗口中输入“ipconfig/renew”命令来主动向 DHCP 服务器请求更新 IP 地址租约。如果想提前释放已获得的 IP 地址，可以在 DHCP 客户端的命令提示符窗口中输入“ipconfig/release”命令向 DHCP 服务器请求结束租约，从而释放已获得的 IP 地址，如图 2-36 所示。

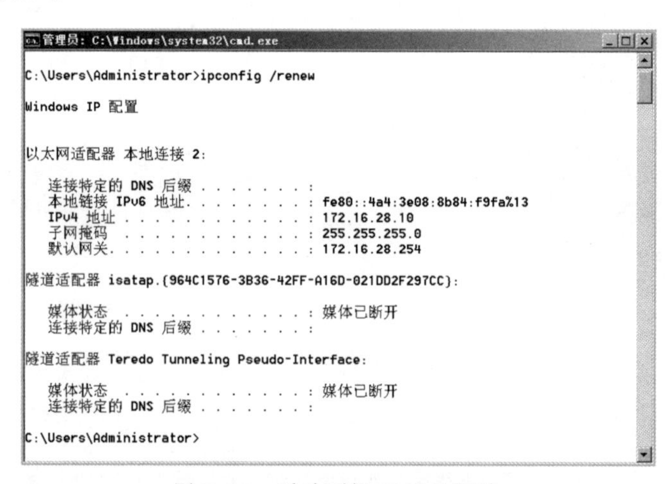

图 2-35　手动更新 IP 地址租约

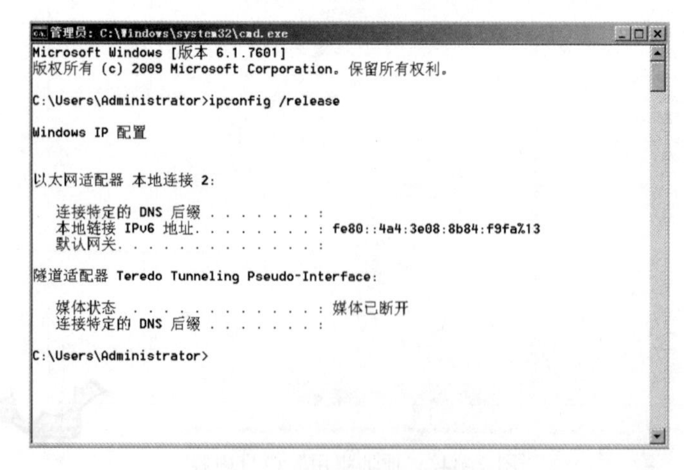

图 2-36　手动释放 IP 地址租约

3. 保留特定 IP 地址

使用 DHCP 作用域中的“保留”选项，可以为指定的 DHCP 客户端设定指定的 IP 地址，即将某些 IP 地址保留给指定的 DHCP 客户端使用，从而提高了 DHCP 服务器在地址分配方面的灵活性。实现该功能的工作原理是在 DHCP 服务器中，提前建立客户端的 MAC 地址与为其保留的 IP 地址之间的对应关系。当指定 MAC 地址的客户端向 DHCP 服务器申请 IP 地址时，DHCP 服务器就将指定的 IP 地址分配给其使用。为某个 DHCP 客户端建立保留 IP 地址的操作步骤如下。

① 在 DHCP 管理控制台中，右击指定作用域下的“保留”选项，在弹出的快捷菜单中选择“新建保留”选项，如图 2-37 所示。

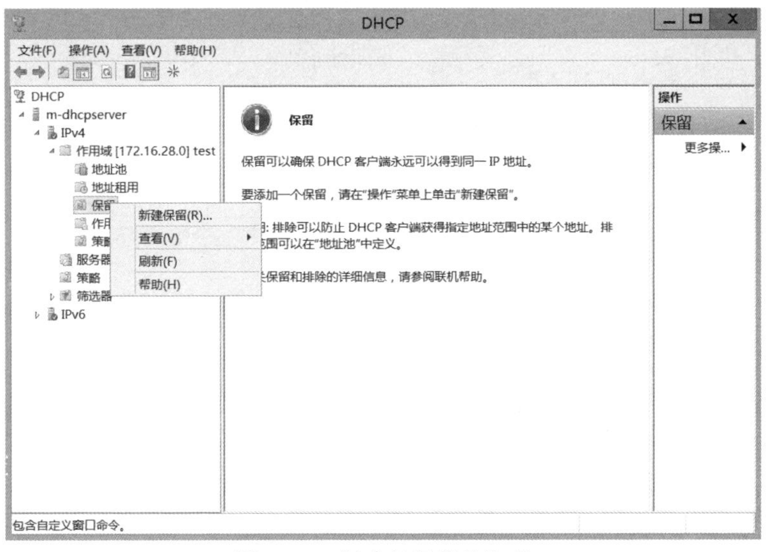

图 2-37　新建保留菜单选项

② 在弹出的“新建保留”对话框中输入保留名称、IP 地址、MAC 地址、描述等信息，单击“添加”按钮即可，如图 2-38 所示。指定的 DHCP 客户端自动获取的地址信息如图 2-39 所示，与上述的设置保持一致。同时在 DHCP 管理控制台中的指定作用域下的“保留”选项中也能看到为指定客户端分配的 IP 地址信息，如图 2-40 所示。

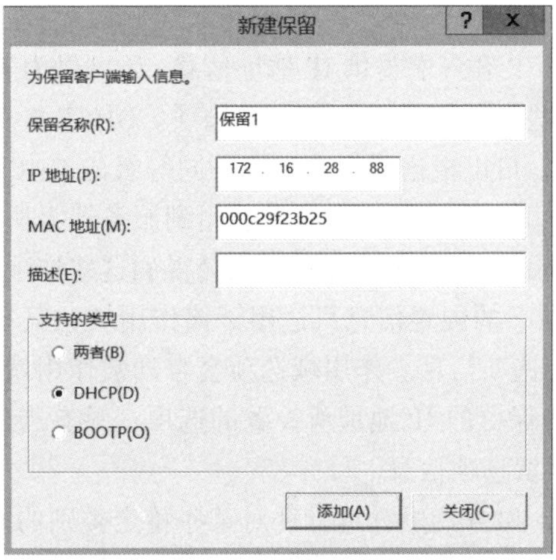

图 2-38　“新建保留”对话框

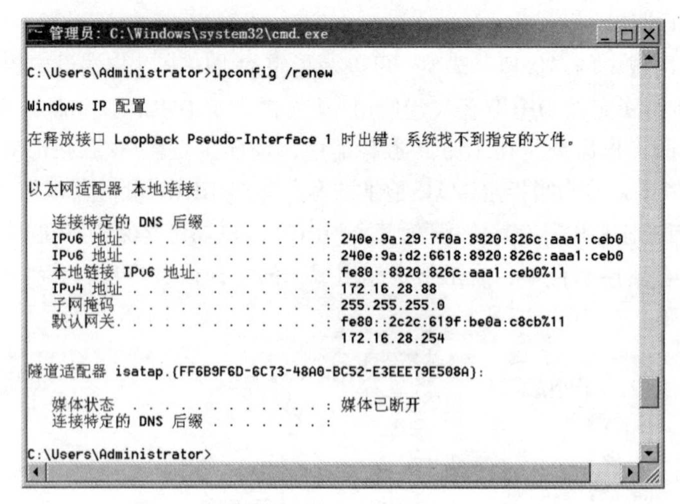

图 2-39　指定客户端自动获取 IP 地址信息

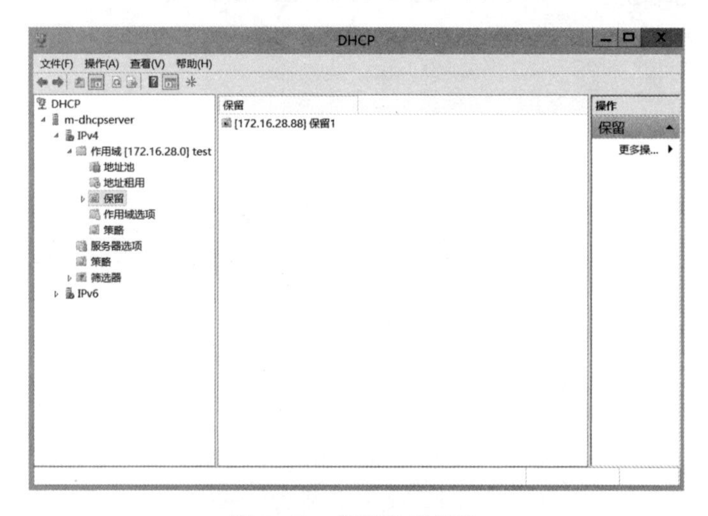

图 2-40　保留选项信息

4. 配置 DHCP 选项

DHCP 服务器除了为 DHCP 客户端提供 IP 地址信息，还可以为其设置默认网关、域名、DNS 服务器地址等选项信息，这些选项信息称作 DHCP 选项。DHCP 选项分为服务器选项、作用域选项、保留选项和类别选项，可以根据需要来配置不同等级的 DHCP 选项。

① 服务器选项：该选项下的配置信息会自动应用到服务器上所有作用域。DHCP 客户端从这个服务器上的任何一个作用域租到 IP 地址时，都会得到这些选项信息。

② 作用域选项：该选项下的配置信息只适用于该作用域，只有当客户端从这个作用域租到 IP 地址时，才会得到这些选项信息。作用域选项会自动被作用域内的所有保留区继承。

③ 保留选项：针对某个保留的 IP 地址所设置的选项，只有当 DHCP 客户端租用到这个保留的 IP 地址时，才会配置保留选项信息。

④ 类别选项：在 DHCP 服务器中，可以针对某些特定类别的计算机配置选项，隶属于这个类别的计算机租用地址时，该 DHCP 服务器会将这些配置选项发送给客户端计算机。与

Windows Server 2008 不同，Windows Server 2012 的 DHCP 服务器不可以单独配置类别选项，而是必须通过策略来针对特定的客户端计算机设置选项。

DHCP 选项设有优先级，不同选项的优先级不同。它们的优先级顺序如下：服务器选项（最低）→作用域选项→保留选项（最高）。例如在服务器选项中将 DNS 服务器的 IP 地址设置为 192.168.1.10，而在某个作用域的作用域选项中将 DNS 服务器的 IP 地址设置为了 192.168.1.20。此时若某个客户端从该作用域下申请 IP 地址，根据选项的优先级原则，其 DNS 服务器的 IP 地址将被配置为作用域选项中所配置的 192.168.1.20。

5. **配置策略**

Windows Server 2012 的 DHCP 服务器支持通过策略来为特定的客户端计算机分配不同的 IP 地址和选项。例如在同一个网络内将桌面计算机的 IP 地址租约设置为 8 天，而将移动连网设备的 IP 地址租约设置为 4 个小时。Windows Server 2012 的 DHCP 服务器可以通过客户端发送过来的 MAC 地址、供应商类、用户类、客户端标识符、中继代理信息等来识别客户端，从而对不同的客户端进行配置。

以 MAC 地址来识别客户端计算机为例，通过配置策略来实现使指定 MAC 地址的客户端计算机获取的 IP 地址范围在 172.16.28.90 ~ 172.16.28.100 之间，租约为 2 天，默认网关为 172.16.28.1，DNS 服务器地址为 8.8.8.8。

① 查看客户端主机的 MAC 地址。在客户端主机的命令行中输入“ipconfig /all”命令来查看 MAC 地址。如图 2-41 所示，本案例中客户端主机的 MAC 地址为“00-0C-29-68-AF-F2”。

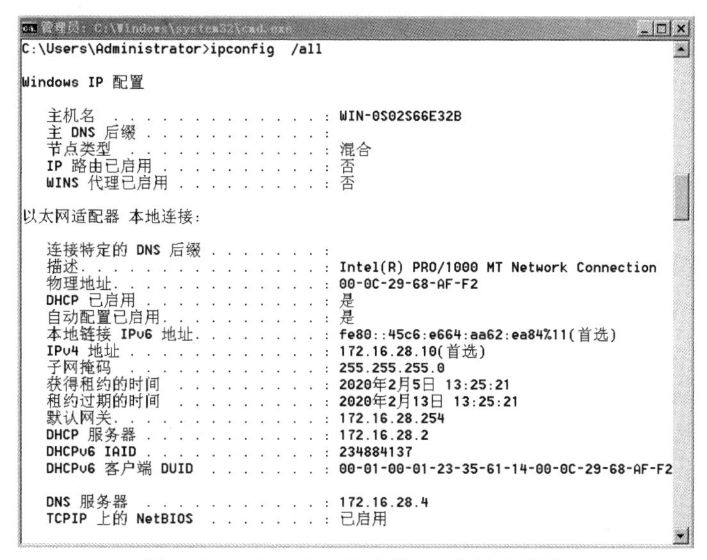

图 2-41　查看客户端主机 MAC 地址信息

② 在 DHCP 管理控制台中，右击作用域下的“策略”选项，在弹出的快捷菜单中选择“新建策略”菜单项。

③ 弹出的“DHCP 策略配置向导”对话框中，输入策略名称及描述，如图 2-42 所示，然后单击“下一步”按钮。在“为策略配置条件”对话框中，单击“添加”按钮，如图 2-43 所示。

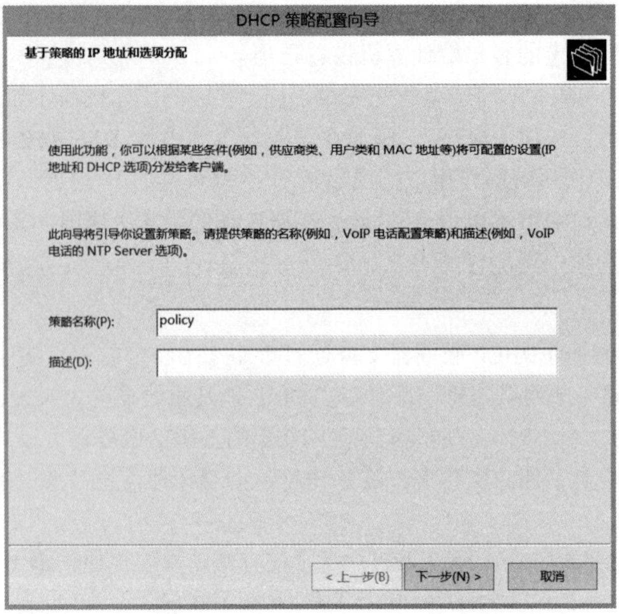

DHCP 策略配置向导

基于策略的 IP 地址和选项分配

使用此功能，你可以根据某些条件(例如，供应商类、用户类和 MAC 地址等)将可配置的设置(IP 地址和 DHCP 选项)分发给客户端。

此向导将引导你设置新策略。请提供策略的名称(例如，VoIP 电话配置策略)和描述(例如，VoIP 电话的 NTP Server 选项)。

策略名称(P): policy

描述(D):

< 上一步(B)　下一步(N) >　取消

图 2-42 “DHCP 策略配置向导”对话框

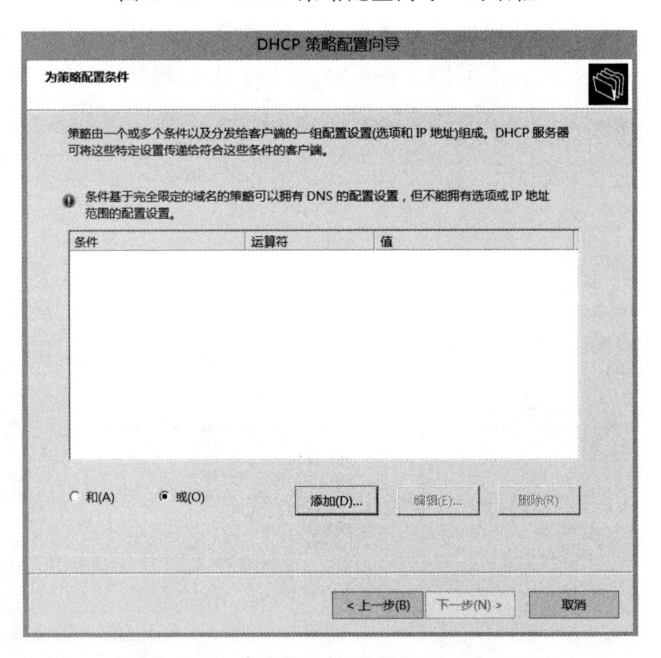

图 2-43 “为策略配置条件”对话框

④ 在“添加/编辑条件”对话框中的“条件”下拉列表中选择“MAC 地址”选项，在“运算符”下拉列表中选择默认的“等于”选项，在“值”对应的文本框中输入客户端主机的 MAC 地址后单击“添加”按钮，如图 2-44 所示。添加成功后，继续单击“确定”按钮，将回到“为策略配置条件”对话框，继续单击“下一步”按钮。

⑤ 在“为策略配置设置”的配置 IP 地址范围对话框中，设置 IP 地址范围，如图 2-45 所示，然后单击“下一步”按钮。

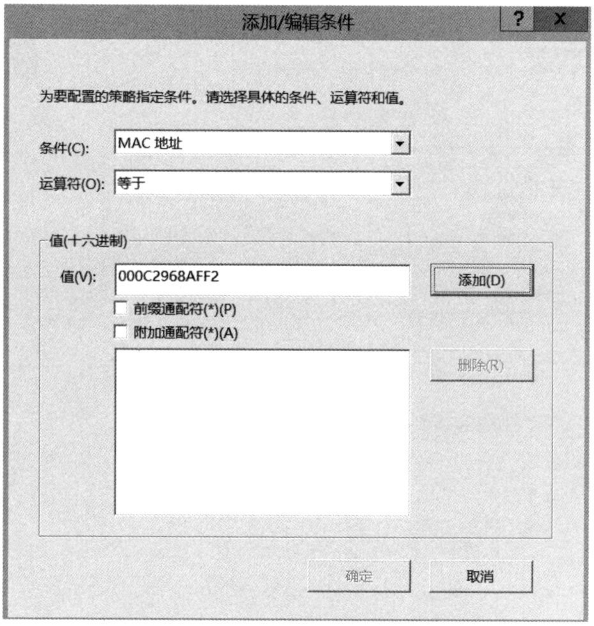

图 2-44 “添加/编辑条件”对话框

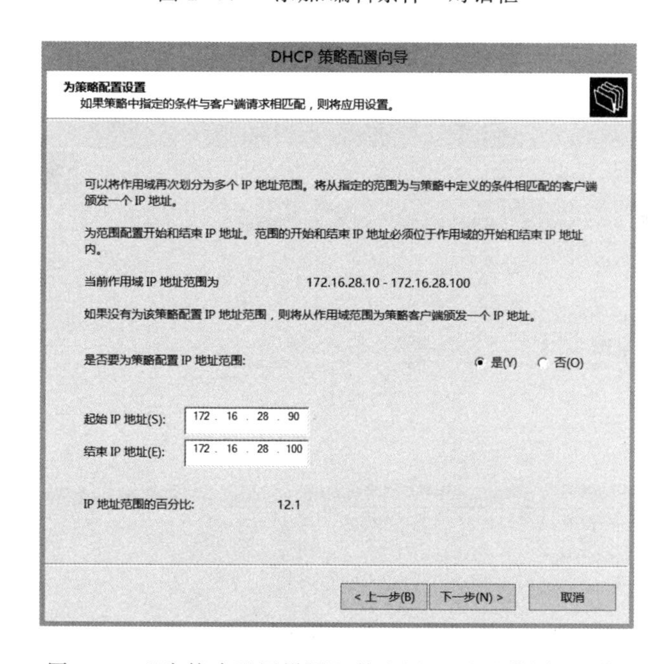

图 2-45 “为策略配置设置”的配置 IP 地址范围对话框

⑥ 在“为策略配置设置”的配置选项对话框中，在“供应商类”下拉列表中选择“DHCP Standard Options”，在“可用选项”栏目中选中“路由器”选项，然后在“数据项”栏目中的“IP 地址”文本框中输入默认网关的 IP 地址后单击“添加”按钮，如图 2-46 所示。

⑦ 继续在此对话框的“可用选项”栏目中选中“DNS 服务器”选项，在“数据项”栏目中的“IP 地址”文本框中输入 DNS 服务器的 IP 地址后单击“添加”按钮。设置完成后，单击“下一步”按钮。

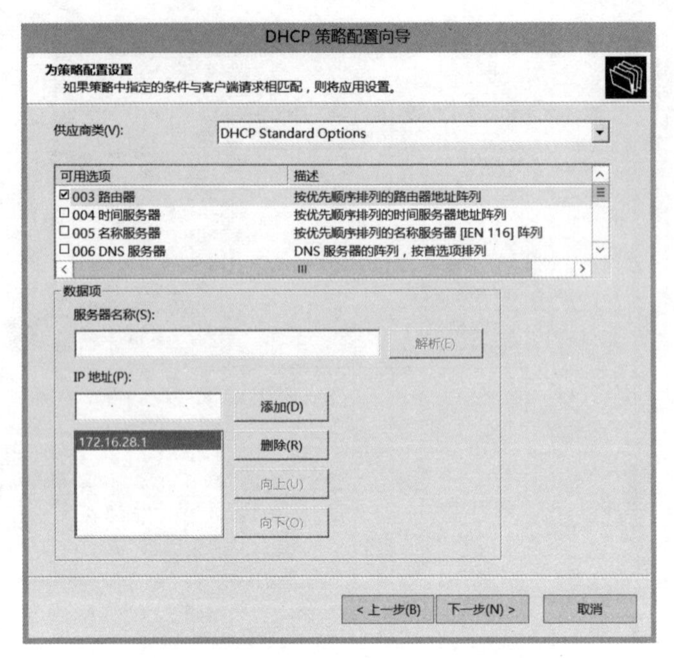

图 2-46 “为策略配置设置”的配置选项对话框

⑧ 在显示的“摘要”对话框中核对刚才所做的配置，核对无误后单击“完成”按钮，如图 2-47 所示。

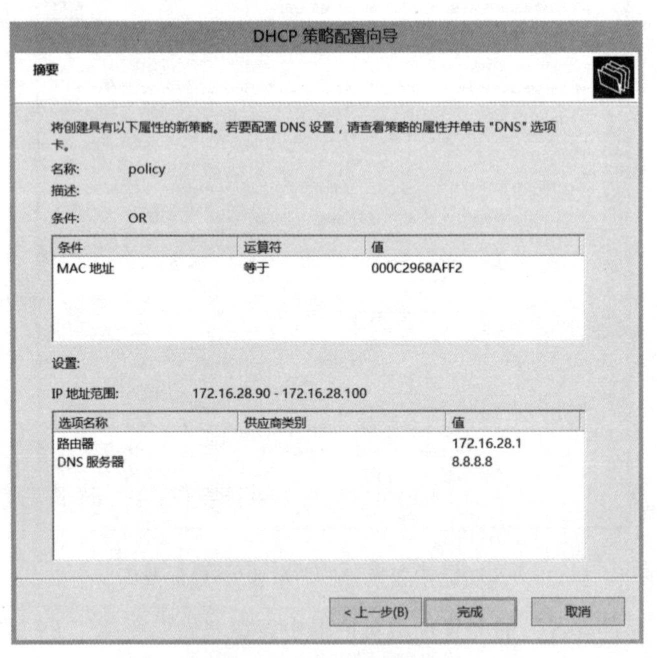

图 2-47 “摘要”对话框

⑨ 在 DHCP 管理控制台窗口中的“策略”栏目下，选中刚才新建的策略后并右击，在弹出的快捷菜单中选择“属性”命令，在弹出对话框中选中“为策略设置租用期限”复选框后，设置租用期限，如图2-48 所示。在此对话框中可以对策略的配置信息进行修改。设置完成后单击“应用”按钮，然后单击“确定”按钮。

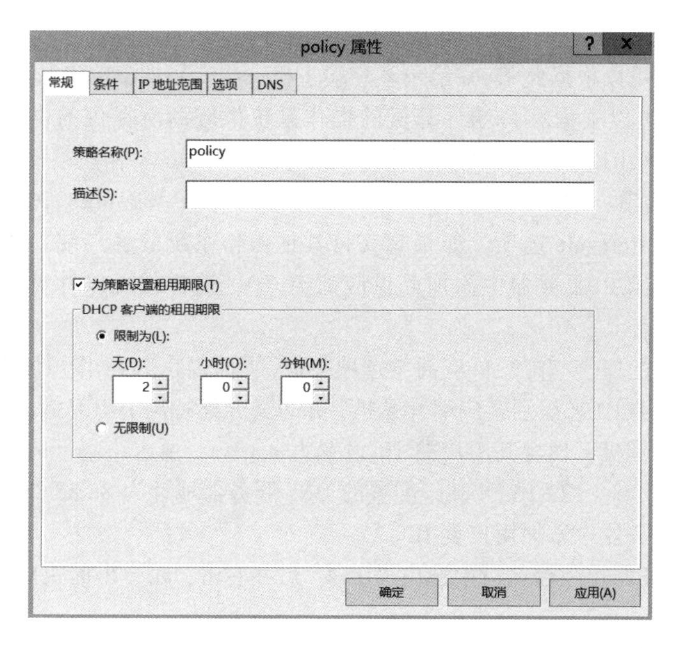

图 2-48　策略属性“常规”选项卡

⑩ 在客户端计算机的命令行中执行“ipconfig /renew”命令更新租约，更新成功后执行“ipconfig /all”命令，如图 2-49 所示，其获取的 IP 地址为 172.16.28.90，默认网关为 172.16.28.1，DNS 服务器为 8.8.8.8，租约期限为 2 天。客户端获取的信息与刚才所做配置一致。

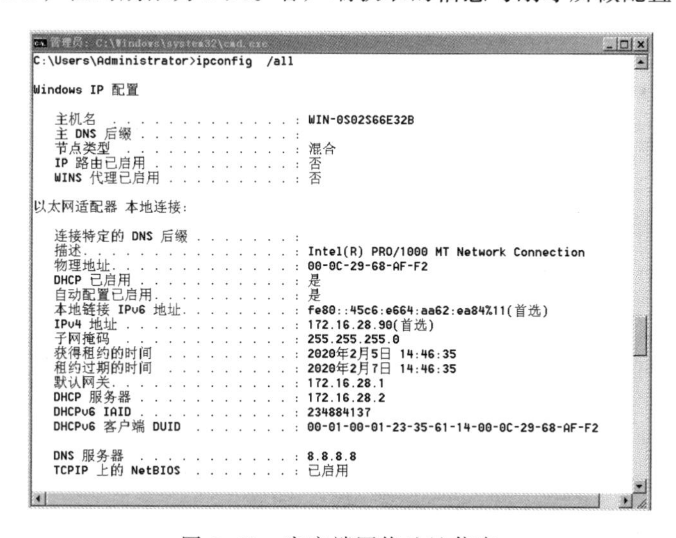

图 2-49　客户端网络地址信息

6. 配置 DHCP 类别选项

在 DHCP 服务器内为某个特定类别的计算机配置选项后，则隶属于这个类别的计算机在租用地址时，该 DHCP 服务器会将这些配置选项发送给客户端计算机。Windows Server 2012 的 DHCP 服务器支持用户类和供应商类两种不同的类别选项。

① 用户类：可以为某些客户端计算机设置用户类 ID，例如将某公司市场部的计算机的类

ID统一设置成market，当这些计算机向DHCP服务器申请IP地址时就会将这个类ID一并发送给服务器，服务器就可以根据此ID来给予客户端主机一些专用的DHCP选项设置。

② 供应商类：可以根据客户端计算机的操作系统供应商所提供的供应商 ID 来设置选项。Windows Server 2012 的 DHCP 服务器已具备识别 Windows 客户端的能力，并提供了 4 个内置的供应商类选项：DHCP Standard Options、Microsoft Windows 2000 选项、Microsoft Windows 98 选项、Microsoft 选项。如果想支持其他操作系统的客户端，可以先查询其供应商类 ID，然后在 DHCP 服务器中添加此供应商类 ID，这样就可以针对这些客户端来设置 DHCP 选项。

配置用户类选项的操作与配置供应商类选项类似，下面以在IPv4作用域下配置用户类选项为例，验证通过用户类ID来识别客户端计算机，并为其分配特定DHCP选项。假设客户端PC1为某公司市场部的计算机，现将其用户类ID设置为market，要求市场部的计算机申请到的IP地址范围为172.16.28.78~172.16.28.88，配置的DNS服务器地址为88.88.88.88。

（1）在DHCP服务器中添加用户类ID

① 在DHCP服务器控制台窗口中选中“IPv4”后并右击，在弹出的快捷菜单中单击“定义用户类”命令。

② 在弹出的“DHCP用户类”对话框中单击“添加”按钮，如图2-50所示。

③ 在弹出的“新建类”对话框中，输入显示名称、描述和ID，如图2-51所示。输入完成后单击“确定”按钮，将再次返回到“DHCP 用户类”对话框，此时对话框中将出现刚才新建的用户类，单击对话框中的“关闭”按钮，完成用户类的添加。

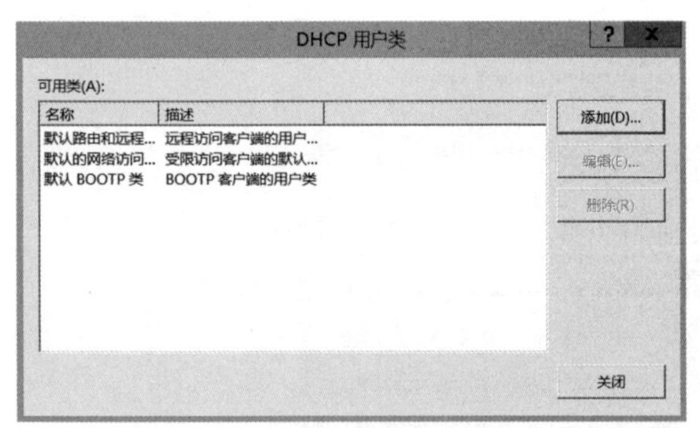

图2-50 “DHCP用户类”对话框

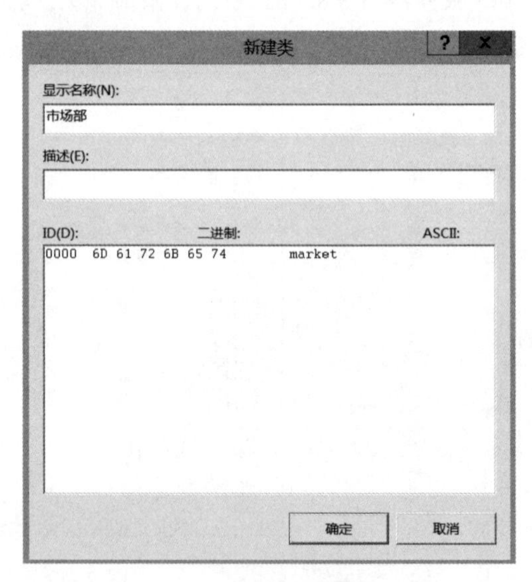

图2-51 “新建类”对话框

（2）在DHCP服务器中为用户类market新建策略

新建策略的操作过程如前所述，不同的是，在“添加/编辑条件”对话框中，需要在“条件”对应的下拉列表中选择“用户类”选项，在“运算符”对应的下拉列表中选择默认的“等于”选项，在“值”对应的下拉列表中选择“市场部”，如图2-52所示。

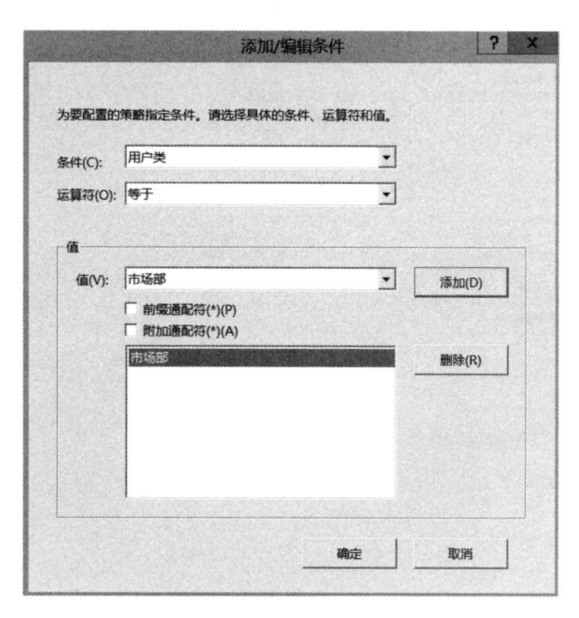

图 2-52　“添加/编辑条件”对话框

然后为用户类 market 设置分配的 IP 地址范围和 DNS 服务器地址，配置信息如图 2-53 和图 2-54 所示。

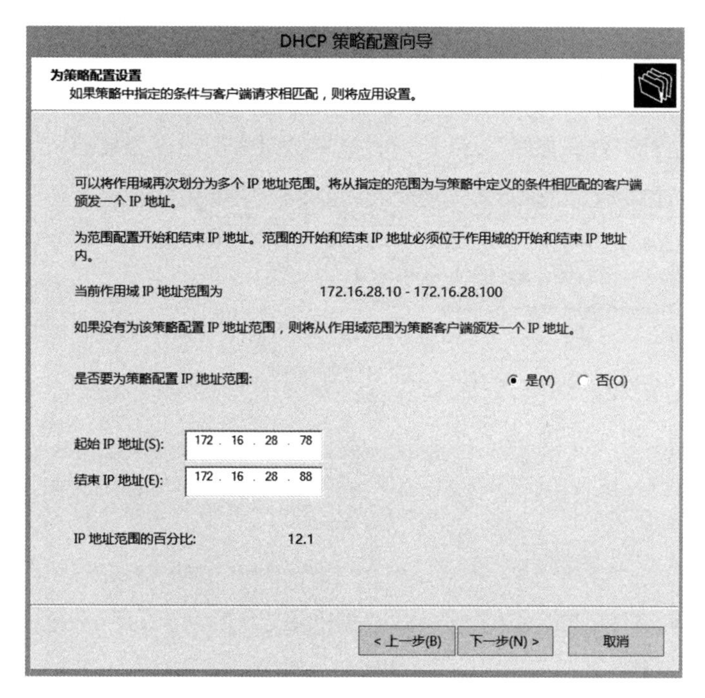

图 2-53　“为策略配置设置”的配置 IP 地址范围对话框

图 2-54 “为策略配置设置”的配置选项对话框

（3）DHCP 客户端的配置

将客户端的用户类 ID 设置为 market，设置方法是在命令提示符窗口中使用“ipconfig/setclassid”命令。在设置之前需要知道要设置的网络连接名称，本案例中，客户端的网络连接名称为“本地连接”。设置用户类 ID 过程如图 2-55 所示，设置完成后使用“ipconfig /all”命令来查看所做的设置是否生效，如图 2-55 所示，显示结果表明已设置成功。

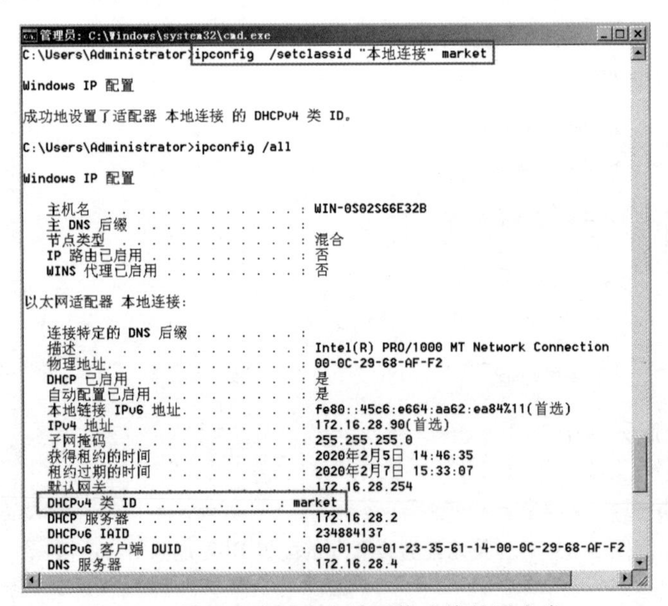

图 2-55 设置和查看客户端网络连接的用户类 ID

在 DHCP 客户端命令提示符窗口中使用“ipconfig / renew”命令重新更新地址租约，更新地址租约后的信息如图 2-56 所示，可以看到其 IP 地址被设置为 172.16.28.78，DNS 服务器地址也被设置成了 88.88.88.88。

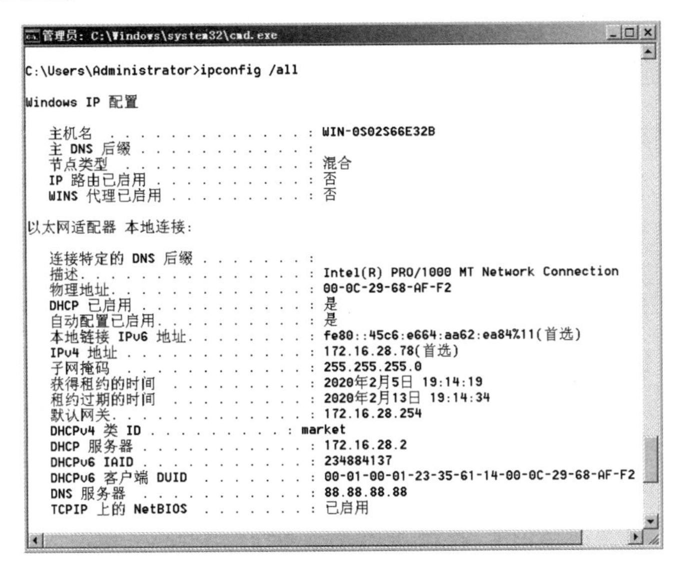

图 2-56 查看用户类选项配置结果

课堂练习

1. 练习场景

在任务 2 的课堂练习中，已经架设好了一台 DHCP 服务器，但它还不能为 DHCP 客户端提供 IP 地址分配服务。本次练习中，要在任务 2 课堂练习的基础上创建一个用于 IP 地址分配的 IPv4 作用域。

2. 练习目标

① 掌握 IP 作用域的建立。

② 掌握 DHCP 客户端的配置。

③ 掌握保留特定 IP 地址的操作方法。

3. 练习的具体要求与步骤

① 创建一个作用域，作用域名称为 test2，用于分配的 IP 地址范围为 172.16.1.10~172.16.1.200，需排除的地址为 172.16.1.80~172.16.1.100，默认网关为 172.16.1.254，DNS 服务器 IP 地址为 172.16.2.1。

② 配置 DHCP 客户端，查看获取到的 IP 地址等信息。

③ 在 DHCP 服务器中为该 DHCP 客户端配置保留地址 172.16.1.188，并在 DHCP 客户端使用命令 ipconfig /renew 验证结果。

任务 4 管理与维护 DHCP 服务器

任务描述

为了保障 DHCP 服务的正常运行，需要对 DHCP 服务器进行日常的管理与维护。用户可以通过分析 DHCP 服务器的运行日志来了解服务的运行情况，为了保证 DHCP 服务器的安全可靠以及数据安全，可以定期地将 DHCP 服务器的数据库备份至其他存储介质或计算机中，以便在 DHCP 服务器出现严重故障时利用备份的数据来对 DHCP 服务进行恢复。

任务分析

DHCP 数据库文件内保存了如 IP 地址作用域、出租地址、保留地址与选项设置等 DHCP 服务器的配置数据。为了保证 DHCP 服务器的数据库在出现意外情况后仍能保持数据信息的完整性，用户需要对 DHCP 服务器的数据库进行备份。通过收集、查看与分析 DHCP 服务器的日志信息，可以帮助用户了解 DHCP 服务器的运行情况，以便找出性能瓶颈、问题所在，改进服务质量。本次任务主要包括以下知识点和技能点：

- DHCP 服务器的统计信息。
- DHCP 服务器审核日志。
- DHCP 服务器数据库的备份与还原。

任务实施

1. 监视 DHCP 服务器的运行

通过收集、查看与分析 DHCP 服务器的信息，可以帮助用户了解 DHCP 服务器的运行情况，以便找出性能瓶颈、问题所在，作为改进的参考。用户可以查看 DHCP 服务器或某个作用域的统计信息。操作步骤如下：

① 启用 DHCP 统计信息自动更新功能。如图 2-57 所示，选中“IPv4”,然后单击上方“属性”图标，打开“IPv4 属性”对话框的“常规”选项卡，如图 2-58 所示，选中“自动更新统计信息的时间间隔”复选框，设置自动更新间隔时间后单击“确定”按钮。

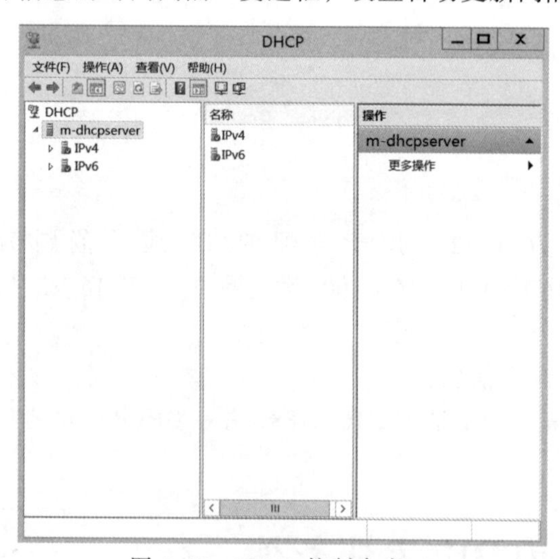

图 2-57　DHCP 控制台窗口

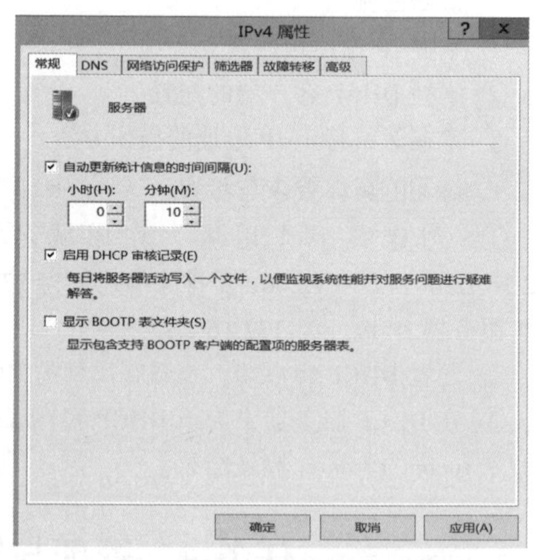

图 2-58　“IPv4 属性”对话框

② 查看 DHCP 服务器统计信息。如图 2-59 所示，在“IPv4”上右击，在弹出的快捷菜单中选择“显示统计信息”命令，打开服务器的“IPv4 统计信息”对话框。主要的参数如下：

- 开始时间：DHCP 服务器的启动时间。

- 正常运行时间：DHCP 服务器已经持续运行的时间。
- 发现数：已收到的 DHCP Discover 数据包的数量。
- 提供数：已发出的 DHCP Offer 数据包的数量。
- 延迟提供：被延迟发送的 DHCP Offer 数据包的数量。
- 请求数：已收到的 DHCP Request 数据包数量。
- 回答数：已发出的 DHCP ACK 数据包的数量。
- 释放数：已收到的 DHCP Release 数据包的数量。
- 作用域总计：DHCP 服务器内现有的作用域数量。
- 地址总计：DHCP 服务器可提供给客户端的 IP 地址总数。
- 使用中：DHCP 服务器内已出租的 IP 地址总数。
- 可用：DHCP 服务器内尚未出租的 IP 地址总数。

若要查看某个作用域的统计信息，可在作用域上右击，在弹出的快捷菜单中选择“显示统计信息”命令，即可打开该作用域的统计信息对话框。

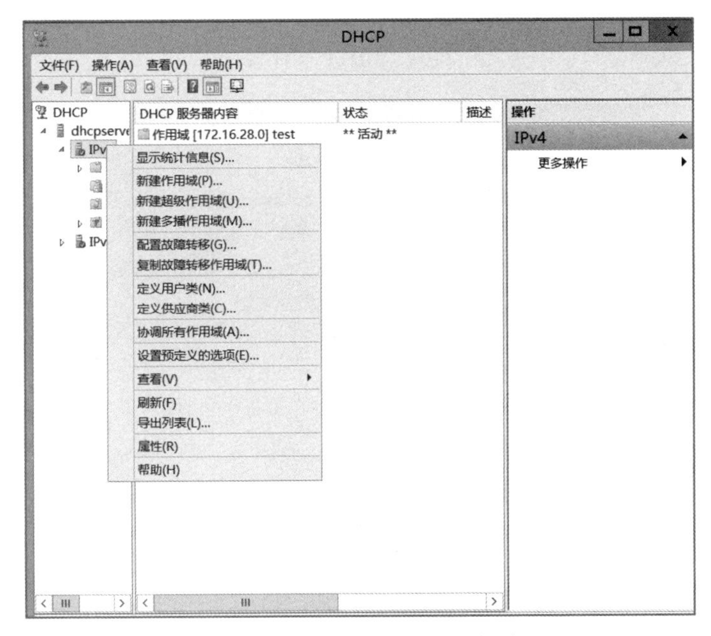

图 2-59　作用域右击弹出菜单

2. 审核 DHCP 服务器日志

DHCP 审核日志中记录着与 DHCP 服务有关的事件，如服务的启动与停止时间、IP 地址的分配/更新/释放/拒绝等信息。系统默认已经启用审核记录功能，如要更改，则打开“IPv4 属性”对话框，勾选或取消勾选“启用 DHCP 审核记录”复选框即可。

记录文件默认存储在%Systemroot%\System32\dhcp 文件夹中，如图 2-60 所示，其文件格式为 DhcpSrvLog-day.log，其中 day 为星期一至星期日的引文缩写。若要更改日志文件的存储位置，可以在“IPv4 属性”对话框的“高级”选项卡中，如图 2-61 所示，在“审核日志文件路径”后的文本框中通过浏览或者输入路径的方式来设置新的存储路径。

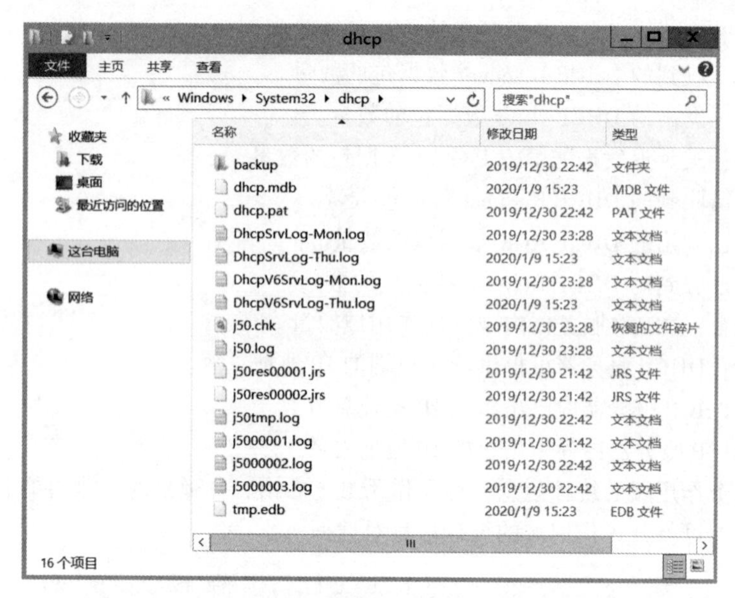

图 2-60 DHCP 文件夹

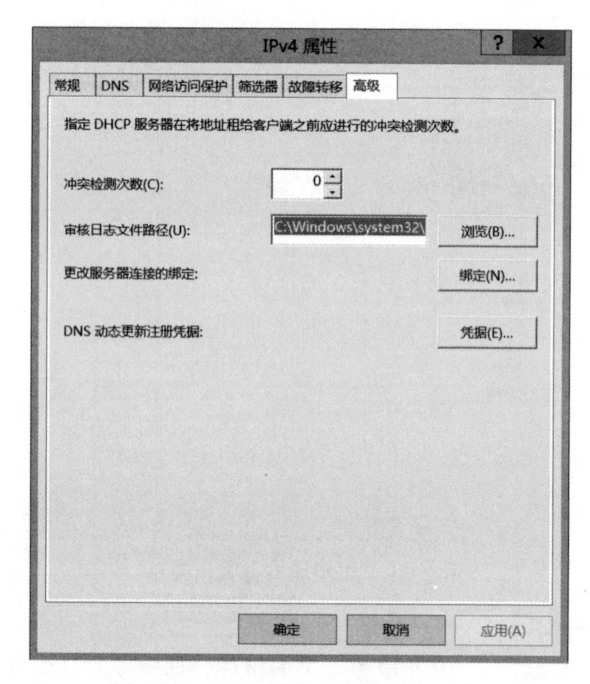

图 2-61 IPv4 属性“高级”选项卡

3. 维护 DHCP 数据库

DHCP 服务器的数据库文件内存储着 DHCP 的配置数据，例如 IP 地址作用域、出租地址、保留地址与选项设置等，系统默认将数据文件存储在%Systemroot%\System32\dhcp 文件夹中。其中最主要的数据库文件是 dhcp.mdb，其他为辅助文件。若要修改 DHCP 服务器数据库的默认路径，则可以打开 DHCP 服务器的属性对话框，如图 2-62 所示，然后在“数据库路径”后的文本框中通过浏览或者输入路径的方式来设置新的存储路径。

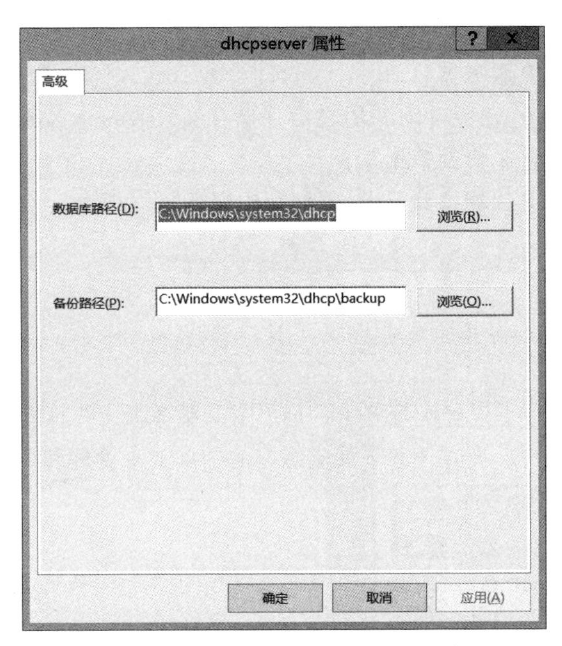

图 2-62 “dhcpserver 属性”对话框

（1）数据库的备份

- 自动备份：默认情况下，DHCP 服务器会每隔 60 min 自动将数据库文件备份到%Systemroot%\System32\dhcp\backup\new 文件夹中。可以更改此时间间隔，操作方法为打开注册表，找到 HKEY_LOCAL_MACHINE\SYSTEM\CurrentControlSet\Services\DHCPServer\Parameters 路径下的 BackupInterval 选项进行修改，如图 2-63 所示。

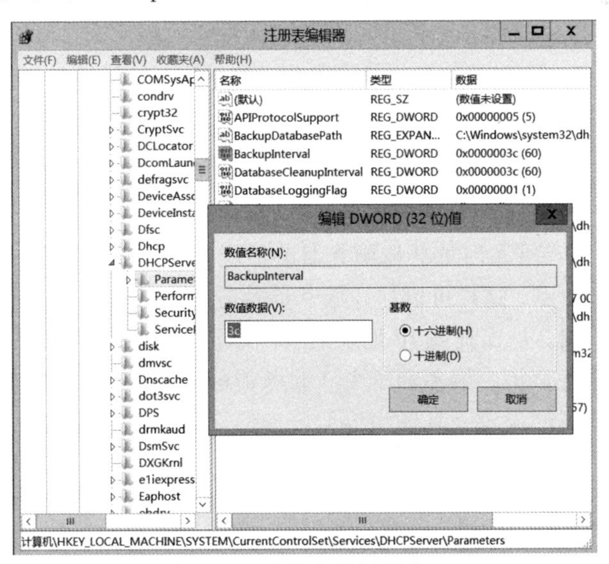

图 2-63 注册表编辑器窗口

- 手动备份：手动将 DHCP 数据库文件备份到指定的文件夹中，操作方法是：在 DHCP 控制台窗口中，右击 DHCP 服务器图标，在弹出的快捷菜单中选择“备份”命令，默认是将数据库文件备份到%Systemroot%\System32\dhcp\backup\new 文件中。

（2）数据库的还原

- 自动还原：当 DHCP 服务器启动时，会自动检查 DHCP 服务器数据库是否损坏，如果检查到数据库已损坏，它会自动利用之前存储在%Systemroot%\System32\dhcp\backup\new 文件夹内的备份文件来修复数据库。
- 手动还原：在 DHCP 控制台窗口中，右击 DHCP 服务器图标，在弹出的快捷菜单中选择“还原”命令。

课堂练习

1. 练习场景

在任务 3 的课堂练习中，已经配置好了一台 DHCP 服务器，并且能为 DHCP 客户端提供 IP 地址分配服务。本次练习中，要在任务 3 课堂练习的基础上来管理和维护 DHCP 服务器。

2. 练习目标

① 掌握查看 DHCP 服务器的统计信息。
② 掌握 DHCP 服务器审核日志的配置。
③ 掌握 DHCP 服务器数据库的备份与还原。

3. 练习的具体要求与步骤

① 通过查看 DHCP 服务器的统计信息来了解 DHCP 服务器的运行状态。
② 查看审核日志的存储路径，找到当天的审核日志文件并查看其内容。
③ 查看 DHCP 服务器数据库的存储路径，手动备份 DHCP 服务器数据库至其他路径。

网络管理与维护经验

1. 合理设置租约期限

DHCP 客户端获取 IP 地址后，必须在租约到期之前向 DHCP 服务器更新租约，以便继续使用分配到的 IP 地址，否则租约到期后，DHCP 服务器将收回该 IP 地址。那如何设置 DHCP 服务器的租约呢？如果租约设置得过短，则客户端会频繁地向服务器更新租约，这样会增加网络负担，但可以保证客户端及时地获取服务器的最新设置。如果网络中的 IP 地址比较紧张，则可以将租约设置得短一点，这样可以保证服务器及时地回收未在使用的 IP 地址，将这类 IP 地址分配给需要的客户端，从而提高 IP 地址的利用率。如果将租约设置得过长，将会减少更新租约的频率，降低网络负担，但不利于更新服务器的最新设置，客户端只有在更新租约时才会从服务器处获取最新的设置。具体租约值该如何设置，需要考虑网络的实际情况，进行合理地设置。

2. 子网延迟的使用

当网络中存在多台对外提供 IP 地址租借服务的 DHCP 服务器，那客户端会使用哪个服务器提供的 IP 地址呢？通过前面的学习，我们知道客户端会选择最先收到的 DHCP Offer 报文的发送者为其提供 IP 地址。但在某些应用场景中，需要客户端获取指定的网段的 IP 地址，这时就可以通过增加其他 DHCP 服务器中作用域的子网延时值来降低它们发出的 DHCP Offer 被选中的概率，从而保证负责分配指定网络的 DHCP 服务器具有一定的优势。

3. 排除手动配置的 IP 地址

现有的企业网络环境,往往采用静态配置与动态配置相结合的方式来管理网络的主机 IP 地址,对于企业的服务器如 Web 服务器、DNS 服务器、FTP 服务器等往往需要使用固定的 IP 地址,而对于普通的客户端主机的 IP 地址可以采用 DHCP 服务器自动分配,从而减轻网络管理员管理和维护的工作量。针对这种情况,在架设 DHCP 服务器建立作用域时,需要考虑将静态分配的 IP 地址排除在可用地址池之外,或者在作用域内为这些服务器建立保留地址。避免因考虑不周造成网络内 IP 地址冲突的情况发生。

练 习 题

一、填空题

1. DHCP 服务器的主要功能是动态分配________。

2. DHCP 客户端使用自动获取的 IP 地址的时间到达租约的________时,DHCP 客户端会自动向 DHCP 服务器发出租约更新申请。

3. DHCP 服务器的数据库默认存储的路径是________。

4. DHCP 客户端更新租约的命令是________,释放租约的命令是________。

二、选择题

1. DHCP 的简称是(　　)。

A. 静态主机配置协议　　B. 动态主机配置协议

C. 主机配置协议　　D. IP 地址应用协议

2. DHCP 客户端使用(　　)地址来申请一个新的 IP 地址。

A. 0.0.0.0　　B. 10.0.0.1　　C. 127.0.0.1　　D. 255.255.255.255

3. 使用 DHCP 服务,需要对外提供特定服务(如 Web 服务)或保证 IP 地址在使用时不冲突的主机,需要采用(　　)地址分配方式。

A. 自动分配　　B. 动态分配　　C. 手动分配　　D. 默认分配

4. 在一台 Windows 主机启用 DHCP 客户端功能并成功获取 IP 地址后,查看本地连接状态时,会发现状态信息中描述了 DHCP 租约时间。关于该租约信息的描述,以下正确的是(　　)。

A. DHCP 租约是由客户端指定的

B. DHCP 租约是由服务器指定的

C. 当主机上的动态 IP 地址达到 DHCP 租约的一半时,会广播 request 报文进行续约

D. 当主机上的动态 IP 地址达到 DHCP 租约的 87.5%时,会广播 release 报文进行续约

5. 在 DHCP 客户端向 DHCP 服务器申请 IP 地址的过程中,交互的数据包的目的地址为广播地址的数据包是(　　)。

A. DHCP Discover　　B. DHCP Offer　　C. DHCP Request　　D. DHCP Ack

项目 3

解析 DNS 主机名称

学习情境

网坚公司近几年业务得到迅速发展，对网络的依赖也在不断增长。为了实现网络资源的共享，公司在企业网络中搭建了 FTP、Web、E-mail 等服务。公司员工反映，使用 IP 地址访问这些服务，既不方便，也很难记忆不同服务对应的 IP 地址，需要一种方便、便于记忆的访问方法。

本案例讲述的是使用域名地址代替 IP 地址访问网络资源的问题。在 TCP/IP 网络中，计算机之间进行通信是依靠 IP 地址实现的，然而 IP 地址是一组数字的组合，不便于用户使用与记忆。为了解决这一问题，需要提供一种友好的、方便记忆和使用的名称，同时需要将该名称转换成为 IP 地址以便实现网络通信，在目前的实际应用中，主要使用 DNS 名称体系。

DNS 是一种名称解析服务，DNS 将人们易于理解的域名地址（如 www.baidu.com）解析成网络通信所需的 IP 地址（如 119.75.218.45），这个解析过程称作"主机名称解析"。为了实现解析目的，需要在网络中部署 DNS 服务器。

本项目基于 Windows Server 2012，在网坚公司的企业网络中部署 DNS 服务，为公司内部用户提供域名解析服务，同时也负责向外部 DNS 服务器转发 DNS 请求。本项目主要包括以下任务：

- 了解 DNS 服务。
- 架设主 DNS 服务器。
- 架设辅助与惟缓存 DNS 服务器。
- 管理与维护 DNS 服务。

任务 1　了解 DNS 服务

任务描述

Windows Server 2012 服务器端操作系统提供了 DNS 服务功能及在不同网络环境下的解决方案。在部署 DNS 服务之前，理解 DNS 的概念、熟悉 DNS 的工作原理是必要的。通过本次任务的学习主要掌握：

- 理解 DNS 的概念及名称体系。
- 理解 DNS 名称解析过程。
- 理解 DNS 的组件。

任务分析

在 TCP/IP 网络体系中，目前主要使用两种名称体系标准：NetBIOS 名称体系和 DNS 名称体系。

NetBIOS 名称体系是 NetBIOS 服务使用的一种网络资源标识。NetBIOS 名称由不超过 16 个的字符组成，其中前 15 个字符由用户指定，第 16 个字符用于表示资源或服务的类型。NetBIOS 名称是安装操作系统的时候创建的，当创建计算机名时，系统自动创建一个主机名和一个 NetBIOS 名称。NetBIOS 名称没有后缀，所以在局域网络中必须是唯一的，在 Internet 上 NetBIOS 名称不具有解析名称能力。

DNS 名称体系是 Internet 使用的标准命名体系。DNS 名称采用分层结构的命名机制，由主机名和 DNS 后缀两部分组成，例如，域名 www.baidu.com，其中 www 表示主机名，即域名限制范围内的一台主机；baidu.com 表示域名，是主机名的一个后缀，表示一个区域。DNS 名称最长可达 255 个字符。

注意

如果主机名称大于 15 个字符，则 NetBIOS 名称取前 15 个字符，此时主机名称和 NetBIOS 名称是不相同的；如果主机名称小于等于 15 个字符，则此时主机名称和 NetBIOS 名称是相同的。例如：计算机名称为 Londondepartment 的 NetBIOS 名称是 Londondepartmen。

由于 DNS 名称体系是 TCP/IP 网络体系中的一种应用标准，加上其自身的优越性，DNS 名称体系已经成为 Internet 上通用的资源命名规范。

本次任务主要包括以下知识点与技能点：

- DNS 名称空间。
- DNS 名称解析的查询模式。
- DNS 服务器的类型。
- DNS 名称解析过程。
- DNS 区域与记录。

任务实施

1. 理解 DNS 名称空间

（1）域名系统

域名系统（Domain Name System，DNS）是一种包含 DNS 主机名到 IP 地址映射的分布式、分层式数据库。DNS 通过字母名称访问资源。InterNIC（Internet Network Information Center，Internet 网络信息中心）负责域名空间的委派管理和域名注册。DNS 可以解决以下日益增加的问题：

① Internet 上的主机数目。

② 由于更新产生的通信量。

③ Host 文件的大小。

（2）域名空间

域名称空间是一个层次树状结构，具有一个唯一的根域，根域可以具有多个子域，而每一个子域又可以拥有多个子域。

对于某一个企业组织而言，可以创建自己私有的DNS命名空间，不过对于Internet而言，这些私有的DNS命名空间是不可见的，例如：ahtu.local。

域名称空间的层次结构如图3-1所示。

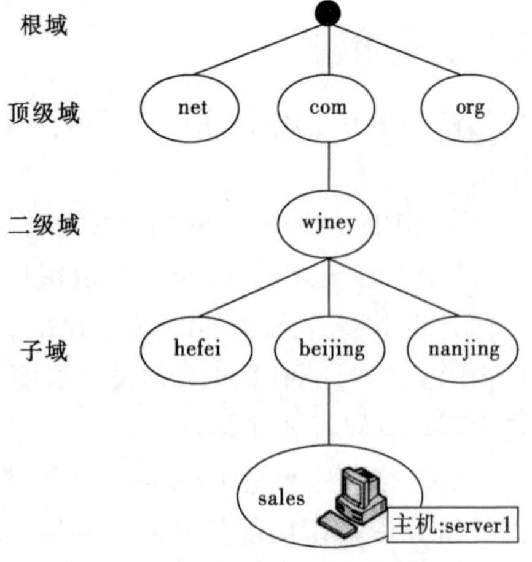

图3-1　域名称空间的层次结构

DNS 域名空间中的每一个结点都可以通过 FQDN（Fully Qualified Domain Name，完全限定域名）来识别。FQDN是一种清楚地描述此结点和DNS域名空间中根域的关系的DNS名称，用于表明其在域名称空间树的绝对位置。例如，主机 server1 的 FQDN 可以表示为：server1.sales.beijing.wjnet.com.，其中，最左边的段为主机名，其余部分为后缀，最后一个"."表示根域，习惯上可以省略。

① 根域（Root Domain）：根域是DNS层次结构的根结点，根域没有名称，用圆点"."表示，在DNS名称表示中通常省略。根域没有上级域，其下级域即为顶级域，在根域服务器中保存着顶级域的DNS服务器名称与IP地址的对应关系。

注意

根域服务器由InterNIC负责管理或授权管理。

② 顶级域（Top-Level Domain，TLD）：DNS根域下面即是顶级域，也由InterNIC机构管理。顶级域常用2个或3个字符的名称代码来表示，用于标识域名的组织或地理状态。组织域采用3个字符的代号，表示DNS域中所包含的组织的主要功能或活动，例如：edu表示教育机构组织，gov表示政府机构组织等；地理域采用2个字符的国家或地区代号，例如：cn表示中国，us表示美国等。

③ 子域（SubDomain）：除了根域与顶级域以外的域均为子域，每个子域还可以拥有一个或多个下级子域，子域名称一般没有位数限制。位于根域之下的子域为二级域，二级域是供公司或组织申请、注册使用的连接Internet名称，由InterNIC分配，例如：www.microsoft.com的二级域名为microsoft，这是Microsoft公司申请、注册的二级域名。公司或组织可以在其二级域下添加多层子域，例如按照公司或组织的部门细分域名，则Microsoft公司的销售部（Sales）域名为sales.microsoft.com。子域的域名最后必须附加其父域的域名，即它们的名称空间是连续的。

（3）主机名（Host Name）

主机名与DNS后缀一起用来标识TCP/IP网络上的资源。在DNS名称最左边的便是主机名，例如，域名www.baidu.com，其中www表示主机名，即域名限制范围内的一台主机；baidu.com表示域名，是主机名的一个后缀，表示一个区域。

小技巧

在命令行界面，使用hostname命令可以查看系统的主机名。

2. 认识DNS解决方案的组件

DNS解决方案由DNS服务器、DNS客户端、DNS区域与DNS资源记录组成。

（1）DNS服务器

DNS服务器是指安装并运行了DNS服务器软件的计算机，DNS服务器用于实现DNS名称和IP地址的双向解析。一台DNS服务器包含了DNS名称空间的部分数据信息，当DNS客户端发起解析请求时，DNS 服务器答复客户端的请求，或者提供另外一个可以帮助客户端进行请求解析的服务器地址，或者回复客户端无对应记录。

在部署 DNS 系统时，主要有 3 种类型的 DNS 服务器：主 DNS 服务器、辅助 DNS 服务器、惟缓存 DNS 服务器。

① 主 DNS 服务器（Primary Name Server）：主 DNS 服务器是特定 DNS 区域所有信息的权威性信息源，保存着自主生成的区域文件，该文件包含该服务器具有管理权的 DNS 区域的最权威信息。主 DNS 服务器的数据库文件是可读可写的，并且是本地更新的，在区域数据改变时，例如在区域中添加资源记录等，这些改动都会保存到主 DNS 服务器的区域文件中。

② 辅助 DNS 服务器（Secondary Name Server）：辅助 DNS 服务器可以通过“区域传输”复制主 DNS 服务器中数据库信息，并作为本地文件存储区域完整信息的只读副本，在辅助 DNS 服务器中不可以对区域信息进行直接更改。在网络中部署 DNS 服务时，每个区域必须部署一台主 DNS 服务器。另外，一般建议每一个区域至少部署一台辅助 DNS 服务器。

③ 惟缓存 DNS 服务器（Caching-only Name Server）：惟缓存 DNS 服务器只能缓存 DNS 名称并且使用缓存的信息来答复 DNS 客户端的解析请求。惟缓存 DNS 服务器可以提供名称解析服务，但其没有本地数据库文件。惟缓存 DNS 服务器可以减少 DNS 客户端访问外部 DNS 服务器的网络流量，并且可以降低 DNS 客户端解析域名的时间。

（2）DNS 客户端

当客户端计算机的 TCP/IP 属性中配置使用了 DNS 服务器，该计算机即启用了 DNS 客户端服务，通过该服务，客户端可以向 DNS 服务器发送 DNS 查询请求，并将查询结果保存在本地 DNS 缓存中。

（3）DNS 区域

区域（Zone）是由 DNS 名称空间中的单个域或由具有上下隶属关系的紧密相邻的多个子域组成的一个管理单位。

区域数据库文件包含了那些在该区域内子域的从名称到 IP 地址的映射信息。

注意

惟缓存 DNS 服务器中没有本地区域文件。

① DNS 区域类型：区域文件保存在 DNS 服务器中，为了配置 DNS 服务器以最大程度地满足需求，根据 DNS 服务器的不同角色，可以在其上配置不同类型的区域。主要有 3 种 DNS 区域类型：

- 主要区域。主要区域建立在一个区域的主 DNS 服务器中，其包含相应 DNS 命名空间所有的资源记录，具有权威性。主要区域的数据库文件是可读可写的，所有针对该区域信息的修改操作都必须在主要区域中完成。
- 辅助区域。辅助区域建立在一个区域的辅助 DNS 服务器中，同样包含相应 DNS 命名空间所有的资源记录，具有权威性。与主要区域不同之处是 DNS 服务器不能对辅助区域信息进行修改操作，即辅助区域是只读的。辅助区域的主要作用是均衡解析负载并提供容错能力，在主要区域崩溃时，可以将辅助区域转换为主要区域。
- 存根区域。存根区域也是主要区域的只读副本，但只包含由 SOA、NS 和 A 记录组成的区域数据的子集，并不包含所有区域数据库信息。如果某个区域存在于独立的 DNS 服务器上，可以把它配置为存根区域。

② 正向和反向查找区域：在确定了区域是主要、辅助还是存根区域类型之后，还需要确

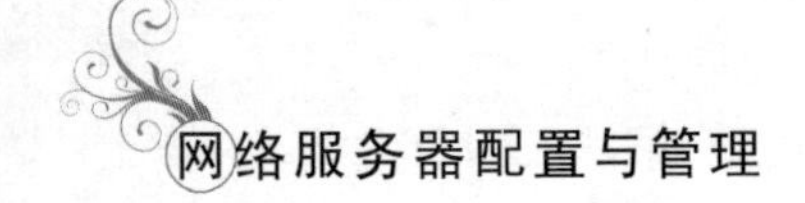

定资源记录要保存在何种类型的查找区域中，查找区域有两种：

- 正向查找区域。正向查找区域用于 FQDN 到 IP 地址的映射，当 DNS 客户端请求解析某个 FQDN 时，DNS 服务器在正向查找区域中进行查找，并返回给 DNS 客户端对应的 IP 地址。
- 反向查找区域。反向查找区域用于 IP 地址到 FQDN 的映射，当 DNS 客户端请求解析某个 IP 地址时，DNS 服务器在反向查找区域中进行查找，并返回给 DNS 客户端对应的 FQDN。

（4）DNS 资源记录

资源记录（Resource Record）是用于答复 DNS 客户端请求的 DNS 数据库记录，存在于区域数据库文件中，每一个 DNS 服务器包含了它所管理的 DNS 命名空间的所有资源记录。资源记录包含与特定主机有关的信息，如 IP 地址、提供服务的类型等。DNS 资源记录类型如表 3-1 所示。

表 3-1　DNS 资源记录

资源记录类型	说　明
A 记录	主机记录，该记录存在于正向查找区域，用于正向解析，是主机名称到 IP 地址的映射
PTR 记录	指针记录，该记录存在于反向查找区域，用于反向解析，是 IP 地址到主机名称的映射
SOA 记录	起始授权机构记录，该记录是任何区域文件中的第一条记录，用于指定一个区域的起点。它所包含的信息有区域名、区域管理员电子邮件地址，以及指示辅助 DNS 服务器如何更新区域数据文件的设置等
CNAME 记录	别名记录，该记录是一个主机名称到另一个主机名称的映射，用于将一个别名指向某个主机记录上，从而无须为某个需要新名称解析的主机再额外创建主机记录
MX 记录	邮件交换器记录，此记录列出了负责接收发送到域中的电子邮件的主机，通常用于邮件的收发
SRV 记录	服务器定位记录，该记录将服务名解析为提供服务的服务器主机名和端口。在 AD 集成的区域中才使用该记录，一般不需要手动创建，而由 AD 安装程序自动创建
NS 记录	名称服务器记录，该记录存在于所有正向与反向查找区域，用于指定负责 DNS 区域的权威名称服务器。当 DNS 服务器需要向委派的域发送查询时，它会查询 NS 记录来获得目标区域中的 DNS 服务器

3. 理解 DNS 查询模式

当 DNS 客户端主机使用域名访问网络上另一台主机时，DNS 客户端将向 DNS 服务器发出名称解析请求，DNS 服务器为 DNS 客户端提供所查询名称的 IP 地址，这一过程称为 DNS 查询。DNS 服务器使用的查询模式主要有递归查询和迭代查询。

（1）递归查询（Recursive Query）

递归查询是 DNS 客户端将查询请求提交给 DNS 服务器，DNS 服务器将向 DNS 客户端提供一个肯定的查询应答，即正向答复或否定答复。在该查询模式下，DNS 服务器必须使用一个准确的查询结果答复 DNS 客户端，如果 DNS 服务器本地没有存储要查询的 DNS 信息，那么该服务器会询问其他服务器，并将返回的查询结果提交给客户端。

（2）迭代查询（Iterative Query）

迭代查询通常在一台 DNS 服务器向另一台 DNS 服务器发出解析请求时使用。如果当前 DNS 服务器收到其他 DNS 服务器的迭代查询请求并且未能成功解析时，当前 DNS 服务器将把另一台可能解析查询请求的 DNS 服务器的 IP 地址作为答复返回给发起查询的 DNS 服务器，然后，再由发起查询的 DNS 服务器自行向另一台 DNS 服务器发起查询，依此类推，直到查询到所需数据为止。

注意

递归查询和迭代查询的不同之处就是当 DNS 服务器没有在本地完成客户端的请求解析时，由谁扮演 DNS 客户端的角色向其他 DNS 服务器发起解析请求。默认情况下，DNS 客户端使用递归查询，DNS 服务器使用迭代查询。

4. 了解 DNS 名称解析过程

DNS 名称解析是 TCP/IP 网络中将计算机的主机名解析成 IP 地址的过程。当 DNS 客户端需要查询某个主机名称时，它将联系 DNS 服务器来解析此名称。DNS 客户端发送的解析请求包含以下 3 种信息：

① 需要查询的域名。

② 指定的查询类型。指定查询的资源记录的类型，如 A 记录或者 MX 记录等。

③ 指定的 DNS 域名类型。对于 DNS 客户端服务，这个类型总是指定为 Internet [IN]类别。

完整的 DNS 解析过程如图 3-2 所示。

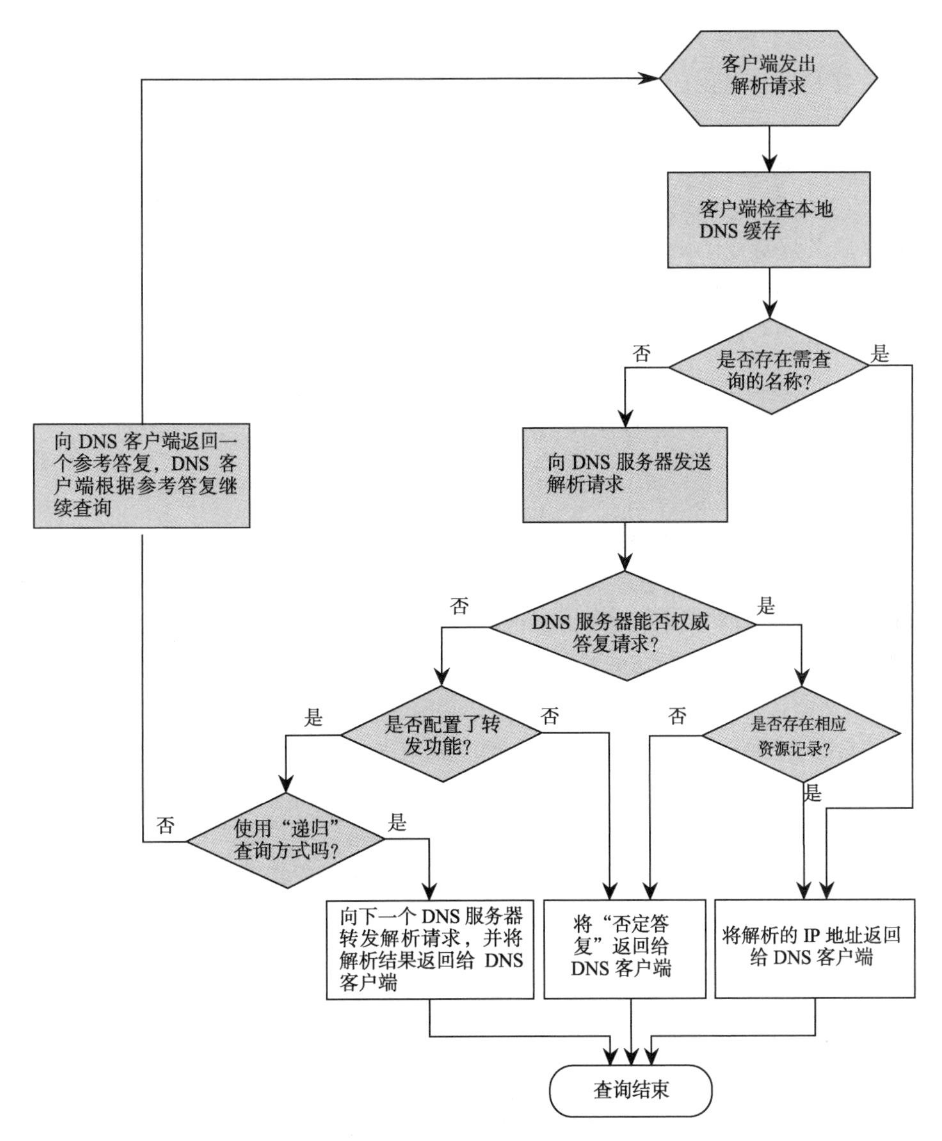

图 3-2　完整的 DNS 名称解析过程

（1）检查客户端 DNS 名称缓存

客户端 DNS 名称缓存是内存中的一块区域，它保存着最近成功解析的结果，以及 Hosts 文件中的主机名到 IP 地址映射定义。如果 DNS 客户端从本地缓存中获得相应结果，则 DNS 解析完成。

Hosts 文件是存储于本地计算机中的一个纯文本文件，用于把主机名到 IP 地址的映射加载到客户端 DNS 缓存中，使用 Hosts 文件解析名称是 Internet 最初使用的一种查询名称方式。在 Windows Server 2012 中，Hosts 文件存放于 %systemroot%\System32\Drivers\Etc 目录中（%systemroot%表示操作系统根目录，如 C:\Windows）。

小技巧

使用命令 ipconfig /displaydns 可以查看 DNS 缓存内容。

（2）请求 DNS 服务器进行解析

如果 DNS 客户端没有在自己的本地缓存中找到对应的解析记录，则向所在区域中的 DNS 服务器发送请求。

当 DNS 服务器接收到 DNS 客户端的解析请求后，它先检查自己是否能够权威地答复此解析请求，即它是否管理此请求记录所对应的 DNS 区域。如果 DNS 服务器管理对应的 DNS 区域，则 DNS 服务器对此 DNS 区域具有权威性。此时，如果本地区域中的相应资源记录匹配客户的解析请求，则 DNS 服务器权威地使用此资源记录答复客户端的解析请求（权威答复）；如果没有相应的资源记录，则 DNS 服务器权威地答复客户端无对应的资源记录（否定答复）。

如果没有区域匹配 DNS 客户端发起的解析请求，则 DNS 服务器检查自己的本地缓存。如果具有对应的匹配结果，无论是正向答复还是否定答复，DNS 服务器都非权威地答复客户的解析请求，此时，DNS 解析完成。

如果 DNS 服务器在自己的本地缓存中还是没有找到匹配的结果，此时，根据配置的不同，DNS 服务器执行请求查询的方式也不同：

① 如果 DNS 服务器使用递归方式来解析名称，此时 DNS 服务器作为 DNS 客户端向其他 DNS 服务器查询此解析请求，直至获得解析结果。在此过程中，原 DNS 客户端则等待 DNS 服务器的回复。

② 如果用户禁止 DNS 服务器使用递归方式，则 DNS 服务器工作在迭代方式，即向原 DNS 客户端返回一个参考答复，而不再进行其他操作，其中包含有利于客户端解析请求的信息（例如根提示信息等）；原 DNS 客户端根据 DNS 服务器返回的参考信息再决定处理方式。但是在实际网络环境中，禁用 DNS 服务器的递归查询往往会让 DNS 服务器对无法进行本地解析的客户端请求返回一个服务器失败的参考答复，此时，客户端则会认为解析失败。

课堂练习

1. 练习场景

网坚公司合肥分公司的员工需要使用域名访问北京总公司的 Web 服务器（www.wjnet.com），公司的网络管理员已经配置好 DNS 服务。

2. 练习目标

① 理解两种查询模式。

② 熟练掌握 DNS 名称解析的原理与过程。

3. **练习的具体要求与步骤**

当合肥分公司本地 DNS 服务器 DNSServer1 工作在递归模式下时，请描述解析域名 www.wjnet.com 完整的过程。

任务 2　架设主 DNS 服务器

任务描述

网坚公司北京总部为了方便公司员工使用域名访问公司 FTP、Web 等服务，决定在企业网络中部署 DNS 服务，为公司内部用户提供域名解析服务，同时也负责向外部 DNS 服务器转发 DNS 请求。公司部署 DNS 服务网络环境拓扑结构如图 3-3 所示。

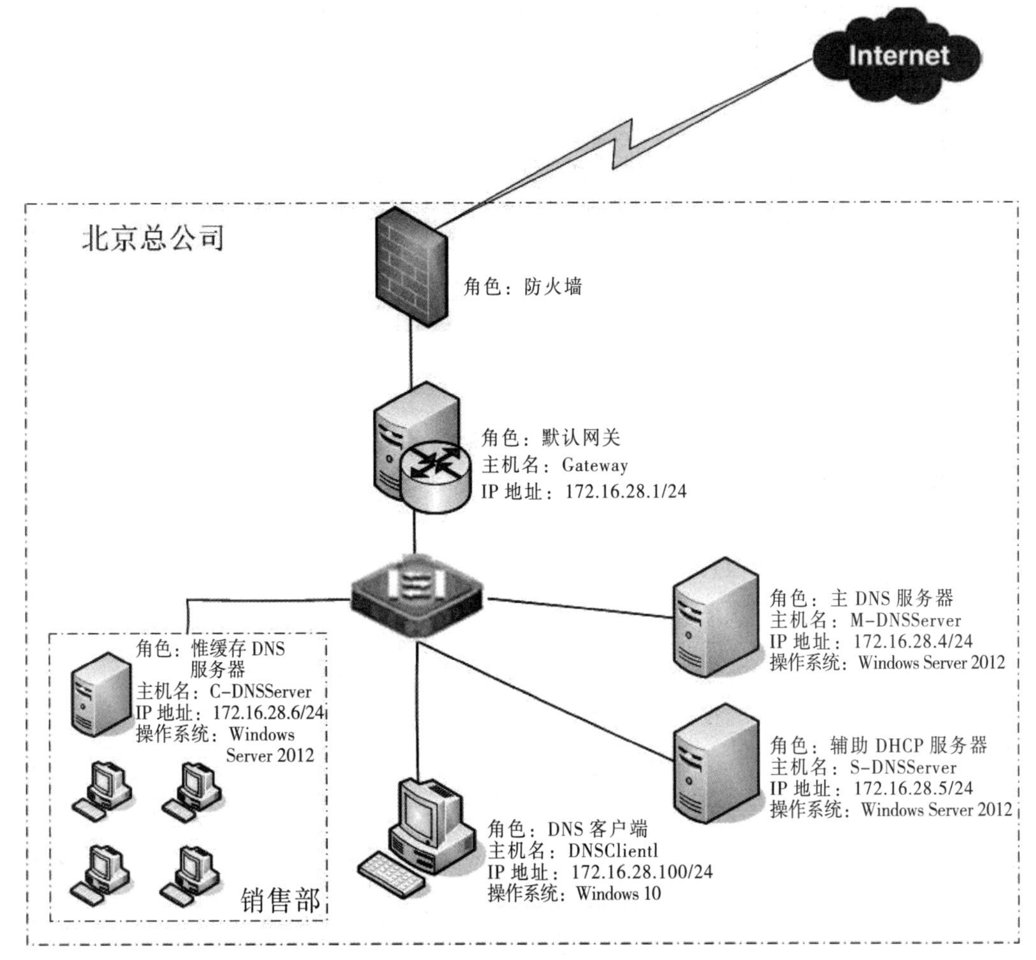

图 3-3　部署 DNS 网络拓扑图

要创建用于解析域名的 DNS 解决方案，首先应该架设主 DNS 服务器。通过本次任务的学习主要掌握：

- 部署 DNS 服务的网络需求。

- 在区域中添加资源记录的操作方法。
- 安装 DNS 服务的操作方法。
- 配置 DNS 客户端的操作方法。
- 建立正向与反向区域操作方法。

任务分析

在网络中部署 DNS 服务时，要求每个区域至少需要一台主 DNS 服务器。主 DNS 服务器是特定区域的所有信息的权威信息源，负责维护该区域的所有域名信息，也就是说，主域名服务器中所存储的是该区域的最完整、最精确的数据，系统管理员可以对它进行修改。

安装 DNS 服务需要满足以下要求：

① DNS 服务器必须安装能够提供 DNS 服务的 Windows 版本。

② DNS 服务器的 IP 地址应是静态的，即 IP 地址、子网掩码、默认网关等 TCP/IP 属性均需手动设置。

③ 安装 DNS 服务器服务需要具有系统管理员的权限。

架设主 DNS 服务器，首先需要在满足上述要求的计算机中安装 DNS 服务，然后创建正向主要区域以满足将主机名称解析成 IP 地址的要求，如果需要满足将 IP 地址解析成主机名称的要求，还需要创建反向主要区域，最后需要在区域中添加相应的资源记录。本次任务主要包括以下知识点与技能点：

- 安装 DNS 服务。
- 建立子域与委派域。
- 建立正向与反向区域。
- 配置 DNS 客户端。
- 建立资源记录。

任务实施

1. 安装 DNS 服务

（1）使用“服务器管理器”安装 DNS 服务

使用 Windows Server 2012 自带的“服务器管理器”应用程序，可以快速、方便地安装各种服务器角色。安装 DNS 服务的操作过程如下：

① 在准备安装 DNS 服务的计算机中，将其主机名称修改为 M-DNSServer，并手动配置该计算机的 TCP/IP 属性——IP 地址为 172.16.28.4，子网掩码为 255.255.255.0，默认网关为 172.16.28.1。

② 使用具有管理员权限的用户账户登录计算机 M-DNSServer。

③ 选择“开始”→“服务器管理器”选项，打开“服务器管理器”窗口，在“仪表板”右窗格中单击“添加角色和功能”链接，运行添加角色和功能向导。在“选择服务器角色”对话框中，选中“DNS 服务器”复选框，如图 3-4 所示。

④ 单击“下一步”按钮，打开“选择功能”对话框，如图 3-5 所示。

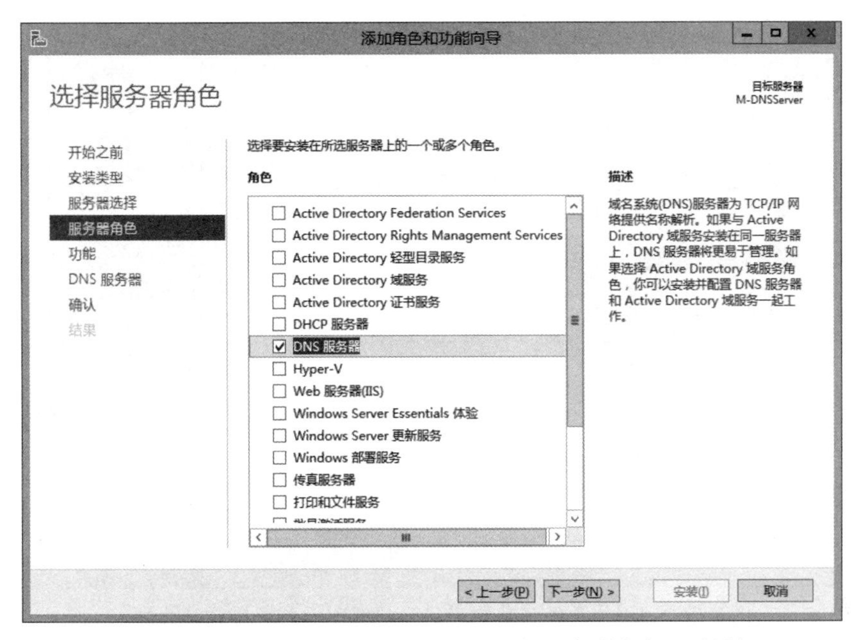

图 3-4 “添加角色和功能向导”的“选择服务器角色”对话框

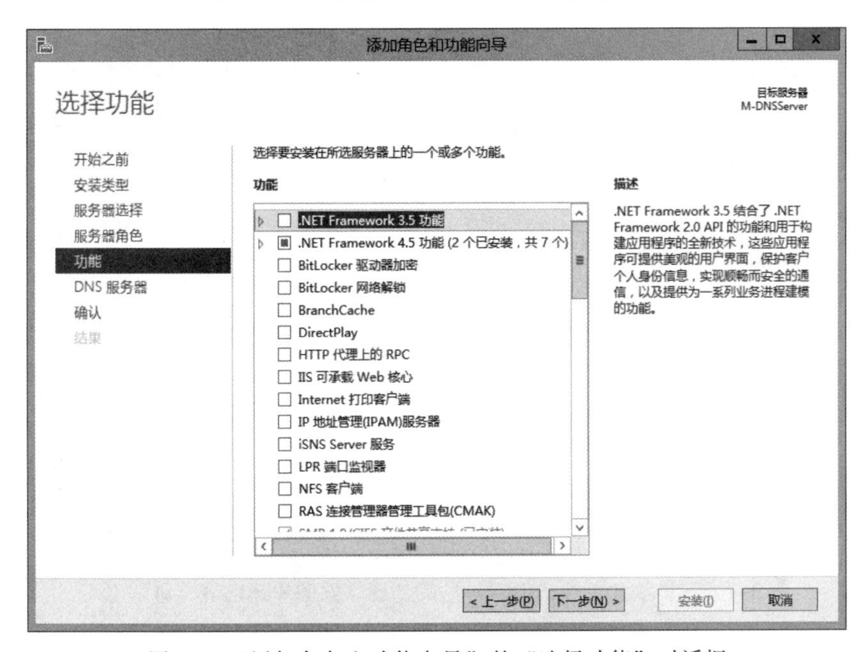

图 3-5 “添加角色和功能向导”的“选择功能”对话框

⑤ 单击“下一步”按钮，打开 “DNS 服务器”对话框，如图 3-6 所示。在该对话框中显示了 DNS 服务器的简介和注意事项信息。

⑥ 在“DNS 服务器”对话框中单击“下一步”按钮，打开“确认安装所选内容”对话框，要求确认所要安装的角色、角色服务或功能，如图 3-7 所示。

⑦ 在“确认安装所选内容”对话框中单击“安装”按钮，开始安装 DNS 服务。

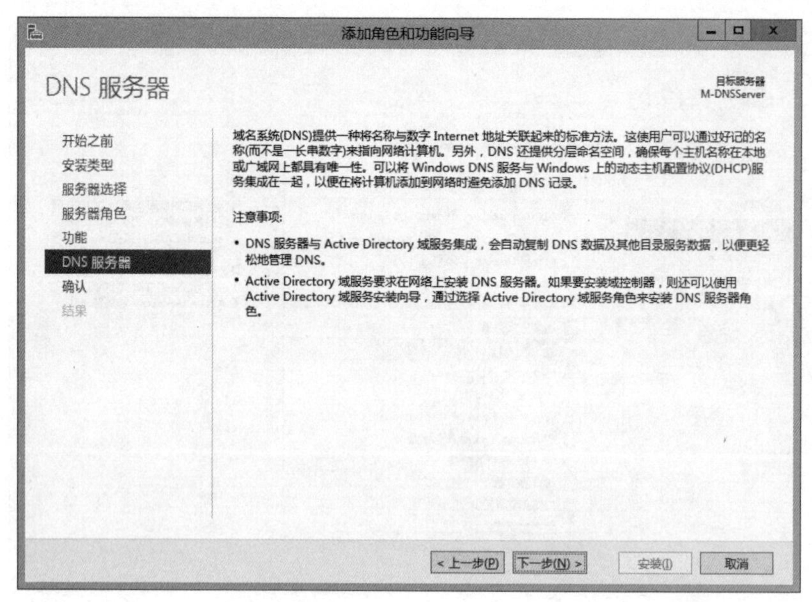

图 3-6 “添加角色和功能向导”的“DNS 服务器”对话框

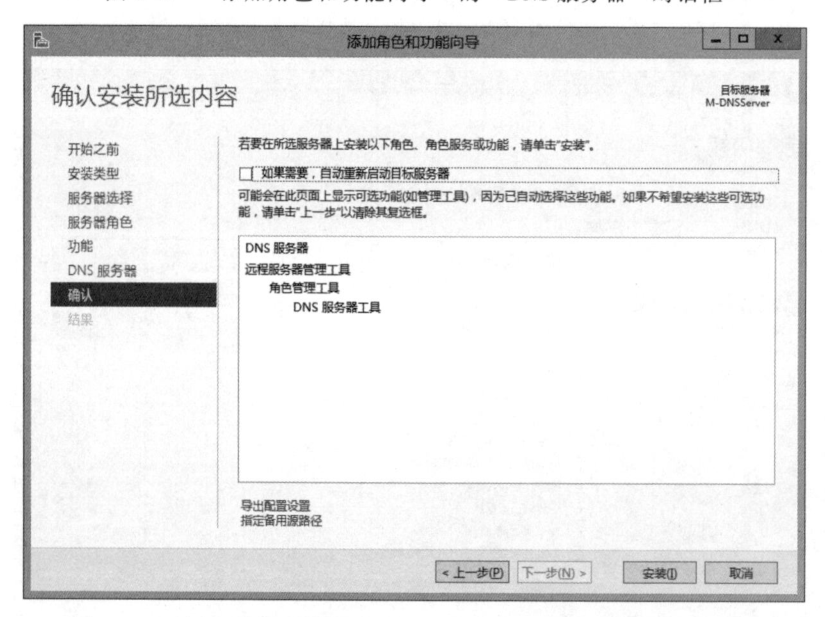

图 3-7 “添加角色和功能向导”的“确认安装所选内容”对话框

注意

安装 DNS 服务过程中将需要提供 Windows Server 2012 系统光盘以复制相关文件。

⑧ 安装完毕，单击“关闭”按钮完成 DNS 服务器的安装。此时在“服务器管理器”窗口的左窗格中将会自动添加“DNS”项目。

（2）检查安装结果

① 查看 DNS 服务文件：DNS 服务安装成功后，其相关文件将安装在%systemroot%\system32\dns 文件夹中，其中包含 DNS 区域数据库文件、日志文件等。

② 查看 DNS 服务：DNS 服务安装成功后将自动启动，系统服务名称为“DNS Server”。选

择“开始”→“管理工具”→“服务”，打开系统的“服务”窗口，在服务列表中可以查看到已启动的 DNS 服务，如图 3-8 所示。

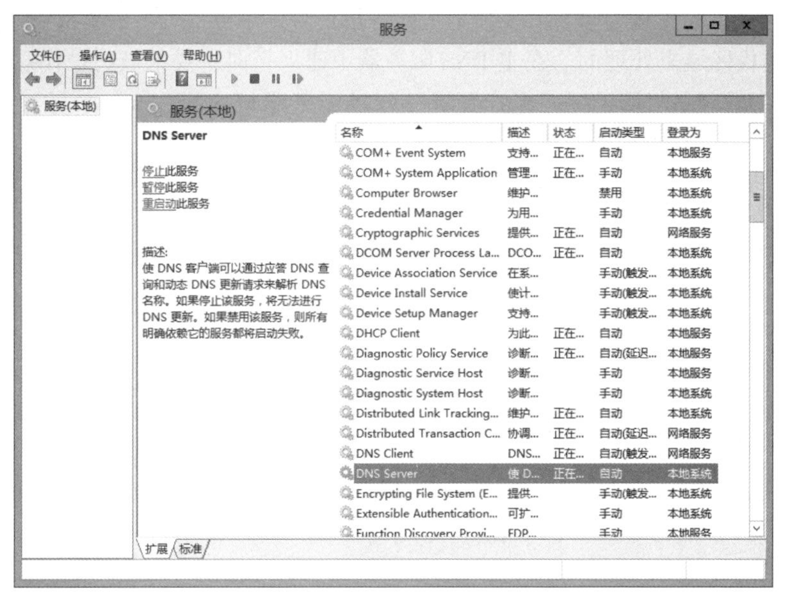

图 3-8　系统服务窗口

知识链接——使用命令查看 Windows 的系统服务

Windows Server 2012 提供了丰富的命令行命令，通过命令解释程序 cmd.exe 进行解释执行。熟练地使用命令行命令进行网络管理，可以提高管理效率，同时，由于命令行命令允许带有参数进行执行，所以大大提高了命令的执行功能。

在命令提示符窗口中，执行命令“net start”可以查看所有已启动的服务，其中包括安装 DNS 服务后已启动的 DNS 服务，如图 3-9 所示。

图 3-9　使用命令查看已启动的 DNS 服务

2. **建立区域**

DNS 允许把 DNS 名称空间分割成多个区域，区域文件保存在 DNS 服务器中。DNS 就是通过区域管理 DNS 名称空间的。所以，在安装并启动了 DNS 服务后，就需要在 DNS 服务器中建立相应的 DNS 区域。

（1）建立正向主要区域

DNS 客户端提出的解析请求，大多数是正向解析请求，即将主机名解析成 IP 地址，正向解析是通过正向查找区域来处理的。在主 DNS 服务器中建立正向主要区域的操作过程如下：

① 使用具有管理员权限的用户账户登录主 DNS 服务器 M-DNSServer。

② 选择“开始”→“管理工具”→“DNS”，打开“DNS 管理器”窗口，展开左侧目录树，选择“正向查找区域”选项，此时右侧窗格将显示尚未添加区域信息，如图 3-10 所示。

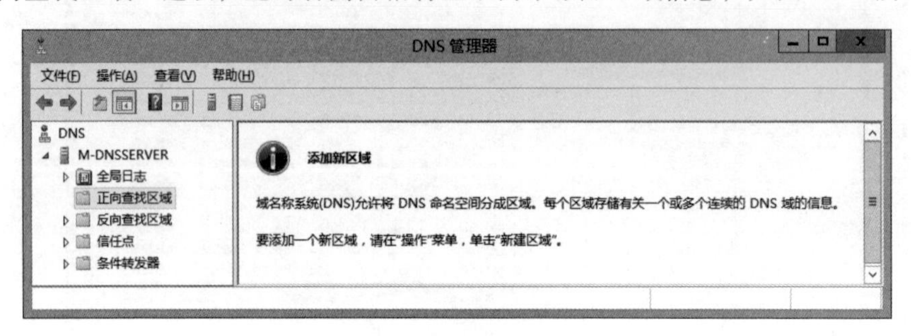

图 3-10 “DNS 管理器”窗口

注意

在 Windows Server 2012 中，安装一个网络应用服务后，将在“管理工具”窗口中相应添加该应用服务的管理控制器的快捷方式。

③ 在 DNS 管理器窗口的左窗格中，右击“正向查找区域”图标，在弹出的快捷菜单中选择“新建区域”命令，打开“新建区域向导”对话框，在对话框中单击“下一步”按钮，打开“区域类型”对话框，如图 3-11 所示。

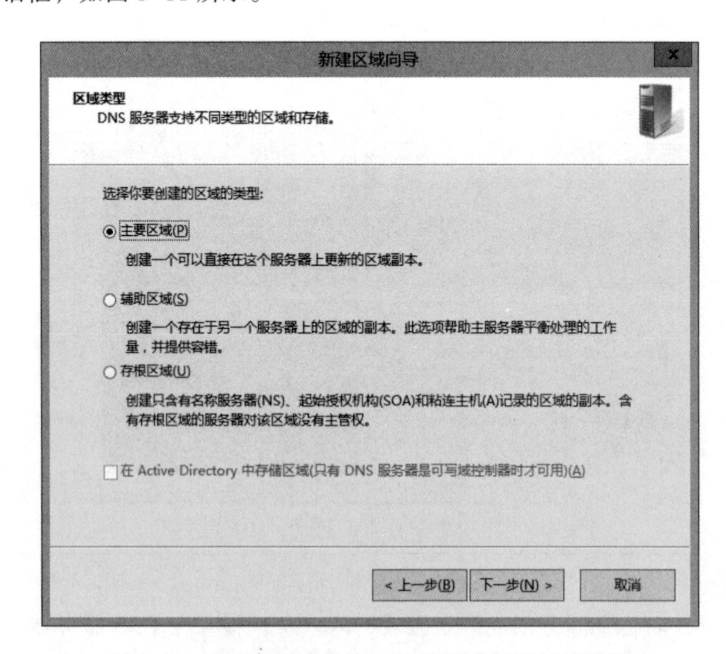

图 3-11 “新建区域向导”的“区域类型”对话框

④ 在“区域类型”对话框中，选中“主要区域”单选按钮，然后单击“下一步”按钮，打开 “区域名称”对话框，如图 3-12 所示。

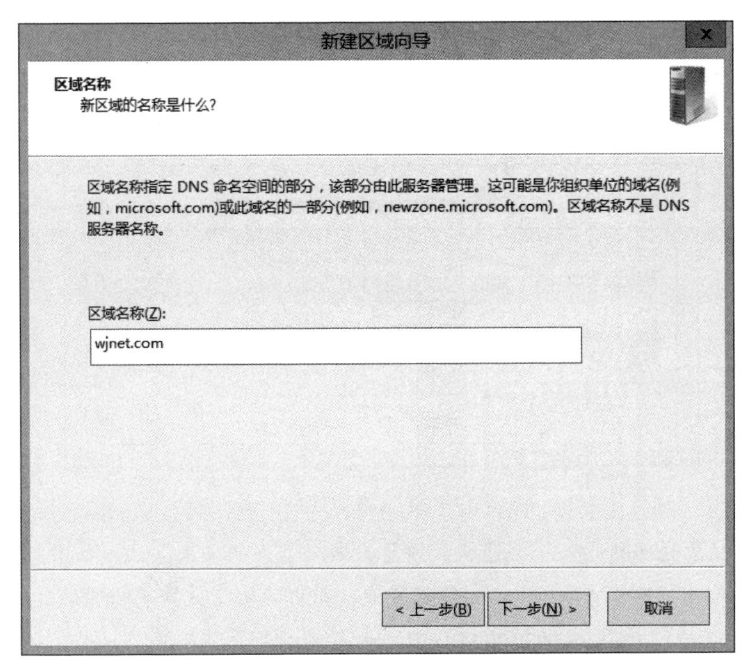

图 3-12 “新建区域向导”的“区域名称”对话框

⑤ 在“区域名称”对话框中输入正向区域的名称，然后单击“下一步”按钮，打开“区域文件”对话框，如图 3-13 所示。

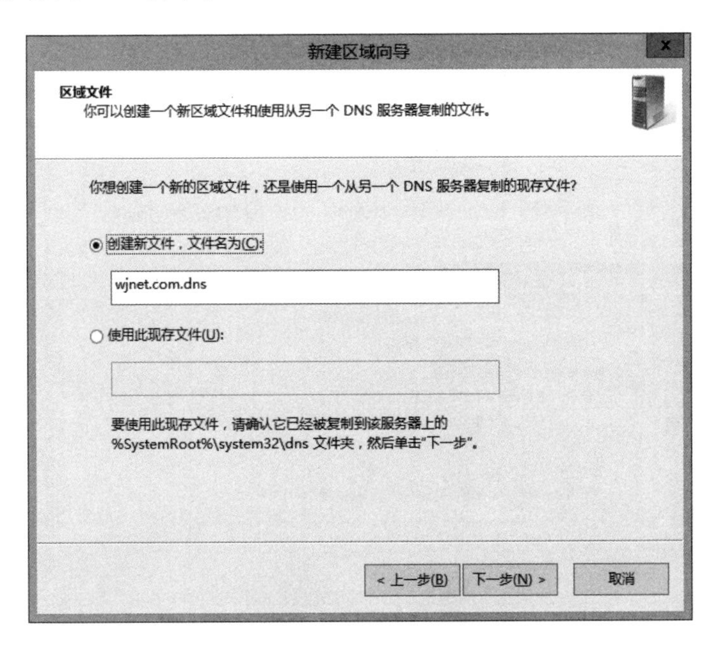

图 3-13 “新建区域向导”的“区域文件”对话框

知识链接——区域的划分与命名

区域就是指域名空间树状结构的一部分，这种管理方法使得用户可以将 DNS 名称空间分割成多个较小的区段，以分散网络管理的工作负荷。例如，可以将域 wjnet.com 分为 Sales.wjnet.com 和 development.wjnet.com 两个区域，如图 3–14 所示。

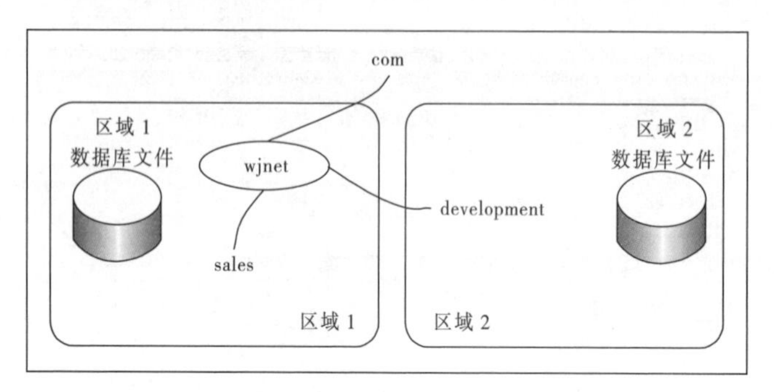

图 3–14　区域的划分与命名

划分区域要注意的问题是，一个区域必须覆盖域名空间的邻近区域。如图 3-14 所示，可以为 sales.wjnet.com 域和其父域 wjnet.com 创建区域，因为这两个区域是相邻的。然而不能创建由 sales.microsoft.com 域和 development.microsoft.com 域组成的区域，因为这两个域不相邻。

一般来说，应该按区域包围的分层结构中的最高域，即区域的根目录域来命名区域。例如，包围 wjnet.com 和 sales.wjnet.com 域的区域，习惯的区域名称是 wjnet.com。

⑥ 在“区域文件”对话框中，选择创建新的区域文件并输入文件名，然后单击“下一步”按钮，打开“动态更新”对话框，如图 3–15 所示。

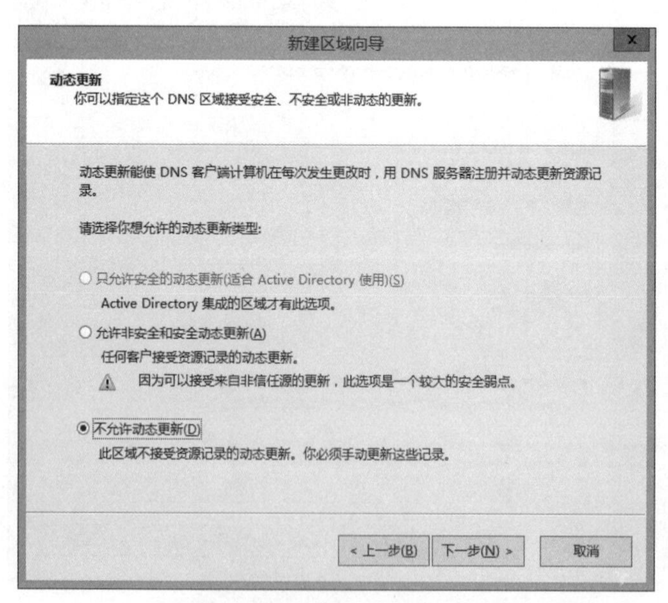

图 3–15　“新建区域向导”的“动态更新”对话框

⑦ 在“动态更新”对话框中，指定当前建立的 DNS 区域是否允许动态更新，此处选中“不

允许动态更新”单选按钮。然后单击“下一步”按钮，将弹出“新建区域向导”的“完成”对话框，单击“完成”按钮，完成建立区域。完成后的DNS管理器窗口中将显示新建立的区域，如图3-16所示。

图3-16 完成区域建立的DNS管理器窗口

（2）建立反向主要区域

反向区域可以让DNS客户端利用IP地址来查找主机名称。在很多情况下，反向区域不是必需的，但在某些场合可能会使用到，例如，如果网络管理员在IIS网站内利用主机名称来限制联机的客户端，则IIS需要利用反向查找来检查客户端的主机名称。在主DNS服务器中建立反向主要区域的操作过程如下：

① 使用具有管理员权限的用户账户登录主DNS服务器M-DNSServer。

② 在DNS管理器窗口的左窗格中，右击“反向查找区域”图标，在弹出的快捷菜单中选择“新建区域”命令，打开“新建区域向导”对话框，单击“下一步”按钮，打开“区域类型”对话框，如图3-11所示。

③ 在“区域类型”对话框中，选中“主要区域”单选按钮，然后单击“下一步”按钮，打开“反向查找区域名称”对话框，选中“IPv4反向查找区域”单选按钮并单击“下一步”按钮，打开第2个“反向查找区域名称”对话框，如图3-17所示。

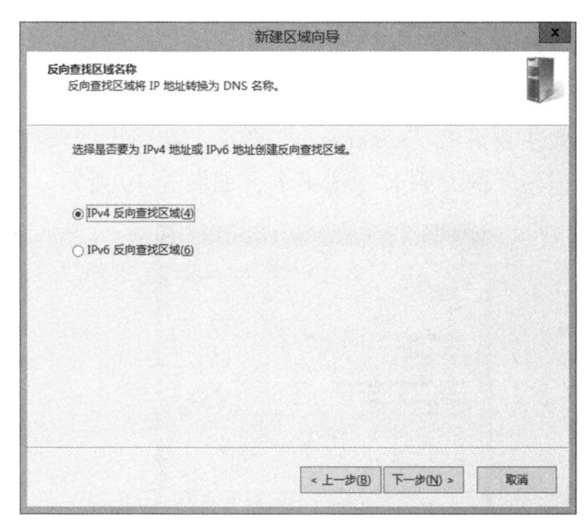

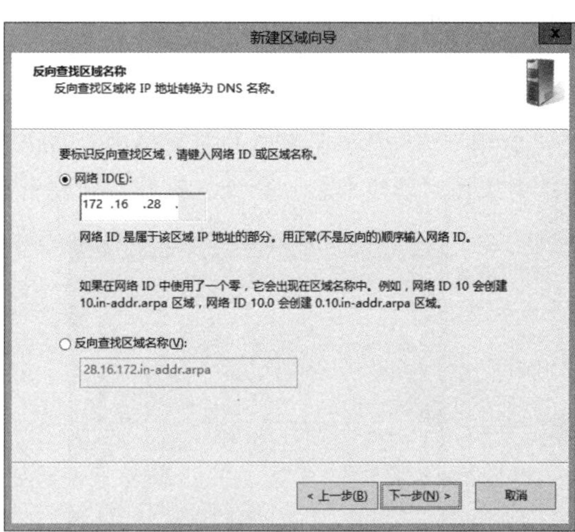

图3-17 打开“反向查找区域名称”对话框

注意

反向查找区域是基于in-addr.arpa域名的，反向区域的区域名称的前半段必须是其网络ID的反向书写，后半段必须为in-addr.arpa。

④ 在“反向查找区域名称”对话框中输入网络 ID，此时系统将自动指定反向区域名称，然后单击“下一步”按钮，打开“区域文件”对话框。

⑤ 在“区域文件”对话框中，选择创建新的区域文件并输入文件名，然后单击“下一步”按钮，打开“动态更新”对话框。

⑥ 在“动态更新”对话框中，指定当前建立的 DNS 区域是否允许动态更新，此处选中“不允许动态更新”单选按钮，然后单击“下一步”按钮，将显示“完成”对话框，单击“完成”按钮，完成建立反向区域。

3. 在区域中添加资源记录

建立了区域后，需要向区域中添加资源记录，DNS 服务器通过区域中的资源记录完成客户端的解析请求。DNS 服务器支持多种类型的资源记录，如表 3-1 所示，不同的记录类型分别实现不同的解析任务。下面介绍几种常用的资源记录添加方法。

（1）添加主机记录（A 记录）

主机记录存在于正向查找区域，主要用来将主机名映射成相应的 IP 地址。添加了网络中某个主机的主机记录后，即可在网络中使用该主机的 DNS 名称访问该主机。在正向区域添加主机记录的操作过程如下：

① 使用具有管理员权限的用户账户登录主 DNS 服务器 M-DNSServer。

② 在 DNS 管理器窗口的左窗格中，右击正向主要区域“wjnet.com”图标，在弹出的快捷菜单中选择“新建主机”命令，打开“新建主机”对话框，如图 3-18 所示。

③ 在“新建主机”对话框中，输入需要解析的主机名及其对应的 IP 地址，单击“添加主机”按钮将新主机记录添加到正向查找区域中。

（2）添加别名记录（CNAME 记录）

有时，需要为网络中的某台主机创建多个主机名称，在已创建了其中一个主机名称的主机记录后，可以将其他主机名称作为别名指向该主机记录，从而不需要为每个主机名称都创建一个主机记录。在正向区域添加别名记录的操作过程如下：

① 使用具有管理员权限的用户账户登录主 DNS 服务器 M-DNSServer。

② 在 DNS 管理器窗口的左窗格中，右击正向主要区域“wjnet.com”图标，在弹出的快捷菜单中选择“新建别名”命令，打开“新建资源记录”的“别名”选项卡，如图 3-19 所示。

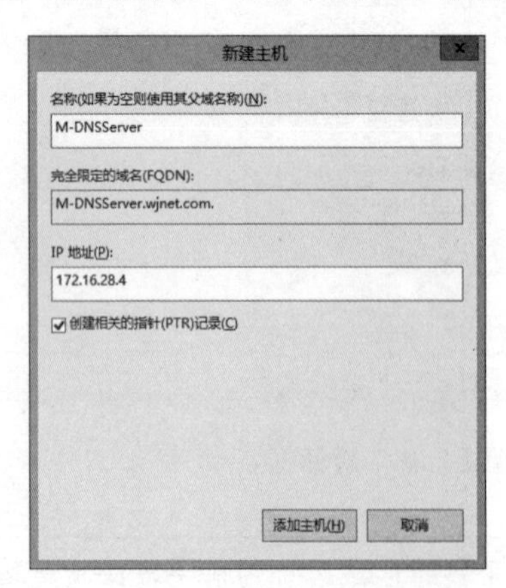

图 3-18 “新建主机”对话框

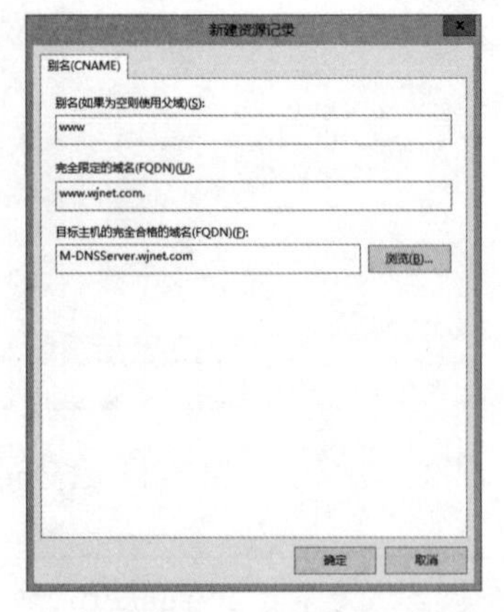

图 3-19 “新建资源记录”的“别名”选项卡

③ 在“别名”选项卡中输入主机别名（如 www）及其对应的目标主机的完全合格的域名（如 M-DNSServer.wjnet.com），然后单击“确定”按钮。

注意

在以下场合需要使用主机别名：

- 在同一区域的主机记录中指定的主机需要被重新命名时。
- 当用于诸如 www 这样的已知服务器的通用名称，需要解析一组提供相同服务的单独计算机且每个计算机都有单独的主机记录时。

（3）添加邮件交换器记录（MX 记录）

邮件交换器记录记录着负责某个域邮件传送的邮件交换服务器，通常用于邮件的收发。当用户将邮件发送到本地邮件交换服务器（SMTP Server）后，本地邮件交换服务器需要通过域名将邮件转发到目的邮件交换服务器，此时需要通过 DNS 服务器中的邮件交换器记录进行解析。在正向区域添加邮件交换器记录的操作过程如下：

① 使用具有管理员权限的用户账户登录主 DNS 服务器 M-DNSServer。

② 在 DNS 管理器窗口的左窗格中，右击正向主要区域“wjnet.com”图标，在弹出的快捷菜单中选择“新建邮件交换器”命令，打开“新建资源记录”的“邮件交换器”选项卡，如图 3-20 所示。

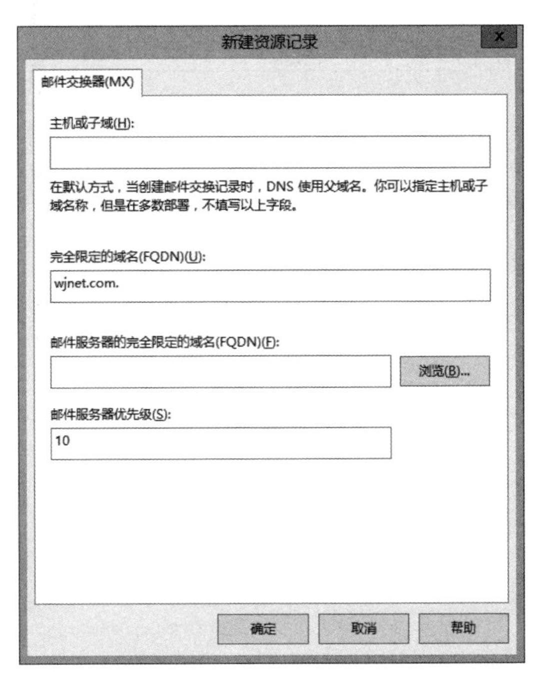

图 3-20 “新建资源记录”的“邮件交换器”选项卡

③ 在该对话框的“邮件交换器”选项卡中输入相应的信息，然后单击“确定”按钮。

- 主机或子域：表示邮件服务器所负责的域名，该名称与所在区域的名称一起构成邮件地址中“@”右面的后缀。此项如果为空，则表示使用其父域名称。
- 邮件服务器的完全限定的域名：表示负责上述域邮件传送工作的邮件服务器的完整主机名称，该主机必须已建立了主机记录，以便解析其 IP 地址。

- 邮件服务器优先级：如果在一个区域内有多个邮件交换器，可以创建多个 MX 资源记录，并在此处设置其优先级，数字较低的优先级较高（0 最高）。如果其他邮件交换服务器向这个域内传送邮件，首先传送给优先级高的邮件交换服务器，如果传送失败，再选择较低优先级的邮件交换服务器。如果几台邮件服务器的优先级相同，则随机选择一台传送邮件。

（4）添加指针记录（PTR 记录）

指针记录存在于反向查找区域，用于将 IP 地址映射成主机名。在反向区域添加指针记录的操作过程如下：

① 使用具有管理员权限的用户账户登录主 DNS 服务器 M-DNSServer。

② 在 DNS 管理器窗口的左窗格中，右击反向主要区域“28.16.172.in-addr.arpa”图标，在弹出的快捷菜单中选择“新建指针”命令，打开“新建资源记录”的“指针”选项卡，如图 3-21 所示。

③ 在该对话框的“指针”选项卡中，输入主机的 IP 地址与主机名称，然后单击“确定”按钮。建议单击“浏览”按钮查找已建立主机记录的主机名称，以防止因输入不当而造成的错误。

小技巧

在创建主机记录时，可同时创建指针记录，方法是在“新建主机”记录对话框（见图 3-18）中，选中“创建相关的指针（PTR）记录”复选框。

4. 配置 DNS 客户端

在一台主机的 TCP/IP 属性配置对话框中，如图 3-22 所示，指定该主机发送解析请求的 DNS 服务器的 IP 地址，该主机即被配置成了 DNS 客户端。

图 3-21 “新建资源记录”的“指针”选项卡

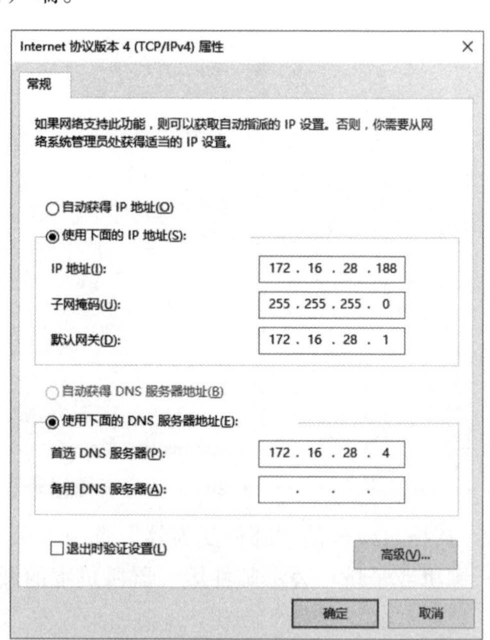

图 3-22 “Internet 协议版本 4（TCP/IP）属性”对话框

5. 测试 DNS 资源记录

使用 Windows 系统自带的命令 nslookup，可以测试 DNS 服务器的资源记录，该命令需要在命令提示状态下执行。nslookup 命令有两种工作模式：非交互式与交互式。

（1）非交互模式

如果只需要测试一条资源记录，可以使用非交互模式。此时，直接在命令提示符状态下输入命令“nslookup <需解析的域名或 IP 地址>”即可。

（2）交互模式

如果需要测试多条资源记录，可以使用交互模式。进入 nslookup 交互模式的方法是：在命令提示符状态下输入 nslookup 并按【Enter】键。

① 测试主机记录。在 nslookup 提示符“>”后输入要解析的主机 DNS 名称，例如“M-DNSServer.wjnet.com”，成功解析后将显示对应的 IP 地址，如图 3-23 所示。

② 测试别名记录。首先，在 nslookup 提示符“>”后输入命令“set type=CNAME”改变测试类型，然后，输入要解析的主机别名，例如“www.wjnet.com”，成功解析后将显示该别名对应的真实主机名称，如图 3-24 所示。

图 3-23 测试主机记录

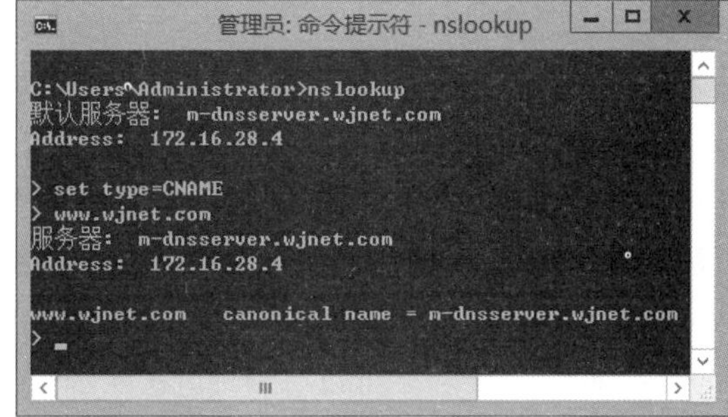

图 3-24 测试别名记录

③ 测试指针记录。首先，在 nslookup 提示符“>”后输入命令“set type=PTR”改变测试类型，然后，输入要解析的主机 IP 地址，例如“172.16.28.4”，成功解析后将显示对应的主机名称，如图 3-25 所示。

小技巧

在 nslookup 提示符“>”下，输入 help 子命令可以查看相关帮助；输入 exit 子命令可以退出 nslookup 交互模式。

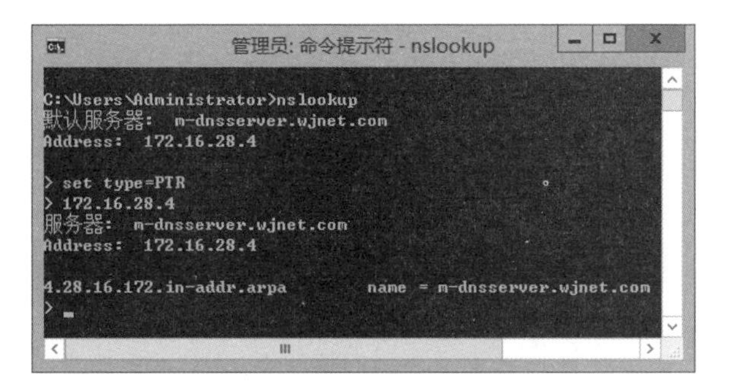

图 3-25 测试指针记录

课堂练习

1. **练习场景**

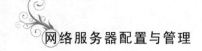

合肥子公司网络管理员小刘是刚毕业的高职生，他尝试安装 DNS 服务器，但未成功。经过检查发现，需要将他原先安装的 DNS 服务删除才能重新安装。

2. **练习目标**

掌握删除 DNS 服务的方法。

3. **练习的具体要求与步骤**

① 删除已安装的 DNS 服务。

② 在命令提示状态下使用命令查看当前已开启的服务，确定 DNS 服务已删除。请写出你查看到的已开启的服务：

____

____

拓展与提高

1. **建立子域与委派域**

一个完整的 DNS 区域包含以自己的 DNS 域名为基础命名空间的所有 DNS 命名空间的信息，当基于此 DNS 命名空间新建一个 DNS 区域时，新建的区域称为子域。例如，网坚公司完整的 wjnet.com 区域包含了以 wjnet.com 为基础命名空间的所有 DNS 命名空间的信息，可以为公司的销售部建立一个区域 sales.wjnet.com，用以解析销售部主机名称，而 sales. wjnet.com 则称为 wjnet.com 的一个子域。可以有两种方法实现这一需求：

- 直接建立子域。在主 DNS 服务器的权威区域 wjnet.com 中建立子域，并在子域内添加相应的资源记录。此时，这些资源记录仍然保存在主 DNS 服务器中。
- 建立委派域。将子域委派给其他 DNS 服务器管理，此时，子域中的资源记录保存在被委派的 DNS 服务器中。

（1）建立子域

在主 DNS 服务器中建立子域的操作方法为：以具有管理员权限的用户账户登录主 DNS 服务器，在 DNS 管理器窗口的左窗格中，右击要建立子域的区域图标（如 wjnet.com），然后在弹出的快捷菜单中选择“新建域”命令，按照提示输入子域名称（如 sales.wjnet.com）。

（2）建立委派域

为了均衡负载，可以将子域的管理与解析任务分配给其他 DNS 服务器，这种分配称作区域委派。实现区域委派需要在委派服务器和受委派服务器中进行必要的配置，在受委派服务器中主要需要建立区域并在区域中添加资源记录。此处的区域名称必须与委派服务器中委派的区域名称相同。在委派服务器中实现委派的操作过程如下：

① 使用具有管理员权限的用户账户登录委派服务器（如主 DNS 服务器 M-DNSServer）。

② 在 DNS 管理器窗口的左窗格中，右击正向主要区域“wjnet.com”图标，在弹出的快捷菜单中选择“新建委派”命令，打开“新建委派向导”对话框，单击“下一步”按钮，打开“受委派域名”对话框，如图 3-26 所示。

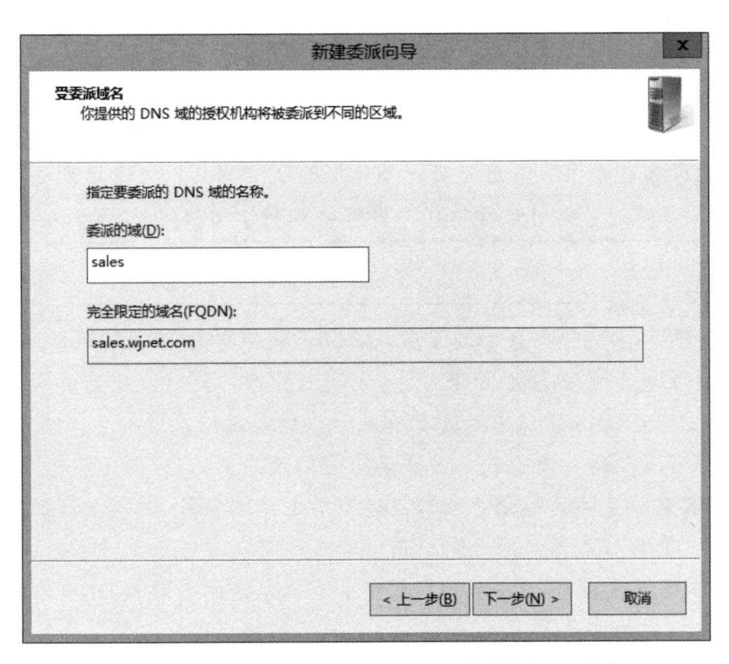

图 3-26 “新建委派向导”之“受委派域名”对话框

③ 在“受委派域名”对话框中，输入要委派的子域名称（如 sales），然后单击“下一步”按钮，打开“名称服务器”对话框，如图 3-27 所示。

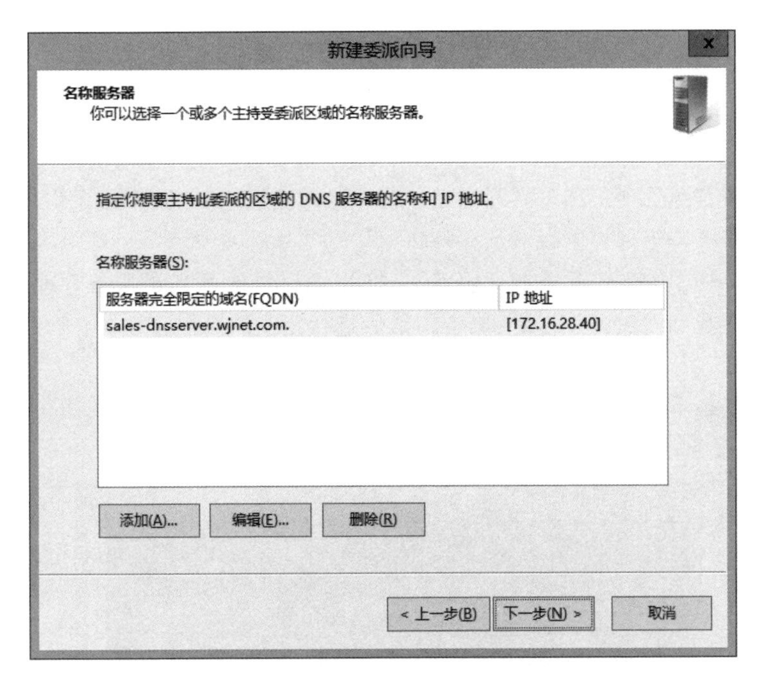

图 3-27 “新建委派向导”之“名称服务器”对话框

注意

新建委派域 sales 时，必须在此前没有创建过子域 sales。

④ 在“名称服务器”对话框中，单击“添加”按钮选择受委派的 DNS 服务器名称。然后单击“下一步”按钮，在“新建委派向导”的“完成”对话框中单击“完成”按钮。

注意

受委派服务器必须在委派服务器中有一个对应的 A 记录，以便委派服务器指向受委派服务器。该 A 记录可在新建委派时自动创建，也可委派前手动创建。

知识链接——区域委派

默认情况下，DNS 区域管理自己的子域，并且子域伴随 DNS 区域一起进行复制和更新。不过，用户可以将子域委派给其他 DNS 服务器进行管理，此时，被委派的服务器将承担此 DNS 子域的管理，而父 DNS 区域中只是具有此子域的委派记录。

采用区域委派可有效地均衡负载，区域委派适用于以下场合：

- 需要将 DNS 名称空间的部分管理工作委派给企业中的另一位置或部门。
- 为了在多个 DNS 服务器之间分配通信量负载，可以将一个大区域分成若干小区域，这样提高了 DNS 名称解析性能，而且创建了一个容错性更好的 DNS 环境。
- 需要通过立刻添加许多子域来扩展名称空间，例如提供开放的新分支或站点。

用户只能在主要区域中执行区域委派。对于任何一个被委派的子域，父 DNS 区域中只是具有指向子域中权威 DNS 服务器的 A 记录和 NS 记录，而实际的解析过程必须由委派到的子域中的权威 DNS 服务器完成，即被委派到的 DNS 服务器上必须具有以被委派的子域为域名的主要区域。

2. 启动、停止和重新启动 DNS 服务

（1）使用 DNS 管理器

在 DNS 管理器窗口的左窗格中，右击 DNS 服务器图标，在弹出的快捷菜单中，选择“所有任务”中的相应菜单选项，即可实现启动、停止或重新启动 DNS 服务操作。

（2）使用“服务”管理控制台

选择“开始”→“管理工具”→“服务”，打开 Windows 系统的服务管理控制台窗口，在系统的服务列表中找到“DNS Server”服务，然后进行相应的操作。

（3）使用命令

在命令提示状态下，使用“net stop dns”命令可以停止 DNS 服务，使用“net start dns”命令可以启动 DNS 服务，如图 3-28 所示。

图 3-28　使用命令启动或停止 DNS 服务

任务3 架设辅助与惟缓存DNS服务器

任务描述

网坚公司北京总部业务量不断增加，公司员工对网络的使用量也不断增多，网络管理员发现现有的主DNS服务器工作负载很重，为了提高域名解析的效率，实现DNS服务器解析的负载均衡与容错，公司新购一台服务器用作辅助DNS服务器，服务器的主机名为S-DNSServer，IP地址配置为172.16.28.5/24；在销售部部署一台惟缓存DNS服务器，服务器的主机名为C-DNSServer，IP地址配置为172.16.28.6/24。公司部署DNS服务网络环境拓扑结构如图3-3所示。

通过本次任务的学习主要掌握：

- 能够部署辅助DNS服务器。
- 理解区域传送的原理。
- 能够部署惟缓存DNS服务器。
- 能够正确配置区域传送。

任务分析

在网络中部署DNS服务时，为了容错及均衡主DNS服务器的解析负载，通常至少要配置一台辅助DNS服务器。辅助DNS服务器中包含辅助区域，其中资源记录通过区域传输由主要区域中复制而来，与主要区域不同之处是DNS服务器不能对辅助区域信息进行修改操作，即辅助区域是只读的。辅助DNS服务器具有以下优点：

① 具有容错能力：配置了辅助服务器后，在该区域主服务器崩溃的情况下，客户端可以继续通过辅助服务器完成解析请求，也可以快速将辅助服务器转换为主服务器。

② 均衡主服务器的负载：辅助服务器能应答该区域客户端的查询请求，从而减少该区域主服务器必须回答的查询数量。

架设辅助DNS服务器，首先需要在主DNS服务器中启用区域传送功能并指定辅助DNS服务器，然后需要在作为辅助DNS服务器的计算机中安装DNS服务，创建辅助区域。

惟缓存DNS服务器利用本地的缓存提供名称解析服务，其没有本地数据库文件，没有主要区域或辅助区域，只包含在解析查询时已缓存的信息，所以惟缓存DNS服务器对于任何域来说都不是权威的。惟缓存DNS服务器可以减少DNS客户端访问外部DNS服务器的网络流量，并且可以降低DNS客户端解析域名的时间，另外，由于惟缓存DNS服务器不需要执行区域传输，所以不会出现因区域传输而导致网络通信量的增大。例如，公司销售部门随着业务扩展，客户端数量变得很大，解析请求量也变得很大，此时，可以为销售部门配置一台惟缓存DNS服务器。

架设惟缓存DNS服务器只需安装DNS服务，配置需要向其他DNS服务器转发解析请求的DNS服务器，无须进行区域、资源记录等配置。

与架设主DNS服务器一样，架设辅助DNS服务器与惟缓存DNS服务器也需要满足以下要求：

① DNS服务器必须安装使用能够提供DNS服务的Windows版本。

② DNS 服务器的 IP 地址应是静态的，即 IP 地址、子网掩码、默认网关等 TCP/IP 属性均需手动设置。

③ 安装 DNS 服务器服务需要具有系统管理员的权力。

本次任务主要包括以下知识点与技能点：

- 辅助区域。
- SOA 资源记录。
- DNS 缓存。
- 区域传送。

任务实施

1. 架设辅助 DNS 服务器

（1）在主 DNS 服务器中选择区域传送到的服务器

具体操作过程如下：

① 使用具有管理员权限的用户账户登录主 DNS 服务器 M-DNSServer。

② 打开 DNS 管理器窗口，在左窗格中右击正向主要区域“wjnet.com”图标，在弹出的快捷菜单中选择“属性”命令，打开“wjnet.com 属性”对话框，在对话框中选择“区域传送”选项卡，如图 3-29 所示。

③ 在“区域传送”选项卡中，选中“只允许到下列服务器”单选按钮，然后单击“编辑”按钮，输入辅助 DNS 服务器的 IP 地址并单击“确定”按钮。

④ 单击“确定”按钮。

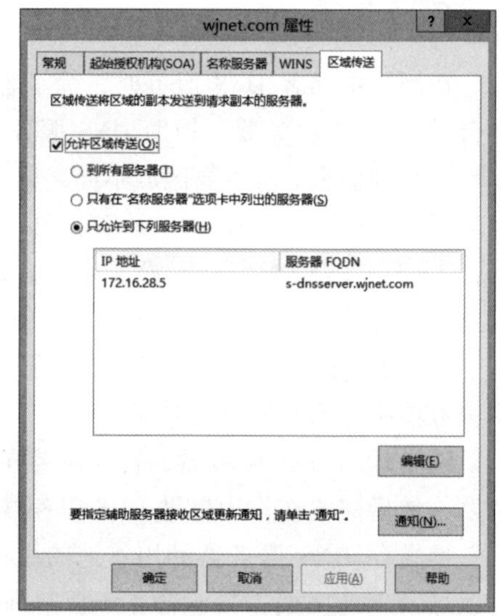

图 3-29 “wjnet.com 属性”对话框的“区域传送”选项卡

（2）在辅助 DNS 服务器中建立辅助区域

具体操作过程如下：

① 使用具有管理员权限的用户账户登录准备作为辅助 DNS 服务器的计算机 S-DNSServer。

② 在辅助 DNS 服务器中，安装 DNS 服务。

③ 在辅助 DNS 服务器中，建立辅助区域。按照任务 2 中建立区域的操作方法，打开“新建区域向导”对话框，在“新建区域向导”的“区域类型”对话框中，选中“辅助区域”单选按钮。

④ 在“新建区域向导”的“区域名称”对话框中，输入辅助区域的名称 wjnet.com。

注意

辅助区域名称必须与该区域的主 DNS 服务器的主要区域名称完全相同。

⑤ 在“新建区域向导”的“主 DNS 服务器”对话框中，指定主 DNS 服务器的 IP 地址并单击“下一步”按钮，如图 3-30 所示。

⑥ 在“新建区域向导”的“完成”对话框中，单击“完成”按钮。此时在 DNS 管理器窗口中，能够看到从主 DNS 服务器复制而来的区域数据。

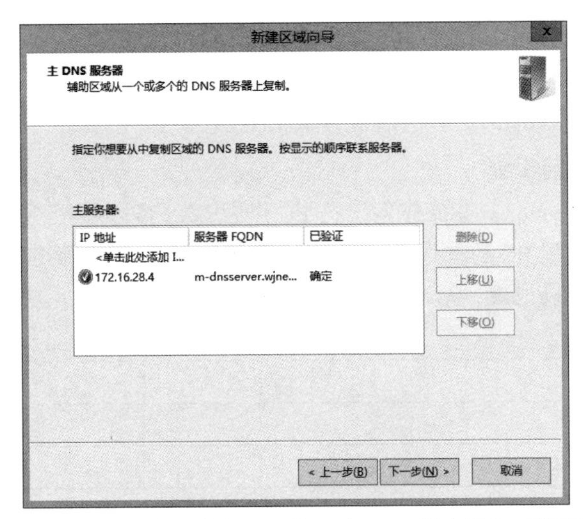

图 3-30 “新建区域向导”的“主 DNS 服务器”对话框

> **小技巧**
> 可以采用相同方法创建反向辅助区域。

2. 架设惟缓存 DNS 服务器

当 DNS 客户端与主 DNS 服务器通过广域网链路进行通信时，在 DNS 客户端所在网络中部署惟缓存 DNS 服务器是一种较为有效的解决方案。在本任务中，为了方便介绍，将惟缓存 DNS 服务器与主 DNS 服务器置于同一 IP 子网中。架设惟缓存 DNS 服务器的操作过程如下：

① 使用具有管理员权限的用户账户登录准备作为惟缓存 DNS 服务器的计算机 C-DNSServer。

② 在惟缓存 DNS 服务器中，安装 DNS 服务。

③ 在 DNS 管理器窗口中，打开 DNS 服务器属性对话框，并选择“转发器”选项卡，如图 3-31 所示。

④ 在“转发器”选项卡中，单击“编辑”按钮，然后在弹出的“编辑转发器”对话框中输入解析请求将转发到的目的 DNS 服务器的 IP 地址，并单击“确定”按钮将新输入的 IP 地址添加到列表中。最后单击“确定”按钮完成“转发器”的设置。

⑤ 使用同样方法，配置其他区域的转发。

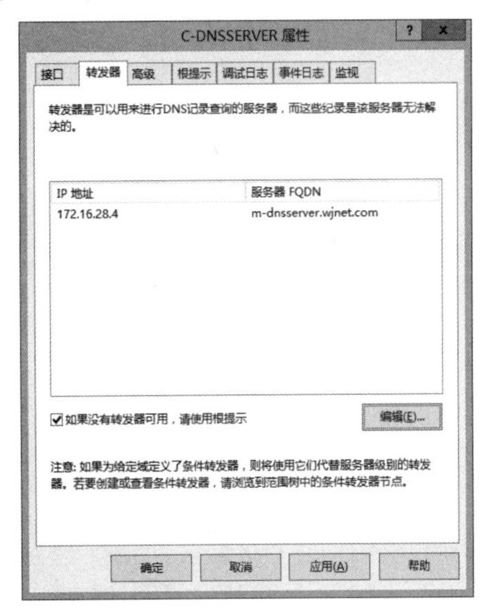

图 3-31 “转发器”选项卡

课堂练习

1. 练习场景

网坚公司已为公司主 DNS 服务器配置了一台辅助 DNS 服务器，服务器的主机名为 S-DNSServer，IP 地址配置为 172.16.28.5/24；为销售部配置了一台惟缓存 DNS 服务器，服务器的主机名为 C-DNSServer，IP 地址配置为 172.16.28.250/24。现在需要配置 DNS 客户端对这两台服务器进行测试。

2. 练习目标

① 掌握配置客户端测试辅助 DNS 服务器的方法。

② 掌握配置客户端测试惟缓存 DNS 服务器的方法。

3. 练习的具体要求与步骤

① 选择两台安装 Windows 10 操作系统的 PC 作为 DNS 客户端。

② 将其中一台客户端 PC 的首选 DNS 服务器配置为辅助 DNS 服务器，并使用 nslookup 命令测试 www.wjnet.com 主机记录，写出测试命令及测试结果：

____

____

____

____

____

③ 将另一台客户端 PC 的首选 DNS 服务器配置为惟缓存 DNS 服务器，并使用 nslookup 命令测试 sales.wjnet.com 区域的解析，写出测试命令及测试结果：

____

____

____

____

____

拓展与提高

1. 配置 SOA 资源记录

DNS 辅助区域是通过区域传送方式从主 DNS 服务器中的主要区域传输过来的，作为主要区域的副本，在本地是只读的。为了维持 DNS 辅助区域的权威性，必须保证辅助区域与主要区域数据库信息的同步性，所以 DNS 辅助区域必须定期从主要区域进行信息更新。可以通过 SOA 记录控制区域传输的相关属性。

SOA 记录又称起始授权机构记录，该记录是任何区域文件中的第一条记录，用于指定一个区域的起点。它所包含的信息有区域名、区域管理员电子邮件地址，以及指示辅助 DNS 服务器如何更新区域数据文件的设置等。

在主 DNS 服务器中，打开 DNS 管理器窗口，在区域属性对话框中选择“起始授权机构（SOA）”选项卡，在该选项卡中配置 SOA 记录的相关设置，如图 3-32 所示。

图 3-32　“起始授权机构”选项卡

① 序列号：表示该区域文件的修订序号。当区域中资源记录发生改变时，此序列号会自动增加。在

配置了区域传送时，辅助 DNS 服务器会定期地查询主 DNS 服务器上主要区域的序列号，如果主 DNS 服务器上主要区域的序列号大于自己的序列号，则辅助 DNS 服务器向主 DNS 服务器发起区域传送请求。

② 主服务器：表示此 DNS 区域的主 DNS 服务器的 FQDN。

③ 负责人：指定了管理此 DNS 区域的负责人的电子邮件地址，此处使用“.”表示“@”符号。

④ 刷新间隔：表示辅助 DNS 服务器查询主服务器以进行区域更新前等待的时间。当刷新时间到期时，辅助 DNS 服务器从主服务器上获取主 DNS 区域的 SOA 记录，然后和本地辅助 DNS 区域的 SOA 记录相比较，如果值不相同则进行区域传输。默认情况下，刷新间隔为 15 min。

⑤ 重试间隔：表示当区域传送失败时，辅助 DNS 服务器进行重试前需要等待的时间间隔，默认情况下为 10 min。

⑥ 过期时间：当辅助 DNS 服务器无法联系主服务器进行区域信息更新时，还可以使用此辅助 DNS 区域答复 DNS 客户端请求的时间，当到达此时间限制时，辅助 DNS 服务器会认为此辅助 DNS 区域不可信，并停止响应 DNS 客户端的解析请求。默认情况下为 1 天。

⑦ 最小（默认）TTL：用于表示 DNS 区域中未指定 TTL 值的所有资源记录的生存时间（TTL）值，默认情况下为 1 h。TTL 值是指 DNS 服务器在本地缓存中对已解析成功的资源记录进行缓存的生存时间，当 TTL 过期时，缓存此资源记录的 DNS 服务器将丢弃此记录的缓存。

⑧ 此记录的 TTL：用于指定 SOA 记录的 TTL 值。

2. 实现区域传送的方法

区域传送的目的是为了确保承载同一区域主机的两台 DNS 服务器拥有相同的区域信息。Windows Server 2012 支持两种区域传送方式：

- 完全区域传送（AXFR）。传送主 DNS 服务器中主要区域的所有资源记录到辅助区域中。在刚建立辅助区域时，执行完全区域传送。
- 增量区域传送（IXFR）。根据 SOA 记录的序列号判断自上次区域传送后，主 DNS 服务器中的主要区域是否更新过资源记录，并将更新过的资源记录传送到辅助区域中。

> **注意**
> 为了避免被非法用户获得区域数据库信息，主 DNS 服务器在允许区域传输之前需要对辅助 DNS 服务器进行身份认证，该身份认证基于 IP 地址来完成。

（1）手动执行区域传送

在默认状态下，辅助区域每隔 15 min 将自动向其主要区域请求执行区域传送操作，管理员可以通过配置 SOA 记录修改这个时间间隔。

在需要时，管理员也可以手动执行区域传送，操作方法为：在辅助 DNS 服务器中，打开 DNS 管理器，右击区域（正向查找区域或反向查找区域）图标，在弹出的快捷菜单中选择“从主服务器传输”或“从主服务器传送区域的新副本”命令。

上述两个命令均可执行区域传送，不同的是“从主服务器传输”采用增量区域传送方式，而“从主服务器传送区域的新副本”采用完全区域传送方式。

（2）选择与通知区域传送服务器

主 DNS 服务器可以将主要区域信息只传输到指定的辅助服务器内，其他未被指定的辅助

DNS 服务器所提出的区域传送请求将被拒绝。在图 3-29 中，可以选择区域传送到的辅助 DNS 服务器。

管理员也可以通过 DNS 通知方法提高 DNS 服务器之间区域信息的同步性。DNS 通知是指主 DNS 服务器的主要区域发生更新后，即通知辅助 DNS 服务器进行区域传送以同步 DNS 区域数据。DNS 通知的过程如下：

① 主 DNS 服务器的主要区域中有资源记录更新，则 SOA 资源记录中的序列号字段也被更新，表示这是该区域的新的本地版本。

② 主服务器将 DNS 通知消息发送到其他服务器，它们是其配置的通知列表的一部分。

③ 接到通知消息的所有辅助 DNS 服务器，即可提出区域传送请求。

配置 DNS 通知的操作过程为：在图 3-29 中，单击“通知”按钮，打开 DNS“通知”对话框，如图 3-33 所示，在对话框中选中“自动通知”复选框以启用发送 DNS 更新的通知功能，然后输入将更新通知发送到的辅助 DNS 服务器 IP 地址。

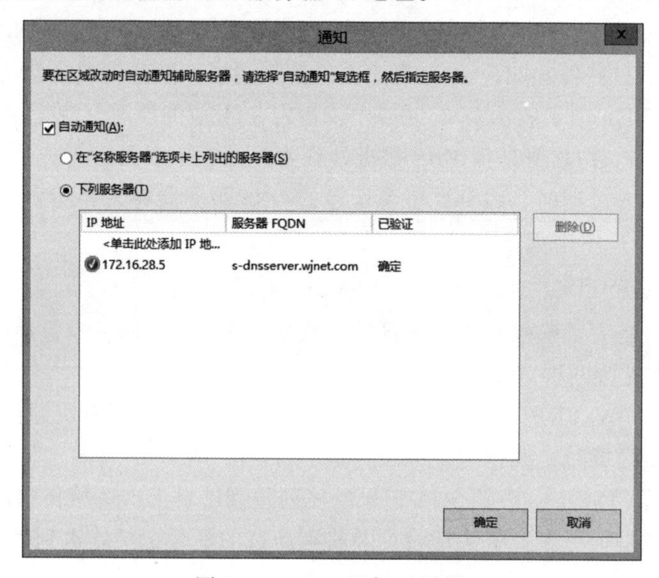

图 3-33　DNS 通知对话框

任务 4　管理与维护 DNS 服务

任务描述

在 TCP/IP 网络中，DNS 服务器非常重要，必须管理并维护好服务器的相关配置，以确保其正常工作，尽可能优化网络性能。通过本次任务的学习主要掌握：

- 理解并能正确配置存根区域。
- 能够正确配置 DNS 动态更新。
- 能够正确测试 DNS 服务器状态。
- 能够正确配置老化与清理。
- 了解 DNS 命令行管理工具的使用。

任务分析

在日常网络管理工作中，管理员必须对DNS服务器进行管理与维护，以保障DNS服务器能够正常、高效地为用户提供名称解析服务。管理与维护的工作很多，包括正确配置DNS服务器的相关配置、如何优化配置以提高服务性能、采用有效方法避免可能出现的解析故障等。

例如：当修改了DNS服务器的相关配置参数后，管理员需要对DNS服务器进行测试，以了解DNS服务器在参数修改后的性能与状态；由于大型企业网络常常使用委派管理，为了避免由此引起的解析故障，需要在网络中部署存根区域；对于移动客户端较多的网络，需要启用动态更新功能以保证区域数据始终为最新；对于DNS区域中陈旧的资源记录，需要及时清理以避免产生错误的解析结果，等等。

本次任务主要包括以下知识点与技能点：

- 存根区域。
- 配置老化与清理。
- 测试DNS服务器。
- DNS命令行管理工具。
- 配置动态更新。
- 清除DNS客户端缓存。

任务实施

1. 建立存根区域

存根区域是只包含由SOA、NS和A记录组成的区域数据的只读副本。存根区域的目的是使本地DNS服务器能够正向查询主管主区域的名称服务器。所以，存根区域在功能上类似于委派区域，二者主要区别是：存根区域可以通过区域传送从主区域更新记录，而委派域中的NS记录是在执行委派任务时建立的，以后如果该域有新的授权服务器，则必须由系统管理员手动更新NS记录。存根区域的主要作用是：

① 使委派的区域信息始终保持最新。通过定期更新某个子区域的存根区域，承载父区域和存根区域的DNS服务器，保持该子区域的最新权威DNS服务器列表。

② 改进名称解析。存根区域使DNS服务器可以使用存根区域的名称服务器列表来执行递归，而不必查询Internet和本地DNS命名空间的内部根服务器。

当DNS客户端发起解析请求时，对于属于所管理的主要区域和辅助区域的解析，DNS服务器向DNS客户端执行权威答复。而对于所管理的存根区域的解析，如果客户端采用递归查询，则DNS服务器会使用该存根区域中的资源记录来解析查询。DNS服务器向存根区域的NS资源记录中指定的权威DNS服务器发送迭代查询；如果DNS服务器找不到其存根区域中的权威DNS服务器，那么DNS服务器会尝试使用根提示信息进行标准递归查询。如果客户端发起迭代查询，DNS服务器会返回一个包含存根区域中指定服务器的参考信息，而不再进行其他操作。

例如，在网坚公司的主DNS服务器中，主要区域wjnet.com委派了子域sales.wjnet.com给名为Sales-DNS Server的服务器管理，用以解析销售部主机名称。如果销售部子域管理员为了提供容错和均衡负载又部署了一个辅助 DNS 服务器（名为 S-salesdns），但未通知主要区域管理员将 S-salesdns 添加到 sales.wjnet.com 的权威 DNS 服务器列表中，此时，主 DNS 服务器并不知道 sales.wjnet.com 区域的辅助 DNS 服务器的存在，当客户端向主 DNS 服务器请求解析 sales.wjnet.com 区域的名称时，如果此时恰好 Sales-DNSServer 出现错误无法响应，主 DNS 服务器不会向 S-salesdns 服务器进行查询，从而造成解析失败，最初的容错方案也不能得以实现。

解决上述问题的方法有两种：

① 手动添加：通知主要区域管理员将 S-salesdns 手动添加到 sales.wjnet.com 的权威 DNS 服务器列表中。

② 建立存根区域：在主 DNS 服务器中为委派的子域 sales.wjnet.com 建立一个存根区域，从而可以从委派的子域中自动获取权威 DNS 服务器的更新，而不需要额外的手动操作。

建立存根区域的操作过程如下：

① 架设 sales.wjnet.com 区域的辅助 DNS 服务器 S-salesdns。

② 使用具有管理员权限的用户账户登录委派服务器（如主 DNS 服务器 M-DNSServer）。

③ 打开新建区域向导并在“区域类型”对话框中选中“存根区域”单选按钮。

④ 按照新建区域向导完成建立存根区域操作。

2. 测试 DNS 服务器

当 DNS 服务器配置被更改时，需要对 DNS 服务器进行测试，以了解 DNS 服务器的性能与状态。操作过程如下：

① 使用具有管理员权限的用户账户登录 DNS 服务器。

② 在 DNS 管理器窗口的左窗格中，右击 DNS 服务器图标，在弹出的快捷菜单中选择“属性”命令，打开 DNS 服务器的属性对话框，在对话框中选择“监视”选项卡，如图 3-34 所示。

③ 在“监视”选项卡中，选中“对此 DNS 服务器的简单查询”复选框，然后单击“立即测试”按钮，可以测试 DNS 服务器能否正确解析针对自己的正向和反向解析请求；选中“对此 DNS 服务器的递归查询”复选框，然后单击“立即测试”按钮，可以测试 DNS 服务器能否连接到根提示信息中的根 DNS 服务器；选中“以下列间隔进行自动测试”复选框，可以按指定的时间间隔自动进行查询测试。

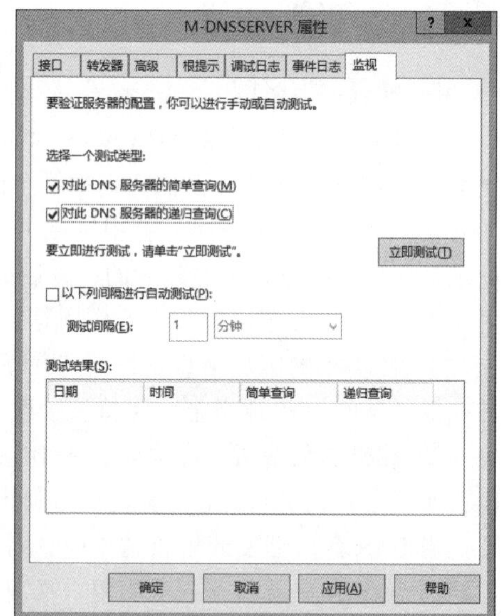

图 3-34 “监视”选项卡

3. 配置 DNS 动态更新

动态更新是指 DNS 客户端在 IP 地址等信息发生改变时，自动更新 DNS 服务器中相应资源记录的过程。动态更新功能能够保持 DNS 区域中资源记录始终为最新的，在大型企业网络中，由于资源记录的庞大，管理员使用手动更新资源记录的变化往往是不切实际的，同时也会因为手动更新得不及时而造成解析错误。

当 DNS 客户端计算机上发生以下事件时，将触发其向 DNS 服务器发送动态更新请求：

- 添加、删除或修改了本地计算机 TCP/IP 属性中的 IP 地址。
- 客户端使用动态地址并通过 DHCP 服务器获取 IP 地址租约或者续约。
- DNS 客户端执行了 ipconfig /registerdns 命令向 DNS 服务器发送名称更新请求。

为了实现动态更新，管理员需要将 DNS 服务器配置为允许动态更新，同时配置 DNS 客户端以更新 DNS 中的 DNS 记录，或者配置支持 DNS 客户端的 DHCP 服务器代表 DNS 客户端更新 DNS 记录。

（1）配置 DNS 服务器接受动态更新

具体操作过程如下：

① 使用具有管理员权限的用户账户登录 DNS 服务器。

② 在 DNS 区域属性对话框的“常规”选项卡中，单击“动态更新”右侧的下拉按钮，在弹出的下拉列表中进行配置，如图 3-35 所示。

知识链接

DNS 服务器支持非安全和安全两种动态更新方式。

在非活动目录集成区域只能使用“非安全”方式进行动态更新，此时，DNS 服务器不会对进行动态更新的客户端计算机进行验证，所以任何客户端计算机都可以对任何 A 记录进行动态更新，而不管它是否是此 A 记录的拥有者。

安全的动态更新只适用于活动目录集成区域，此时，在客户端计算机更新自己的记录时，DNS 服务器将要求客户端计算机进行身份验证来确保只有对应资源记录的拥有者才能更新此记录。

（2）配置 DNS 客户端进行动态更新

在 DNS 客户端使用 Windows 10 操作系统情况下，打开 TCP/IP 属性高级配置对话框并选择“DNS”选项卡，进行客户端的动态更新配置，如图 3-36 所示。

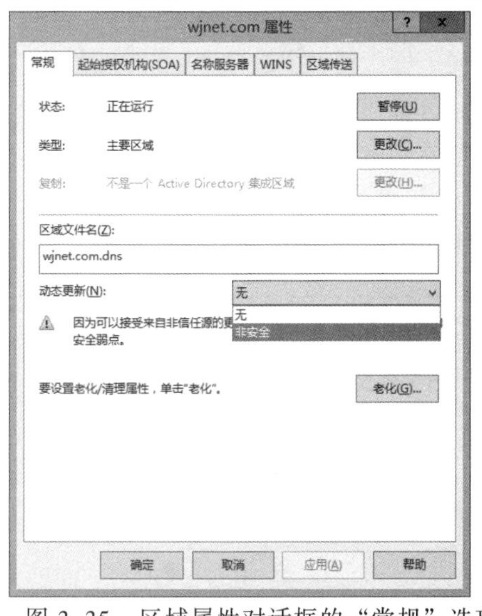

图 3-35 区域属性对话框的“常规”选项卡

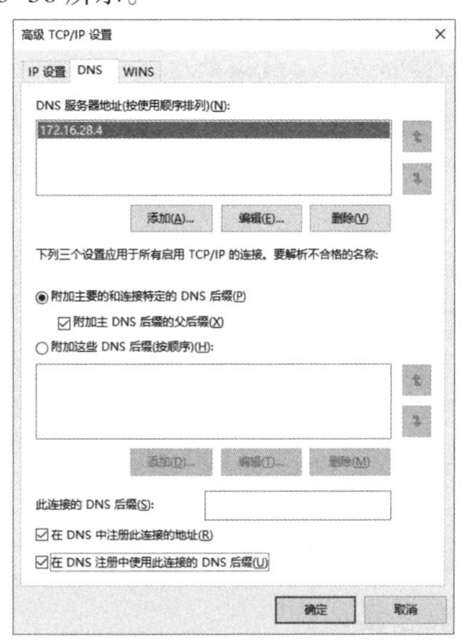

图 3-36 “DNS”选项卡

① 选中“在 DNS 中注册此连接的地址”复选框，DNS 客户端会将其完整的计算机名称与 IP 地址注册到 DNS 服务器内。

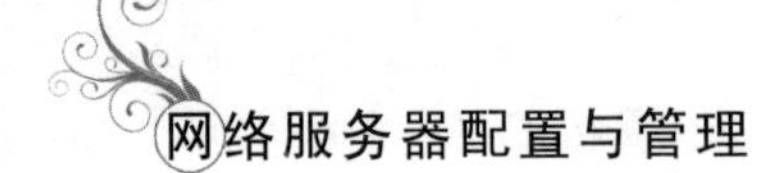

② 选中“在 DNS 注册中使用此连接的 DNS 后缀”复选框，则还会注册由计算机名与该计算机所在区域的 DNS 后缀组成的名称。

4. **配置老化与清理**

随着网络的变化及 DNS 服务器的配置改变，将可能会产生过时或陈旧的资源记录。例如，在有动态更新的情况下，当 DNS 客户端启动并连接网络时，其资源记录会被自动添加到 DNS 区域中。但是，如果客户端非正常地断开网络连接，其资源记录可能不会被自动删除。当网络中存在移动客户端时，这种情况经常会发生。

如果不能及时地清理陈旧的资源记录，则可能会引起以下问题：

- 如果区域中保存大量的陈旧资源记录，这些记录将占据服务器磁盘空间并导致不必要的大量区域传输。
- 陈旧资源记录的积累会降低服务器的性能和响应速度。
- 导致服务器使用过时的信息来应答客户端解析请求，客户端无法访问目标计算机。

使用 Windows Server 2012 的老化与清理功能，可以检测或删除 DNS 数据库中的陈旧资源记录，操作过程如下：

① 使用具有管理员权限的用户账户登录 DNS 服务器。

② 配置服务器的老化和清理。在 DNS 管理器窗口的左窗格中，右击 DNS 服务器图标，在弹出的快捷菜单中选择“为所有区域设置老化/清理”命令，弹出“服务器老化/清理属性”对话框，在该对话框中可以配置服务器的老化和清理参数，如图 3-37 所示。

- 无刷新间隔：指 DNS 服务器不接受刷新尝试的时间周期。
- 刷新间隔：指 DNS 服务器接受刷新尝试的时间周期。刷新间隔应大于或等于最大无刷新间隔。

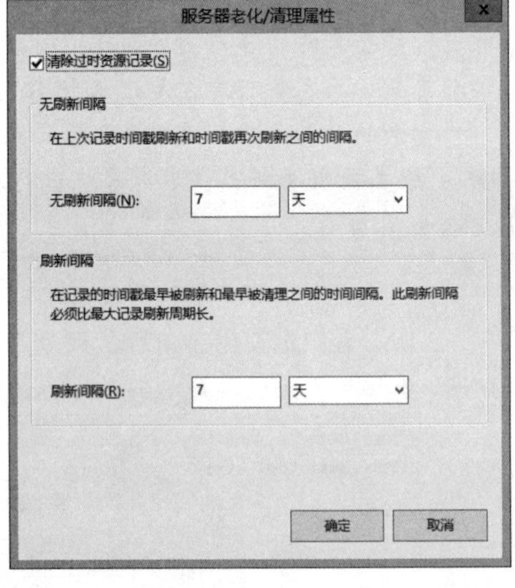

图 3-37 “服务器老化/清理属性”对话框

③ 配置区域的老化和清理。在区域属性对话框的“常规”选项卡中，单击“老化”按钮，弹出“区域老化/清理属性”对话框，在该对话框中可以配置区域的老化和清理参数。

> **注意**
>
> 资源记录的老化/清理设置必须同时在“服务器老化/清理属性”和“区域老化/清理属性”对话框中设置方可有效。新建标准主要区域时，默认的老化/清理时间间隔会继承“服务器老化/清理属性”对话框中的设置。

课堂练习

1. **练习场景**

公司有员工反映使用域名访问公司网络中某台主机时出现问题，而之前一切正常，并且他没有改变自己计算机的任何设置。公司网络管理员经过检查，发现被访问主机不久前修改了 IP 地址，并且动态更新了 DNS 服务器中的资源记录，而该员工计算机在访问这台主机时使用了本地缓存进行解析，经过清除缓存，问题得到解决。公司网络管理员将该案例进行了总结，供新来的管理员学习。

2. 练习目标

① 理解 DNS 解析过程。

② 理解 DNS 客户端缓存的作用。

③ 掌握清除 DNS 客户端缓存的方法。

3. 练习的具体要求与步骤

DNS 客户端会将成功解析的结果保存在本地缓存中，当下次需要访问相同域名时，客户端会直接使用缓存中保存的解析结果，从而提高名称解析效率，同时减轻 DNS 服务器的负载。

① 参考图 3-3 所示网络环境，在 DNS 服务器中建立主机 DNSClient2（DNS 名称为 DNSClient2.wjnet.com，IP 地址为 172.16.28.101）的 A 记录与 PTR 记录。

② 在主机 DNSClient1 上执行命令 ping dnsclient1.wjnet.com，命令执行结果为：

____

____

③ 修改主机 DNSClient2 IP 地址为 172.16.28.102，并在 DNS 服务器中更新对应的 A 记录。

④ 在主机 DNSClient1 上执行命令 ping dnsclient1.wjnet.com，命令执行结果为：

____

____

命令执行结果显示的 IP 地址与第②步的结果是否相同？______________

⑤ 使用命令 ipconfig /displaydns 查看主机 DNSClient1 的 DNS 缓存，其中显示的 IP 地址是______________。

⑥ 使用命令 ipconfig /flushdns 清空主机 DNSClient1 的 DNS 缓存。

⑦ 在主机 dnsclient1 上执行命令 ping dnsclient1.wjnet.com，命令执行结果为：

____

____

命令执行结果显示的 IP 地址与第②步的结果是否相同？______________

拓展与提高 —DNS 命令行管理工具

DNSCmd 是专门用于管理 DNS 服务的支持工具，使用该工具可以通过命令行方式完成大部分的 DNS 配置与管理工作。在需要完成多个 DNS 服务器的配置工作，或者需要远程修改 DNS 服务器设置时，DNSCmd 显得很有用。例如，将服务器的配置过程建立成一个包含 DNSCmd 命令的批处理文件，然后使用该命令重复配置多个管理任务等。

DNSCmd 工具命令的语法格式为：

```
dnscmd <ServerName> <Command> [<command parameters>]
```

【说明】

①“ServerName”为计划管理的 DNS 服务器 IP 或主机名，省略表示本地 DNS 服务器。

②“Command”为子命令，即要管理的任务。

③“command parameters”为指定的子命令的相关参数。

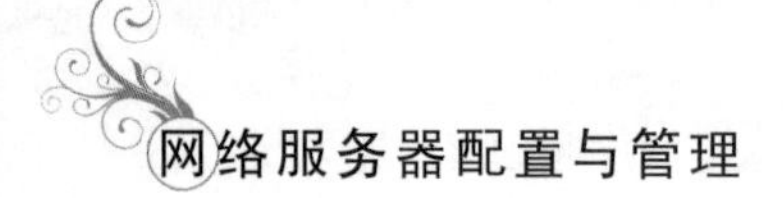

【命令举例】

在任务 2 中建立正向主要区域操作，使用 DNSCmd 工具命令完成如下：

（1）建立正向主要区域

```
C:\>dnscmd /zoneadd wjnet.com /primary /file wjnet.com.dns
```

（2）显示区域信息

```
C:\>dnscmd  /enumzones
```

小技巧

在命令提示符（C:\>）后直接输入 dnscmd 将显示该命令工具的帮助信息。

网络管理与维护经验

1. **网络管理与维护经验 1**

某公司的主办公室在北京，分办公室在 5 个其他城市，公司的网络包含一个单独的 DNS 域名 Boshu.com，网络的架构如图 3-38 所示。

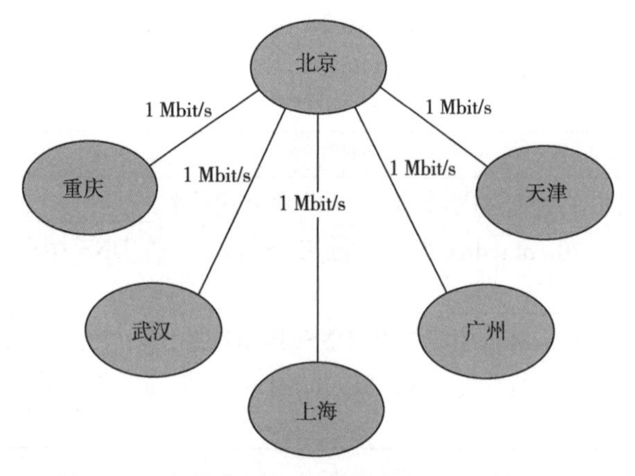

图 3-38　网络管理与维护经验 1 之网络架构图

所有的网络服务器使用的操作系统为 Windows Server 2012，所有客户端计算机的 TCP/IP 配置都是由在各个办公室的 DHCP 服务器分配的。计算机经常刷新，而且当它们刷新时将会被分配一个新的名字。所有的计算机都将本地的 DNS 服务器作为首选 DNS 服务器并且将中心 DNS 服务器作为备用 DNS 服务器。在北京办公室的一个服务器中设置了一个主要区域，在每一个分办公室都设置有次要区域。重试间隔、刷新间隔、终止间隔和默认的最小活动时间（TTL）都是设置为默认设置。网络带宽的平均利用率为 40%。

北京办公室和上海办公室平均每天失效两次。当网络连接在一个 zone transfer 过程中失效时，上海办公室的用户偶尔会收到质询本地 DNS 服务器的错误响应。

此时，需要更改 Boshu.com 的 SOA 资源记录的设置，另外，也要减少在区域转移成功之前用户对本地 DNS 服务器的查询，将终止时间间隔改为 12 h。

2. **网络管理与维护经验 2**

某公司网络包含一个活动目录域命名为 Shijie.com。这个域包含 3 台运行 Windows Server 2012 的计算机，如表 3-2 所示。

表 3-2 网络管理与维护经验 2 之计算机名及其功能

主机名称	功能
Shijie1	域控制器及 DNS 服务器
Shijie2	会计应用服务器
Shijie3	存货管理应用服务器

有 200 台安装 Windows 10 操作系统的计算机使用计算和目录清单相关的应用软件。客户端计算机使用 TCP/IP 和服务器 DNS 主机名称来连接至 Shijie2 和 Shijie3 服务器。相关的网络设置如图 3-39 所示。

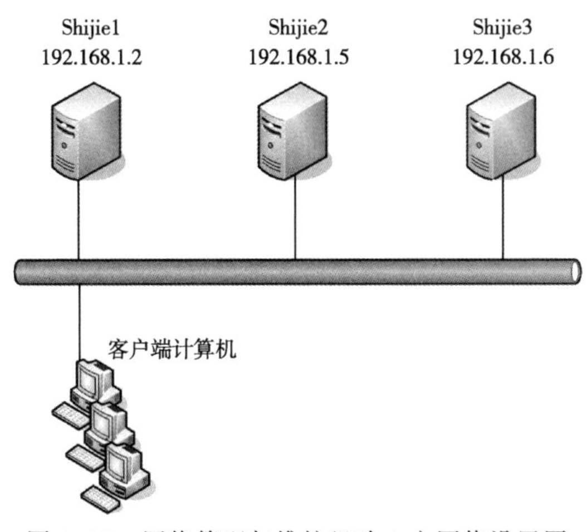

图 3-39 网络管理与维护经验 2 之网络设置图

由于管理的需要，现要将目录清单相关的应用软件移动至 Shijie2 服务器中，并将 Shijie3 服务器从网络中移除。

在该管理案例中，网络管理员需要确保所有的客户端计算机在使用计算或目录清单相关的应用软件时都可以连接至 Shijie2 服务器，并且需要尽量减少网络更改时所消耗的时间，同时，为了减少工作量，要在不更改客户端计算机配置的情况下完成。此时，可以在 Shijie1 服务器中增加一个将 Shijie3 指向 Shijie2 的别名（CNAME）记录。

3. **解决由 DNS 循环引起的故障**

某局域网中一批用户的计算机无法使用域名访问网页内容，但是可以通过网络与其他客户端系统进行共享通信，经过检测，排除了网络病毒攻击的原因。

进一步分析发现，这些用户的计算机配置的 DNS 服务器地址不完全一样，有的地址使用了局域网中的主 DNS 服务器，有的地址使用了备用 DNS 服务器，而且这两台 DNS 服务器都启用了 DNS 转发功能，主 DNS 服务器的转发地址指向了备用 DNS 服务器，备用 DNS 服务器的转发地址指向了主 DNS 服务器。

在这种情况下，当主 DNS 服务器工作状态不正常时，它就会将解析任务转发给备份 DNS 服务器，如果这个时候备份 DNS 服务器的工作状态也不正常，备份 DNS 服务器又会将解析任务转发给主 DNS 服务器，从而形成了 DNS 死循环。

对于这种故障，只要重新指定有效的 DNS 服务器地址即可解决。

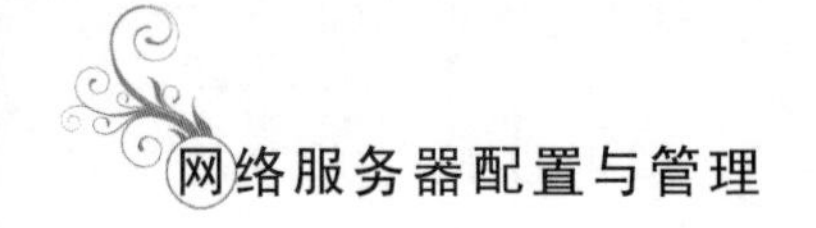

练 习 题

一、填空题

1. DNS是一个分布式数据库系统，它提供将域名转换为对应的________信息；DNS命名空间中的每一个结点都可以通过FQDN来识别，FQDN的中文全称为________。

2. DNS 查询模式主要有________和________两种，默认情况下，DNS 客户端使用________。

3. 使用命令________可以查看DNS缓存内容；使用命令________可以清除DNS缓存内容。

4. 在“新建区域向导”中，可以创建________、________和________三种类型区域。

5. 主机记录又称作________记录，其作用为________；别名记录又称作________记录，其作用为________。

6. DNS服务器支持________和________两种动态更新方式，其中________方式只在活动目录集成区域可用。

二、选择题

1. 下面关于DNS服务器配置的叙述，不正确的是（　　）。

   A. DNS服务器必须配置静态的IP地址

   B. 在默认状态下，Windows Server 2012服务器已经安装了DNS服务

   C. 在主DNS服务器中可以创建正向查找区域，也可以创建反向查找区域

   D. 动态更新允许DNS客户端在发生更改时，使用DNS服务器注册和动态地更新其资源记录

2. 下面关于主要区域和辅助区域的叙述，正确的是（　　）。

   A. 都可进行读/写，但需要管理员的权限

   B. 主要区域在本地存在区域文件，而辅助区域没有

   C. 辅助区域是只读的，同时也具有权威性

   D. 在主要区域崩溃时，辅助区域不能转换为主要区域

3. 一台主机要解析 www.abc.edu.cn 的 IP 地址，如果这台主机配置的域名服务器为202.120.66.68，因特网顶级域名服务器为11.2.8.6，而存储www.abc.edu.cn与其IP地址对应关系的域名服务器为202.113.16.10，那么这台主机解析该域名通常首先查询（　　）。

   A. 202.120.66.68域名服务器

   B. 11.2.8.6域名服务器

   C. 202.113.16.10域名服务器

   D. 不能确定，可以从这3个域名服务器中任选一个

4. 华谊公司是一个单域huayi.com网络，有一台Web服务器，域名是www.huayi.com。公司有一台DNS服务器，负责主机名称解析。公司有位员工通过一台计算机（Windows 10操作系统）正在访问Web站点，由于某种原因，需要将Web服务器的IP地址由原来的192.168.0.200更改为192.168.0.210，但紧接着这位员工报告他无法继续访问Web站点了，而其他员工可以正常访问。如果要立即解决该问题，可以使用的方法是（　　）。

   A. 执行ipconfig /registerdns命令　　B. 执行ipconfig /flushdns命令

   C. 执行ipconfig /displaydns命令　　D. 执行ipconfig /renew命令

项目 4

配置与管理 Web 网站

学习情境

为了更好地宣传公司的产品和服务，提升公司的知名度，网坚公司在企业网络中搭建了 Web 服务器。通过 Web 服务向客户端提供文档浏览及下载功能。由于 Web 服务具有维护升级简单的优势，许多传统的 C/S（Client / Server，客户端/服务器）模式应用系统也逐步被基于 B/S（Browse / Server，浏览器/服务器）的 Web 应用系统所取代，不仅方便了员工访问使用公司的业务系统，而且减少了维护客户端软件的工作量。

本案例讲述的是如何基于 Windows Server 2012 操作系统搭建 Web 服务器、发布网站并对网站进行有效的管理，使客户、合作伙伴、企业员工等可以很方便地通过浏览器来访问公司网站、了解公司动态和产品信息等。随着企业很多应用系统采取了 B/S 模式部署，企业员工通过浏览器就能访问和使用公司的业务系统，一方面无须在客户端再安装专门的客户端软件，另一方面应用系统的升级维护只需要在服务器端进行即可，减少了客户端的升级维护工作。

Web 服务器也称万维网（World Wide Web，WWW）服务器。WWW 是基于客户机/服务器模式的信息发现技术和超文本技术的综合。WWW 服务器通过超文本标记语言（HTML）把信息组织成为图文并茂的超文本，利用超链接从一个站点跳转到另一个站点。当客户端浏览器访问 Web 服务器上某个网站页面时，Web 服务器将会把被请求的页面通过超文本传输协议（Hypertext Transfer Protocol，HTTP）来封装，利用网络传递给客户端浏览器。

本项目基于 Windows Server 2012，在网坚公司的企业网络中搭建并部署 Web 服务，为公司客户和内部用户提供 Web 服务。本项目主要包括以下任务：

- 了解 Web 服务。
- 配置 Web 服务器。
- 创建和管理虚拟目录。

任务 1　了解 Web 服务

任务描述

Web 服务是企业最常用的服务之一，搭建门户网站可以为企业提供一个对外宣传的窗口，便于企业发布公司信息、实现信息反馈、宣传推广等工作。在部署 Web 服务之前，了解 Web 服务的概念、理解 HTTP 协议的工作原理、掌握 IIS 服务的安装是必要的。通过本次任务的学习主要掌握：

- Web 服务、网页、网址的概念。
- HTTP 协议的工作原理。
- IIS 的介绍。
- IIS 的安装。

任务分析

在 Web 服务器上搭建网站的主要功能是提供网上信息浏览服务，网上信息浏览的对象是网页。网页是网站中的一个页面，它既是构成网站的基本元素，也是承载各种网站应用的平台。当客户端浏览器访问网站中的某个网页时，如何在 Internet 中标识要访问的网页？客户端浏览器和 Web 服务器之间如何交互信息？使用什么协议传输交互的信息？在搭建网站之前，有必要搞清楚上述问题。

本次任务主要包括以下知识点与技能点：

- WWW。
- 网页。
- HTTP。
- URL 地址。
- IIS。
- 安装 IIS。

任务实施

1. 认识 WWW

WWW 是 World Wide Web 的简称，也称为 Web、3W 等，中文名称为“万维网”。它是由欧洲核物理研究中心（CERN）研制，其目的是为全球范围的科学家利用 Internet 进行方便地通信、信息交流和信息查询。万维网是无数个网站站点和网页的集合，它们在一起构成了因特网最主要的部分。WWW 服务器通过超文本标记语言（Hypertext Marked Language，HTML）把信息组织成为图文并茂的超文本，利用超链接从一个站点跳转到另一个站点。通过 WWW，用户只要使用网址链接就能迅速方便地获取丰富的网页信息。我们通常通过浏览器上网观看的，就是万维网的内容。WWW 是基于客户机/服务器模式的信息发现技术和超文本技术的综合。

2. 了解网页

网页是一种可以在互联网上传输、能被浏览器识别并显示出来的一种编码文件，它是构成网站的基本元素，也是承载各种网站应用的平台。网页使用超文本标记语言来描述文本、图形、视频、音频等多媒体信息，这些信息是由彼此关联的文档通过超链接（Hyperlink）连接而成，通过超链接可以打开另外一个网页或者文档。

3. 理解 HTTP

超文本传输协议（Hypertext Transfer Protocol，HTTP）是浏览器与 Web 服务器之间交互数据时所共同遵循的一种规范，专门用于定义浏览器与 Web 服务器之间数据交换的格式。其交互过程如图 4-1 所示。在图 4-1 中可以看出，HTTP 是一种基于“请求”和“响应”工作方式的协议，当客户端与服务器建立连接后，由客户端向服务器发送一个请求，这个请求称为 HTTP 请求消息，服务器收到客户端的请求消息后会将处理后的信息回送给客户端，回送的消息称为 HTTP 响应消息。

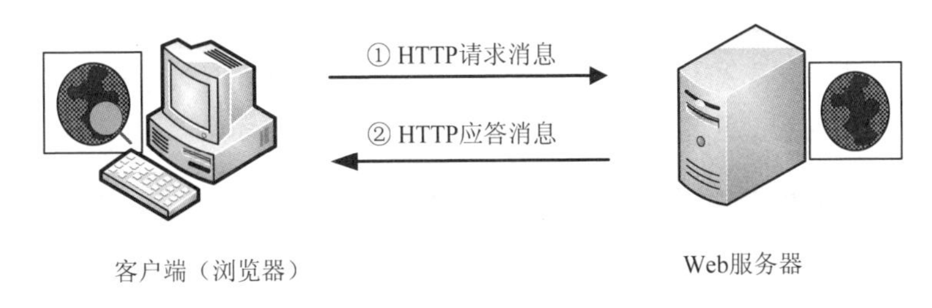

图 4-1 浏览器与 Web 服务器交互过程

4. **使用 URL 地址**

在因特网上的 Web 服务器中，每个网页文件都有一个访问标记符，用于标识它唯一的访问位置，以便用户浏览器可以通过该访问标记符找到它，这个访问标记符称为统一资源定位符（Uniform Resource Locator，URL），又称为 URL 地址或者网址。如果要访问因特网上某台 Web 服务器中的网页文件，就需要知道该网页文件对应的 URL 地址。URL 地址通常是由以下几个部分组成：

协议://域名或 IP 地址:端口号/路径/网页文件名称

协议指的是客户端与服务器之间传输数据所使用的协议标准，对于 Web 应用来说，通常使用的协议是 http 或者 https，这两种协议之间的区别在于使用 http 传输的数据是明文数据，而使用 https 传输的数据是加密后密文数据。**域名或 IP 地址**指的是 Web 服务器使用的域名或 IP 地址。**端口号**指的是 Web 服务器使用的 TCP 端口号，通常 http 协议对应的默认端口号为 80，https 协议对应的默认端口号为 443，如果在 URL 中未指明端口号则认为协议使用的是默认端口号，如果在 Web 服务器上搭建网站时重新指定网站的对应端口号，则访问该网站时，必须在 URL 的端口字段中填写对应端口号。**路径**指的是相对网站的根目录，找到指定网页文件所要浏览的文件夹路径。**网页文件名称**指的是要访问的网页文件的全称（含扩展名）。

例如在网址 http://www.jd.com/123/index.html 中，使用的是 http 协议，Web 服务器对应的域名为 www.jd.com，端口号此处未显式指明，则表明使用的是 http 协议对应的默认端口号 80，要访问的网页是名称为 index.html 的文件，并且该网页文件位于网站根目录下的名为“123”的文件夹下。

5. **理解 IIS 作用**

互联网信息服务（Internet Information Services，IIS）是由微软公司提供的基于运行 Microsoft Windows 的互联网基本服务。IIS 是一种 Web 服务组件，其中包括 Web 服务器、FTP 服务器，分别用于提供网页浏览、文件传输方面的服务。Web 服务器可以用来搭建基于各种主流技术的网站。

6. **安装 IIS**

在 Windows Server 2012 中，安装 IIS 的操作方法如下。

① 在准备安装 Web 服务的计算机中，将其主机名称修改为 WebServer，并手动配置该计算机的 TCP/IP 属性——IP 地址为 172.16.28.7，子网掩码为 255.255.255.0，默认网关为 172.16.28.254，DNS 服务器地址为 172.16.28.4，并提前在 DNS 服务器（172.16.28.4）中建立网站对应的域名记录（www.wjnet.com→172.16.28.7）。

② 打开“服务器管理器”窗口，单击仪表板处的“添加角色和功能”链接，如图 4-2 所示，然后持续单击“下一步”按钮，直到出现“添加角色和功能向导”窗口，在“添加角色和功能向导”对话框中，勾选“Web 服务器”复选框，如图 4-3 所示。

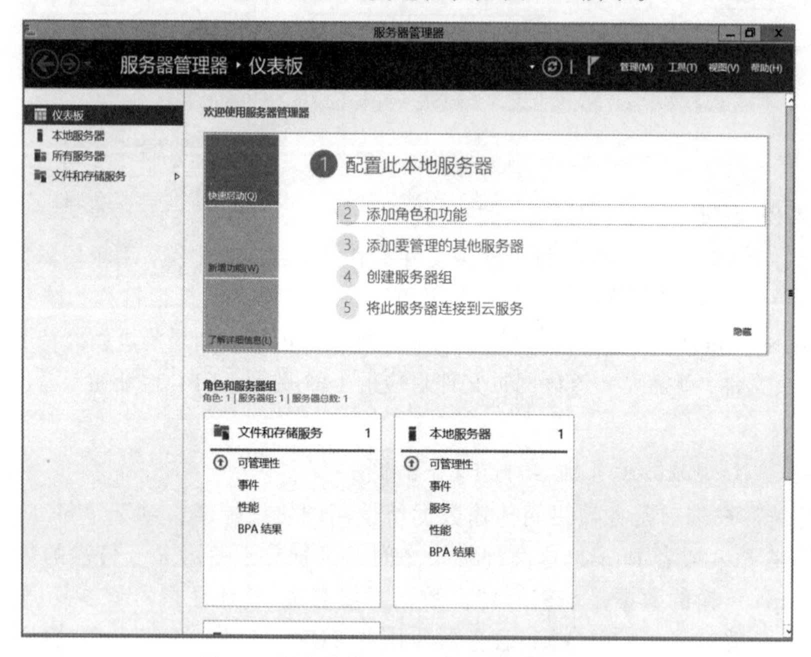

图 4-2 服务器管理器的“仪表板”界面

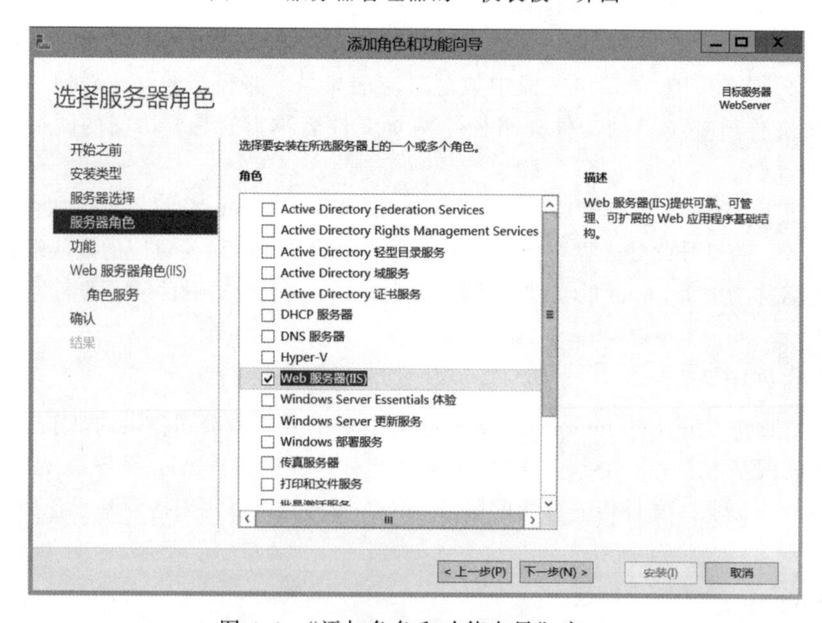

图 4-3 “添加角色和功能向导”窗口

③ 在弹出的“添加角色和功能向导”对话框中单击“添加功能”按钮，如图 4-4 所示，持续单击“下一步”按钮，直到出现图 4-5 所示的“选择角色服务”窗口，可以根据需要选择性地安装角色服务，此处采用默认的配置即可（如果后期需要安装其他的角色服务，仍然可以添加），单击“下一步”按钮。

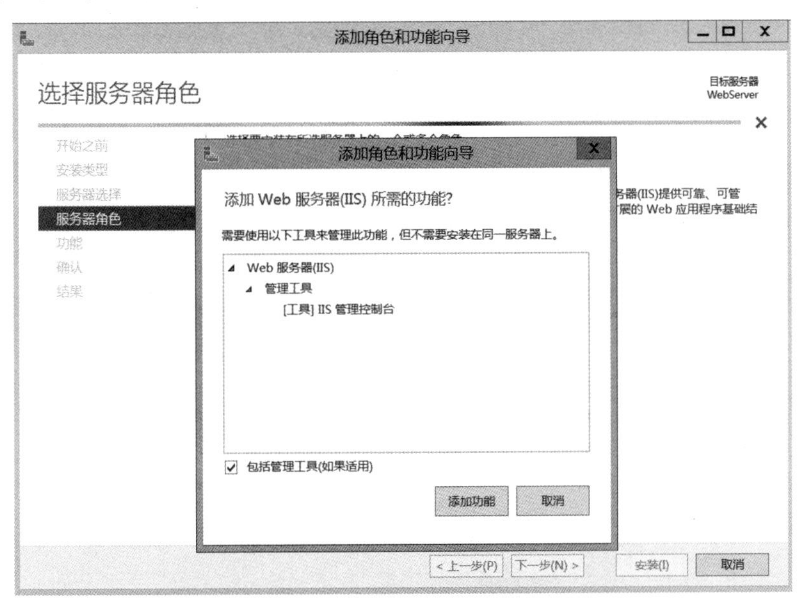

图 4-4 “添加角色和功能向导”对话框

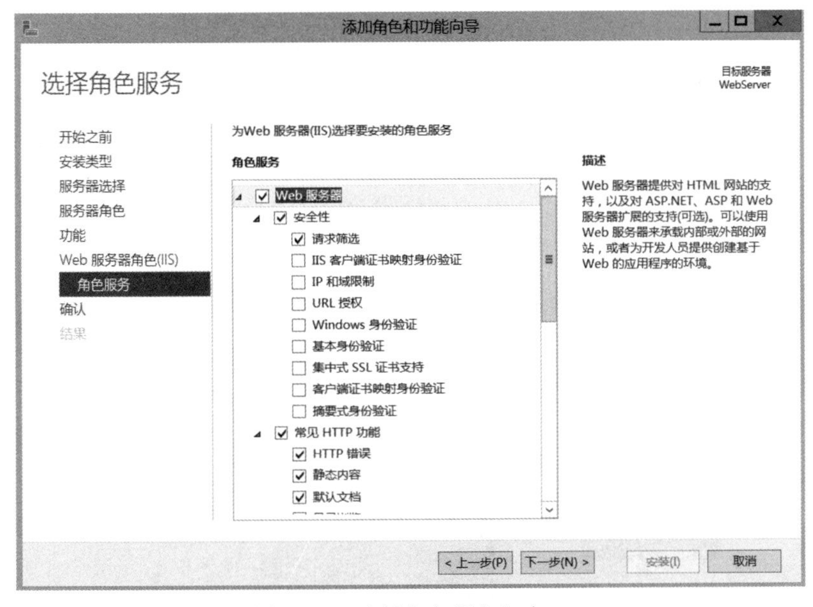

图 4-5 “选择角色服务”窗口

④ 在“确认安装所选内容”窗口中单击“安装”按钮，如图 4-6 所示。将弹出“安装进度”窗口，进入安装过程，如图 4-7 所示。

⑤ 安装完成后，单击“关闭”按钮即可完成安装过程，如图 4-8 所示。

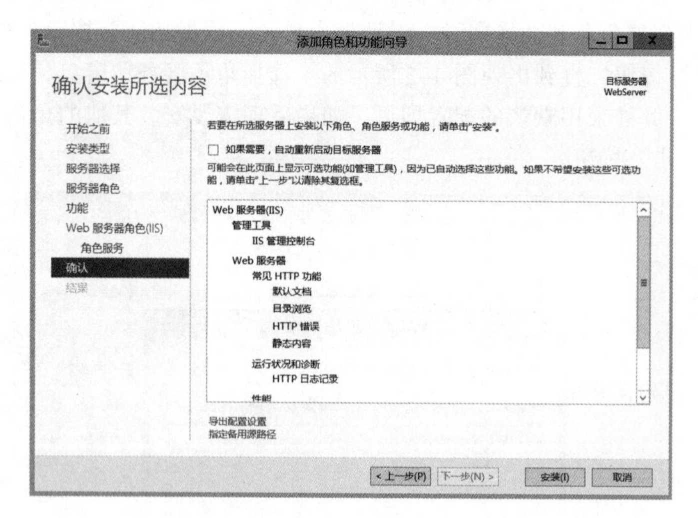

图 4-6 “确认安装所选内容”窗口

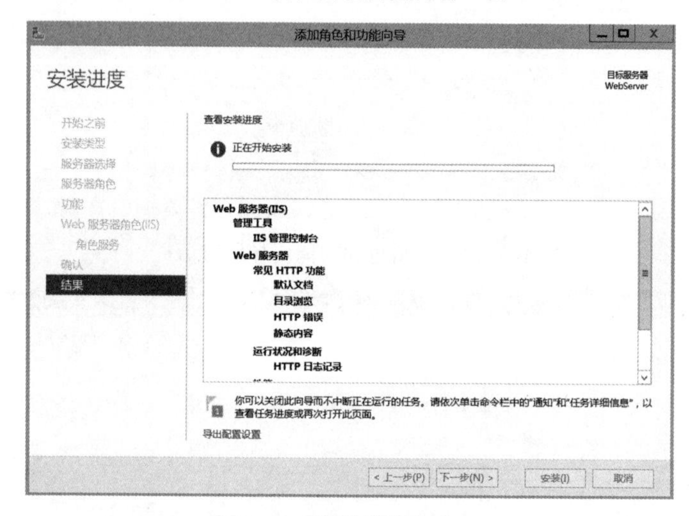

图 4-7 “安装进度”窗口

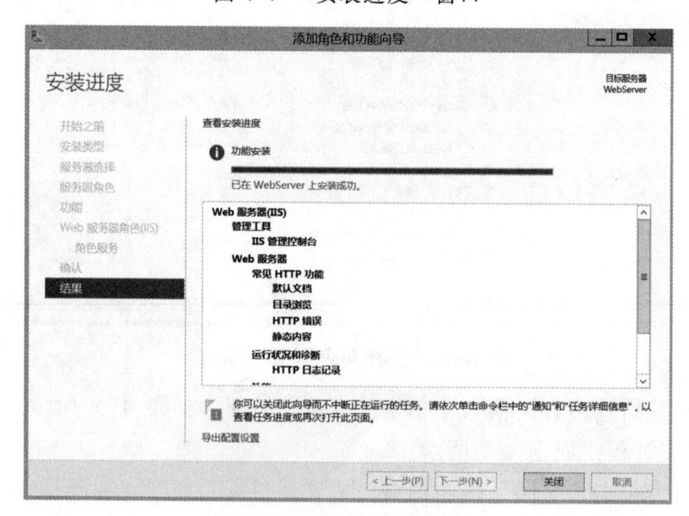

图 4-8 “完成安装”窗口

⑥ Web 服务器安装完成后，可以在服务器管理器仪表板窗口中单击“工具”链接，如图 4-9 所示，在弹出菜单中单击“Internet Information Services (IIS) 管理器”来打开 IIS 管理器窗口。也可以通过“开始”菜单中的“管理工具”来打开 IIS 管理器窗口，操作步骤如下：选择“开始”菜单中的“管理工具”选项，打开“管理工具”窗口，如图 4-10 所示，可以看到 IIS 安装完成后会在此处添加一个名为“Internet Information Services (IIS) 管理器”的快捷方式，可以通过双击该快捷方式来打开 IIS 管理器窗口。

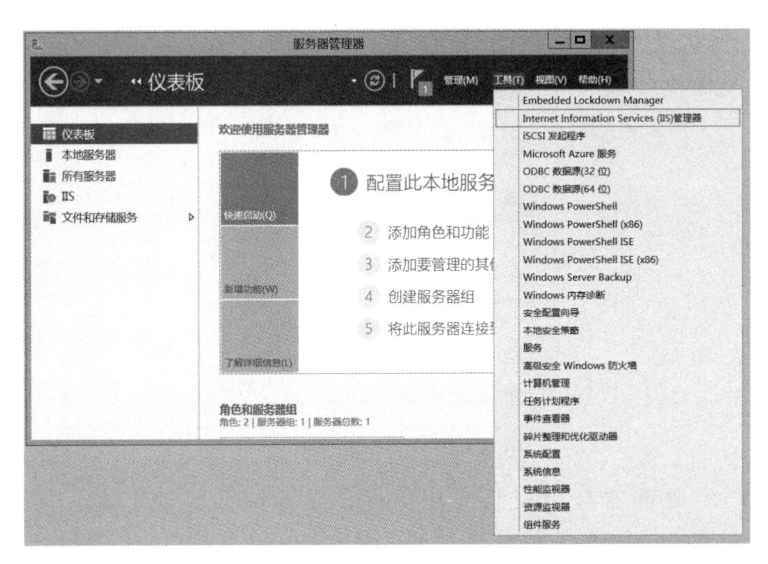

图 4-9 服务器管理器仪表板界面“工具”栏目弹出菜单

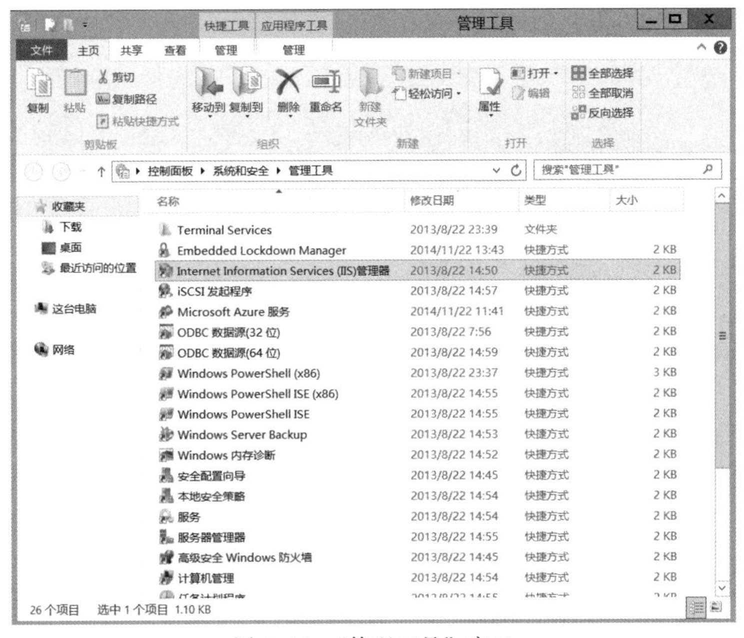

图 4-10 “管理工具”窗口

⑦ 在 IIS 管理器窗口中，单击 Web 服务器（本例中服务器主机名为 WEBSERVER）前的倒三角形小图标展开服务器下的栏目，继续单击服务器下“网站”栏目前的倒三角形小图标展开

服务器下所有的网站。可以发现，Web 服务器默认已经创建了一个名为“Default Web Site”的站点，单击该默认站点会在右侧的“功能视图”区域显示与该站点相关的功能配置链接，如图 4-11 所示。

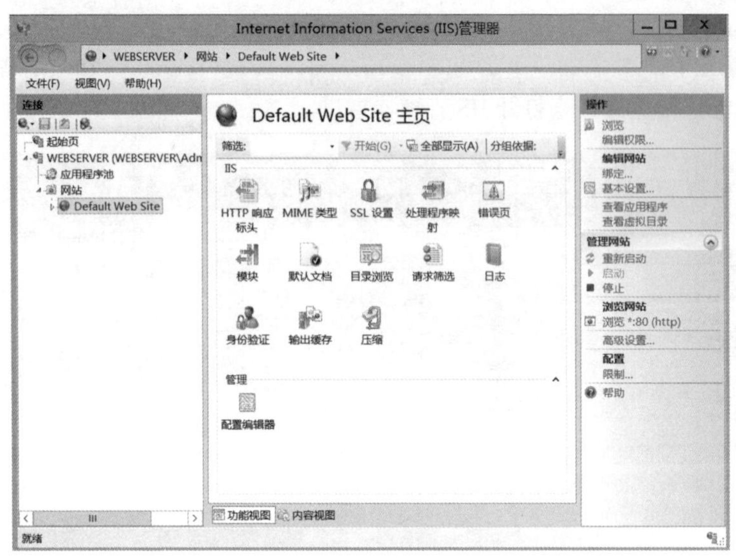

图 4-11　IIS 管理器窗口

为了验证 Web 服务器是否安装成功，打开服务器上的浏览器，在地址栏中输入“http://localhost”或者“http://服务器的 IP 地址”或者“http://服务器的域名”，如果出现图 4-12 所示的页面，则说明 Web 服务器安装成功；否则则说明 Web 服务器安装失败，需要重新检查服务器设置或者重新安装。

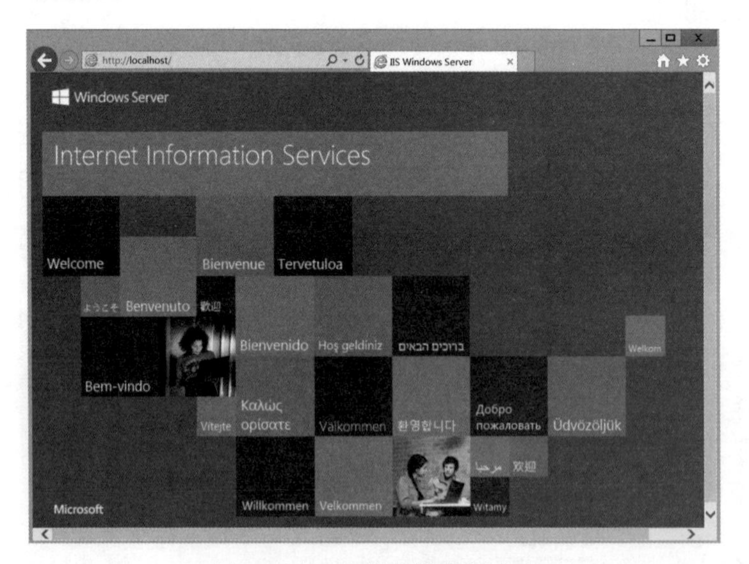

图 4-12　Web 服务器欢迎页面

注意

使用 Web 服务器的域名来访问网站时，必须保证 DNS 服务器中已经添加了网站域名和网站 IP 地址之间的对应关系，并且还需要在客户端主机上正确配置 DNS 服务器地址。

课堂练习

1. 练习场景

网坚公司为了更好地宣传公司的产品和服务，提升公司的知名度，公司决定在企业网络中搭建 Web 服务器。公司 Web 服务器的 IP 地址为 172.16.28.7。

2. 练习目标

① 掌握 IIS 的安装。

② 掌握 IIS 安装后的测试方法。

3. 练习的具体要求与步骤

① 使用“服务器管理器”为公司 Web 服务器安装 IIS。

② 打开“Internet 信息服务（IIS）管理器”，查看默认网站。

③ 使用浏览器访问默认网站，验证 Web 服务器是否安装成功。

任务 2 配置 Web 服务器

任务描述

网坚公司为了利用互联网宣传公司以拓展市场，同时方便内部员工使用浏览器访问公司的业务系统，在企业网络中部署了 Web 服务。公司还为网站申请了域名，域名为 www.wjnet.com。公司部署 Web 服务网络环境拓扑结构如图 4-13 所示。

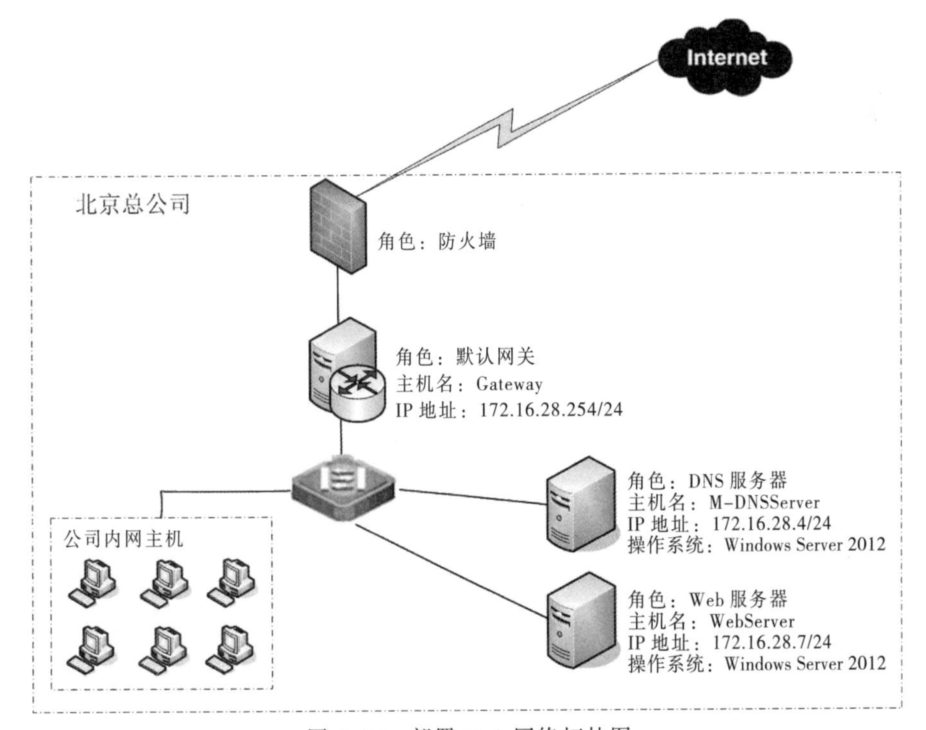

图 4-13 部署 Web 网络拓扑图

本次任务将在上一个任务的基础上，对 Web 服务做进一步的配置。通过本次任务的学习主要掌握：

- 网站的基本配置方法。
- 搭建多个网站方法。
- 网站的安全配置方法。

任务分析

为了方便对网站的管理，IIS 提供了丰富的服务器配置功能。Web 服务器安装完毕之后，会创建一个名为“Default Web Site”的默认站点，可以以该站点为基础，对其进行配置来搭建所需的网站，也可以重新建立一个站点来进行配置。在配置网站之前必须做好以下准备工作：一是准备好网站所需的 IP 地址或者域名；二是要准备好网站的默认网页，通常是网站的主页或者首页；三是要确定好网站的根目录。本任务中，Web 服务器使用的 IP 地址为 172.16.28.7，对应的域名为 www.wjnet.com，网站的根目录为 C 盘中的 www 文件夹，默认主页为 123.txt，123.txt 的内容为“网坚公司主页”。

本次任务主要包括以下知识点与技能点：

- 网站的基本配置。
- 搭建多个网站。
- 网站的安全配置。

任务实施

1. 了解网站的基本配置

Web 服务器安装完毕之后，会创建一个名称为“Default Web Site”的默认站点，接下来以该站点为基础，对其进行配置来搭建所需的网站。为了保证后续任务的顺利进行，需先准备好搭建网站所需的根目录与默认主页。在服务器 C 盘新建一个名为“www”文件夹，在此文件夹内新建一个名为“123”的文本文档，该文本文档的内容为“网坚公司主页”，如图 4-14 所示。此处需要特别注意的是 Window Server 2012 系统默认设置了隐藏已知文件类型的扩展名，为了防止配置默认主页出错，建议将网站根目录文件夹设置为显示已知文件类型的扩展名。设置的方法为：打开文件夹，在文件夹窗口的最上方选择“查看”选项卡，在“查看”选项卡中的右上侧找到“文件扩展名”复选框，勾选复选框即配置了显示已知文件类型的扩展名。

（1）配置 IP 地址与端口

① 在 IIS 管理器中，选择“Default Web Site”站点，在图 4-11 所示的“Default Web Site”的功能视图窗口中，可以对 Web 站点进行各种配置。在右侧的“操作”栏中，可以对 Web 站点进行相关的操作。

② 单击“操作”栏中的“绑定”链接，在弹出的“网站绑定”对话框中可以看到已经存在了一行配置信息，如图 4-15 所示，在这行配置信息中“IP 地址”列对应的内容为通配符“*”，这表示该网站绑定了该服务器的所有 IP 地址，即可以通过该服务器的任意一个 IP 地址来访问该网站。如果要设定网站与某一个 IP 绑定的关系，可以在本行配置记录的基础上进行修改，也

可以通过单击“添加”按钮来新建一个“网站绑定”。此处以在原有配置记录上进行修改为例进行操作。

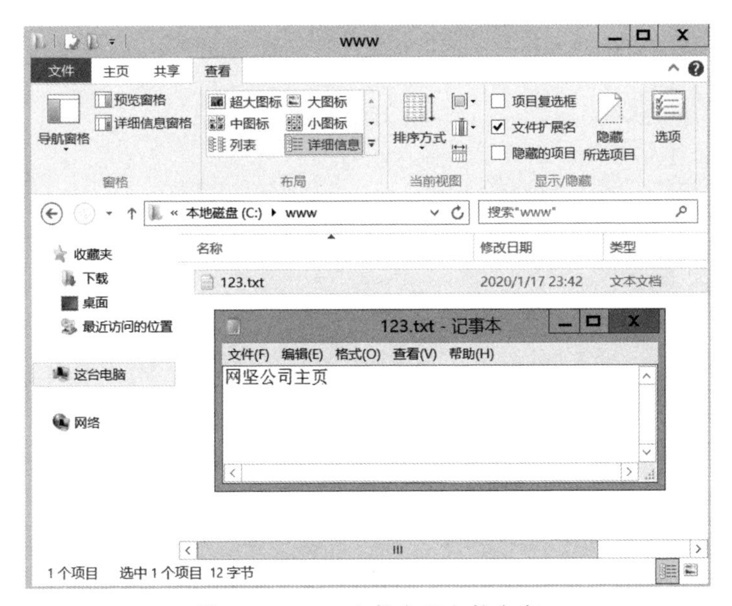

图 4-14 www 文件夹及文件内容

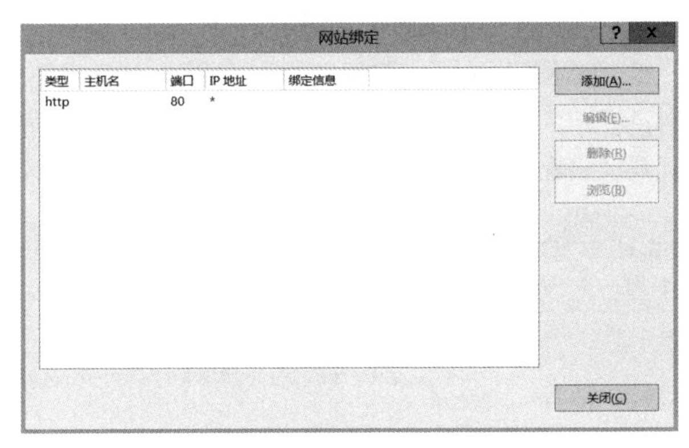

图 4-15 “网站绑定”对话框

③ 在图 4-15 中，选中原有的配置信息行，然后单击右侧的“编辑”按钮，打开图 4-16 所示的“编辑网站绑定”对话框，单击“全部未分配”后面的下拉按钮后，会显示出该服务器配置的所有 IP 地址，在此处选择网站所要绑定的 IP 地址为 172.16.28.7。将网站与指定 IP 地址绑定后，则只能通过绑定的 IP 地址或者该 IP 地址对应的域名来访问该网站。**端口**表示该 Web 站点工作时 Web 服务器监听的 TCP 端口号，**主机名**指的是该 Web 站点要绑定的域名。在此处，端口号选择默认的 80，主机名暂时不用输入。

如果将默认的端口号 80 改成其他数值，比如 8080，那么访问该网站时就需要在 URL 地址中指明该网站使用的端口为 8080，同时还要在 Web 服务器的防火墙上放行外部主机对 Web 服务器 TCP 协议的 8080 端口的访问。

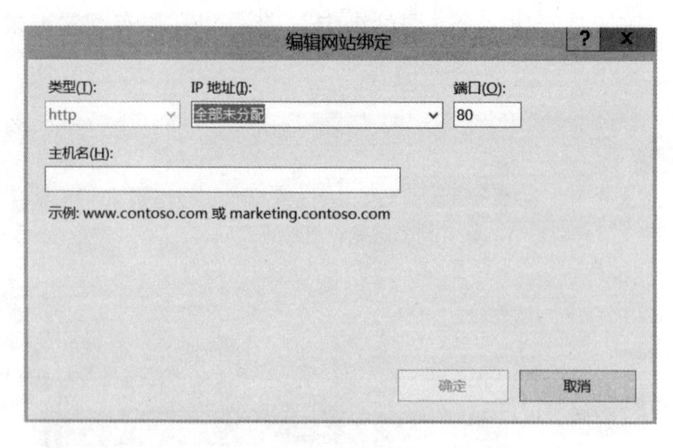

图 4-16 “编辑网站绑定”对话框

在 Windows 防火墙上放行指定端口的操作方法如下：

在“Windows 防火墙”窗口中单击“高级设置”，如图 4-17 所示，在弹出的“高级安全 Windows 防火墙”窗口中选择“入站规则”，如图 4-18 所示，并在“入站规则”上右击，在弹出的快捷菜单中选择“新建规则”，将弹出“新建入站规则向导—规则类型”对话框，选择“端口”选项后单击“下一步”按钮，将进入“新建入站规则向导—协议和端口”对话框，如图 4-19 所示，选择“TCP”和“特定本地端口”选项，并在“特定本地端口”后的文本框中输入网站监听的端口号（如 8080）后单击“下一步”按钮，进入“新建入站规则向导—操作”对话框，选择“允许连接”选项后，单击“下一步”按钮进入“新建入站规则向导—配置文件”对话框，单击“下一步”按钮进入“新建入站规则向导—名称”对话框，在名称对应的文本框中为此条规则命名，然后单击“完成”按钮，创建完成后可以在入站规则区域看到新添加的入站规则，而且默认情况下该条规则处于启用状态。

图 4-17 “Windows 防火墙”窗口

图 4-18 “高级安全 Windows 防火墙”窗口

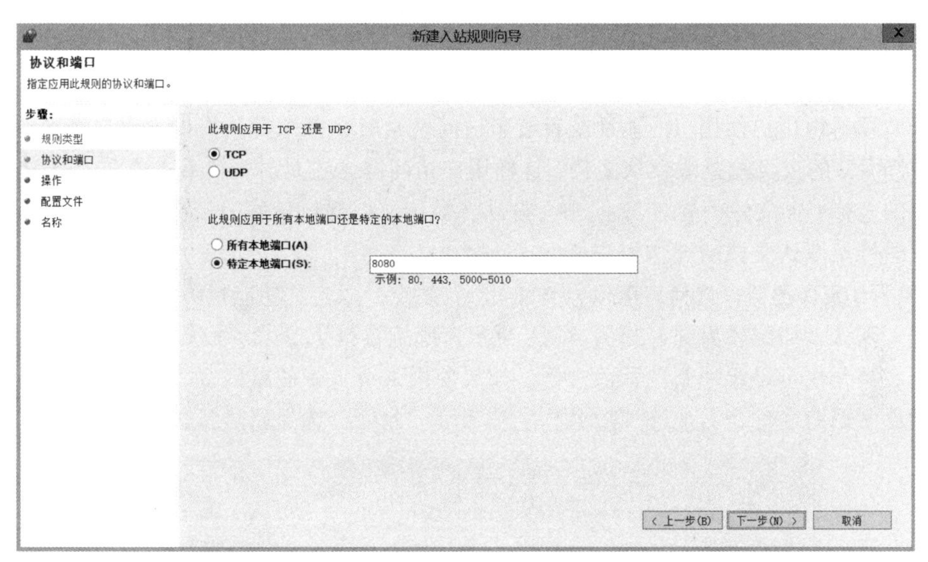

图 4-19 “新建入站规则向导—协议和端口”对话框

注意

为 Web 站点绑定主机名时，一定要保证绑定的主机名（域名）在 DNS 服务器中对应的 IP 地址和网站绑定的 IP 地址一致，即通过对网站的主机名（域名）进行 DNS 解析得出的 IP 地址要与配置该网站时为该网站绑定的 IP 地址要保持一致，否则将导致该网站无法被访问。同时，一旦为网站配置了主机名（域名），那么访问该网站只能使用对应的主机名来访问，使用网站绑定的 IP 地址将不再能访问该网站。

（2）配置主目录

主目录即网站的根目录，主要用于保存网站相关的网页、图片、文档等资源。“Default Web Site”站点默认的主目录为“C:\inetpub\wwwroot”文件夹。如果不想使用默认的主目录，可以更换网站的主目录。更换主目录的操作方法如下：

① 打开 IIS 管理器，选择“Default Web Site”站点，单击右侧“操作”栏中的“基本设置”链接，弹出图 4-20 所示的对话框。

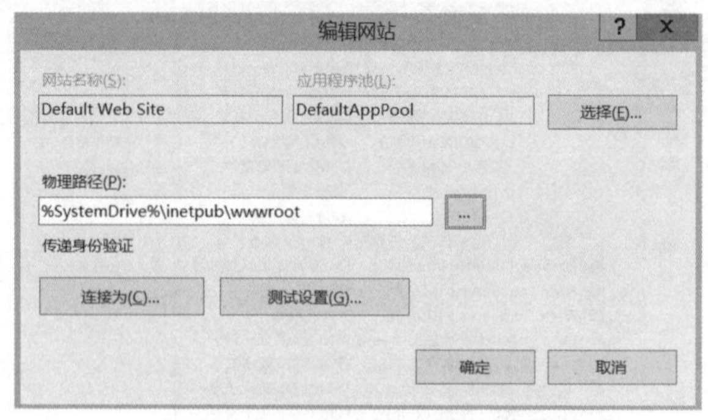

图 4-20 “编辑网站”对话框

② 在“物理路径”下方的文本框中显示的就是网站的主目录路径。此处的“%SystemDrive%”代表服务器的系统盘。单击文本框后面的[...]按钮（浏览按钮）选择相应的目录，如选择 C 盘下的 www 文件夹，或者在文本框中输入网站的根目录路径如 C:\www，然后单击“确定”按钮保存。这样，选择的目录就成为了网站的根目录。

（3）配置默认文档

默认文档是指用户使用 IP 地址或者域名访问网站时，网站默认提供给用户查看的页面文档。一般将网站的主页配置成默认文档，这样用户访问网站主页时，就不需要在 URL 中再输入主页文档的全称（含文件扩展名），网站会自动将默认文档提供给客户端浏览器，从而便于用户访问。配置网站默认文档的操作方法如下：

① 打开 IIS 管理器，选择“Default Web Site”站点，双击“功能视图”区中的“默认文档”图标，进入默认文档配置界面，如图 4-21 所示，系统自带了 5 个默认文档，可以使用系统自带的默认文档，也可以添加新的默认文档。如果使用系统自带的默认文档，只需在网站的根目录中将默认文档的名称命名成这 5 个名称之一即可。此处，选择新建默认文档进行操作演示。

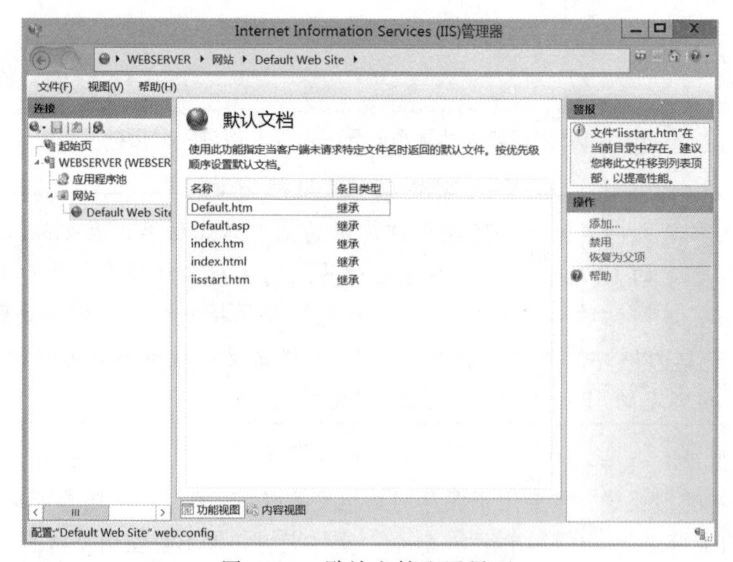

图 4-21 默认文档配置界面

② 单击右侧“操作”栏下的“添加”链接，如图 4-22 所示，在弹出的“添加默认文档”对话框中输入默认文档的文件名全称，输入完成后单击“确定”按钮。

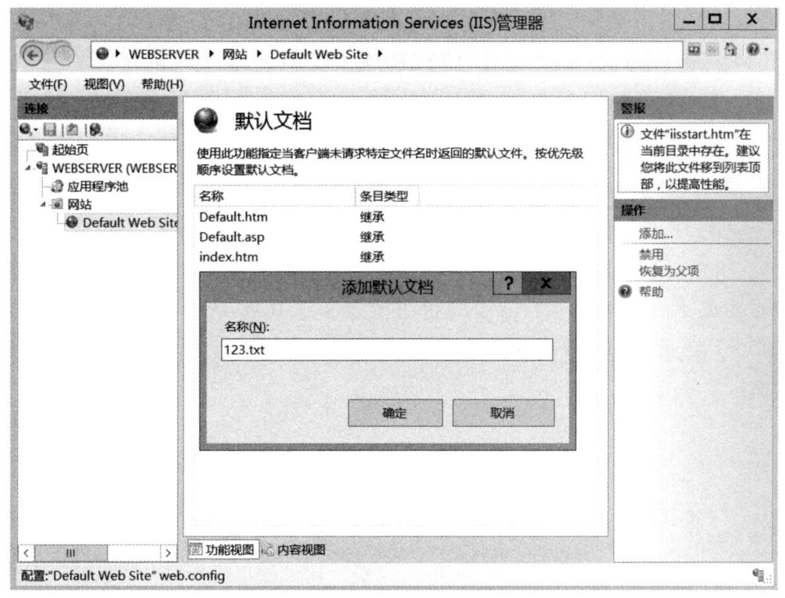

图 4-22 默认文档配置界面

注意

默认文档具有优先级，在设置默认文档时要注意这一点，当用户访问网站时，输入域名或者 IP 地址后，IIS 会自动按照默认文档列表的顺序依次在网站根目录下查找与之对应的文件名，找到之后，就把该文档发送给客户端显示而不再继续往下查找。在配置网站的默认文档时，要保证默认文档处于最上方，同时还要保证配置的默认文档要处于网站的根目录下，而不能处于根目录下的其他文件夹下。

完成了网站 IP 地址、端口、主目录、默认文档的配置后就可以访问网站了，访问网站的方式主要分为两种：一种是使用网站的 IP 地址访问网站，另一种是使用网站的域名来访问网站。使用 IP 访问网站的显示结果如图 4-23 所示。

图 4-23 使用 IP 地址访问网站

（4）使用域名访问网站

为了保证可以使用域名访问网站，需要在局域网中搭建 DNS 服务器，根据图 4-13 所示的网络拓扑所示，在局域网中架设一台 IP 地址为 172.16.28.4 的 DNS 服务器，在 DNS 服务器中配置网站所需的域名记录（www.wjnet.com：172.16.28.7）。客户端主机的 DNS 地址需配置为 DNS 服务器的 IP 地址，即 172.16.28.4。

客户端主机使用域名访问网站的流程如图 4-24 所示，如果客户端不知道该域名对应的 IP 地址，则它首先需要向 DNS 服务器发送域名解析请求，请求 DNS 服务器帮忙解析域名 www.wjnet.com 对应的 IP 地址。当 DNS 服务器收到了客户端主机的域名解析请求后，将查询到的 IP 地址 172.16.28.7 封装在 DNS 解析应答中回应给客户端主机。接下来，客户端主机的浏览器就直接向 Web 服务器 172.16.28.7 发送网页浏览请求，Web 服务器收到客户端主机浏览器的网页浏览器请求后，就将网站根目录下的默认文档发送给客户端主机浏览器。使用域名访问网站的显示结果如图 4-25 所示。

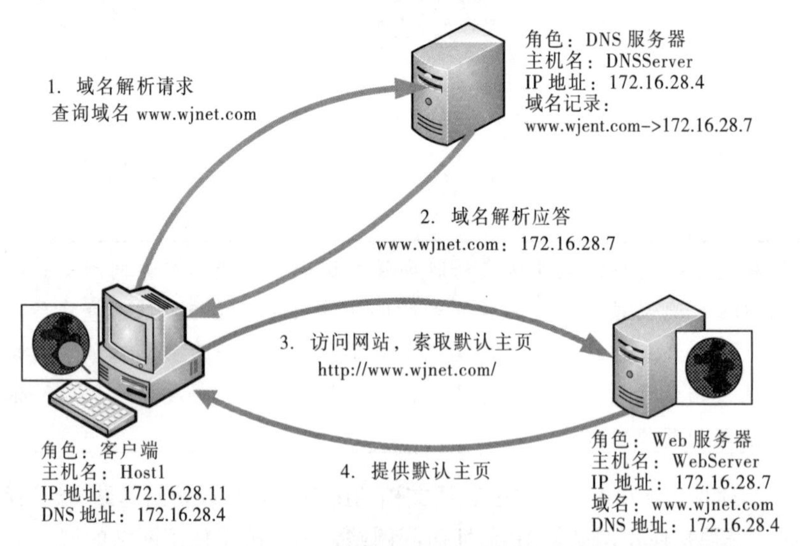

图 4-24　使用域名访问网站流程图

图 4-25　使用域名访问网站

2. 搭建多个网站

IIS 支持在同一台服务器中同时搭建多个网站，这样可以有效地节约硬件资源、节省空间、降低能源成本，这为中小型企业搭建网站提供了灵活性。IIS 使用虚拟主机技术，来实现在同一台服务器中搭建多个网站，这种虚拟技术是将一个物理主机分割成多个虚拟主机使用，虽然节省了硬件与运维成本，但当多个网站的访问量较大时，可能会出现资源不够用的情况，也会影响到网站的访问性能。

在同一台服务器上搭建多个网站时，为了能够正确地区分各个网站，每个网站都必须具有一个唯一的网站标识。网站标识是由主机名、IP 地址、端口号三个部分组成。同一台服务器中的多个网站，它们的这三个标识信息不能完全相同。在同一台服务器上架设多个网站可以通过以下 3 种方法来实现。

（1）利用不同的 IP 地址搭建多个网站

如果服务器存在多个网卡，或者服务器只有一个网卡，但该网卡设置了多个 IP 地址，这样就可以通过为不同的网站绑定不同的 IP 地址来实现对不同网站的识别，从而实现在同一个服务器中搭建多个网站。下面以在一个网卡上设置多个 IP 地址的方式来搭建多个网站为例来进行演示。

① 打开“本地连接属性”窗口，选中“Internet 协议版本 4”，依次单击“属性”→“高级”按钮，在弹出的“高级 TCP/IP 设置”窗口中的“IP 地址”区域中单击“添加”按钮，在弹出的“TCP/IP 地址”对话框中输入新增加的 IP 地址及子网掩码，输入完成后，单击“添加”按钮，这时会回到“高级 TCP/IP 设置”窗口，此时可以看到刚才添加的 IP 地址已经在“IP 地址”区域显示出来了。可以根据需要，继续使用上述方法为网卡添加其他 IP 地址。

② 在 IIS 管理器的“网站”窗口中，右击“网站”并在弹出的快捷菜单中选择“添加网站”命令，或者单击右侧“操作”栏中的“添加网站”链接，将弹出图 4-26 所示的“添加网站”对话框，设置网站名称、根目录、IP 地址后单击“确定”按钮，此时新建的网站将会出现在 IIS 管理器的“网站”窗口中。

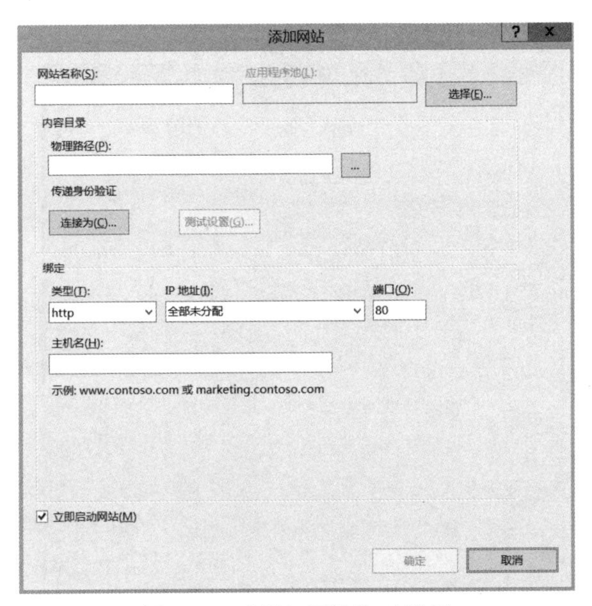

图 4-26 “添加网站”对话框

③ 在 IIS 管理器的“网站”窗口中选择新建的网站，继续进行其他方面的设置（如默认文档设置等）。设置完成后即可使用对应的 IP 地址对网站进行访问。

④ 用同样的方法继续添加其他网站。

（2）利用不同的端口号搭建多个网站

如果 Web 服务器只有一个 IP 地址，可以通过为不同的网站指定不同的监听端口号的方式来创建多个网站。假设 Web 服务器的 IP 地址为 172.16.28.7，在此服务器上搭建第一个网站使用的端口号是 80，搭建第二个网站使用的端口号是 8080，则访问第一个网站可以通过 http://172.16.28.7:80 来访问（此 URL 中的端口 80 可以省略），而访问第二个网站可以通过 http://172.16.28.7:8080 来访问。

为网站设置监听端口号的方法已在前面介绍过，此处不再赘述。但需要注意的是，如果将网站的监听端口设置为其他值（即不是默认的 80），则必须在 Web 服务器的防火墙中放行对该端口的访问，同时还需要在访问该网站的 URL 地址中指明网站绑定的端口号。

（3）利用不同的域名搭建多个网站

可以通过为不同的网站指定不同域名的方式在同一个 Web 服务器中搭建多个网站。假设 Web 服务器的 IP 地址为 172.16.28.7，网站 1 使用的域名为 www.wjnet.com，绑定的端口号为 80，网站 2 使用的域名为 www2.wjnet.com，绑定的端口号也为 80，而且域名 www.wjnet.com 和 www2.wjent.com 对应的 IP 地址都是 172.16.28.7。

配置的方法如下：

① 在 DNS 服务器中，添加域名 www.wjnet.com、www2.wjent.com，对应的 IP 地址都为 172.16.28.7。

② 在 IIS 管理器的“网站”窗口中，右击“网站”并在弹出的快捷菜单中选择“添加网站”命令，在弹出的“添加网站”对话框中，设置网站名称、根目录、IP 地址，如图 4-27 所示，并在“主机名”文本框中输入 www.wjnet.com 后单击“确定”按钮，此时新建的网站将会出现在 IIS 管理器的“网站”窗口中。

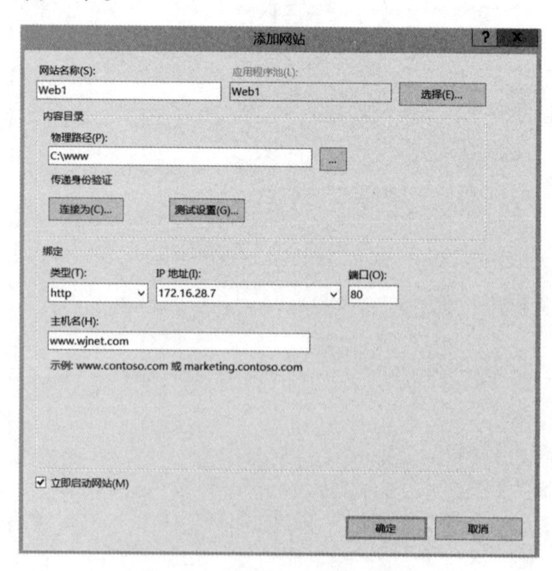

图 4-27 “添加网站”对话框

③ 在 IIS 管理器的“网站”窗口中选择新建的网站，进行其他方面的设置（如默认文档设置等）。设置完成后即可使用对应的域名进行访问。

④ 用同样的方法继续添加域名 www2.wjent.com 对应的网站。

3. 配置访问限制

搭建网站是为用户提供访问的，因此不管使用的网络带宽有多充裕，都有可能因为同时访问网站的连接请求过多而导致 Web 服务器性能下降。所以有时需要对网站进行一定的限制，例如限制访问网站的连接数和带宽等。

① 在 IIS 管理器中选择要进行配置的站点，例如“Default Web Site”站点，单击右侧“操作”栏中的“限制”链接，将弹出“编辑网站限制”对话框，如图 4-28 所示。

② 选中“限制带宽使用”前面的复选框后，可在下面的文本中输入允许使用的最大带宽值。当网站的访问带宽超过这个设定的值后，对网站的访问请求将会被延迟。

③ 选中“限制连接数”前面的复选框后，可在下面的文本中输入允许同时访问网站的最大连接数。当对网站的访问连接数超过这个设定的值后，网站将会拒绝后续的连接请求并给客户端回复一个提示信息，如图 4-29 所示。可以在“连接超时”下面的文本框中设置超时时间，默认值为 120 s，系统会自动将闲置超过 120 s 的连接中断，以便释放出资源，提高网站的运行效率。

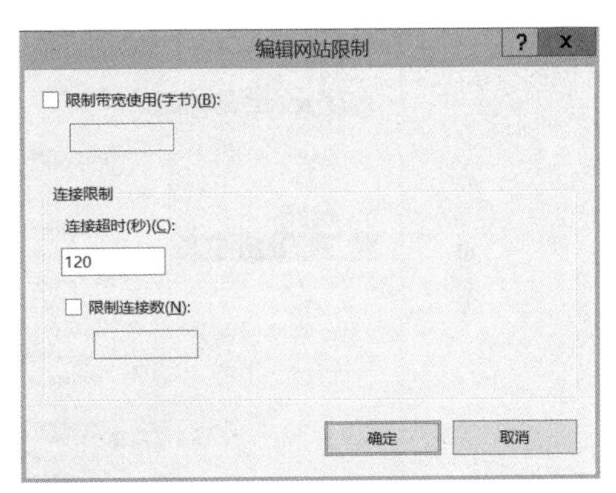

图 4-28 “编辑网站限制”对话框

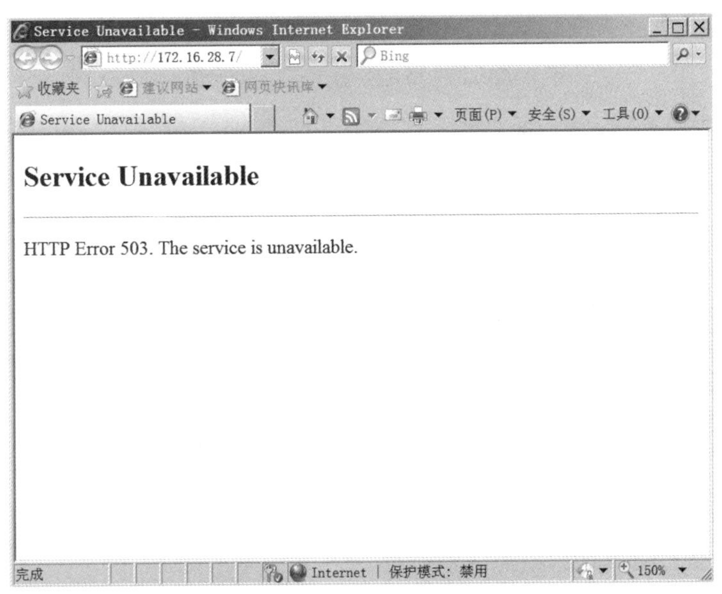

图 4-29 网站拒绝访问提示信息

4. 配置 IP 地址限制

由于 IIS 会检查每个来访者的 IP 地址，因此可以通过配置使 Web 网站只对部分主机开放浏览权限，以防止或者只允许某些特定的主机访问网站。配置 IP 地址限制有两种方式：一种是“白名单”方式，另一种是“黑名单”方式。“白名单”方式，指的是配置列表中记录的 IP 地址对应的主机可以访问，不在该配置列表中的主机不允许访问。“黑名单”方式，指的是配置列表中记录的 IP 地址对应的主机不可以访问，不在该配置列表中的主机允许访问。无论是哪种配置方式，都必须为 IIS 服务器安装“IP 地址和域限制”角色服务。安装的方法为：打开“服务器管理器”，单击仪表板处的“添加角色和功能”链接，持续单击“下一步”按钮直到出现图 4-30 所示的“选择服务器角色”对话框，逐级展开“Web 服务器（IIS）”→“Web 服务器”→“安全性”，如图 4-31 所示，勾选“IP 和域限制”后单击“下一步”按钮继续后续的安装。

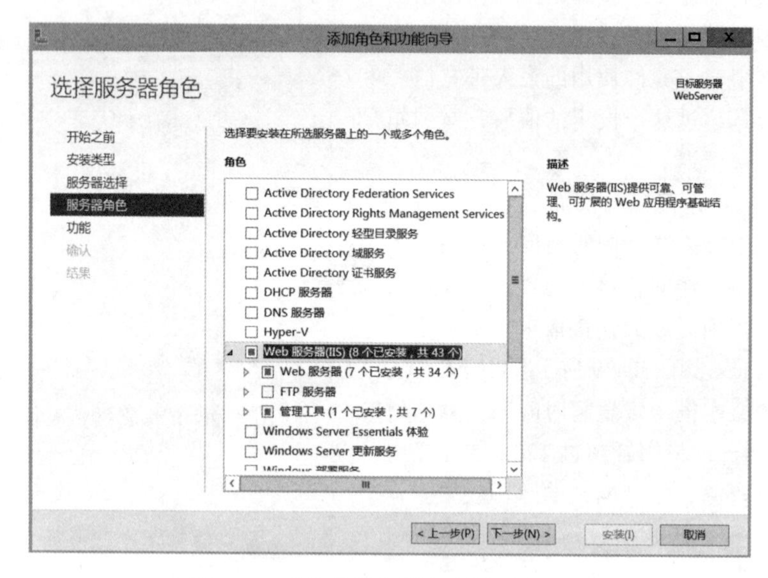

图 4-30 “选择服务器角色”对话框 1

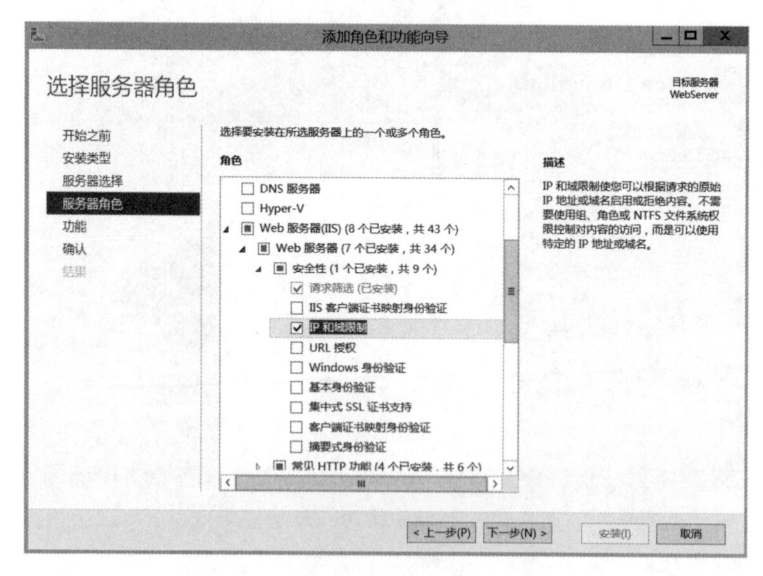

图 4-31 “选择服务器角色”对话框 2

（1）设置允许访问的 IP 地址（白名单配置方式）

① 打开 IIS 管理器，在 IIS 管理器中选择要进行配置的站点，例如“Default Web Site”站点，双击“功能视图”区中的“IP 地址和域限制”图标，打开图 4-32 所示的“IP 地址和域限制”窗口。

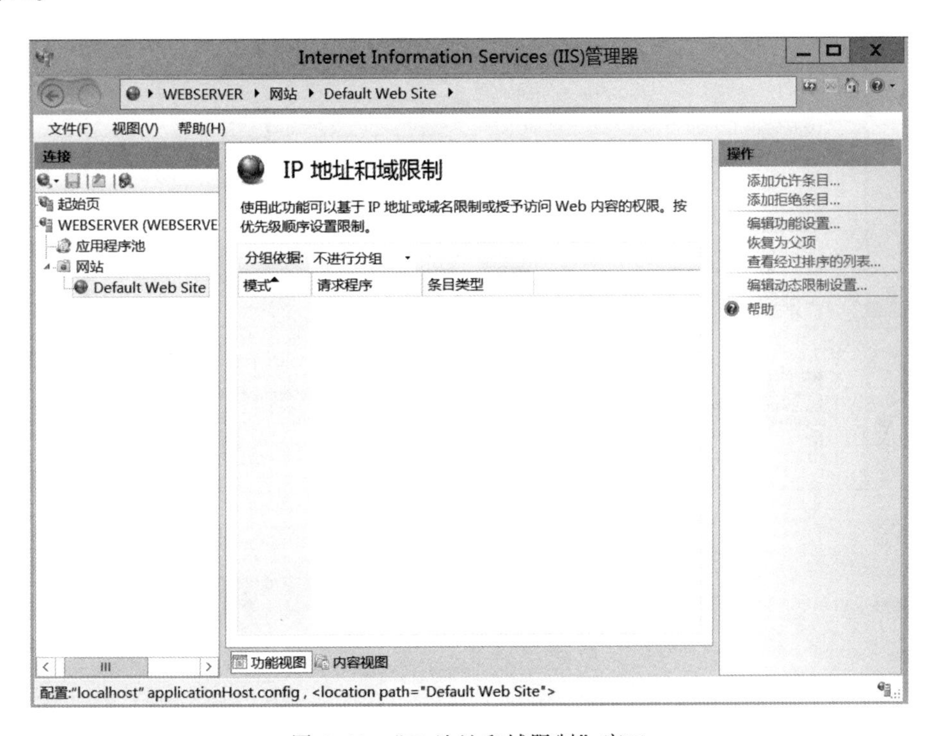

图 4-32 “IP 地址和域限制”窗口

② 设置未指定客户端的访问权限。单击右侧“操作”栏中的“编辑功能设置”链接，弹出“编辑 IP 和域限制设置”对话框，如图 4-33 所示，在“未指定的客户端的访问权”对应的下拉列表中选择“拒绝”选项，然后单击“确定”按钮来保存配置。这样所有未明确指定可以访问该网站的主机都无法访问站点，如果访问将出现图 4-34 所示的报错页面。

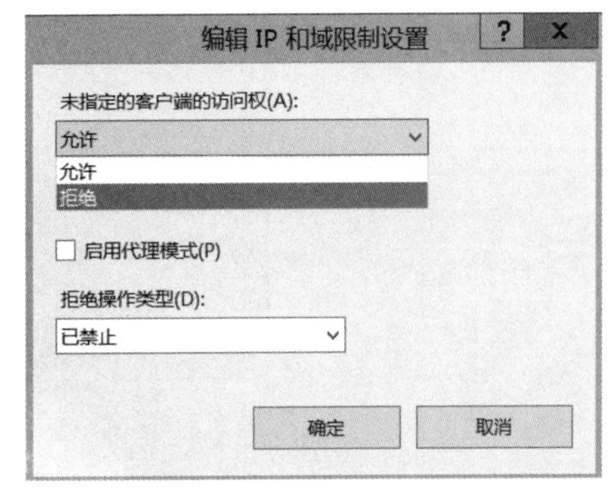

图 4-33 “编辑 IP 和域限制设置”对话框

③ 配置白名单列表。单击右侧“操作”栏中的“添加允许条目”链接，弹出“添加允许限制规则”对话框，如图 4-35 所示。如果是允许单台主机可以访问站点，可以通过选定“特定 IP 地址”单选按钮，然后在对应的文本框中输入客户端主机的 IP 地址后单击“确定”按钮来保存设置；如果是允许多台主机访问站点，可以采用上述方法逐条进行添加；如果是允许某一个网段的主机可以访问站点，可以通过选定“IP 地址范围”单选按钮，然后在下面的两个文本框中分别输入 IP 地址和子网掩码（或子网掩码前缀）。

图 4-34 “拒绝访问”报错窗口

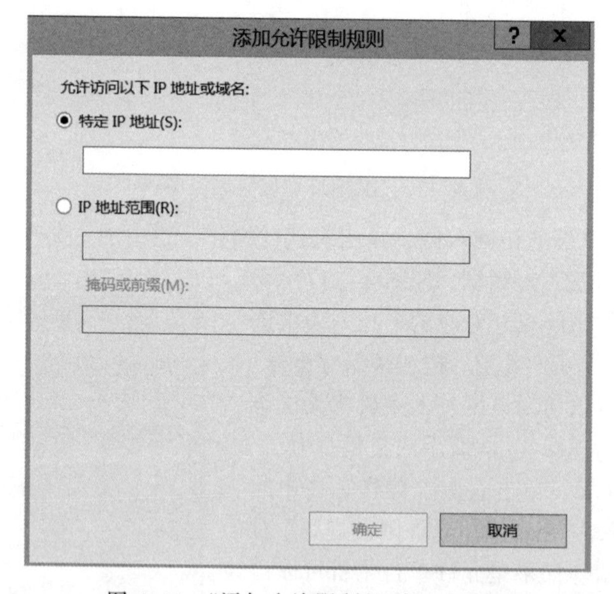

图 4-35 “添加允许限制规则”对话框

经过上述设置以后，只有添加到允许限制规则列表中的 IP 地址对应的主机才可以访问该网站，使用其他 IP 地址的主机都不能访问，从而保证了站点的安全。

（2）设置拒绝访问的 IP 地址（黑名单配置方式）

① 设置未指定客户端的访问权限。单击右侧“操作”栏中的“编辑功能设置”链接，弹出“编辑 IP 和域限制设置”对话框，如图 4-33 所示，在“未指定的客户端的访问权”对应的下拉列表中选择“允许”选项，然后单击“确定”按钮来保存配置。这样所有不在黑名单列表

中的主机都能访问该站点。

② 配置黑名单列表。单击右侧“操作”栏中的“添加拒绝条目”链接，弹出“添加拒绝限制规则”对话框，如图 4-36 所示。如果是拒绝单台主机可以访问站点，可以通过选定“特定 IP 地址”单选按钮，然后在对应的文本框中输入客户端主机的 IP 地址后单击“确定”按钮来保存设置；如果是拒绝多台主机访问站点，可以采用上述方法逐条进行添加；如果是拒绝某一个网段的主机可以访问站点，可以通过选定“IP 地址范围”单选按钮，然后在下面的两个文本框中分别输入 IP 地址和子网掩码（或子网掩码前缀）。

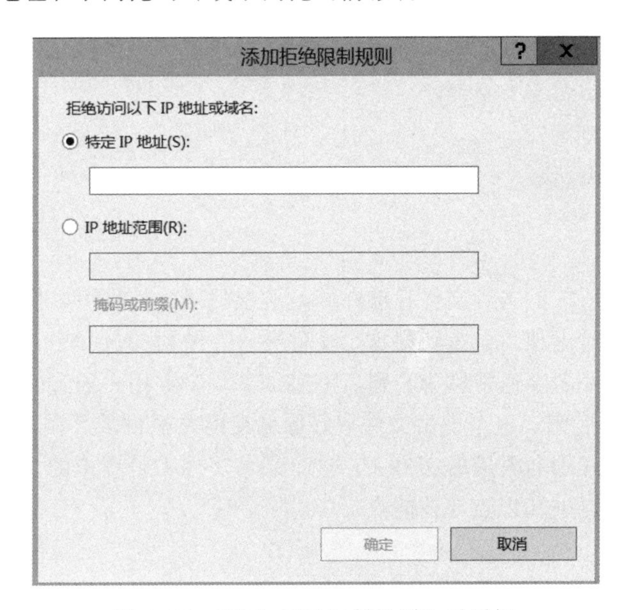

图 4-36 “添加拒绝限制规则”对话框

课堂练习

1. **练习场景**

网坚公司的 Web 服务器已经安装了 IIS，现需要进一步配置，搭建出符合公司需要的网站。随着公司业务的扩大，还需为苹果子公司搭建另外一个网站，考虑到降低服务器的成本，决定在原有的 Web 服务器上再搭建一个网站。网坚公司总部 Web 服务器网站使用的域名为 www.wjnet.com，对应的 IP 地址为 172.16.28.7，苹果子公司使用的域名为 apple.wjnet.com，对应的 IP 地址为 172.16.28.8。

2. **练习目标**

① 掌握网站的搭建与基本配置。

② 掌握在同一个服务器中搭建多个网站的方法。

3. **练习的具体要求与步骤**

① 新建网坚公司总部网站、配置 IP 地址和端口号。

② 为网坚公司总部网站配置主目录和默认文档。

③ 新建网坚公司苹果子公司网站、配置 IP 地址和端口号。

④ 为网坚公司苹果子公司网站配置主目录和默认文档。

任务3　创建和管理虚拟目录

任务描述

在搭建网站时，通常会事先规划好网站的根目录，然后将网站所需的网页、CSS样式、图片、数据库等文件分门别类的存储在网站根目录下的不同文件夹内，以方便管理。如果网站根目录的空间有限,需要将网站的部分资源存储在服务器的其他磁盘分区中甚至是其他服务器中，但仍需要保证网站的这部分资源能够对外提供访问，这时就可以借助IIS中的虚拟目录功能来实现。通过本次任务的学习主要掌握：

- 创建虚拟目录的方法。
- 配置虚拟目录的方法。

任务分析

一般情况下，网站所需的各种文件存储在网站的根目录文件夹下，但也可以将这些文件存储在其他位置，然后通过虚拟目录来映射这个文件夹。在映射的过程中，每一个虚拟目录都会有一个对应的名字，这个名字通常称为“别名（Alias）”。Web用户通过别名来访问对应的物理文件夹，但在Web用户看来，这个别名文件夹好像就在网站根目录存在一样。实际上，在网站的根目录下根本就不存在别名对应的文件夹，这个别名文件夹是虚拟的，因此称为虚拟目录。

本次任务主要包括以下知识点与技能点：

- 创建虚拟目录。
- 配置虚拟目录。

任务实施

1. 创建虚拟目录

① 打开IIS管理器，在IIS管理器中选择要进行配置的站点，例如“Default Web Site”站点，在选择的站点上右击，在弹出的快捷菜单中选择“添加虚拟目录”命令，打开图4-37所示的“添加虚拟目录”对话框。

② 在“别名”对应的文本框中输入虚拟目录的名称，即访问网站时在域名或者IP地址后输入的目录名称，在“物理路径”对应的文本框中可以直接输入虚拟目录对应的物理路径，也可以通过单击文本框后面的[...]按钮来选择对应物理路径。虚拟目录对应的物理路径可以是本地计算机上的文件夹路径，也可以是网络中其他计算机中的文件路径（需要对其有访问权限）。如图4-37所示，在“别名”对应的文本框中输入“sales”，在“物理路径”对应的文本框中选择D盘下的

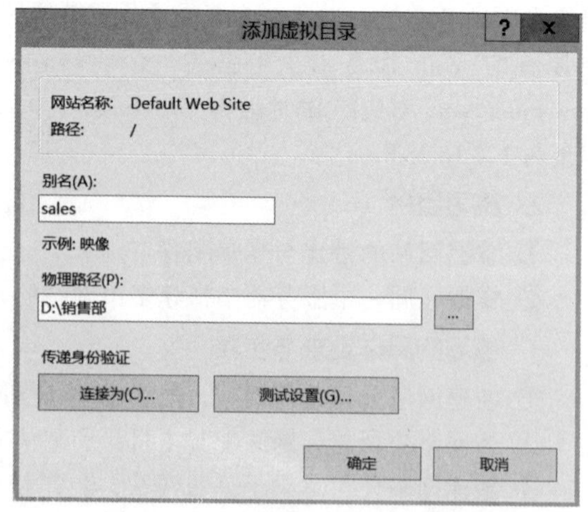

图4-37　“添加虚拟目录”对话框

“销售部”文件夹，单击“确定”按钮后就会添加一条虚拟目录记录。URL“http://172.16.28.7/sales/”中的“sales”像是在网站根目录下的有个名为“sales”的文件夹，其实这是一个虚拟目录，在浏览者看来像是有这么一个文件夹，但该文件夹的真实位置却对应着 D 盘下的“销售部”文件夹。

选中网站站点，在“操作”栏下单击“浏览虚拟目录”，如图 4-38 所示，可以查看到刚才添加的虚拟目录。选中虚拟目录记录后，可以利用右侧“操作”栏中的“删除”链接来删除该虚拟目录记录，也可以利用“基本配置”链接来修改刚才配置的虚拟目录对应的物理路径。

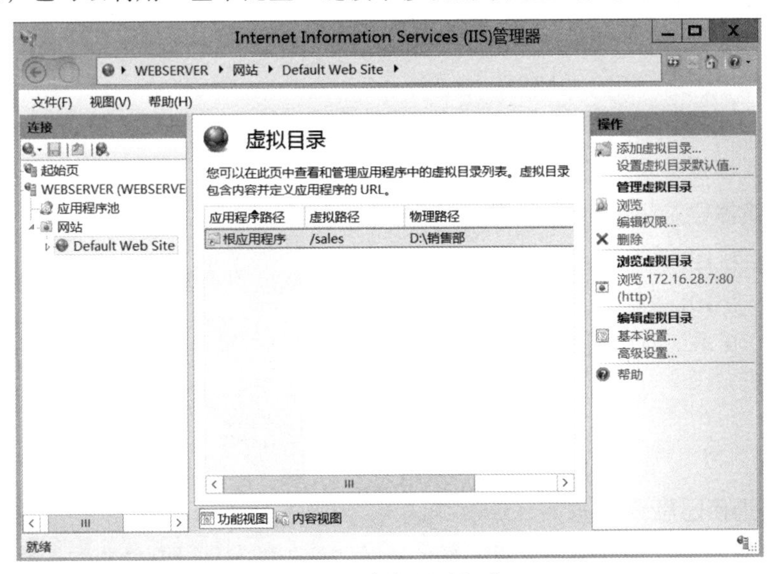

图 4-38 “虚拟目录”窗口

2. 配置虚拟目录

虚拟目录和主网站一样，可以在管理主页中进行各种管理和配置，如图 4-39 所示，可以配置主目录、默认文档、IP 地址和域限制等，而且操作方法和配置主网站一样。但需要注意的是，不能为虚拟目录指定 IP 地址、端口。

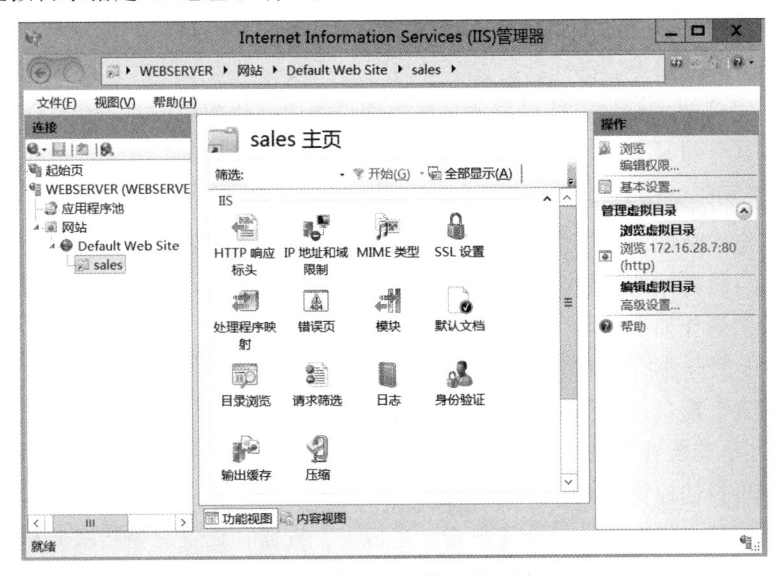

图 4-39 虚拟目录管理主页窗口

课堂练习

1. 练习场景

网坚公司的Web服务器已经安装了IIS服务并搭建了公司的主网站，现在需要在公司Web服务器上继续部署公司的人力资源管理系统（HR系统），而且该HR系统安装在此服务器上另外一个磁盘分区上，请根据所学的虚拟目录方面的知识来完成HR系统的部署。要求将HR系统的入口放在公司主网站的虚拟目录HR下。

2. 练习目标

① 掌握创建虚拟目录的方法。

② 掌握配置虚拟目录的方法。

3. 练习的具体要求和步骤

① 使用IIS为HR系统创建虚拟目录。

② 使用IIS为HR系统配置主目录和默认文档。

③ 验证对HR系统的访问。

网络管理与维护经验

1. IIS网站连接日志设置

对于一个需要长期维护的网站来说，如何让网站长久稳定运行是件非常重要的事情。有时在开发阶段没有暴露的问题很有可能在运维阶段出现了。与开发阶段不同，运维阶段不可能让用户去调试程序，只能通过各种系统日志来分析网站的运行状况，对于部署在IIS上的网站来说，IIS日志提供了最有价值的信息，可以通过它来分析网站的响应情况，来判断网站是否有性能问题，或者存在哪些需要改进的地方。

可以通过双击指定网站“功能视图”中的“日志”链接，来打开图4-40所示的网站的日志配置窗口，在这里可以开启或关闭日志功能、选择日志文件的格式、设置日志文件的存储路径、设置日志更新的周期等。在日志配置窗口的右边区域的“操作”栏中单击“查看日志文件”链接可以快速地定位到IIS日志的根目录，然后到目录中寻找相应的日志文件（默认会根据应用程序池序号来区分目录）。

2. 备份与还原网站设置

为了防止断电、网络攻击等意外情况，使得Web服务器能够在遇到故障后，快速地重新得以部署起来，可以将网站的配置导出来备份到本地计算机或者其他计算机中，以便日后需要时使用。导出配置的操作如下：

① 单击Web服务器控制台窗口中的计算机名称，在中间的功能视图中双击“共享的配置”，打开“共享的配置”窗口，如图4-41所示。

② 单击“共享的配置”窗口右侧操作栏目下的“导出配置”链接，在弹出的“导出配置”对话框中设置导出目的地物理路径，并设置加密秘钥的密码，如图4-42所示。如果将其保存至其他计算机的共享文件夹，此处还需单击“连接为”按钮，设置对该网络共享文件夹有写入权限的用户名和密码。

图 4-40　日志配置窗口

图 4-41　“共享的配置”窗口

当 Web 服务器出现故障，导致需要重新配置 Web 服务器时，只需将之前备份的配置重新导入即可恢复网站的配置。导入的操作如下：

① 如图 4-41 所示，勾选“启用共享的配置”复选框，然后在“物理路径”对应的文本框中输入备份配置的路径及文件名，在用户名和密码文本框中分别输入有权限访问配置文件的用户和密码，然后单击右侧“操作”栏目下的“应用”链接。

② 如图 4-43 所示，在弹出的“加密秘钥的密码”对话框中输入之前设置的密码后单击“确定”按钮。

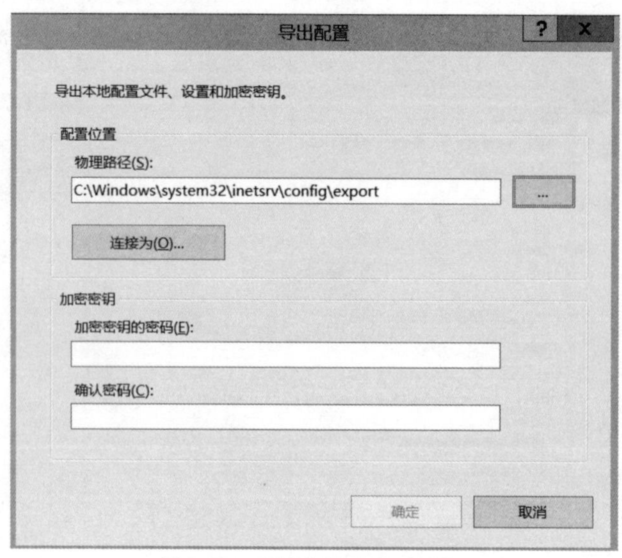

图 4-42 “导出配置”对话框

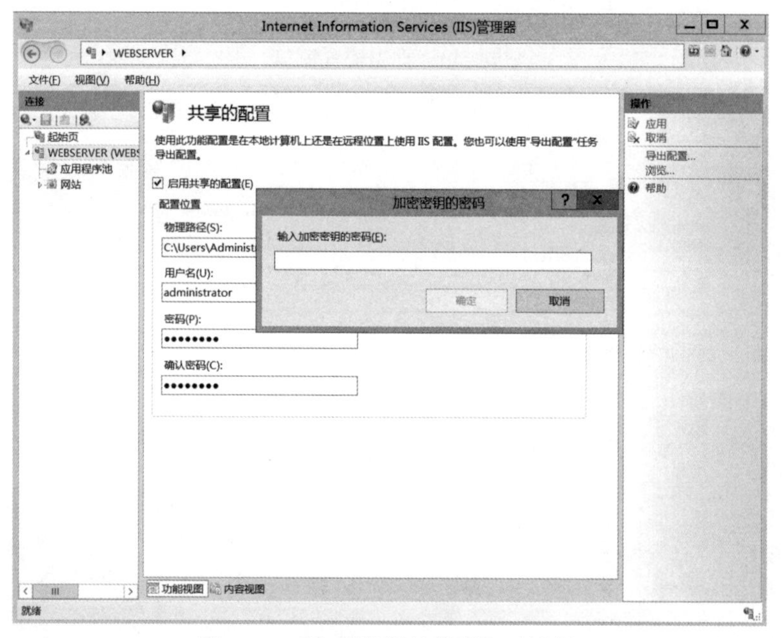

图 4-43 “加密密钥的密码”对话框

③ 取消勾选“启用共享的配置”复选框。

练 习 题

一、填空题

1. 在 Web 服务器端搭建网站时使用的默认端口号是________；当客户端浏览器与 Web 服务器之间需提供加密的数据传输服务 https 时，Web 服务器使用的默认端口号是________。

2. Internet 上的 WWW 服务器也称为________服务器。

3. 在同一台Web服务器上可以同时架设多个网站，架设多个网站的方法分别是：______________、______________、______________。

4. 网址通常是由协议、__________、__________、路径和文件名四部分组成。

二、选择题

1. 关于Web服务的描述，下列描述错误的是（　　）。

A. Web服务采用的主要传输协议是HTTP

B. Web服务以超文本方式组织网络多媒体信息

C. 用户访问Web服务器不需要知道服务器的URL地址

D. 用户访问Web服务器可以使用统一的图形用户界面

2. 在Windows Server 2012操作系统中，搭建网站必须安装的服务是（　　）。

A. IIS　　B. DNS　　C. DHCP　　D. TELNET

3. 在Windows Server 2012中搭建了一个网站，也做了相应的配置，但配置完成后，客户端浏览器使用域名可以访问该网站，但不能使用IP地址来访问该网站，导致这种情况可能的原因是（　　）。

A. 因为域名服务器中配置错误

B. 因为客户端的DNS服务器地址没有配置正确

C. 因为配置时为此网站绑定了主机名

D. 因为此网站的端口配置错误

项目 5

配置与管理 FTP 服务

学习情境

网坚公司为了方便员工在网络中资源共享以及软件下载与更新，需要在企业网中部署 FTP 服务。

企业联网的重要目的就是要实现资源共享，文件传输是实现资源共享的重要方法。连接在网络上的计算机成百上千，而这些计算机上又各自运行着不同的操作系统，要实现文件在网络上传输，并不是一件容易的事。为了让各种操作系统之间的文件可以流通，就需要使用统一的文件传输协议，即 FTP。根据公司实际对传输效率、访问稳定性等的需求，选择 Windows 平台实现 FTP 服务要求，为公司客户及内部用户提供文件传输服务。

本项目基于 Windows Server 2012，在网坚公司的企业网络中部署 FTP 服务器，供公司内部用户上传和下载资料。本项目主要包括以下任务：

- 了解 FTP 服务。
- 架设 FTP 站点。
- 配置和管理 FTP 站点。

任务 1　了解 FTP 服务

任务描述

Windows Server 2012 通过 IIS 内置的 FTP 服务组件来提供 FTP 站点功能。在部署 FTP 服务器之前，我们需要理解 FTP 的概念、了解 FTP 的工作原理。通过本任务的学习主要掌握：

- 理解 FTP 的概念。
- 理解 FTP 的工作原理。
- 了解 FTP 客户端软件。

任务分析

利用 FTP 可以在不同的操作系统之间传输文件。掌握 FTP 的工作原理和工作特点是理解采用 FTP 方式实现文件传输的理论基础。

本次任务主要包括以下知识点与技能点：

- FTP 的概念。
- FTP 的工作原理。
- FTP 客户端软件。

任务实施

1. 认识 FTP

FTP（File Transfer Protocol，文件传输协议）是 TCP/IP 协议组的应用协议之一，主要用于在 Internet 上控制文件的双向传输，用户可以通过它把自己的 PC 与世界各地运行 FTP 服务的服务器连接，访问服务器上资料。

2. 理解 FTP 的工作原理

FTP 采用客户端/服务器模式工作，一个 FTP 服务器可同时为多个用户提供服务。它要求用户使用 FTP 客户端软件与 FTP 服务器连接，然后才能从 FTP 服务器上下载（Download）或上传（Upload）文件。

FTP 会话时包含了两个通道：控制通道和数据通道，如图 5-1 所示。

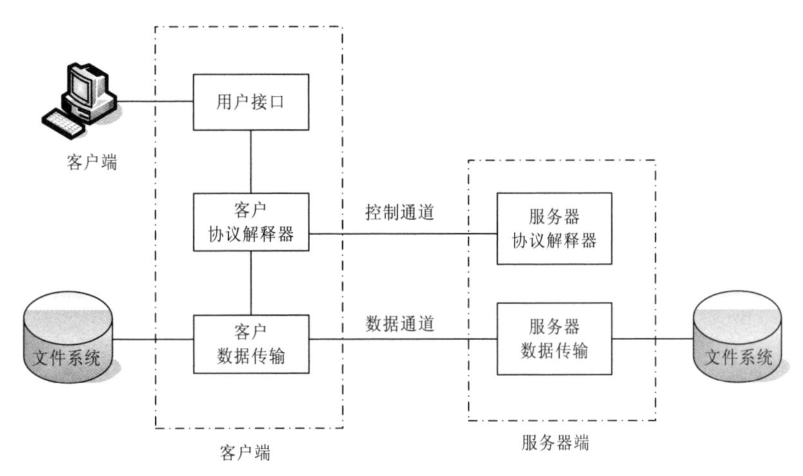

图 5-1 FTP 工作原理示意图

（1）控制通道

控制通道是 FTP 客户端和 FTP 服务器进行沟通的通道，连接 FTP 服务器、发送 FTP 指令等操作，都是通过控制通道来完成的。

（2）数据通道

数据通道是 FTP 客户端与 FTP 服务器进行文件传输的通道。在 FTP 中，控制、连接均由客户端发起，数据连接有两种工作方式：PORT 模式和 PASV 模式。

① PORT 模式（主动方式）：FTP 客户端首先和 FTP 服务器的 TCP 21 端口建立连接通道，通过这个通道发送命令，FTP 客户端需要接收数据时在该通道上发送 PORT 命令。PORT 命令包含了客户端用什么端口（一个大于 1024 的端口）接收数据。在传送数据时，服务器端通过自己的 TCP 20 端口发送数据，FTP 服务器必须和客户端建立一个新的连接用来传送数据。

② PASV 模式（被动方式）：在建立控制通道时与 PORT 模式类似，当客户端通过该通道发送 PASV 命令时，FTP 服务器打开一个端口号位于 1024～5000 之间的随机端口并且通知 FTP 客户端在这个端口上进行数据传送。然后，FTP 服务器将通过该端口进行数据的传送，这时 FTP 服务器不再需要建立一个新的与 FTP 客户端之间的连接传送数据。

3. 使用 FTP 的客户端软件

FTP 的客户端软件应具备远程登录、对本地计算机和远程服务器的文件和目录进行管理及相互传送文件的功能，并能够根据文件类型自动选择正确的传送方式。目前常用的 FTP 客户端软件有两种，即 ftp.exe 命令行和浏览器。

（1）FTP 命令

Windows 操作系统可在命令提示符下运行 ftp.exe 命令，图 5-2 为 Windows Server 2012 系统下 FTP 命令的使用界面。

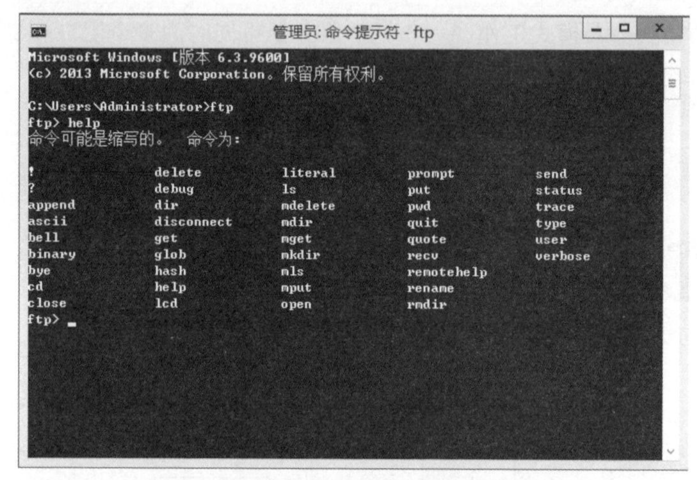

图 5-2　在命令提示符下使用 FTP 命令界面

在不同操作系统中，FTP 命令的使用方法大致相同，表 5-1 所示为 Windows 操作系统下常用的 ftp.exe 命令的子命令。

表 5-1　FTP 的常用子命令

类　别	命　令	功　能
连接	open	连接 FTP 服务器
	close	结束会话并返回命令解释程序
	bye	结束并退出 FTP
	quit	结束会话并退出 FTP
目录操作	pwd	显示 FTP 服务器的当前目录
	cd	更改 FTP 服务器上的工作目录
	dir	显示 FTP 服务器上的目录文件和子目录列表
	mkdir	在 FTP 服务器上创建目录
	delete	删除 FTP 服务器上的文件
传输文件	get	将 FTP 服务器的一个文件下载到本地计算机
	mget	将 FTP 服务器的多个文件下载到本地计算机
	put	将本地计算机上的一个文件上传到 FTP 服务器
	mput	将本地计算机上的多个文件上传到 FTP 服务器
帮助	help	显示 ftp.exe 所有子命令

（2）浏览器

大多数浏览器软件都支持 FTP，用户只需在浏览器中输入 URL 即可下载文件或上传文件。

课堂练习

1. 练习场景

网坚公司架设了一台 FTP 服务器，该服务器的计算机名为 WSGSFTP，IP 地址为 192.168.0.150，现有公司员工欲从 FTP 服务器中下载公司文件。

2. 练习目标

利用 FTP 客户端软件完成登录 FTP 服务器、下载文件和断开连接等操作。

3. 练习的具体要求与步骤

① 使用 IE 及 ftp.exe 命令登录到网坚公司的 FTP 服务器。

② 从 FTP 服务器上下载并上传文件。

③ 断开 FTP 连接。

任务 2　架设 FTP 站点

任务描述

网坚公司北京总部为了方便公司员工访问公司资源，决定在企业网络中部署 FTP 服务器，为公司员工提供文件的上传和下载服务。公司部署 FTP 服务的网络拓扑环境如图 5-3 所示。

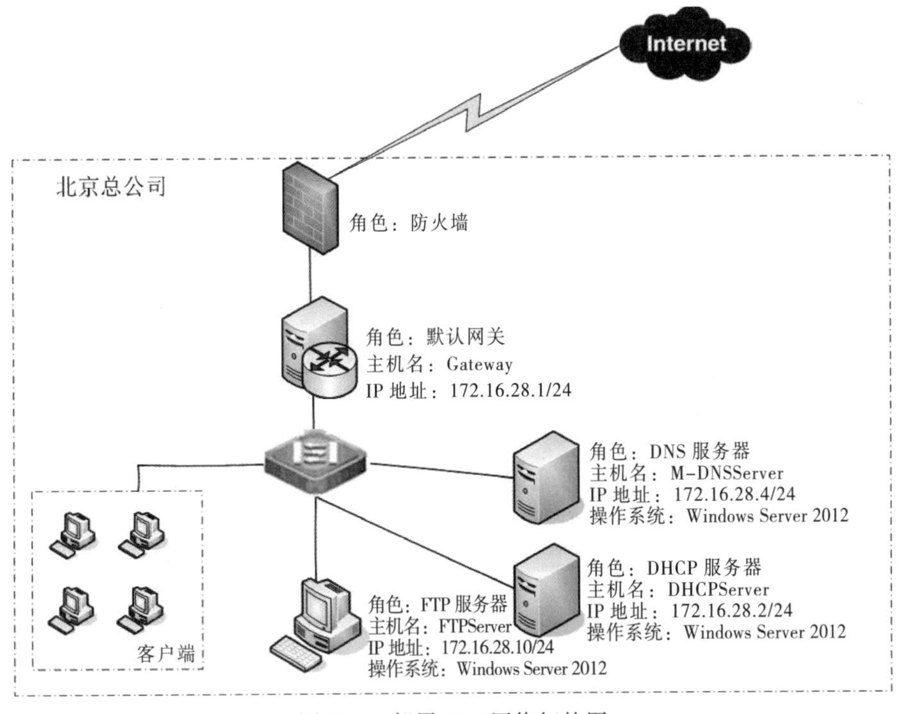

图 5-3　部署 FTP 网络拓扑图

通过本次任务的学习主要掌握：

- 安装 FTP 服务的方法。
- 创建 FTP 站点的方法。

任务分析

要在网络中采用 FTP 方式实现文件的双向传输，要求该网络中至少有一台计算机安装了 FTP 服务，在网络中充当 FTP 服务器角色。安装 FTP 服务需要满足以下要求：

① FTP 服务器必须安装使用能够提供 FTP 服务的 Windows 版本，如 Windows Server 2012 R2（Datacenter）等。

② FTP 服务器的 IP 地址应是静态的，即 IP 地址、子网掩码、默认网关等 TCP/IP 属性均需手工设置。

③ 安装 FTP 服务器服务需要具有系统管理员的权限。

本次任务主要包括以下知识点与技能点：

- 安装 FTP 服务。
- 创建 FTP 站点。
- 测试新建的 FTP 站点。

任务实施

1. 安装 FTP 服务

Windows Server 2012 内置的是增强功能的新版 FTP 服务，通过 IIS 内置的 FTP 服务组件来提供 FTP 站点功能，但是由于 FTP 服务组件不是默认的安装组件，系统不会自动安装，需要手动安装，操作过程如下：

① 选择“开始”→“服务器管理器”选项，打开“服务器管理器”窗口，在“仪表板”右窗格中单击“添加角色和功能”链接，运行添加角色和功能向导。在“选择服务器角色”对话框中，选中“Web 服务器(IIS)”复选框，如图 5-4 所示。

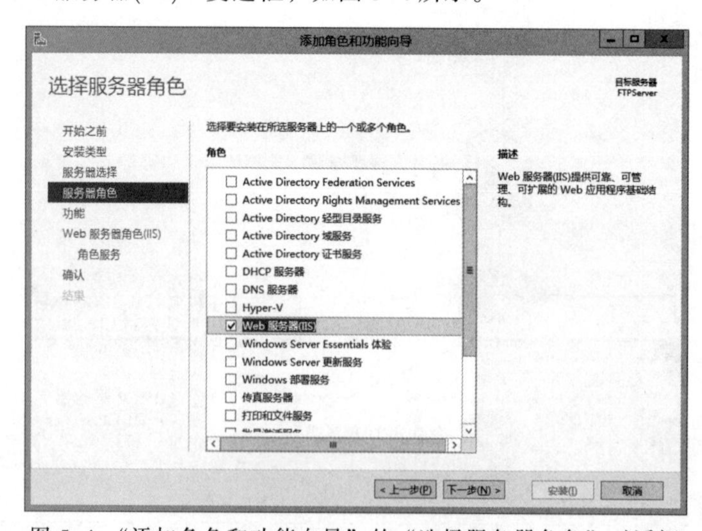

图 5-4 “添加角色和功能向导”的“选择服务器角色”对话框

② 单击“下一步”按钮，打开“选择功能”对话框，如图 5-5 所示。

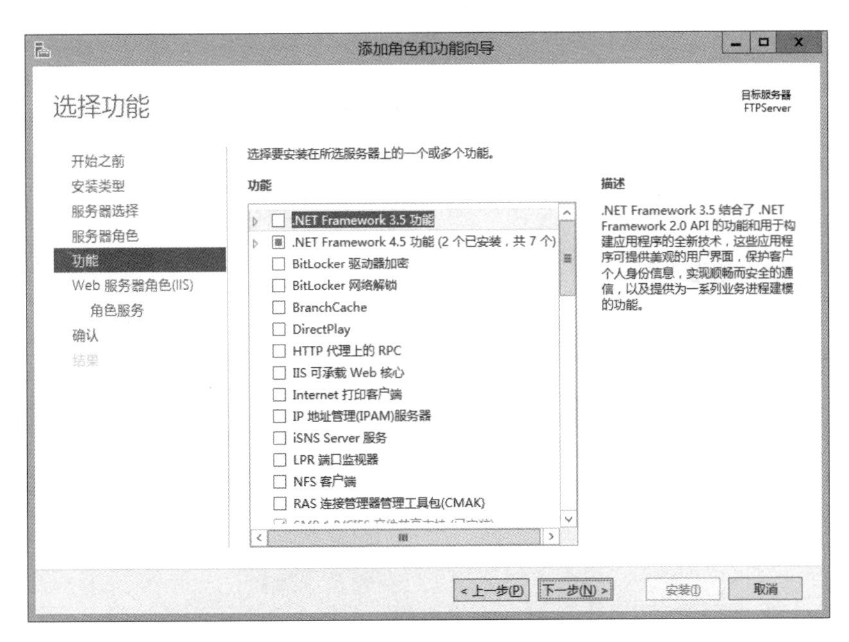

图 5-5 “添加角色和功能向导”的“选择功能”对话框

③ 单击“下一步”按钮，打开“Web 服务器角色(IIS)”对话框，如图 5-6 所示。

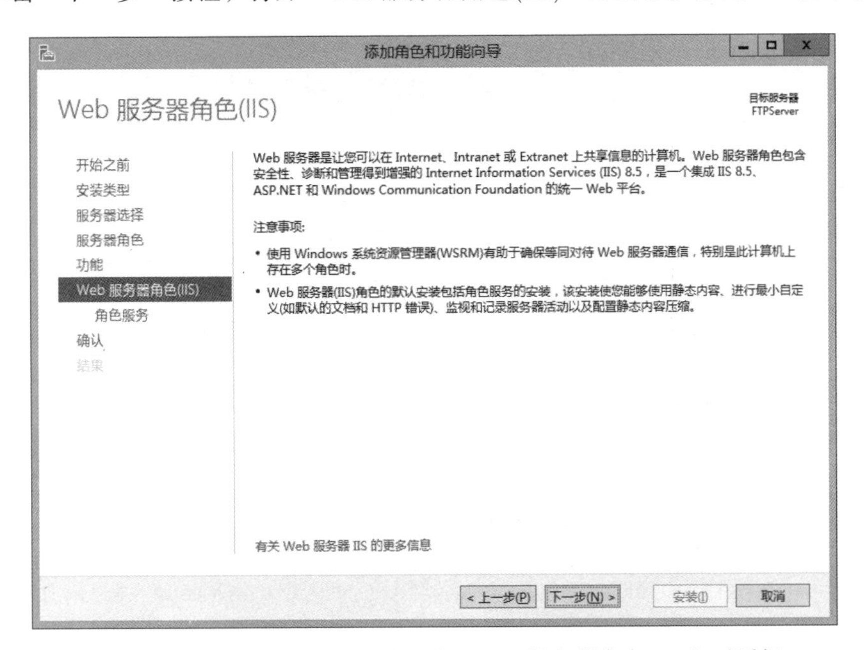

图 5-6 “添加角色和功能向导”的“Web 服务器角色(IIS)”对话框

④ 单击“下一步”按钮，打开 Web 服务器的“选择角色服务”对话框，选中“FTP 服务器”复选框，如图 5-7 所示。若选中“IIS 可承载 Web 核心”，则表示能够写入将承载应用程序核心 IIS 功能的自定义代码。

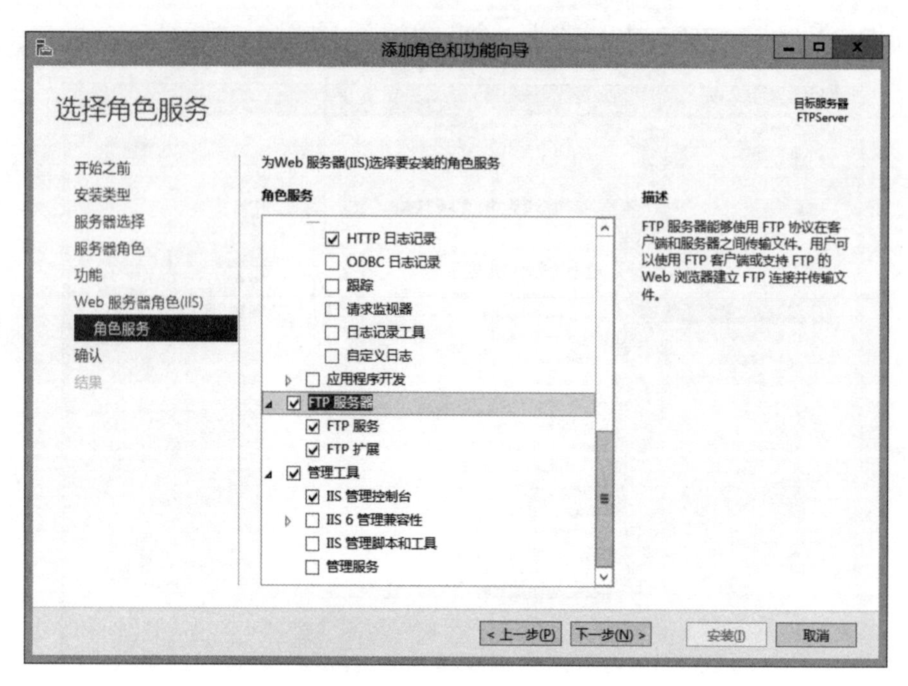

图 5-7 “添加角色和功能向导”的“选择角色服务”对话框

⑤ 单击“下一步”按钮，打开“确认安装所选内容”对话框，在该对话框中显示所添加的角色、角色服务和功能信息，如图 5-8 所示。

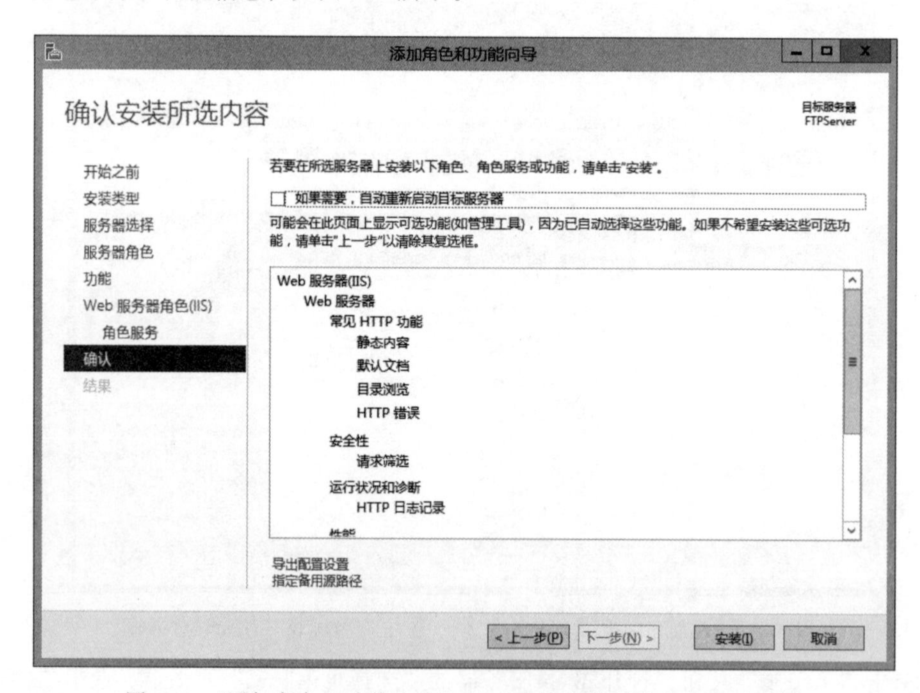

图 5-8 “添加角色和功能向导”的“确认安装所选内容”对话框

⑥ 单击“安装”按钮，开始安装角色、角色服务和功能，如图 5-9 所示。

⑦ 安装完成，单击“关闭”按钮完成 FTP 服务的安装。此时在“服务器管理器”窗口的

左窗格中将会自动添加“IIS”项目。

图 5-9 “添加角色和功能向导”的“安装进度”对话框

2. 创建 FTP 站点

安装好 FTP 服务以后，即可创建 FTP 站点。创建 FTP 站点之前需要先建立站点的主目录，用于存放供下载或用户上传的资源。本例以 C:\wangjian 作为 FTP 站点的主目录，并复制一些文件在 wangjian 文件夹中以便测试使用，如图 5-10 所示。

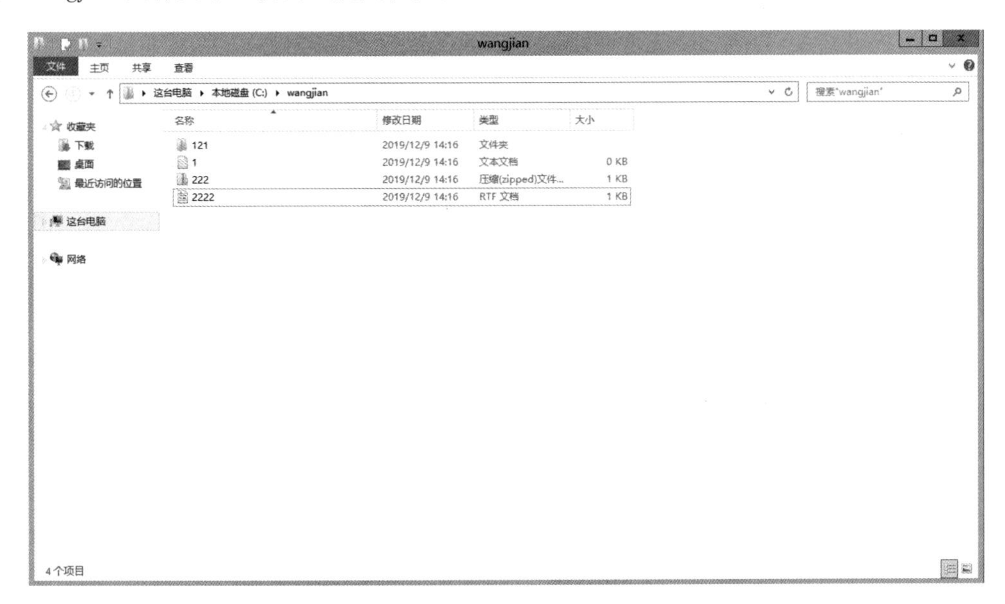

图 5-10 FTP 站点主目录

注意

该文件夹默认情况下是赋予 Users 组读取的权限，管理员也可以根据需要进行 NTFS 权限设置。

具体创建 FTP 站点的操作步骤如下：

① 选择“开始”→“管理工具”→“Internet Information Services (IIS)管理器”，打开“Internet Information Services (IIS)管理器”窗口，如图 5-11 所示。展开左侧目录树，右击“网站”选项，在弹出的快捷菜单中选择“添加 FTP 站点”命令，打开添加 FTP 站点向导。

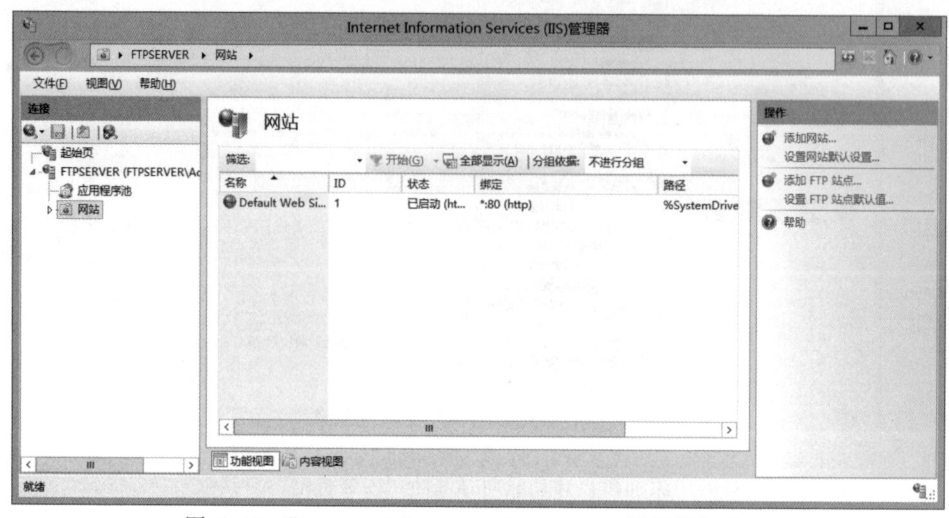

图 5-11 “Internet Information Services (IIS)管理器”窗口

② 在“添加 FTP 站点”的“站点信息”对话框中，为站点选取一个友好的名称，本例 FTP 站点名称为“网坚公司 FTP 服务”，并将物理路径定位到主目录 C:\wangjian，如图 5-12 所示。

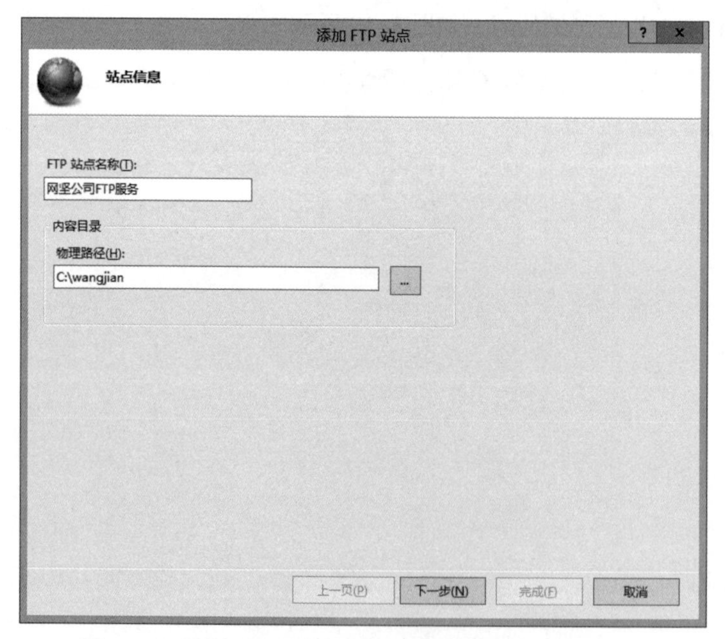

图 5-12 “添加 FTP 站点”的“站点信息”对话框

③ 单击“下一步”按钮，打开“绑定和 SSL 设置”对话框，为站点绑定 IP 地址，本例为：172.16.28.10，端口号默认为 21，选中“自动启动 FTP 站点”复选框。因 FTP 站点尚未拥有 SSL 证书，所以 SSL 选项选择“无”，如图 5-13 所示。

图 5-13 “添加 FTP 站点”的“绑定和 SSL 设置”对话框

④ 单击“下一步”按钮，打开“身份验证和授权信息”对话框，将匿名与基本两种身份验证方式均选中，以便以后测试使用；授权允许所有用户访问 FTP 站点；站点权限设置为只读。如图 5-14 所示。

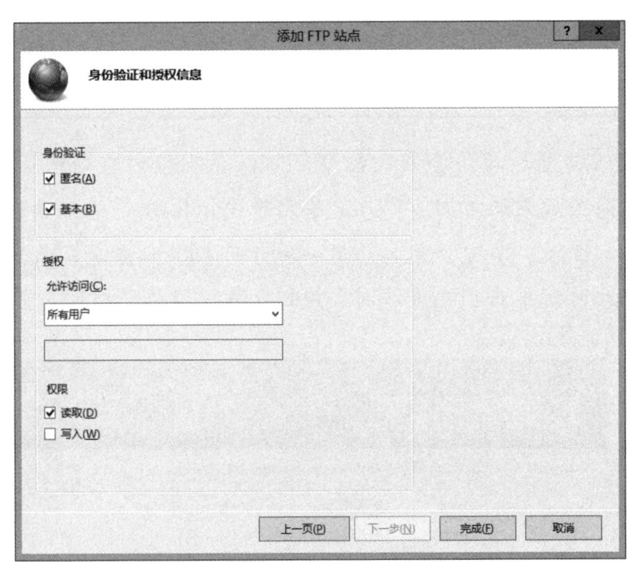

图 5-14 “添加 FTP 站点”的“身份验证和授权信息”对话框

注意

本例同时选择了“匿名”与“基本”身份验证方式，开放所有用户读取权限，亦可根据实际需要，选择部分或指定角色。

⑤ 单击“完成”按钮，完成 FTP 站点的创建。

3. 测试 FTP 站点

为了检测上述 FTP 站点是否架设成功，可以利用两种方法来进行测试。

（1）利用内置的 FTP 客户端连接程序 ftp.exe

操作过程如下：

① 打开“命令提示符”窗口。

② 输入“ftp FTP 站点 IP 地址”或“ftp FTP 站点域名”命令，如图 5-15 所示。由于站点的 IP 地址为 172.16.28.10，因此，输入“ftp 172.16.28.10”命令，并使用匿名用户“anonymous”登录 FTP 站点，密码随意输入或直接按【Enter】键。进入 ftp 提示符的环境后（ftp>），可以利用 dir 命令来查看 FTP 主目录内的文件。

③ 利用 bye 或 quit 命令中断与 FTP 站点的连接。若想查看 ftp 可供使用的命令，则可以在 ftp 提示符下使用“?”命令查看。

```
管理员: C:\Windows\system32\cmd.exe - ftp  172.16.28.10

C:\Windows\system32>ftp 172.16.28.10
连接到 172.16.28.10。
220 Microsoft FTP Service
200 OPTS UTF8 command successful - UTF8 encoding now ON.
用户(172.16.28.10:(none)): anonymous
331 Anonymous access allowed, send identity (e-mail name) as password.
密码:
230 User logged in.
ftp> dir
200 PORT command successful.
125 Data connection already open; Transfer starting.
12-26-19  08:46PM                    0 1.txt
12-26-19  08:46PM       <DIR>          121
12-26-19  08:46PM       <DIR>          222
12-26-19  08:46PM                    0 2222.txt
226 Transfer complete.
ftp: 收到 186 字节，用时 0.00秒 93.00千字节/秒。
ftp>
```

图 5-15　使用命令连接 FTP 站点

注意

当 FTP 站点架设完成后，系统会默认在 Windows 防火墙内自动建立规则开放与 FTP 相关的协议，但会阻止某些应用的访问，因此，要先将 Windows 防火墙关闭。

使用 Windows 10 作为 FTP 客户端时，第一次访问 FTP 站点时，系统会显示“Windows 安全警报”对话框，此时需单击“允许访问”按钮开放应用程序访问，如图 5-16 所示。

图 5-16　“Windows 安全警报”对话框

（2）使用 IE 浏览器

具体操作过程如下：

① 打开 IE 浏览器。

② 在浏览器地址栏中输入“ftp://FTP 站点 IP 地址”或“ftp://站点域名”连接 FTP 站点。这里输入 ftp://172.16.28.10 进行测试，如图 5-17 所示。

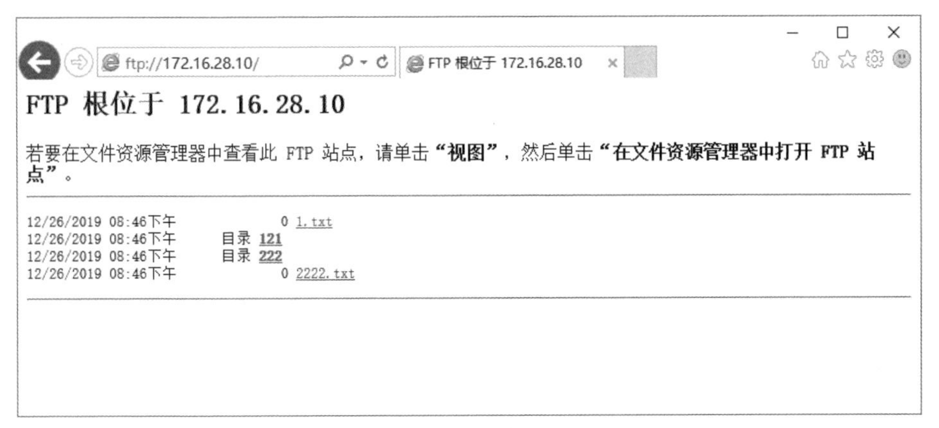

图 5-17 使用 IE 浏览器测试 FTP 站点

- 若在 IE 浏览器中看到预先放置在 FTP 站点的根目录内的文件，则证明 FTP 站点连接成功，即 FTP 站点架设成功。
- 若出现连接错误的报错消息框，可打开“Internet Information Services (IIS)管理器”窗口，查看新建的 FTP 站点的状态，如果新建的 FTP 站点的状态为“已停止”，则在窗口右侧“管理 FTP 站点”区域单击“启动”按钮重新启动该 FTP 站点。

知识链接

访问 FTP 服务器有两种身份验证方式：一种是需要用户提供合法的用户名和口令，这种方式适用于在 FTP 服务器上有账户和口令的内部用户；另一种方式是用户使用公开的账户和口令登录服务器，访问和下载文件，FTP 服务向用户提供了一种标准统一的匿名登录方法，使用用户名“anonymous”口令为任意字符。

课堂练习

1. 练习场景

网坚公司合肥分公司为了更加方便快捷地实现分公司内的文件共享，决定架设一台 FTP 服务器。正好你到该单位实习，公司领导决定由你来完成这个任务。

2. 练习目标

① 掌握 FTP 服务的安装方法。

② 掌握测试 FTP 站点的方法。

3. 练习的具体要求与步骤

① 将一台安装 Windows Server 2012 操作系统的计算机作为架设 FTP 站点的服务器，将此计算机命名为 WangjianHF，IP 地址设为 172.16.28.11，FTP 站点主目录设置在“E:\ftp”。

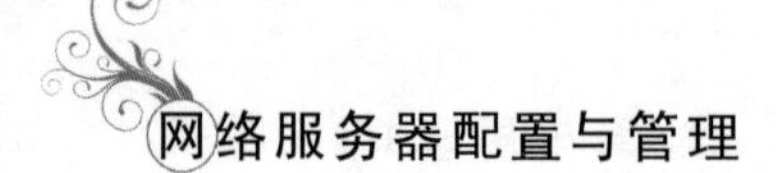

② 安装 FTP 服务并创建一个 FTP 站点，站点名称为网坚公司合肥分公司 FTP 站点。

③ 通过用户端分别使用 IE 浏览器与 ftp.exe 命令测试架设的网坚公司合肥分公司 FTP 站点。

拓展与提高

1. 创建 FTP 站点的用户账户

在实际应用中，为了防止普通用户通过匿名账号访问 FTP 站点，用户在配置 FTP 站点时会限制匿名用户访问，而只对 FTP 服务器上有账户和口令的内部用户开放。这就要求在 FTP 服务器上创建可以访问 FTP 站点的用户账户。下面以创建用户“Myftp”为例进行介绍，创建方法如下：

① 打开 FTP 服务器本地计算机的“计算机管理”窗口。

> **说明**
>
> 在命令提示窗口中，输入命令“compmgmt.msc”，即可打开本地服务器系统的“计算机管理”窗口。

② 在“计算机管理”窗口的左窗格中，展开“本地用户和组”目录，在其展开的下级目录中右击“用户”图标，在弹出的快捷菜单中选择“新用户”命令，打开“新用户”对话框，如图 5-18 所示。

图 5-18 “新用户”对话框

③ 在“新用户”对话框中输入用户名、全名和描述信息，并设置用户的访问密码，然后单击“创建”按钮完成新用户账户的创建。

管理员可以为那些需要访问 FTP 站点的所有用户分别创建一个账户信息。

2. “隔离用户”的 FTP 站点

当用户连接FTP站点时，在默认情况下都将被导向到FTP站点的主目录。不过可以通过“FTP

用户隔离”功能让用户拥有专属主目录，当该用户登录 FTP 时，将被导向到此专属目录，而且被限制在其专属主目录内，即无法切换到其他用户主目录，因此无法查看或修改其他用户主目录内的文件。

（1）创建“隔离用户”FTP 站点主目录

为了让架设好的 FTP 站点具备用户隔离功能，用户必须按照一定的规则设置好该站点的主目录以及用户目录。假设有本地用户“Myftp”，设置过程如下：

① 在 NTFS 格式的磁盘分区中建立一个文件夹，这里在 C 盘根目录下建立文件夹“Myftproot”，并把该文件夹作为待建隔离的 FTP 站点的主目录。

② 打开“Myftproot”文件夹，在其中创建一个文件夹，由于“Myftp”账户是本地用户，则必须将该文件夹名称设置为“LocalUser”。

③ 打开“LocalUser”文件夹，然后在该文件夹内依次创建好与每个用户账户名称相同的文件夹，例如管理员可以为“Myftp”用户创建一个“Myftp”子文件夹。

注意

如果用户账号名称与用户目录名称不一样，那么用户就无法访问自己目录下面的内容。

如果希望架设的隔离用户 FTP 站点仍具有匿名访问功能，则必须在“LocalUser”文件夹内创建一个“Public”子文件夹，这样有访问者通过匿名方式登录 FTP 站点时，就能浏览到“Public”文件夹中的内容。

为了便于验证“隔离用户”FTP 站点的结果，可在“Myftp”文件夹下存放“Myftp.doc”“Myftp.jpg”“Myftp.txt”文件；在“Public”文件夹下存放“Public.doc”“Public.jpg”“Public.txt”文件。

（2）创建“隔离用户”FTP 站点

完成了“隔离用户”FTP 站点目录结构的创建后，接着创建隔离用户的 FTP 站点。隔离用户 FTP 站点的创建与 FTP 站点的创建步骤基本相同，具体操作过程如下：

① 打开“Internet Information Services (IIS)管理器”窗口，右击窗口左侧的“网站”图标，在弹出的快捷菜单中选择“添加 FTP 站点”命令，在弹出的“站点信息”对话框中，输入新建站点名称。在这里，输入新建站点名称为“网坚信息公司隔离 FTP 站点”，物理路径选择为“C:\Myftproot”。

② 单击“下一步”按钮，在“绑定和 SSL 设置”对话框中，设置创建的 FTP 站点使用的 IP 地址及该 FTP 站点的 TCP 端口号。在这里，我们将前面创建的 FTP 站点停止服务，仍在当前服务器中创建新的 FTP 站点，所以 IP 地址仍设置为“172.16.28.10”，端口号使用默认设置的“21”，“SSL”选择“无”，单击对话框中的“下一步”按钮，打开“身份验证和授权信息”对话框。

③ 单击“完成”按钮完成站点的创建。在“Internet Information Services (IIS)管理器”窗口中，单击“网坚信息公司隔离 FTP 站点”图标，然后双击“FTP 用户隔离”图标打开“FTP 用户隔离”对话框，如图 5-19 所示。在“FTP 用户隔离”对话框中使用用户隔离功能，即在“隔离用户”中选中“用户名目录（禁用全局虚拟目录）”单选按钮，然后单击右侧的“应用”按钮。

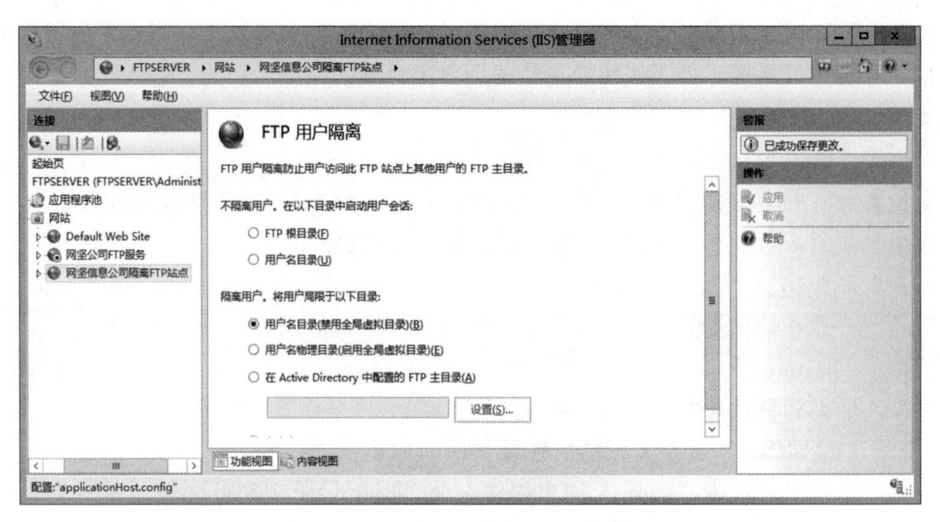

图 5-19 “FTP 用户隔离”对话框

（3）测试隔离站点

① 通过本地用户“Myftp”连接刚建立的隔离用户的 FTP 站点：在 IE 浏览器地址栏中输入 ftp://Myftp@172.16.28.10 连接隔离用户的 FTP 站点，此时要求输入“Myftp”的用户名和密码方可登录该 FTP 站点，如图 5-20 所示，在打开的登录身份认证对话框中输入用户名及密码后按【Enter】键即可连接 FTP 站点。

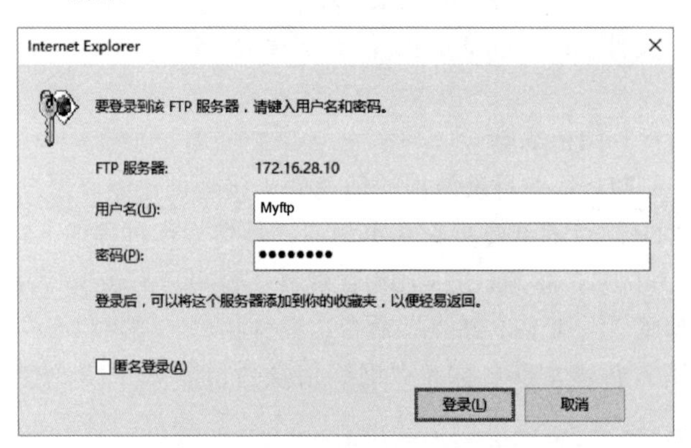

图 5-20 登录身份认证对话框

成功连接隔离用户的 FTP 站点后会显示图 5-21 所示界面，从中可以看到目标文件，因此证明了用户“Myftp”连接到 FTP 站点后，确实进入的是自己的专属目录。

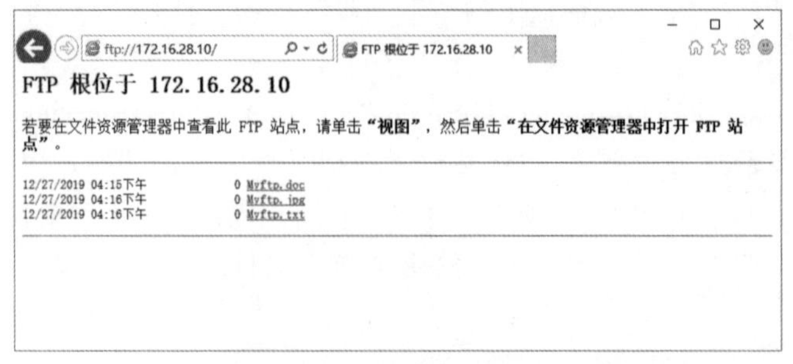

图 5-21 使用 IE 测试隔离用户 FTP 站点界面

也可以使用 ftp.exe 命令连接隔离用户的 FTP 站点，可以看到用户“Myftp”进入的也是其专属目录，如图 5-22 所示。

```
管理员: C:\Windows\system32\cmd.exe - ftp 172.16.28.10
Microsoft Windows [版本 10.0.14393]
(c) 2016 Microsoft Corporation。保留所有权利。

C:\Windows\system32>ftp 172.16.28.10
连接到 172.16.28.10。
220 Microsoft FTP Service
200 OPTS UTF8 command successful - UTF8 encoding now ON.
用户(172.16.28.10:(none)): myftp
331 Password required
密码:
230 User logged in.
ftp> dir
200 PORT command successful.
125 Data connection already open; Transfer starting.
12-27-19  04:15PM                 0 Myftp.doc
12-27-19  04:16PM                 0 Myftp.jpg
12-27-19  04:16PM                 0 Myftp.txt
226 Transfer complete.
ftp: 收到 153 字节，用时 0.00秒 76.50千字节/秒。
ftp>
```

图 5-22　使用 ftp.exe 测试隔离用户 FTP 站点界面

② 通过匿名用户来连接刚建立的隔离用户的 FTP 站点：在 IE 浏览器地址栏中输入 ftp://172.16.28.10 连接 FTP 站点，如图 5-23 所示。可以看到图中所示的文件就是在“C:\Myftproot\LocalUser\public”下存储的文件，表明访问者通过匿名方式访问 FTP 站点时，只能浏览“Public”文件夹中的内容。

图 5-23　使用 IE 测试匿名用户访问 FTP 隔离站点

同样的，也可以使用 ftp.exe 命令匿名连接 FTP 站点，如图 5-24 所示。

```
管理员: C:\Windows\system32\cmd.exe - ftp 172.16.28.10
Microsoft Windows [版本 10.0.14393]
(c) 2016 Microsoft Corporation。保留所有权利。

C:\Windows\system32>ftp 172.16.28.10
连接到 172.16.28.10。
220 Microsoft FTP Service
200 OPTS UTF8 command successful - UTF8 encoding now ON.
用户(172.16.28.10:(none)): anonymous
331 Anonymous access allowed, send identity (e-mail name) as password.
密码:
230 User logged in.
ftp> dir
200 PORT command successful.
125 Data connection already open; Transfer starting.
12-27-19  04:15PM                 0 Public.doc
12-27-19  04:16PM                 0 Public.jpg
12-27-19  04:16PM                 0 Public.txt
226 Transfer complete.
ftp: 收到 156 字节，用时 0.00秒 78.00千字节/秒。
ftp>
```

图 5-24　使用 ftp.exe 命令测试匿名用户访问 FTP 隔离站点

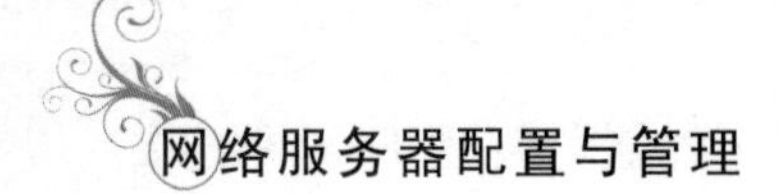

任务 3　配置和管理 FTP 站点

任务描述

- 设置 FTP 站点文件存储位置。
- 设置 FTP 站点目录列表样式。
- 设置站点绑定。
- 设置站点信息。
- 设置用户名验证和权限。
- 通过 IP 地址限制连接。
- 设置 FTP 日志。

任务分析

配置 FTP 站点需要在 FTP 站点目录中选择相关功能完成，这里将通过任务 2 架设的网坚公司 FTP 站点介绍如何配置 FTP 站点。本次任务主要包括以下知识点与技能点：

- FTP 站点文件路径。
- 目录列表样式。
- 站点绑定。
- 站点信息。
- 用户权限。
- 通过 IP 地址限制连接。
- FTP 日志。

任务实施

1. 设置 FTP 站点文件存储位置

当用户使用命令连接 FTP 站点时，默认访问 FTP 站点主目录。如果要查看或更改站点主目录，可以在“Internet Information Services (IIS)管理器”窗口中，单击左侧“基本设置”链接，在“编辑网站”对话框中进行修改，如图 5-25 所示。也可以将物理路径设置到网络上其他计算机的共享文件夹，不过此时 FTP 站点必须拥有访问权限的账号和密码。

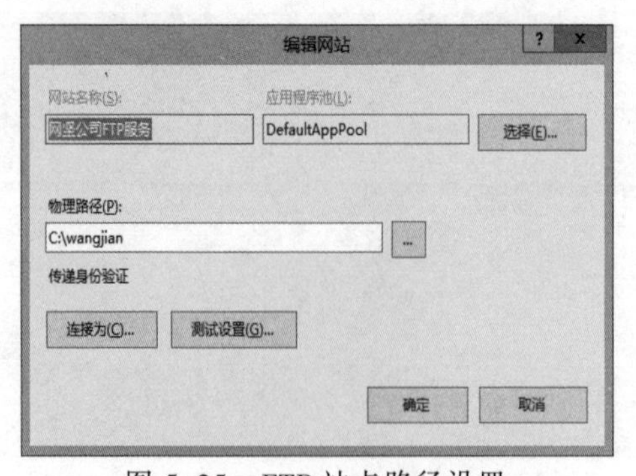

图 5-25　FTP 站点路径设置

小提示

也可以通过单击 FTP 站点右边的“高级设置”链接设置 FTP 站点的物理路径。

2. 设置 FTP 站点目录列表样式

当用户查看 FTP 站点内容时，其界面上显示的文件列表样式有两种：MS-DOS 和 UNIX。默认为 MS-DOS 方式。在“Internet Information Services (IIS)管理器”窗口中，双击“FTP 目录浏览”图标，打开“FTP 目录浏览”窗口，在该窗口中选择文件列表样式，亦可对在目录列表中是否显示“虚拟目录”“可用字节”“四位数年份”信息进行选择，如图 5-26 所示。

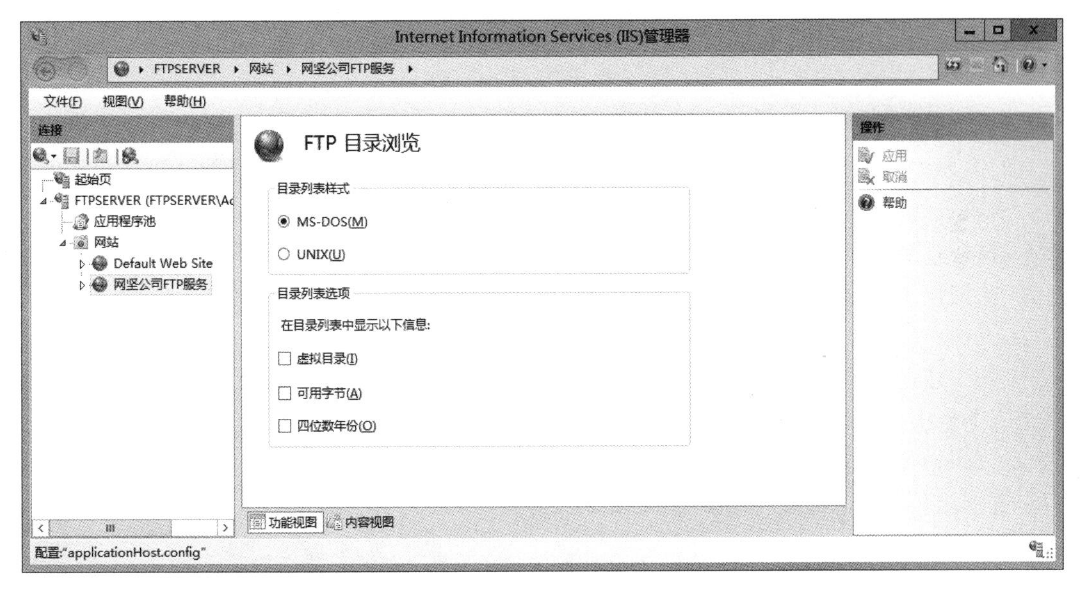

图 5-26 “FTP 目录浏览”对话框

注意

用户使用 IE 浏览器或者 Windows 资源管理器查看 FTP 站点内容，此时文件显示方式并不受目录列表样式设置的影响。

3. 设置站点绑定

在一台计算机上可以建立多个 FTP 站点，但每个 FTP 站点必须要能够明确区分开来，也就是说要求每个站点要有唯一的识别信息。其中，“主机名”“IP 地址”“端口”可以用来作为识别信息，即该计算机上的所有 FTP 站点，这三类识别信息不可以完全相同。如果要更改这三类识别信息，可以在“Internet Information Services (IIS)管理器”窗口中，单击右侧的“绑定”按钮，打开“网站绑定”对话框，然后单击“添加”按钮，在弹出的“添加网站绑定”对话框中进行设置，如图 5-27 所示。

注意

如果更改了默认的端口号，那么用户在访问时需自行输入相应的端口号。

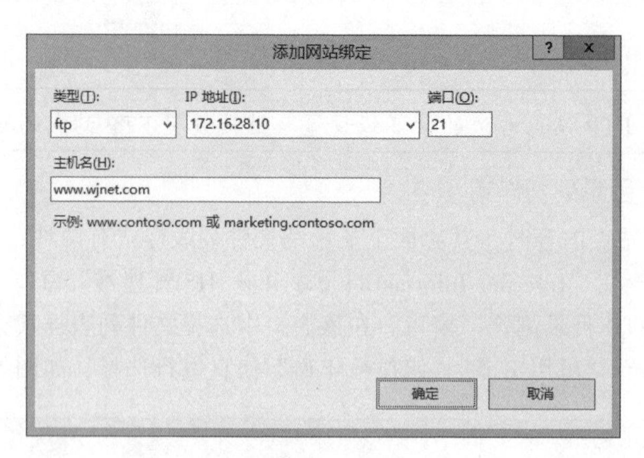

图 5-27 “添加网站绑定”对话框

4. 设置站点信息

有时需要为 FTP 站点设置一些显示信息，当用户连接时可以看到这些信息。具体包括四类信息：横幅、欢迎使用、退出、最大连接数。

① 横幅：当用户连接 FTP 站点时，横幅文本框中设置的信息将会被首先看到。

② 欢迎使用：当用户成功登录 FTP 站点时，会看到欢迎使用文本框中的欢迎词。

③ 退出：当用户注销时，会看到退出文本框中的欢送词。

④ 最大连接数：当连接数达到限制值的时候，其后连接的 FTP 站点的用户，将看到最大连接数文本框中设置的信息。

在“Internet Information Services (IIS)管理器”窗口中，双击“FTP 消息”图标，在打开的窗口中进行这些信息的设置，如图 5-28 所示。

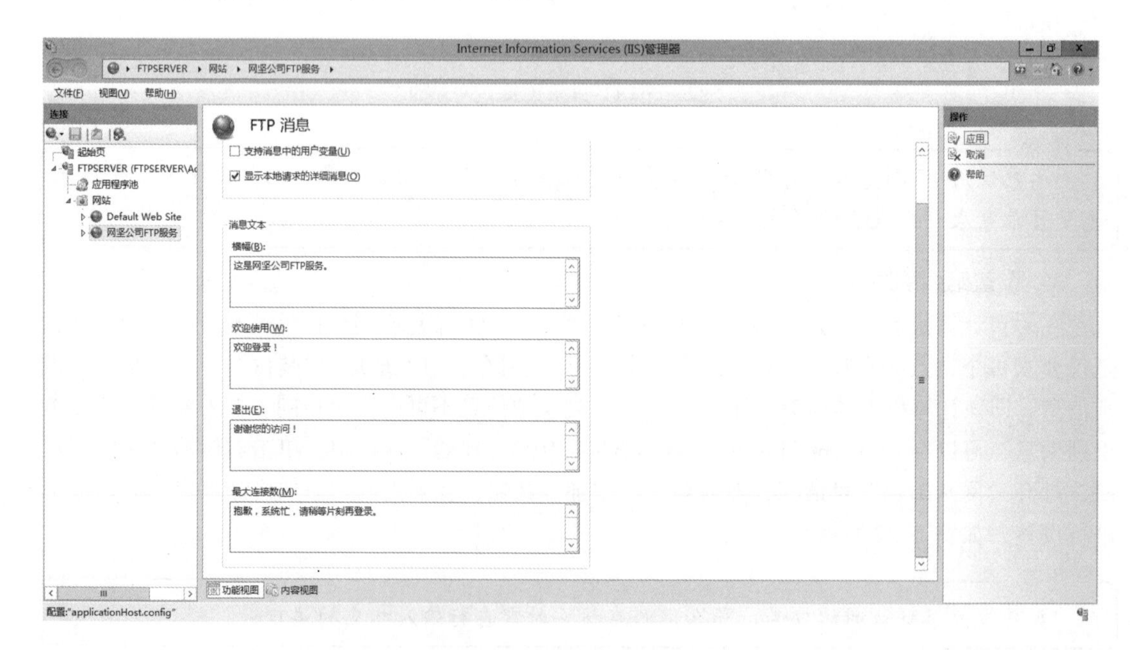

图 5-28 FTP 消息设置

通过 ftp.exe 连接测试，结果如图 5-29 所示。

```
管理员: C:\Windows\system32\cmd.exe
Microsoft Windows [版本 10.0.14393]
(c) 2016 Microsoft Corporation。保留所有权利。

C:\Windows\system32>ftp 172.16.28.10
连接到 172.16.28.10。
220-Microsoft FTP Service
220 这是网坚公司FTP服务。
200 OPTS UTF8 command successful - UTF8 encoding now ON.
用户(172.16.28.10:(none)): anonymous
331 Anonymous access allowed, send identity (e-mail name) as password.
密码:
230-欢迎登录!
230 User logged in.
ftp> bye
221 谢谢您的访问!

C:\Windows\system32>_
```

图 5-29 FTP 消息测试窗口

> 注意
>
> 用户使用 IE 浏览器或者 Windows 资源管理器连接 FTP 站点，将看不到以上信息。

5. 设置 FTP 身份验证

FTP 站点提供了身份验证功能，在“Internet Information Services (IIS)管理器”窗口中，双击“FTP 身份验证”图标，在“FTP 身份验证”窗口中可以启用或禁用“匿名身份验证”和“基本身份验证”，如图 5-30 所示。

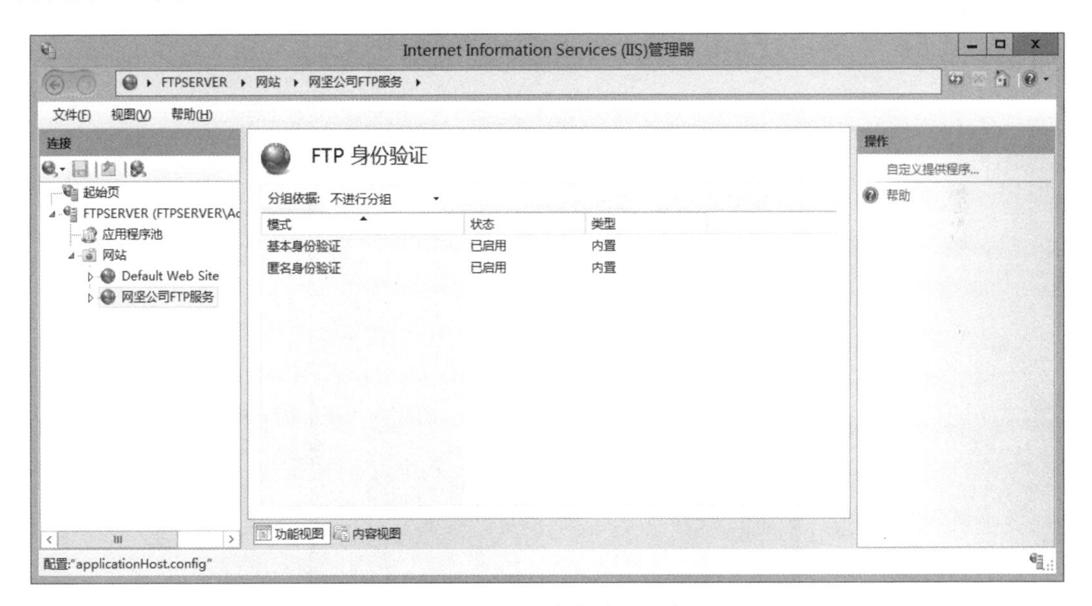

图 5-30 “FTP 身份验证”窗口

6. 配置 FTP 授权规则

FTP 授权规则用于配置用户访问 FTP 站点的权限。在“Internet Information Services (IIS)管理器”窗口中，双击“FTP 授权规则”图标打开“FTP 授权规则”窗口，单击窗口右侧的“添加允许规则”或“添加拒绝规则”按钮打开相应的授权规则对话框，在该对话框中添加用户访问权限，如图 5-31 所示。

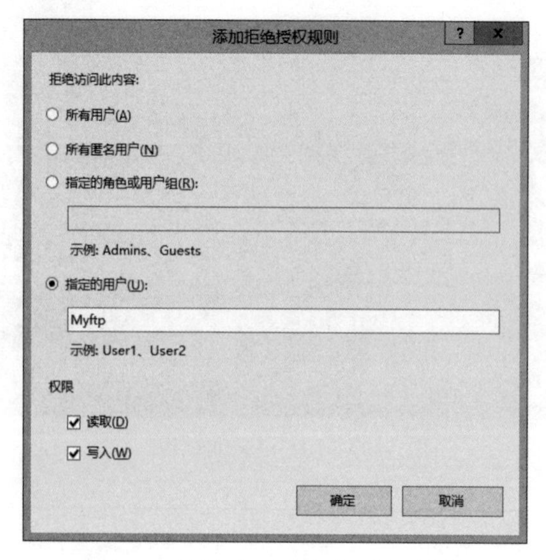

图 5-31 “添加拒绝授权规则”对话框

7. 通过 IP 地址限制连接

可以通过设置让 FTP 站点允许或者拒绝某台特定的计算机或者多台计算机的连接。在“Internet Information Services (IIS)管理器”窗口中，双击“FTP IP 地址和域限制”图标打开“FTP IP 地址和域限制”窗口，在该窗口右侧单击“添加允许条目”或者“添加拒绝条目”按钮，可以添加允许或者拒绝访问 FTP 的计算机的 IP 地址（亦可是某 IP 地址范围内的多台计算机），如图 5-32 所示。

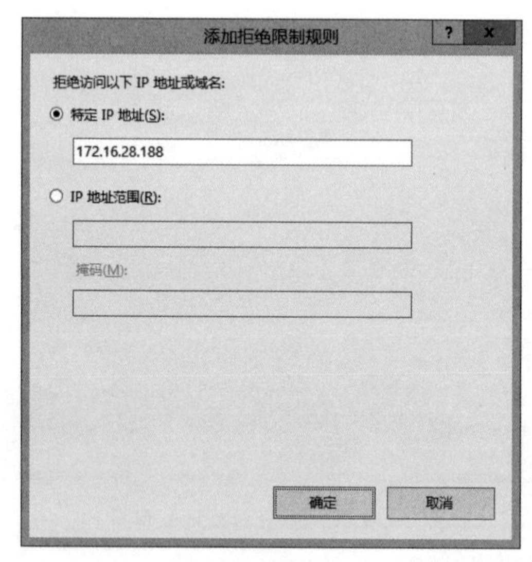

图 5-32 “添加拒绝限制规则”对话框

8. 使用日志

FTP 日志用以监视网站使用情况，日志包括的信息有：哪些用户访问了用户的站点，访问者查看了什么内容，以及最后一次查看该信息的时间。用户可以使用日志评估 FTP 站点内的内容受欢迎程度。在“Internet Information Services (IIS)管理器”窗口中，双击“FTP 日志”图标打开“FTP 日志”窗口，在该窗口中可对日志文件目录、日志文件滚动更新情况等进行设置，如图 5-33 所示。

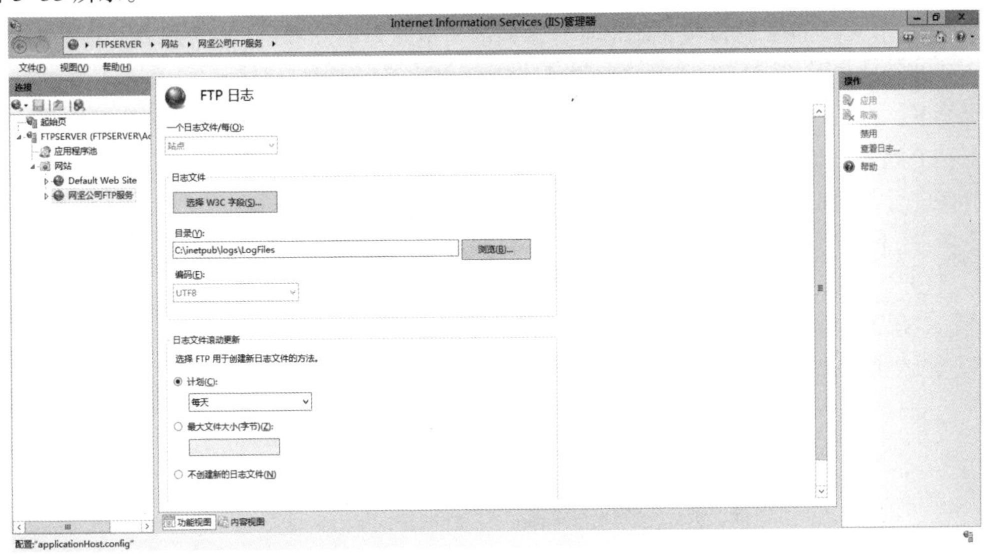

图 5-33 “FTP 日志”窗口

课堂练习

1. 练习场景

以任务 2 课堂练习架设的 FTP 站点为练习对象，按练习要求配置该 FTP 站点。

2. 练习目标

① 完成 FTP 站点主目录的更改，将其设置到指定位置。

② 完成 FTP 站点 TCP 端口号的更改，并进行站点绑定设置。

③ 完成 FTP 站点信息设置，通过 IP 地址限制连接。

④ 掌握查看和设置 FTP 日志。

3. 练习的具体要求与步骤

① 更改主目录为“e:\ah\ftproot”。

② 将 FTP 站点的 TCP 端口号设为 2134。

③ 设置 FTP 的横幅为“该站点为临时的 FTP 站点”，欢迎词为“欢迎访问!”，超过最大连接数时显示“网络正忙，请稍后再试!”。

④ 将“FTP 站点连接值”设为“20”。

⑤ 通过用户端使用 IE 浏览器及 ftp.exe 命令登录并观察测试结果。

拓展与提高

1. 实际目录

在 FTP 站点的主目录下创建文件夹，这些文件夹就称为“实际目录”。例如，在“网坚公司 FTP 服务”FTP 站点的主目录“C:\wangjian”中创建一个文件夹“Myftp”，该文件夹中就可以存放 FTP 站点的资料，此时称“Myftp”文件夹为实际目录。

2. 虚拟目录

在管理FTP站点时，除了可以将文件存放在主目录下的文件夹中，也可以将它们存放到其他文件夹中，这些文件夹可以位于本地计算机内的其他磁盘驱动器中，也可以在其他计算机中，管理员可以通过“虚拟目录”映射这些文件夹供用户访问。虚拟目录的好处是在不需要改变别名的情况下，就可以随时改变其所对应的文件夹。下面通过实例说明如何使用虚拟目录。

在FTP服务器C盘上创建一个“Information”文件夹，为了便于理解，在“Information”文件夹中存放了“setup.exe”“图像.bmp”“图像.jpg”文件。

现将“Information”文件夹设置成FTP站点的虚拟目录，具体操作过程如下：

① 打开“Internet Information Services (IIS)管理器”窗口，右击FTP站点，在弹出的快捷菜单中选择“添加虚拟目录”命令，打开“添加虚拟目录”对话框，在这里设置虚拟目录别名为“data”，输入该虚拟目录的路径为“C:\ Information”，如图5-34所示。

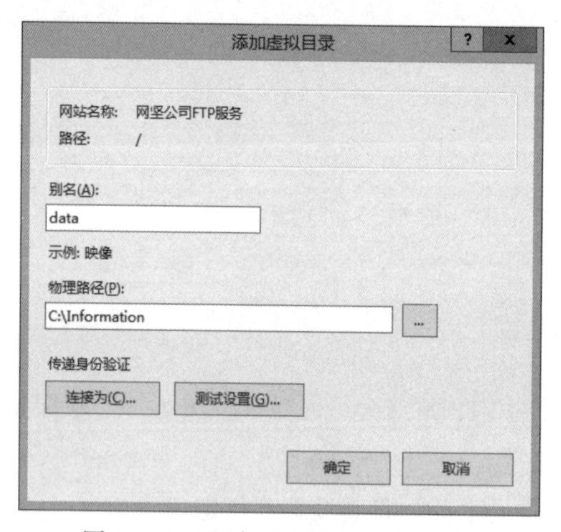

图5-34 “添加虚拟目录”对话框

② 完成上述步骤后，打开“FTP目录浏览”窗口，选中“虚拟目录”复选框，单击“应用”按钮，此时客户端才可以访问此虚拟目录，如图5-35所示。

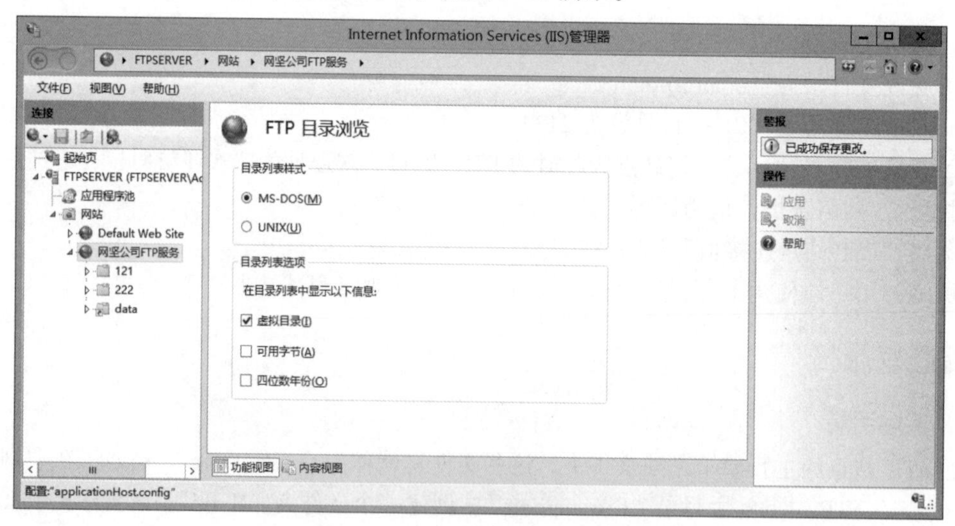

图5-35 “FTP目录浏览”窗口

用户可以通过在 IE 浏览器地址栏输入“ftp://FTP 站点地址/data”访问 FTP 站点的虚拟目录。

3. 检查目前连接的用户

在 FTP 服务器上，可以查看目前连接到 FTP 站点的用户，操作过程如下：

在“Internet Information Services (IIS)管理器”窗口中，双击“FTP 当前会话”图标打开“FTP 当前会话”窗口，如图 5-36 所示。

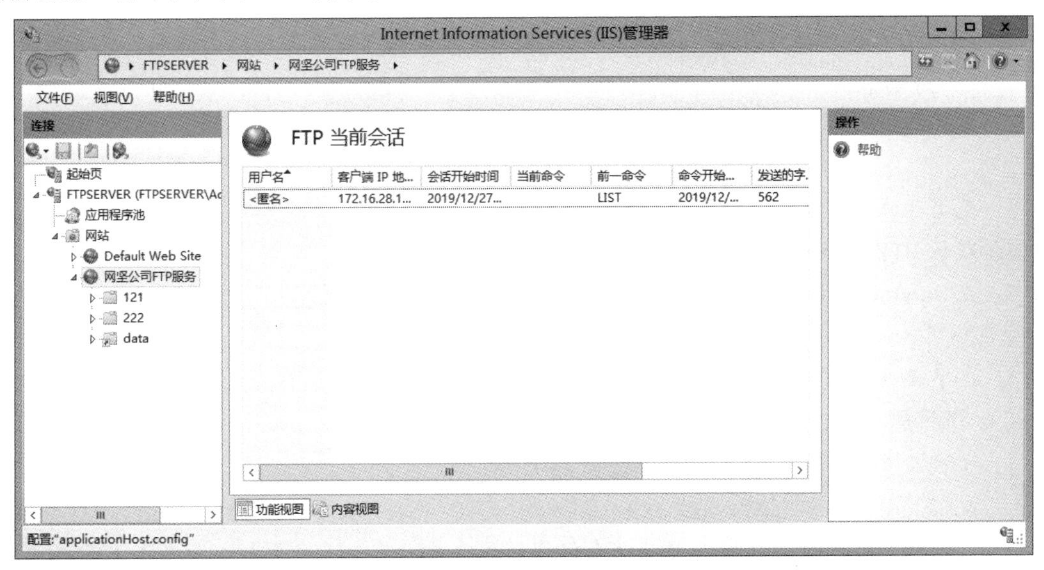

图 5-36 “FTP 当前会话”窗口

在图 5-36 所示的窗口中显示所有当前已连接的用户、连接时间的列表及发送和接收消息的基本信息，右击想要断开的用户，在弹出的快捷菜单中选择“断开会话”命令可断开该用户的连接。

网络管理与维护经验

1. 解决用户占用大量 FTP 服务器磁盘空间问题

某 FTP 服务器赋予用户写入权限，而 FTP 服务并没有限制用户上传文件的大小，从而导致用户权限的滥用，无限制写入大量文件，占用宝贵的磁盘空间。

为了防止此种情况的出现，就需要限制用户写入文件的数据量。可在 FTP 站点主目录所在的磁盘上，启用磁盘配额功能，并添加配额项，配置不同用户或用户组的磁盘配额，当用户上传的文件超出容量限制时，系统将自动发出警告，提示用户超出空间配额。需要注意的是，FTP 主目录必须位于 NTFS 系统分区，FAT32 格式的分区无法设置磁盘配额。

2. 关于 FTP 站点权限问题

在创建 FTP 站点时，需要对访问 FTP 站点的用户身份进行验证与授权，一般设置授权所有用户允许访问 FTP 站点，有人可能会认为这种授权会有安全性问题。其实在配置 FTP 站点权限时，我们一般结合站点授权与 FTP 主目录中文件夹的 NTFS 权限配置，按照权限累加原则，最终形成 FTP 访问权限。

练 习 题

一、填空题

1. FTP会话时包含了两个通道，分别是________通道和________通道。

2. 在FTP中，数据连接有两种方式，分别是________和________。

3. FTP客户端软件应具备________，对本地计算机和远程服务器的文件和目录进行管理及________等功能。

4. 利用IE浏览器连接FTP站点时，在其地址栏中应输入________或________连接FTP站点。

5. 匿名账户的名称是________。

6. 默认FTP站点的主目录位置为________。

7. 在"Internet Information Services (IIS)管理器"中，可以设置________和________FTP站点的访问权限。

8. FTP站点可设置的消息有________、________、________和________。

二、选择题

1. 下列命令中，不能结束FTP会话的是（　　）。

   A. close　　B. exit　　C. bye　　D. quit

2. 在默认情况下，FTP服务器有两个保留的端口号，其中，用于发送和接收FTP数据的是（　　）。

   A. 2000　　B. 20　　C. 2010　　D. 21

3. FTP站点的连接限制数量最大值为（　　）。

   A. 100 000　　B. 200 000　　C. 1000　　D. 不受限制

4. 设置了FTP站点消息后，客户端每次成功登录将看到的消息提示是（　　）。

   A. 标题　　B. 欢迎　　C. 退出　　D. 最大连接数

5. 默认的FTP站点匿名用户是（　　）。

   A. administrator　　B. IWAM_计算机名称

   C. IUSR_计算机名称　　D. anonymous

6. 下列命令中，可以打开本地"计算机管理"窗口的是（　　）。

   A. msconfig.exe　　B. compmgmt.msc

   C. eventvwr.msc　　D. msinfo32.exe

项目6

架设电子邮件服务器

学习情境

网坚公司员工内部之间及员工与客户之间每天有大量的工作交流，如互通商业信息、收发电子公文等，电子邮件系统是满足该项业务最为优秀的沟通手段，因此，建立一个安全、可靠的企业电子邮件系统是十分必要的。

目前，主流的企业电子邮件系统价格昂贵，系统十分复杂，管理困难，如微软公司的Exchange系统、IBM公司的Lotus系统等。如何为网坚公司选择一套满足需求、性价比较高的企业电子邮件系统呢？公司的网络部门通过调研和分析，选择了国内用户量较大、功能强大、性能稳定、成本较低的WinWebMail电子邮件服务系统作为内部电子邮件系统。

本项目分析在Windows Server 2012下使用第三方电子邮件服务系统WinWebMail，在网坚公司的企业网络中架设电子邮件服务器，为公司内部用户提供邮件服务，同时也负责向远程邮件服务器转发邮件服务请求。本项目主要包括以下任务:.

- 安装WinWebMail电子邮件系统。
- 配置和管理WinWebMail电子邮件系统。
- 配置和使用WinWebMail网页电子邮件系统。

任务1　安装WinWebMail电子邮件系统

任务描述

Windows Server 2012自身提供了SMTP电子邮件服务功能组件，但是由于微软对产品整合的需要，该服务无法提供完整的企业邮箱功能。目前，中小企业对电子邮件服务系统需求较多，在Windows服务器系统下采用第三方电子邮件系统非常普遍，WinWebMail电子邮件系统是一款便宜、实用、适合中小企业的优秀电子邮件服务软件，该软件运行稳定高效、功能强大，在国内拥有大量的中小企业客户。为了在网坚公司内部署电子邮件服务，网坚公司将部署该电子邮件服务软件。通过本次任务的学习主要掌握：

- 电子邮件服务器的基本知识。
- 安装WinWebMail电子邮件系统。
- 安装和使用Foxmail邮件客户端。

任务分析

电子邮件系统由 POP3 服务、简单邮件传输协议（SMTP）服务、电子邮件客户端三个组件组成，其中，POP3 服务为用户提供接收邮件服务，而 SMTP 服务则用于发送邮件及邮件在服务器之间的传递，电子邮件客户端软件是用于读取、撰写及管理电子邮件的软件。

本次任务主要包括以下知识点与技能点：

- 电子邮件系统组成。
- SMTP 和 POP3。
- 安装 WinWebMail 电子邮件服务器。
- 安装和使用 Foxmail 邮件客户端。

任务实施

1. 了解电子邮件系统

收发电子邮件是 Internet 上使用最多和最受用户欢迎的一种应用。收发电子邮件时将邮件发送到互联网服务提供商（Internet Service Provider，ISP）的邮件服务器，并放在其中的收信人邮箱中，收信人可随时上网到 ISP 的邮件服务器进行读取。电子邮件不仅使用方便，而且还具有传递迅速和费用低廉的优点。

（1）电子邮件系统的组成

电子邮件收发工作原理遵循“客户端/服务器”模式，每份邮件的发送与接收都要涉及发送方和接收方。用户发送邮件时，邮件发送方是客户端，邮件接收方是服务器。在邮件服务器中有很多用户电子邮箱，发送方通过电子邮件客户端程序将编写好的电子邮件向邮件服务器发送，邮件服务器辨别接收方的地址，将接收的邮件存入接收方的电子邮箱中，并告知接收方有新邮件到达。接收方通过邮件客户端程序连接邮件服务器，打开自己的电子邮箱并查收电子邮件。

一个电子邮件系统有三个主要组成部分：用户代理、邮件服务器及电子邮件使用的协议（如 SMTP、POP3、IMAP 等），如图 6-1 所示。

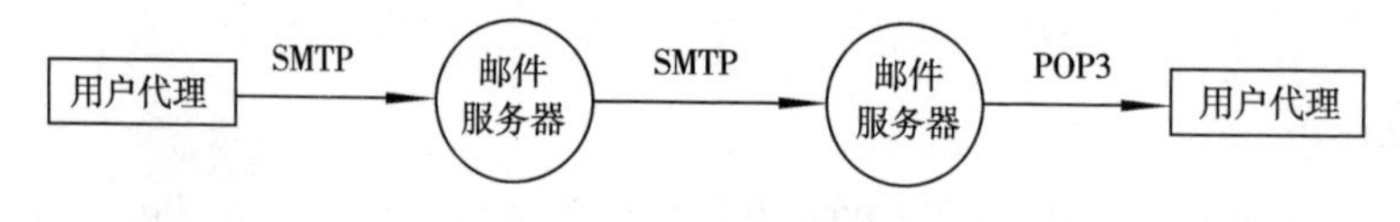

图 6-1　电子邮件系统组成

① 用户代理（User Agent，UA）。用户代理是用户与电子邮件系统的接口，在大多数情况下它是一个在客户端运行的程序。用户代理使用户能够通过一个很友好的接口发送和接收邮件。通过用户代理，用户可以很方便地撰写邮件，可以在计算机中显示邮件，而且还可以根据情况按不同方式对邮件进行处理，如 Outlook、Foxmail 都是一些常用的邮件用户代理程序。

② 邮件服务器。邮件服务器是电子邮件系统的核心组件，Internet 上所有提供邮件服务的 ISP 都有邮件服务器。邮件服务器的功能就是发送和接收邮件，对服务器上的账户和邮件进行管理，同时还要向发信人报告邮件传送的情况。

③ 电子邮件协议。电子邮件协议是 Internet 上的不同操作系统平台、不同的程序实现电子邮件通信所使用的协议标准，包括 SMTP、POP3、IMAP 等。

（2）电子邮件收发的过程

电子邮件传输一般要经过以下几个步骤。首先，当邮件发送方将电子邮件输入计算机并开始发送时，发送方邮件客户端程序将邮件传送到所属 ISP 的邮件服务器上，相当于传统邮件传递系统中发信人将信件投入邮箱，邮递员将所投信件取出，按区域分类。其次，邮件服务器根据收件人地址和网络传输情况选择适当路径将邮件传送到下一个邮件服务器，如此反复。此过程类似于传统邮件传输系统中信件在各邮局之间中转，层层向下传递。最后，电子邮件被送到接收方的 ISP 邮件服务器上，存放到接收方电子邮箱中，并通知接收方有新邮件到达。接收方通过客户端程序连接邮件服务器，从个人电子邮箱中读取电子邮件。相当于传统邮件传输中信件被投送到个人信箱中，用户只需用钥匙打开信箱收取信件。

完整的电子邮件的发送过程如下：

① 客户机调用用户代理编辑要发送的邮件，用户代理使用 SMTP 将邮件传送给发送端邮件服务器。

② 发送端邮件服务器将邮件放入邮件缓存队列中，等待发送。

③ SMTP 按照客户端/服务器方式工作。运行在发送端邮件服务器的 SMTP 客户进程，发现在邮件缓存中有待发送的邮件，就向运行在接收端邮件服务器的 SMTP 服务器进程发起建立 TCP 连接。

④ 当 TCP 连接建立后，SMTP 客户进程开始向远程的 SMTP 服务器发送邮件。如果有多个邮件在邮件缓存中，则 SMTP 客户进程一一将它们发送到远程的 SMTP 服务器。当所有的待发送邮件发送完成，SMTP 就断开所建立的 TCP 连接。

⑤ 运行在接收端邮件服务器中的 SMTP 服务器进程收到邮件后，将邮件放入收件人的用户邮箱中，等待收件人方便时进行读取。

⑥ 收件人调用用户代理，使用 POP3（或 IMAP）将自己的邮件从接收端邮件服务器的用户邮箱中取回。

注意

ISP 邮件服务器起着“邮局”的作用，用户电子邮箱就是其所申请账号名，每个电子邮箱均使用 ISP 服务器一定的存储空间，由于该空间有限，用户要定期查收、阅读、删除电子邮箱中的邮件，以便有足够的空间接收新的电子邮件。

2. **理解电子邮件协议**

Internet 上的电子邮件服务器可能采用不同的操作系统平台、不同的应用程序构建，但它们是通过使用标准的电子邮件通信协议实现相互通信的。电子邮件在发送与接收过程中遵循 SMTP 和 POP3 等协议，这些协议保证电子邮件在不同系统、不同平台之间可靠地传输。其中，SMTP 负责电子邮件的发送，而 POP3 负责电子邮件的接收。

（1）SMTP

SMTP（Single Mail Transfer Protocol，简单邮件传输协议）是电子邮件的发送方向接收方传递邮件时使用的单向传输协议，它的一个重要特点是可以在可交互的通信系统中转发邮件，因此，通过它可以保证电子邮件可靠和高效地传送。TCP/IP 应用层中包含 SMTP，但它事实上与传输系统和机制无关，仅要求有一个可靠的数据流传输通道，既可以工作在 TCP 上，也可以工作在 NCP、NITS 等协议上，默认使用的 TCP 端口为 25。配置了 SMTP 的电子邮件服务器称为 SMTP 服务器。当用户发送邮件时，首先是发送给 SMTP 服务器，并由 SMTP 服务器负责发送给目的地的 SMTP 服务器。SMTP 服务器同时也负责接收和转发其他 SMTP 服务器发送来的邮件。

SMTP 提供了一种邮件传输的机制，当邮件发送方和接收方处在同一网络上时，邮件可以直接传送给对方；当收发双方不在同一网络上时，需要通过一个或若干个中间服务器将邮件进行转发。发送方首先提出 SMTP 申请，要求与接收方 SMTP 建立双向的通信渠道，收件方既可以是最终收件人，也可以是中间的转发服务器。当收件方服务器确认可以建立连接后，收发双方即可开始通信。

SMTP 的通信过程有以下三个阶段。

① 建立连接。发信人先将要发送的邮件传送到邮件缓存。SMTP 客户进程每隔一定时间对邮件缓存进行扫描，如发现有邮件，就使用 SMTP 的 25 端口与目的主机的 SMTP 服务器建立 TCP 连接。在建立连接后，SMTP 服务器要发出“220 Service ready”，然后 SMTP 客户进程向 SMTP 服务器发送 OK 命令，附上发送方的主机名。SMTP 服务器若有能力接收邮件，则回答“250 OK”，表示已准备好接收，若 SMTP 服务器不可用，则回答“421 Service not available”。

② 传送邮件。邮件的传送从 MAIL 命令开始，MAIL 命令后面有发信人的地址。若 SMTP 服务器已准备好接收邮件，则回答“250 OK”，否则，返回一个代码，指出原因，后面跟着一个或多个 RCPT 命令，取决于将同一个邮件发送给一个或多个收信人，每发送一个命令，都应当有相应的信息从 SMTP 服务器返回。再后面就是 DATA 命令，表示要开始传送邮件的内容。

③ 释放连接。邮件发送完毕后，SMTP 客户应发送 QUIT 命令，SMTP 服务器返回的信息是“250 OK”，SMTP 客户再发出释放 TCP 连接的命令，待 SMTP 服务器回答后，邮件传送的全部过程即结束。

在通信过程中，发送方 SMTP 与接收方 SMTP 采用应答的交互方式，发送方提出要求，接收方进行确认，完成后再进行下一步动作。整个过程由发送方控制，有时需反复几次才能完成，如图 6-2 所示。

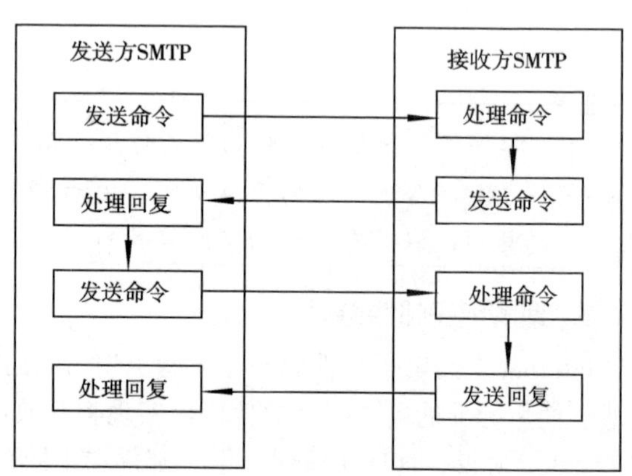

图 6-2　SMTP 通信过程

为了保证回复命令有效，SMTP 要求发送方必须提供接收方的服务器和邮箱，邮件的命令和回复有严格的语法定义，回复具有相应数字代码表示各种不同返回信息。

（2）POP3

POP3（Post Office Protocol Version 3，邮局协议第 3 版本）是电子邮件接收方向电子邮局发出接收邮件请求时使用的单向传输协议，默认使用的 TCP 端口为 110。配置了 POP3 的电子邮件服务器称为 POP3 服务器。用户利用邮件接收软件向 POP3 服务器索取属于自己的邮件时，POP3 服务器读取用户的邮件并将这些邮件发送给用户。POP3 服务器将电子邮件发送给客户机或者从别的 POP3 服务器接收电子邮件，但不能向别的 POP3 邮件服务器发送电子邮件。

用户在使用的电子邮件软件账号属性上设置 POP 服务器的 URL、邮箱账号和密码。当用户在电子邮件客户端软件中读取邮件时，电子邮件客户端软件首先会调用 DNS 协议对 POP3 服务器进行 IP 地址解析。地址解析成功后，电子邮件客户端程序便使用 TCP 连接邮件服务器的 110 端口。当邮件客户端程序成功连接上 POP3 服务器后，将使用 USER 命令将邮箱的账号传递给 POP3 服务器，然后使用 PASS 命令将邮箱的密码传递给 POP3 服务器。完成认证后，邮件程序使用 STAT 命令请求 POP3 服务器返回邮箱统计资料，使用 LIST 命令列出邮件数量，接着使用 RETR 命令接收邮件，接收邮件后使用 DELE 命令将邮件服务器中邮件设置为删除状态。当用户使用 QUIT 命令退出时，邮件服务器将设置为删除标志的邮件删除。

POP3 也使用客户端/服务器的工作方式，在接收邮件的用户 PC 中必须运行 POP3 客户端程序，而在其 ISP 的邮件服务器中则运行 POP3 服务器程序。当然，这个 ISP 的邮件服务器还必须运行 SMTP 服务器程序，以便接收发送方邮件服务器的 SMTP 客户程序发来的邮件。POP3 服务器只有在用户输入鉴别信息（用户名和口令）后才允许对邮箱进行读取。

（3）IMAP

IMAP（Internet Message Access Protocol，Internet 报文存取协议）是一个用于客户端对邮件服务器上的邮件进行远程管理的协议，默认使用 TCP 端口为 143。

使用 IMAP 时，所有收到的邮件先送到 ISP 邮件服务器的 IMAP 服务器中。在用户的客户机上运行 IMAP 客户端程序，与 ISP 邮件服务器上的 IMAP 服务器程序建立 TCP 连接。用户在自己的计算机上就可以操纵 ISP 邮件服务器的邮箱，就像在本地操纵一样，因此，IMAP 属于一个联机协议。

当用户客户机上的 IMAP 客户程序打开 IMAP 服务器的邮箱时，用户就可看到邮件的首部。若用户需要打开某个邮件，则该邮件才传到用户的计算机上。用户可以根据需要，为自己的邮箱创建便于分类管理的层次式的邮箱文件夹，并且能够将存放的邮件从某一文件夹移动到另一个文件夹中。用户也可按某种条件对邮件进行查找。在用户未发出删除邮件的命令之前，IMAP 服务器邮箱中的邮件一直保存着，这样就省去了用户客户机硬盘中大量的存储空间。

IMAP 最大的好处就是允许用户在不同的地方使用不同的计算机随时阅读和处理自己的邮件。IMAP 还允许收信人只读取邮件中的某一个部分，比如收到了一个带有视频附件的邮件，用户为了节省时间，可以先下载邮件的正文部分，待以后有时间再下载这个附件。

IMAP 的不足之处是如果用户没有将邮件复制到自己的客户机上，则邮件一直是存放在 IMAP 服务器上。因此，用户需要经常与 IMAP 服务器建立连接。

3. 安装 WinWebMail 电子邮件系统

（1）微软公司和 Windows 系统对于电子邮件系统的支持

微软公司对于企业电子邮件系统一直非常重视，对这个服务的软件支持也有特殊的对待。在操作系统本身支持上，微软从 Windows 2000 Server 到 Windows Server 2012 一直在系统中直接提供电子邮件系统的支持，但支持的情况却有所变化：Windows 2000 Server 中仅支持 SMTP 服务组件，Windows Server 2003 中支持 SMTP 和 POP3 的完整服务，Windows Server 2012 中仅支持 SMTP 服务组件。微软公司对于该服务的特殊重视主要体现在 Exchange 产品上，微软为企业电子邮件服务专门开发了 Exchange 企业服务套件，该软件功能强大，与 Windows 融合度高，专门用于企业电子邮件服务的支持和管理，但是这种特殊的重视也使中小企业无所适从，因为系统中不带有完整的邮件组件，Exchange 庞大繁杂、价格昂贵，部署管理困难，中小企业在微软的产品中无法找到合适的电子邮件系统支持，这也给 Windows 下的第三方中小企业电子邮件系统带来了机会。

（2）Windows Server 2012 下的主流企业电子邮件系统与 WinWebMail 简介

① 微软 Exchange 邮件系统简介。Exchange Server 是一个设计完备的邮件服务器产品，提供了通常所需要的全部邮件服务功能，除了常规的 SMTP/POP 服务之外，它还支持 IMAP4、LDAP 和 NNTP。Exchange Server 服务器有两种版本：标准版包括 Active Server、网络新闻服务和一系列与其他邮件系统的接口；企业版除了包括标准版的功能外，还包括与 IBM OfficeVision、X.400、VM 和 SNADS 通信的电子邮件网关。Exchange Server 支持基于 Web 浏览器的邮件访问。该服务套件的最新版本为 Exchange Server 2012，功能强大，但安装非常复杂，最大的优点是与微软的活动目录联系紧密，可结合活动目录进行企业内部信息管理，该产品为微软的收费软件。

② Coremail 系统简介。Coremail 产品诞生于 1999 年，经过二十多年发展，从亿万级别的运营系统，到几万人的大型企业，都有 Coremail 的客户。Coremail 邮件系统是目前国内拥有邮箱使用用户最多的邮件系统。Coremail 今天不但为网易（126、163、yeah）、移动、联通等知名运营商提供电子邮件整体技术解决方案及企业邮局运营服务，还为石油、钢铁、电力、政府、金融、教育、尖端制造企业等用户提供邮件系统软件和反垃圾服务。该邮件系统功能完善，架构较为复杂，适合大型企业和服务商使用。

③ WinWebMail 系统简介。WinWebMail 是安全高速的全功能邮件服务器，融合强大的功能与轻松的管理为一体，提供最佳的企业级邮件服务器解决方案。WinWebMail 在未注册时的唯一限制是不能超过 25 个用户数，除此之外没有任何功能上或者时间上的限制。该软件功能由个人开发，功能强大，开发和维护时间较长，安装部署和使用非常容易上手，非常适合中小企业内部邮件系统的使用。

④ 其他电子邮件服务系统。其他比较流行的电子邮件系统还包括 Turbomail、U-Mail、GCMail 等，特别是微软曾经在 Windows Server 2003 操作系统中以组件的形式提供 SMTP 和 POP3 服务器组建，虽然功能较为简单，但也成为很多小型公司的选择之一。

⑤ 主流邮件系统的全面比较如表 6-1 所示。

表 6-1 主流邮件系统特点比较

邮件系统名称	部署难度	系统功能	适用范围	产品影响力
Exchange 2012	很难	强大全面	世界级大型跨国企业	世界市场第一
Coremail	较难	强大全面	国内大型服务商和企业	国内市场第一
WinWebMail	简单	较强大	国内中小型公司	中小企业使用广泛

（3）安装 WinWebMail

① 通过浏览器访问 http://www.winwebmail.com/wemdownent.html，可找到 WinWebMail 电子邮件系统的下载地址，本书中使用的是企业版，版本为 4.2.0.1，如图 6-3 所示，下载后得到 WinWebMail.exe 安装文件。

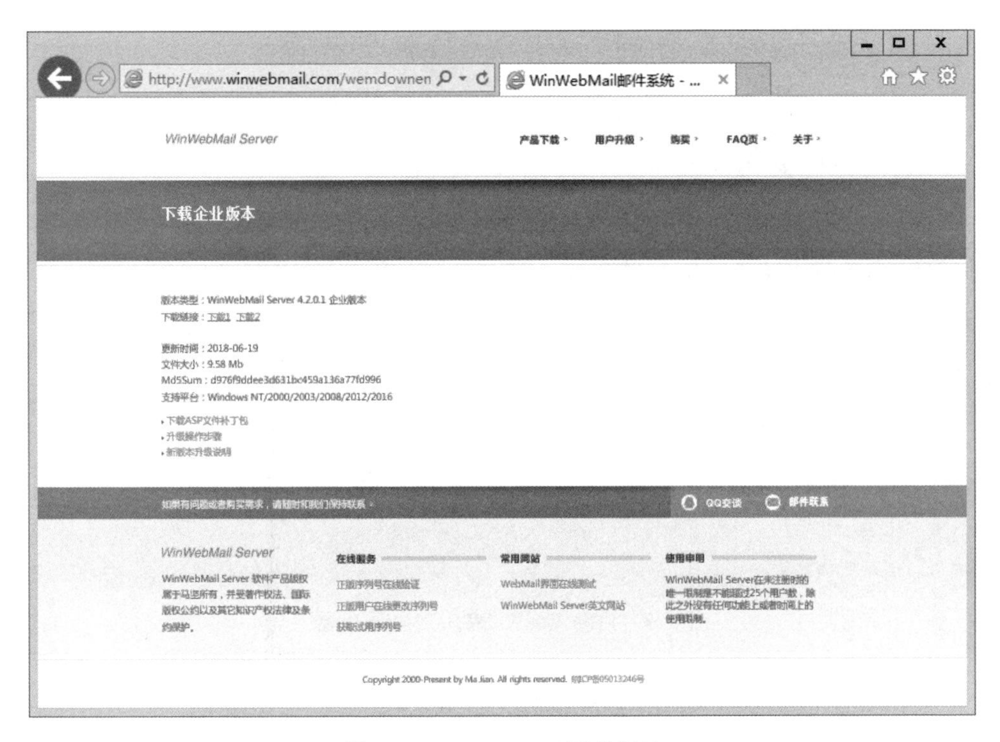

图 6-3　WinWebMail 下载窗口

② 双击 WinWebMail.exe 文件，进行 WinWebMail 的安装，选择默认的安装路径为 C:\WinWebMail\，如图 6-4 所示。

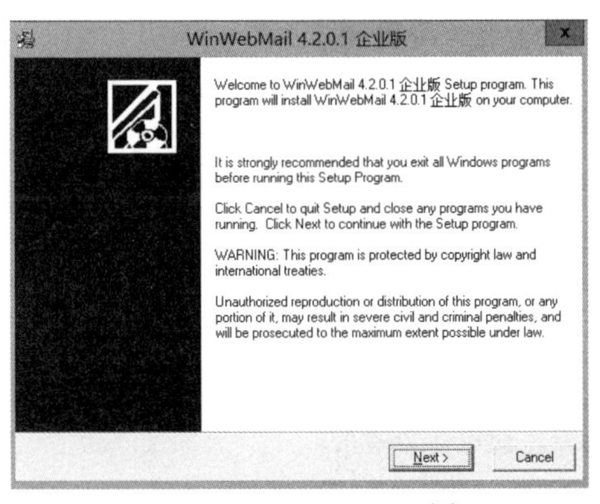

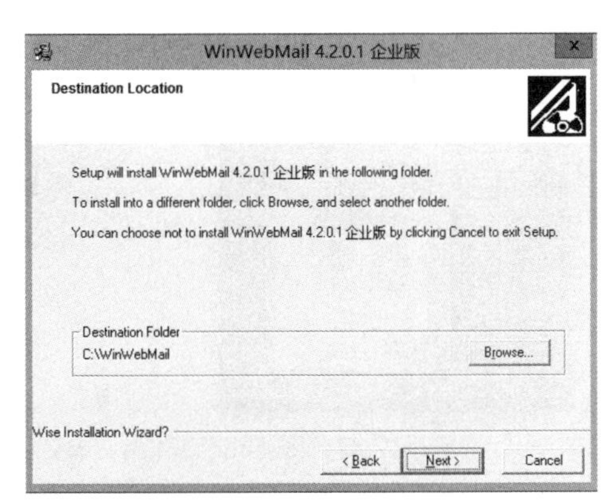

图 6-4　WinWebMail 的安装

③ 安装完成后，桌面上将产生一个 WinWebMail 4.2.0.1 快捷图标，如图 6-5 所示，双击该图标开启 WinWebMail 核心服务，在任务栏的右侧可以看到 WinWebMail 的托盘图标。

④ 右击任务栏右侧的 WinWebMail 托盘图标，在弹出的快捷菜单中选择“服务”命令，弹出“服务”设置对话框，在该对话框中可以启动和关闭该电子邮件服务系统，如图 6-6 所示。

⑤ 如图 6-6 所示，在确认邮件服务正常启用后，该邮件系统的安装就完成了，系统自动启动了支持 SMTP、POP3 以及 IMAP 三个基本邮件协议的邮件系统，并在系统中默认配置了一个 admin@system.mail 的用户账户和电子邮件域，该账户的密码为 admin，系统管理员可通过 Foxmail 等电子邮件客户端对该账号进行系统和电子邮件的测试。

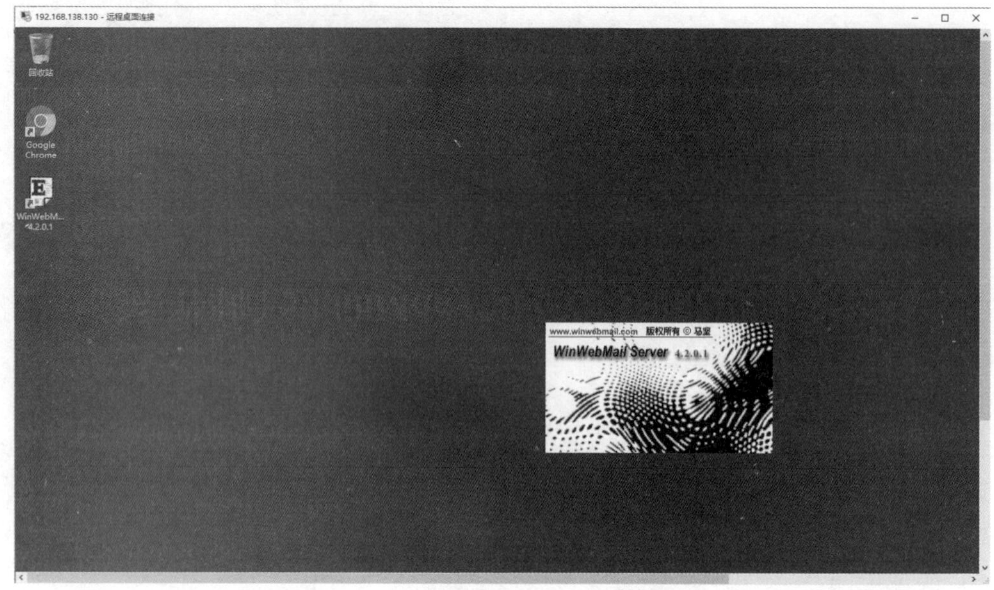

图 6-5　启动 WinWebMail 邮件服务器

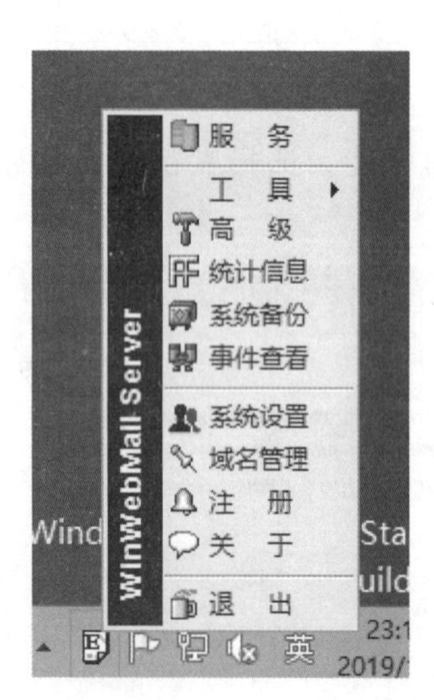

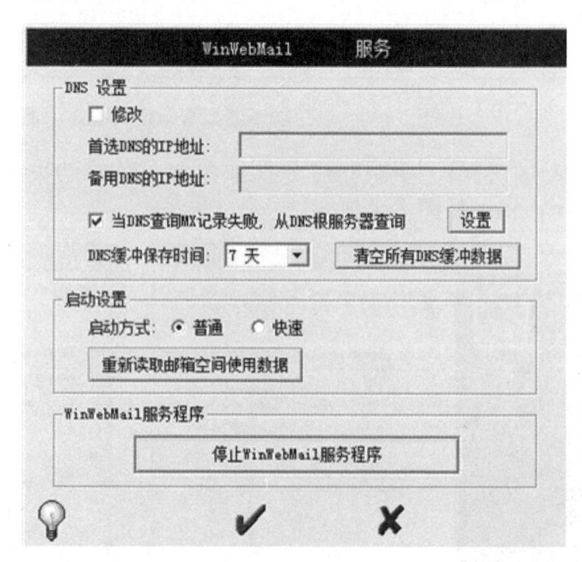

图 6-6　WinWebMail 邮件系统的启动和停止

4. 安装和配置 Foxmail 邮件客户端

（1）Windows 下的主流电子邮件客户端与 Foxmail 简介

① 微软 Outlook 和 Windows Live Mail。微软在 Windows 7 和 Windows Server 2008 之前的操作系统中都预装了 Outlook Express 邮件客户端。Microsoft Office Outlook 是 Microsoft Office 套装软件的组件之一，它对 Windows 自带的 Outlook Express 的功能进行了扩充。Outlook 的功能很多，可以用它来收发电子邮件、管理联系人信息、记日记、安排日程、分配任务。目前最新版为 Outlook 2019。

Windows Live Mail 是 Outlook Express 的升级版，Windows Live Mail 客户端可以将包括 Hotmail 在内的各种邮箱轻松同步到用户计算机上，而且巧妙地集成了其他 Windows Live 服务。

2012 年，该软件更名为“Microsoft Mail Desktop”。

② Mozilla Thunderbird 客户端。Mozilla Thunderbird 是由 Mozilla 浏览器的邮件功能组件所改造的邮件工具，是专门为搭配 Mozilla Firefox 浏览器使用所设计的邮件客户端软件，其界面设计简洁、而且免安装。Mozilla Thunderbird 是流行的互联网浏览器 Mozilla Firefox 的开发者的另一款重要产品。它通常被认为是微软的 Microsoft Outlook、Microsoft Mail 和 Outlook Express 的最佳替代程序。丰富的扩展和出色的性能使这款软件变得非常优秀，目前官方最新版本为 68.1.0.7248。该软件简单易用、功能强大，还可进行个性化配置。

③ Foxmail 客户端。Foxmail 邮件客户端是中国最著名的软件产品之一，中文版使用人数超过 400 万，英文版的用户遍布 20 多个国家或地区，被列为“十大国产软件”，被太平洋电脑网评为五星级软件。Foxmail 通过和 U 盘的授权捆绑形成了安全邮、随身邮等一系列产品。2005 年 3 月 16 日被腾讯收购，现在已经发展到 Foxmail 7.2.14。

④ 其他邮件客户端。其他的邮件客户端还包括 Dreammail、KooMail、网易闪电邮、微邮等。

（2）在 Windows Server 2012 下安装 Foxmail 电子邮件客户端

① 通过浏览器访问 http://www.foxmail.com 地址，可看到 Foxmail 电子邮件客户端的下载地址，如图 6-7 所示，Foxmail 的较新版本为 7.2.15，单击“立即下载”按钮，得到名为 FoxmailSetup_7.2.15.409.exe 的安装文件。

图 6-7 Foxmail 下载页面

② 双击 FoxmailSetup_7.2.15.409.exe 文件，进行 Foxmail 的安装，如图 6-8 所示。

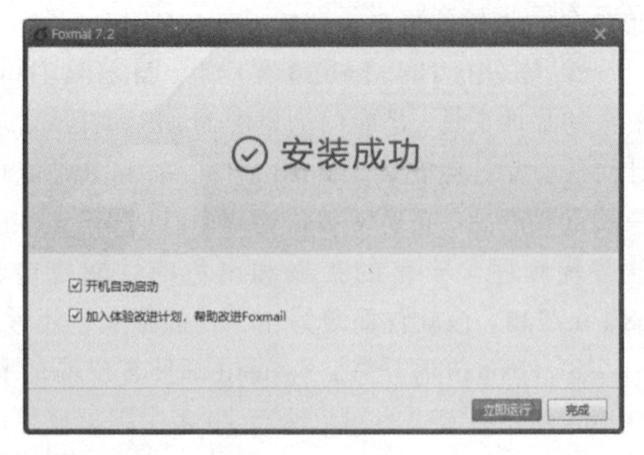

图 6-8　Foxmail 的安装

③ 安装完成后，桌面上将生成一个 Foxmail 的快捷图标，双击该图标打开 Foxmail 电子邮件客户端，在启动界面下可进行互联网邮箱的设置。Foxmail 支持多个主流邮箱系统的自动设置，只需在界面中直接输入互联网邮箱账号和密码，如图 6-9 所示，选择其他邮箱。

图 6-9　启动和设置一个邮箱

（3）使用 Foxmail 电子邮件客户端连接 WinWebMail 账户

① 启动 Foxmail 后，打开“新建账号”对话框，在该窗口中，在左下角单击“手工设置”按钮，如图 6-10 所示。

② 在弹出的对话框中，可以进行新的邮箱账号设置和详细设置。为了对 WinWebMail 中的 admin@system.mail 邮箱进行测试，应进行图 6-11 所示的设置，设置邮箱接收服务器类型为 POP3，本例中邮箱的 SMTP 和 POP3 服务器地址均为 192.168.138.130。

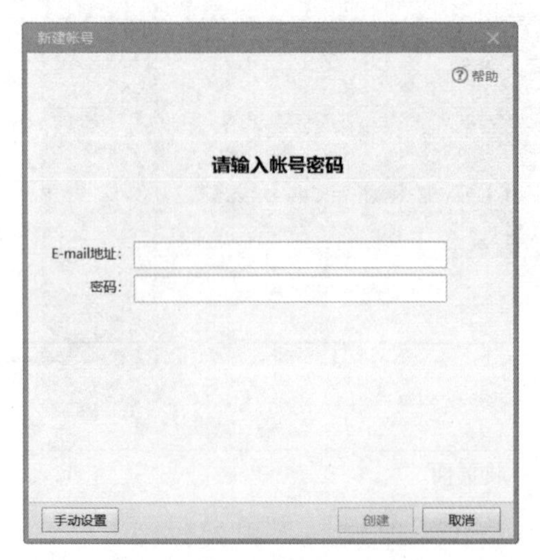

图 6-10　“新建账号”对话框

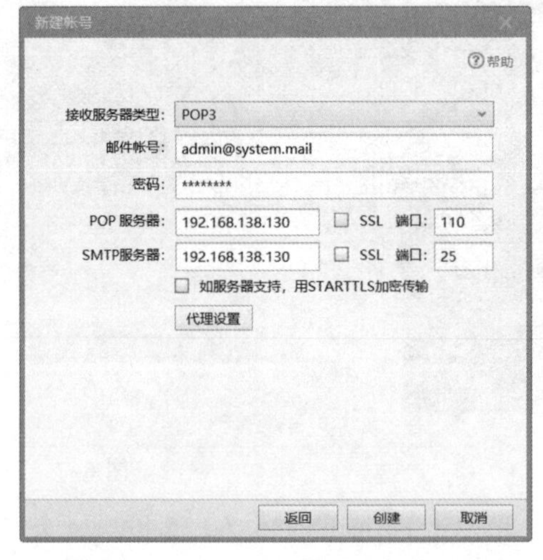

图 6-11　Foxmail 中测试管理员邮箱

③ 设置完成后用户可以进入 WinWebMail 邮件系统管理员的邮箱，如图 6-12 所示。

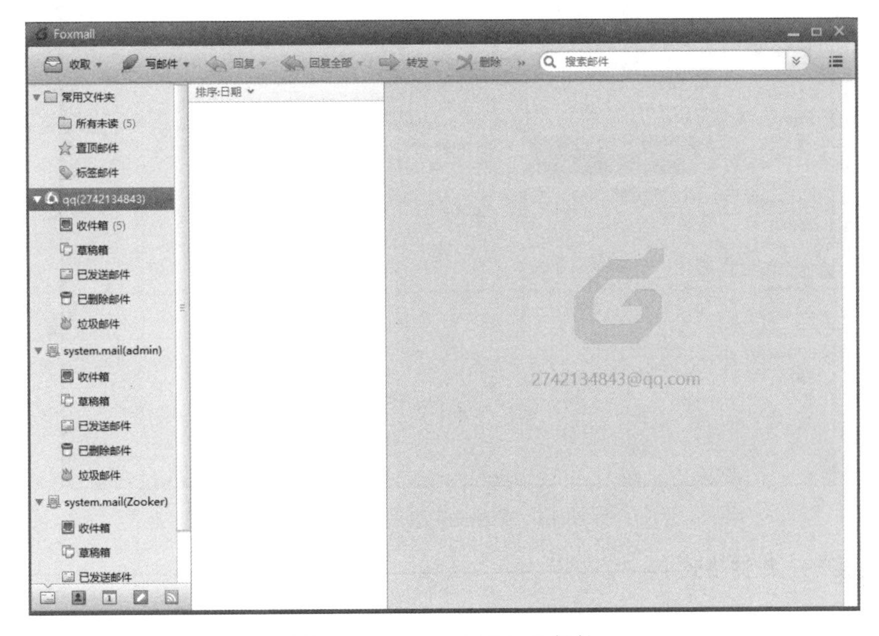

图 6-12　Foxmail 管理员邮箱

④ 设置完成后，用户可通过 Foxmail 的写邮件功能，由 admin@system.mail 向 admin@system.mail 发送一封内部用户自己的测试邮件，用于测试 WinWebMail 系统的工作是否正常，如图 6-13 所示。

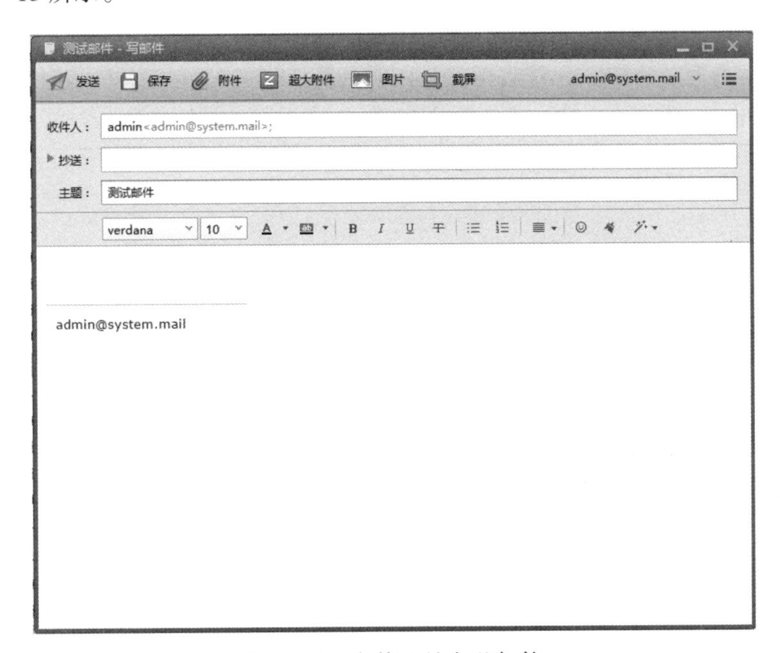

图 6-13　向管理员发送邮件

⑤ 当向 admin@system.mail 发送邮件后，Foxmail 能够收到该邮件时，说明整个 WinWebMail 已经处于正常工作状态，如图 6-14 所示。

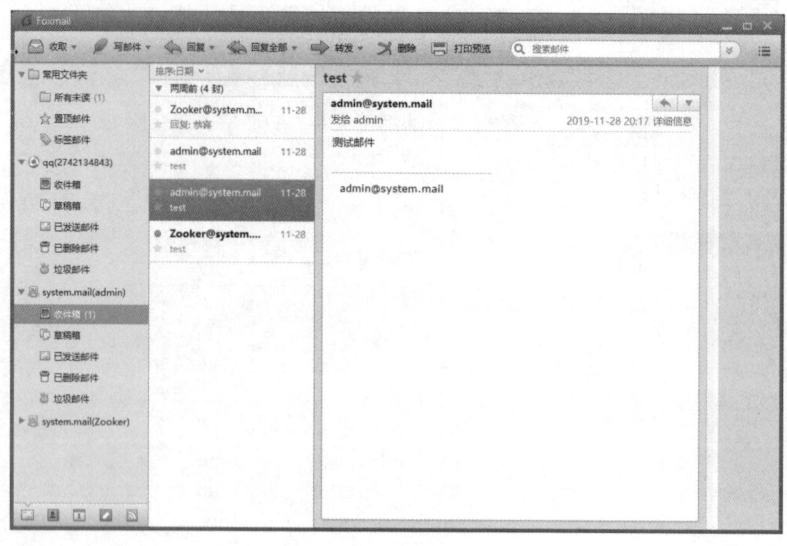

图 6-14　Foxmail 查看测试邮件

知识链接——邮件格式

电子邮件的格式较为简单，由信头和信体两部分组成。一般邮件格式包括以下几部分：

From: sender@domain1.com

To: receiver@domain2.com

Subject: 邮件主题

Date: 发送日期

Content: 邮件正文

其中，1～4 行为信头部分，信头与信体之间按照 RFC822 要求，中间必须加入一空行，信头一般包含 From、To、Subject 和 Date 等字段。

课堂练习

1. 练习场景

网坚公司需要在公司部署 WinWebMail 邮件服务器并在管理员的计算机上使用 Foxmail 进行日常的个人邮件收发及企业邮件系统测试。

2. 练习目标

① 掌握 Foxmail 的使用。

② 掌握 WinWebMail 的安装与调试。

3. 练习的具体要求与步骤

① 下载和安装 Foxmail，将两个互联网 ISP（如 qq.com 和 163.com）提供的账号同时配置在 Foxmail 中。

② 从两个互联网邮箱中通过 Foxmail 完成邮件的发送和接收过程。

③ 下载和安装 WinWebMail，在端口设置中同时使用 SMTP、POP3 和 IMAP4 并启动 WinWebMail 服务器。

④ 添加一个名为 test@system.mail 的系统账号，设置 Foxmail 使用 IMAP4 作为接收邮件协议，使用 Foxmail 从 test@system.mail 向管理员账户发送一封邮件。

⑤ 在 Foxmail 中使用管理员账户接收邮件。

拓展与提高 ——Foxmail 高级使用方法

1. 使用 Foxmail 邮件客户端实现多账户连接互联网邮箱

在 Foxmail 中可以直接同时使用多个互联网邮件账户，只需输入用户名和密码即可完成邮件账户的设置，如腾讯邮箱、网易邮箱、新浪邮箱等，Foxmail 具有邮箱的分类和分账户显示的功能，使用十分方便。

2. 使用 Foxmail 发送邮件的附件

在邮箱使用过程中，需要经常使用附件功能，传统附件通常直接发送到 SMTP 服务器中，由服务器携带邮件和附件一起发送，但是随着网络技术的发展，大容量的附件应用越来越多，许多邮件服务商对于携带大容量的附件发送邮件的实现觉得力不从心，占用了过多的邮件服务器带宽资源，因此以腾讯公司为代表的很多邮件服务商开始使用大容量附件功能进行服务，该功能实际上是在邮件系统中增加了一个文件共享系统，在邮件中添加文件共享系统的超链接，以此减少邮件系统的文件发送压力。

Foxmail 能很好地支持 QQ 邮箱的大容量附件功能，可以直接使用 QQ 邮箱的大容量附件。具体使用方法如下：

① 单击 Foxmail 的“写邮件”按钮，在界面中使用“附件”直接上传本地附件。

② 在界面中使用“超大附件”中的“上传本地文件”，可以将超大文件上传到“QQ 文件中转站”中。

③ 使用“超大附件”中的“选择服务器文件”功能可以直接在“QQ 文件中转站”中选择超大文件。

④ 选择“图片”功能可以直接插入图片到邮件中。

Foxmail 收件人接收带有超大文件的附件时，可以直接打开“QQ 文件中转站”进行文件的下载和转存。

任务 2 配置和管理 WinWebMail 电子邮件系统

任务描述

WinWebMail 电子邮件系统安装完毕后，网坚公司需要完成该邮件服务的一系列设置，以便为员工提供一个安全、高效、可靠的电子邮件系统，促进公司通过邮件系统进行正常的商业活动。另外，在总公司和子公司内部均需要各自的邮箱域名，完成各自的邮件收发活动，同时要在公司与外部公司之间完成电子邮件收发。因此，WinWebMail 电子邮件系统的配置和管理就变得尤为重要。

通过本次任务的学习主要掌握：

- 电子邮件系统的常用功能需求。

- 企业中 Outlook Express 的使用。
- WinWebMail 的常用功能配置与管理。

任务分析

为了确保架设的邮件服务器安全、高效和可靠地运行，必须对邮件服务器进行相关的配置和管理，保证总公司和各子公司内部各部门之间进行邮件交互，为具有业务合作的部门或公司之间能够进行安全信息沟通提供保障。

本次任务主要包括以下知识点与技能点：

- 公司内部电子邮件系统功能需求分析。
- Outlook Express 邮件收发。
- WinWebMail 的域名管理。
- WinWebMail 的端口管理。
- WinWebMail 的发信规则管理。
- WinWebMail 的系统邮件管理。
- WinWebMail 的账户管理。

任务实施

1. 网坚公司的内部电子邮件系统功能需求分析

网坚公司内部电子邮件系统拓扑如图 6-15 所示。

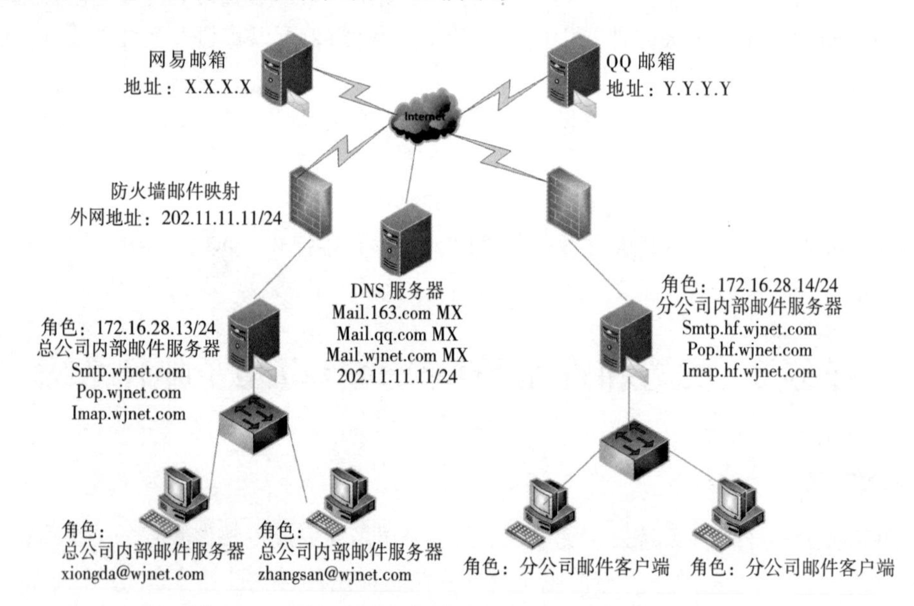

图 6-15　网坚公司内部电子邮件系统拓扑示意图

总公司内部需要实现如下功能：

① 总公司的邮箱域名设置为 wjnet.com。

② 设置邮箱系统的 DNS 解析，SMTP 服务器的域名为 smtp.wjnet.com，POP3 服务器的域名为 pop.wjnet.com，IMAP 服务器的域名为 imap.wjnet.com。

③ 电子邮件服务器的相关端口使用默认端口，STMP 为 25、POP3 为 110、IMAP 为 143，方便客户端的邮件收发设置。

④ 为企业各个部门用户设置邮箱账户，并限制用户邮箱的大小。

⑤ 新用户注册或添加时，由管理员自动发送欢迎邮件信息。

⑥ 限制用户的邮件外发功能，使用户只能在域内部收发邮件，只允许认证用户向外部收发邮件。

⑦ 各个部门建立自己的邮件列表功能。

2. 设置 WinWebMail 的常用功能

（1）设置 WinWebMail 域名

在 WinWebMail 中，可以使用管理功能添加网坚公司域名 wjnet.com，增加总公司的邮件域，并将 wjnet.com 的域修改到系统默认 system.mail 域的前面，如图 6-16 所示。

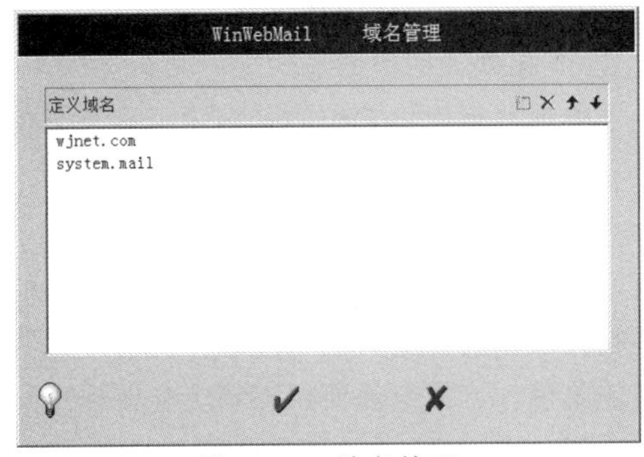

图 6-16 域名管理

（2）设置 WinWebMail 协议端口

邮件系统常用的协议为 SMTP、POP3 和 IMAP4，特殊情况下邮件系统还需要支持加密传输功能。在网坚公司环境下，公司设置了 SMTP 和 POP3 两种协议的支持，端口号分别为默认的 25 和 110，如图 6-17 所示。IMAP4 也可进行设置，端口号为 143。

（3）WinWebMail 的收发规则管理

在总公司内部，为防止公司信息泄露，通常只允许信息在总公司和分公司之间发送，普通员工不允许使用邮件系统外发邮件，公司特殊管理人员可使用 SMTP 发信认证功能，进行外部邮件发送，同时在外发邮件地址中，可以将域名定向到分公司的邮件服务器，如图 6-18 所示。

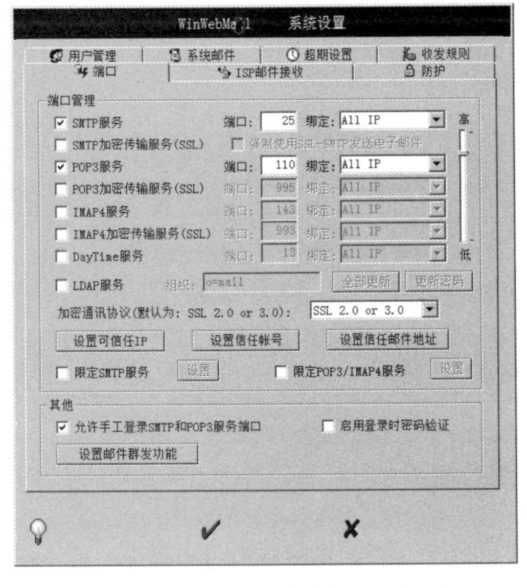

图 6-17 电子邮箱服务端口设置

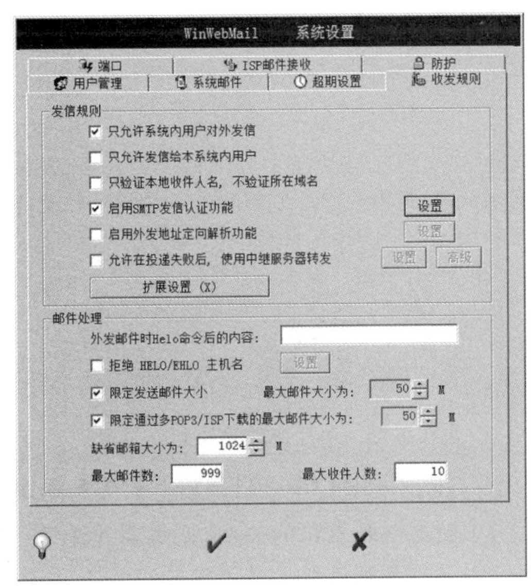

图 6-18 电子邮箱转发规则设置

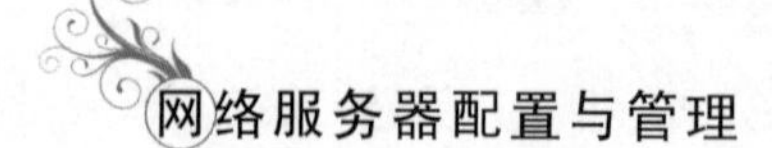

（4）WinWebMail 的系统邮件管理

邮件系统为了给用户提供较好的用户体验，会在系统内部内置系统邮件。当用户使用邮件系统达到相应条件时，系统会以 admin 管理员身份自动发送一封系统邮件给用户。WinWebMail 支持 9 种系统邮件类型。

① 邮件发送失败后的回复。

② 致新用户邮件。

③ 邮件读取（下载）确认信。

④ 邮箱容量警告信。

⑤ 病毒警告。

⑥ 非垃圾邮件确认信。

⑦ 账号到期警告信。

⑧ 垃圾箱邮件统计信。

⑨ 邮件撤回通知。

管理员可根据系统的管理需求设置系统邮件的内容，如图 6-19 所示，可以设置网坚公司致新用户邮件的内容。

（5）WinWebMail 的账户管理

邮件系统最为重要的功能是邮箱用户的管理功能，该功能可以用来确定用户的邮箱地址、邮箱登录密码、支持的收发邮件协议等设置，同时可以根据网坚公司的企业架构来设置邮箱用户的角色，方便企业使用邮箱更方便地进行企业内部通信，实现邮件组、邮件群发等更为高级的功能，图 6-20 展示了一个简单的网坚总公司的内部邮箱账户信息。

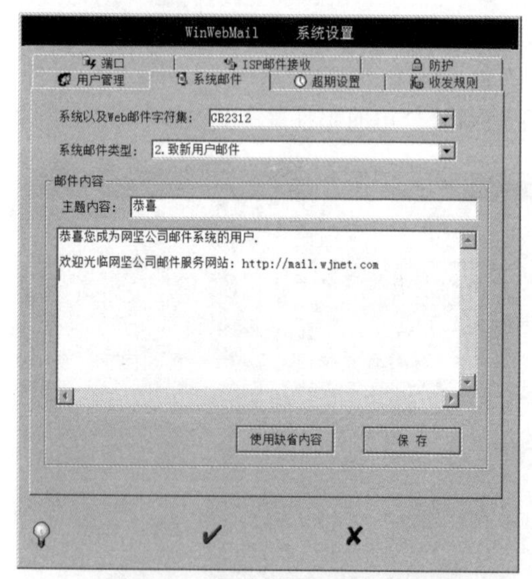

图 6-19　电子邮箱系统邮件设置

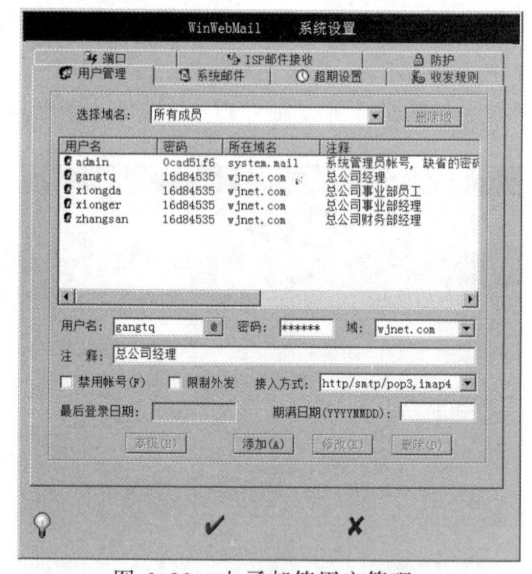

图 6-20　电子邮箱用户管理

3. 在网坚公司财务部计算机上对服务器功能进行测试

（1）财务部计算机的 Outlook 邮箱的设置

在财务部的计算机上设置财务部员工张三的账户 zhangsan，设置该用户的邮件收发参数为 smtp.wjnet.com 和 pop.wjnet.com，具体设置流程如下。

① 在安装 Windows10 操作系统的计算机中，打开 Windows 10 自带的邮件客户端，选择“账户”→“添加账户”命令，弹出“添加账户”对话框，如图 6-21 所示。

② 选择“高级设置”→“Internet 电子邮件”命令，弹出“Internet 电子邮件账户”对话框，如图 6-22 所示。

图 6-21 邮箱账户设置

图 6-22 添加电子邮件账户

③ 在弹出的“Internet 电子邮件账户”中，添加本项目中所需求的“张三”用户，输入张三相关的信息。如图 6-23 所示。

图 6-23 电子邮箱信息设置

注意

通常情况下企业邮局会将 SMTP、POP3 和 IMAP4 协议服务器域名进行统一规定为 smtp.域名、pop.域名和 imap.域名，如网易的邮件服务域名为 smtp.163.com 和 pop.163.com。

对于 Windows 10 操作系统用户，可以直接使用系统自带的邮件客户端软件；对于 Windows 8 操作系统用户，系统不再自带邮件客户端程序，可参考本项目介绍的 Foxmail 软件。

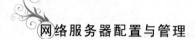

（2）在企业内部用户之间进行邮件收发

网坚公司财务部员工 xiongda 和 zhangsan 需要通过邮件系统收发邮件，在员工计算机上设置好各自的邮箱账户之后，发送和接收邮件操作过程如下：

① 使用 xiongda 账户新建一个邮件，填写收件人地址（zhangsan@wjnet.com）、邮件标题和邮件内容等信息，如图 6-24 所示。

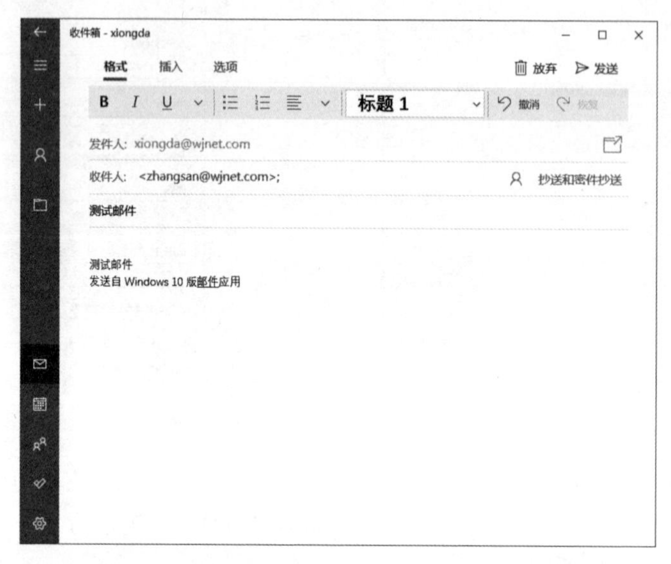

图 6-24　由 xiongda 用户发送给 zhangsan 的邮件

② 在设置好 zhangsan 账户的计算机中，启动“邮件”软件，单击“收邮件”按钮，即可收到来自 xiongda 的邮件，如图 6-25 所示。

图 6-25　zhangsan 用户接收到的邮件内容

知识链接——DNS 服务的 MX 记录

MX（Mail Exchange）记录是邮件交换记录，在电子邮件系统中发邮件时根据收信人的地址后缀域名来定位邮件服务器，通过 DNS 服务器查找域名的 MX 记录，如果 MX 记录存在，用户计算机就可以将邮件发送到 MX 记录所指定的邮件服务器上，反之，MX 没有记录邮件服务器地址，所发送邮件会被拒绝而出现在等待目录中。为了能够顺利发送邮件，需在 DNS 服务器中指定 MX 记录到邮件服务器的 IP 地址，然后在 SMTP 虚拟服务器属性对话框中选择“传递”选项卡，单击“高级”按钮，在“高级传递”对话框中，绑定 MX 域名后即可向指定邮件服务器发送邮件。

（1）查询 MX 记录

在 Windows 命令行中输入 cmd 进入命令提示符状态，输入 DNS 查询工具 nslookup 命令，查询各种 DNS 数据记录。在查询过程中，可以使用 set type 命令设置相应查询类型。

（2）测试 MX 记录

在 Windows 命令行中输入 cmd 进入命令提示符状态，输入“nslookup –qt=mx SMTP 邮件服务器域名”，按【Enter】键后即可查看 SMTP 服务器的域名信息。

（3）网坚公司的 MX 记录分析

网坚公司发往外部的邮件可以通过国际域名系统查询到 MX 邮件记录，并到达正确的电子邮件服务器的邮箱。例如发往 zxy2013@163.com 的邮件，可以通过 DNS 服务器的 MX 记录轻松找到 163.com 的 SMTP 电子邮件服务器地址，并将邮件传递给 zxy2013 用户邮箱。

网坚公司如果需要收到来自外部的邮件，需要在互联网域名管理系统中将 mail.wjnet.com 的域名解析给 WinWebMail 服务器的公网 IP 地址，以用来接收外部发送来的邮件，再将该邮件转发给内部邮件系统接收。

课堂练习

1. 练习场景

网坚公司总公司和分公司都安装了各自的内部邮件系统，项目前期在同一台服务器中分别配置名为 wjnet.com 和 hf.wjnet.com 的两个域名邮件系统，公司需要一套设置好的邮件系统投入使用。

2. 练习目标

① 掌握 WinWebMail 的设置方法。

② 掌握“邮件”软件测试邮件的方法。

3. 练习的具体要求和步骤

① 配置总公司和分公司的邮箱域名为 wjnet.com 和 hf.wjnet.com。

② 在 DNS 服务器中配置 SMTP 服务器和 POP3 服务器的域名分别为 smtp.wjnet.com、pop.wjnet.com 及 smtp.hf.wjnet.com、pop.hf.wjnet.com。

③ 为总公司和分公司分别设置 5 个具有特殊角色的账户和密码。

④ 使用 Windows 10 自带的“邮件”软件设置总公司和分公司的账户各 2 个。

⑤ 使用 Windows 10 自带的“邮件”软件完成总公司和分公司各自内部用户之间的邮件收发。

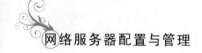

⑥ 使用 Windows 10 自带的“邮件”软件完成总公司用户与分公司用户之间的邮件收发。

拓展与提高

1. 总公司与分公司邮件系统在不同服务器中互通的配置和解决方法

公司之间或者公司内部有多个邮箱域名时，邮箱之间的邮件发送将变得比较困难，WinWebMail 中提供了一种简单的解决方法，将已知的传递邮件请求直接通过域名和对方的 IP 地址写入配置，通过软件本身直接进行发送和解析。

2. 公司与 ISP 邮件系统互通的解决方法

通过测试可以发现，公司邮箱在设置正确之后，可以向互联网账户发送邮件，但是互联网账户却无法向企业邮箱回复邮件，其原因分析如下：

电子邮件发送流程如下：

① 发件人编写邮件，邮件包括用户名、邮箱域名、新建内容等。

② 根据邮箱地址，查询 DNS 服务器中的 MX 记录，找到邮箱域名所在服务器。

③ 通过邮件所在的 SMTP 服务器将邮件发送到 MX 记录所在的 SMTP 服务器。

④ 收件人通过 POP3 或 IMAP4 协议从 SMTP 服务器中获取邮件到客户端。

通过这个过程分析可以知道，企业邮箱发向互联网邮箱，互联网邮箱公司已经在国际 DNS 服务器中添加了 MX 记录，但是当收件人向企业邮箱回信时，会出现无法找到企业邮箱的情况，因为 DNS 服务器中没有企业邮箱的 MX 记录。

因此，通常在企业邮箱需要接收来自互联网的邮件时，管理员需要完成如下工作：

① 将企业内部邮件服务器的 SMTP 服务映射到互联网中，用来接收互联网邮件。

② 将 SMTP 服务器的互联网 IP 注册到国际 DNS 服务器的 MX 记录中，帮助其他公司的服务器找到企业的电子邮箱。

③ 很多情况下，由于互联网公司邮箱的安全设置较高，对于不知名的域名通常会被自动列为黑名单，管理员可以通过联系腾讯、网易等服务商将公司域名加入白名单即可。

任务 3　配置和使用 WinWebMail 网页电子邮件系统

任务描述

WinWebMail 服务器很好地完成了公司的各项内部电子邮件任务，公司展开了大规模的邮件系统使用培训，但是，在使用过程中有多个部门提出对于邮件客户端的使用不是十分熟练，而且，员工普遍习惯于使用类似于网易、新浪的网页电子邮件服务系统进行邮件的收发。网坚公司的技术人员通过咨询 WinWebMail 软件开发者，了解到 WinWebMail 提供了基于 ASP 代码的网页电子邮件服务系统，只需要通过发布即可实现该功能的应用。

通过本次任务的学习主要掌握：

- 通过 IIS 发布 WinWebMail 网页邮件系统。
- 通过浏览器使用 WinWebMail。
- 通过浏览器管理 WinWebMail。

任务分析

为了提高使用 WinWebMail 电子邮件系统的方便程度，网坚公司决定增加网页电子邮件系统。本次任务主要包括以下知识点与技能点：

- 通过 IIS 发布 WinWebMail 网页电子邮件系统。
- 通过浏览器使用 WinWebMail。
- 通过浏览器管理 WinWebMail。

任务实施

1. 使用 IIS 8.0 发布 WinWebMail 网页版

在 WinWebMail 中有一个 Web 文件夹，该文件夹中存放着一套网页电子邮件系统，本任务中将使用 IIS 8.0 和 ASP 组件实现 WinWebMail 的网页邮箱发布。发布过程如下：

① 在网页电子邮件系统发布之前，请确认 Windows Server 2012 具备如下三个基本条件：安装了 IIS 8.0 组件、安装了 ASP 动态代码支持、安装并启动了 WinWebMail 服务。

② 设置 WinWebMail 文件夹权限，将 C:\WinWebMail\Web 文件夹的 Users 组权限设置为“完全控制”，如图 6-26 所示。

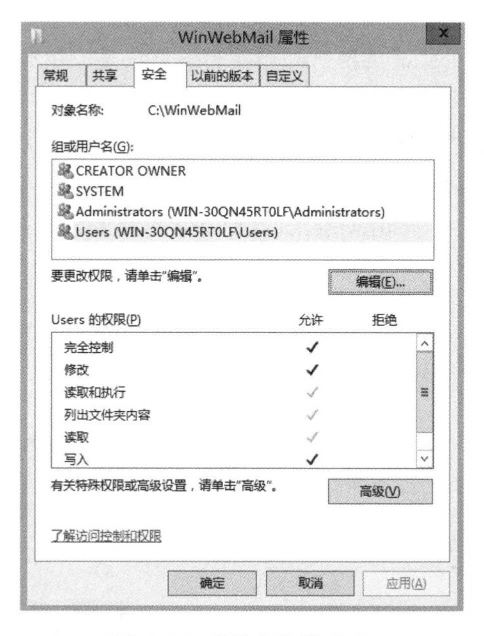

图 6-26 “安全”选项卡

③ 在 IIS 8.0 中添加一个名为“for mail”的应用程序池，选择.NET Framework 版本为 v4.0.30319，选择“托管管道模式”为“经典”，如图 6-27 所示；然后修改该程序池的属性，将“启用 32 位应用程序”设置为“True”，将“固定时间间隔（分钟）”设置为“0”，如图 6-28 所示，将“闲置超时（分钟）”设置为“0”。

图 6-27　添加应用程序池

图 6-28　应用程序池属性设置

④ 使用 IIS 8.0 中 WinWebMail 的网页邮箱发布的方法是：在 IIS 8.0 中右击“网站”，在弹出的快捷菜单中选择“添加网站”命令，在“添加网站”对话框中设置参数，如图 6-29 所示，特别注意使用“for mail”应用程序池和正确配合服务器设置主机名。

注意

在公司的 DNS 服务器中将 mail.wjnet.com 的域名解析到 WinWebMail 服务器上，即可实现域名访问邮件系统的效果。

⑤ 使用浏览器访问 http://mail.wjnet.com 的 WinWebMail 网页电子邮箱，如图 6-30 所示。

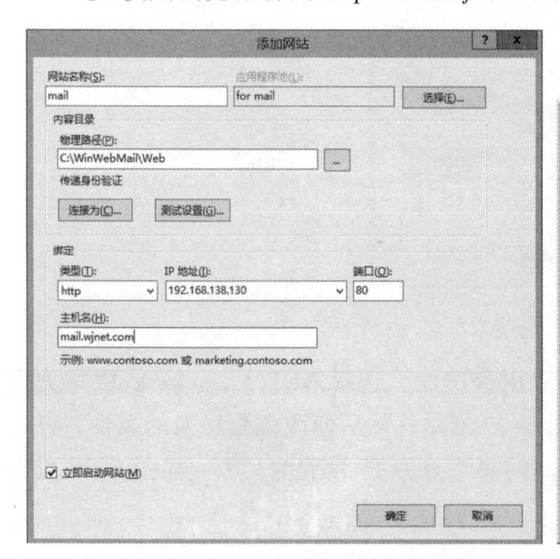

图 6-29　IIS 8.0 中的邮箱网站设置

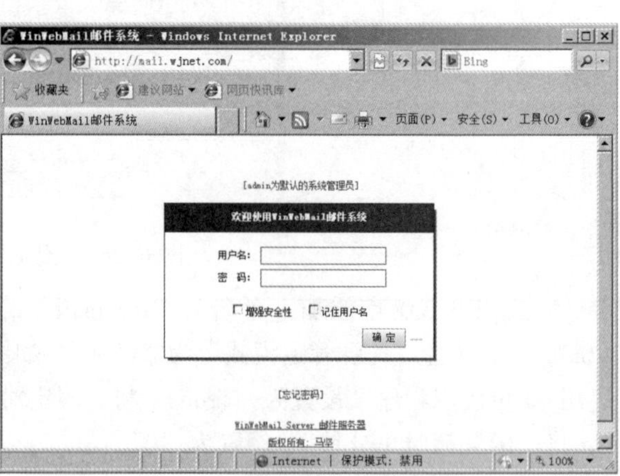

图 6-30　网页电子邮箱系统主页

> **注意**
>
> 在熟悉 ASP 源代码的情况下，可以在 C:\WinWebMail\Web 文件夹中找到 default.asp 文件，通过 HTML 语言的修改实现公司邮箱系统主页的定制。

2. 通过浏览器使用 WinWebMail

在 WinWebMail 的主页中，使用网坚公司财务处 xiongda 用户登录系统进入邮箱，如图 6-31 所示。

图 6-31　用户 xiongda 的网页电子邮箱界面

利用该网页电子邮箱可完成以下基本操作：

① 收发邮件：使用邮箱左侧的写邮件功能进行邮件的编写和发送，还可以从中转站中添加专门的大文件作为附件，如图 6-32 所示。

图 6-32　通过写邮件功能进行邮件编写和发送

② 个人邮箱管理：通过左侧菜单的“选项”链接可以对个人邮箱的设置进行各项管理，如图 6-33 所示。

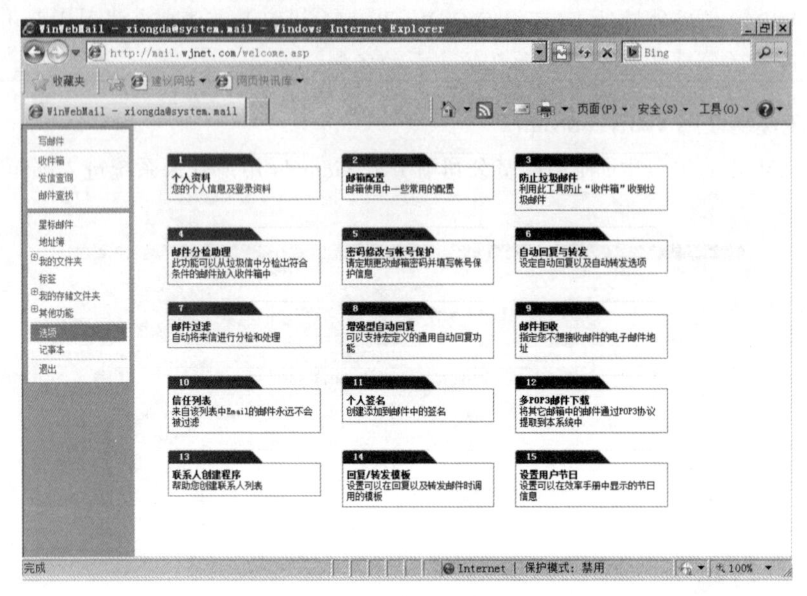

图 6-33　个人邮箱的管理功能

3. 通过浏览器管理 WinWebMail

在登录界面中使用系统默认的 admin 账户登录系统，可进入 WinWebMail 的管理员邮箱，如图 6-34 所示。

图 6-34　管理员邮箱

通过网页左下角的“系统设置”链接，可以对整个 WinWebMail 的邮件服务系统功能进行设置和管理。

通过网页左下角的“用户管理”链接，可以对系统账户进行管理，如图 6-35 所示。

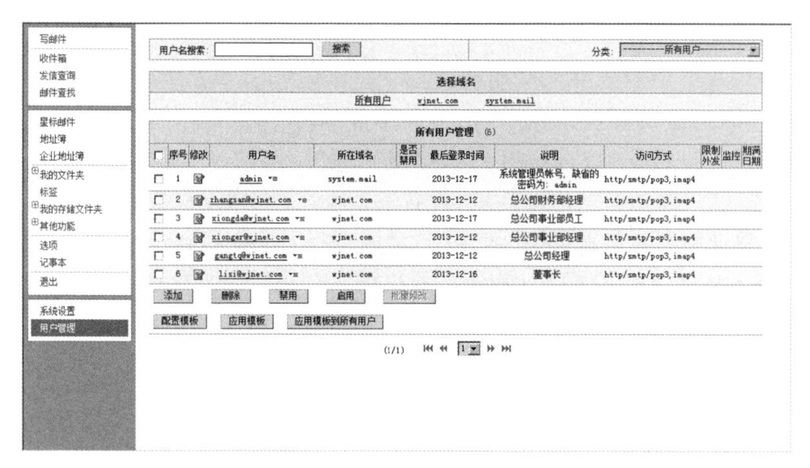

图 6-35　管理员账号的用户管理

知识链接——邮件列表

邮件列表是为了解决一组用户通过电子邮件互相通信的要求而发展起来的，是一种通过电子邮件进行专题信息交流的网络服务。它一般是按照专题组织的，目的是为从事同样工作或有共同志趣的人提供信息、开展讨论、相互交流。大家根据自己的兴趣和需要加入不同主题的邮件列表，每个列表由专人进行管理，所有成员都可以看到发给这个列表的所有信件。每一个邮件系统的用户都可以加入任何一个邮件列表，订阅由别人提供的分类多样、内容齐全的邮件列表，成为信息的接收者，同时，也可以创建邮件列表，成为一个邮件列表的拥有者，管理并发布信息，向其订阅用户提供邮件列表服务，并可授权其他用户一起参与管理和发布。一般的电子邮件的发送都是“一对一”或“一对多”，邮件列表中可以实现“多对多”通信。

邮件列表几乎是与电子邮件同时出现的，它的历史非常悠久，早在20世纪70年代ARPANET（Internet的前身）出现的初期就得到了广泛的使用。它有些类似于Usenet新闻组，它与Usenet新闻组的不同之处在于，新闻组使用专门的NNTP（Network News Transfer Protocol，网络新闻传输协议），只要用户的计算机拥有支持NNTP的“新闻阅读器”程序，就可通过Internet随时阅读新闻服务器提供的分门别类的消息，要参加时用户无须事先申请，不感兴趣时也不用声明退出。邮件列表完全是基于电子邮件系统的，信息的发送与接收方式都与普通的电子邮件相同，并有专人对邮件列表进行管理。而有些邮件客户端软件，如MS Outlook Express，除了支持电子邮件协议外，同时还支持NNTP，可以使用它来参加新闻组。

课堂练习

1. 练习场景

网坚公司对原有的邮件系统进行改进，增加了网页电子邮件系统，并需要进行人员培训和系统管理。

2. 练习目标

① 掌握WinWebMail网页电子邮件系统的使用。

② 掌握WinWebMail网页电子邮件系统的管理。

3. 练习的具体要求与步骤

① 安装 IIS8.0+ASP 的服务器支持环境。

② 发布 WinWebMail 的邮件系统到 http://172.16.28.13：8080。

③ 通过浏览器访问 http://172.16.28.13：8080。

④ 使用 admin 账户添加公司的邮件域，设置三个账户，并修改账户邮箱的大小为 1024 MB。

⑤ 使用两个普通账户互发邮件。

⑥ 为其中两个账户设置一个邮件列表，并用第三个账户向邮件列表发送文件，查看邮件的接收情况。

拓展与提高

1. 企业邮件列表的配置与设置

企业邮箱中为每个部门设置一个邮件列表是一个非常有用的功能，邮箱用户可通过部门邮件列表发送邮件给每一个部门员工。例如网坚公司有财务部员工 xiongda 和 xionger，邮件列表用户为 caiwu，邮件列表的设置步骤如下：

① 用户设置：使用管理员用户，在公司设置 xiongda、xionger 和 caiwu 三个用户，xiongda 和 xionger 为两个普通用户，caiwu 用来作为邮件列表用户，设置后在管理员账户下的“用户管理”可以看到用户情况，如图 6-36 所示。

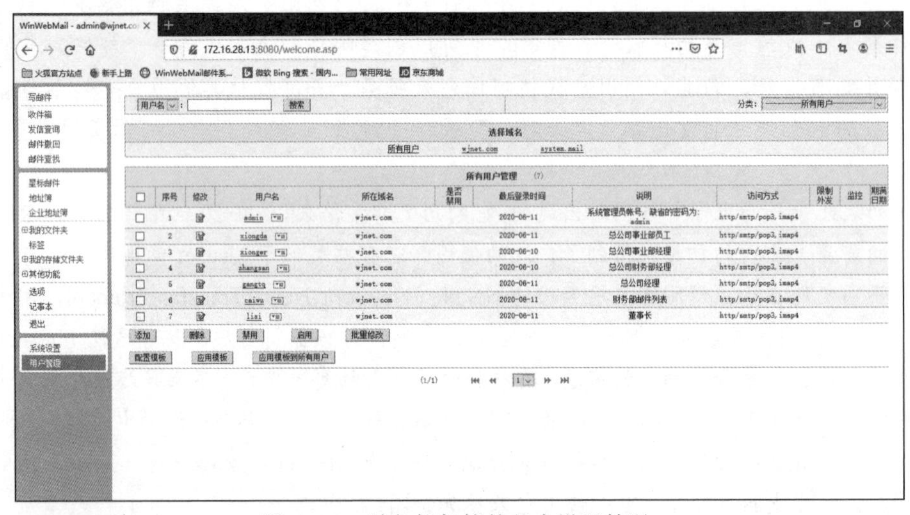

图 6-36　财务部邮箱的基本设置情况

② 启用邮件列表：在管理员用户网页邮箱下的“系统设置”功能中，选择第 1 项“系统设置”，在设置选项中找到并选中“启用邮件列表功能”复选框，如图 6-37 所示。

③ 邮件列表设置：在管理员的“系统设置”功能中，选择第 8 项“邮件列表管理”功能，并单击“创建邮件列表”链接，选择“邮件列表发送人”为“caiwu@wjnet.com”，并将 xiongda 和 xionger 用户添加到“接收邮件列表的用户”中，最后单击“确认”按钮，如图 6-38 所示。

④ 发送和接收测试：通过管理员 admin 用户向 caiwu 用户发送一封邮件列表测试邮件，如图 6-39 所示，在 xiongda 和 xionger 的邮箱中均会接收到一封来自 caiwu 用户的邮件，如图 6-40 所示。

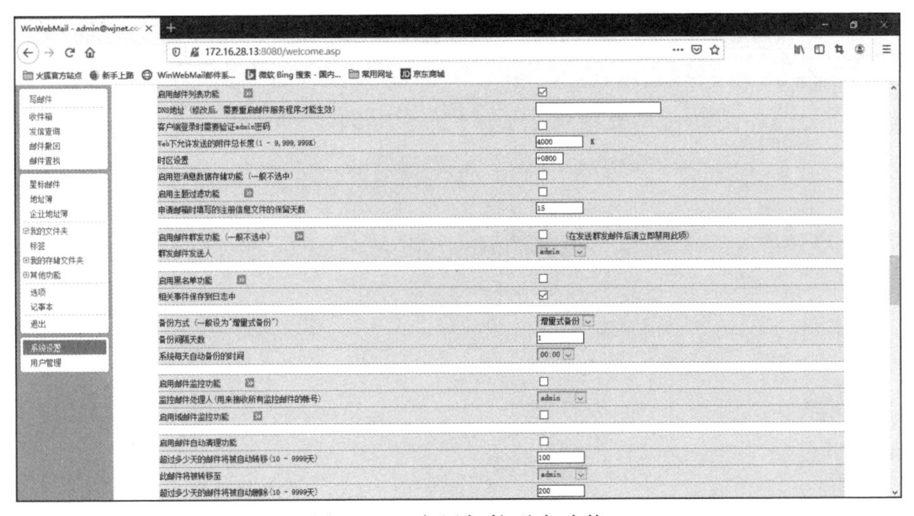

图 6-37　启用邮件列表功能

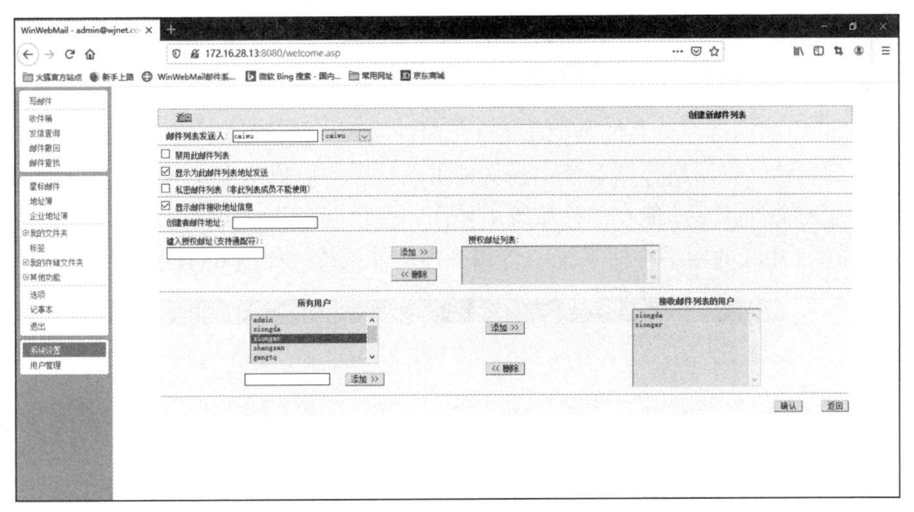

图 6-38　设置邮件列表

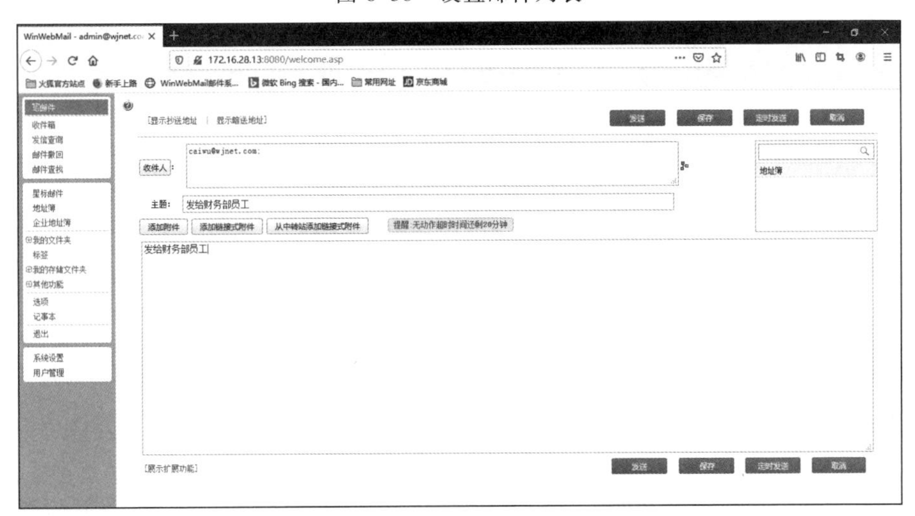

图 6-39　向邮件列表发送邮件

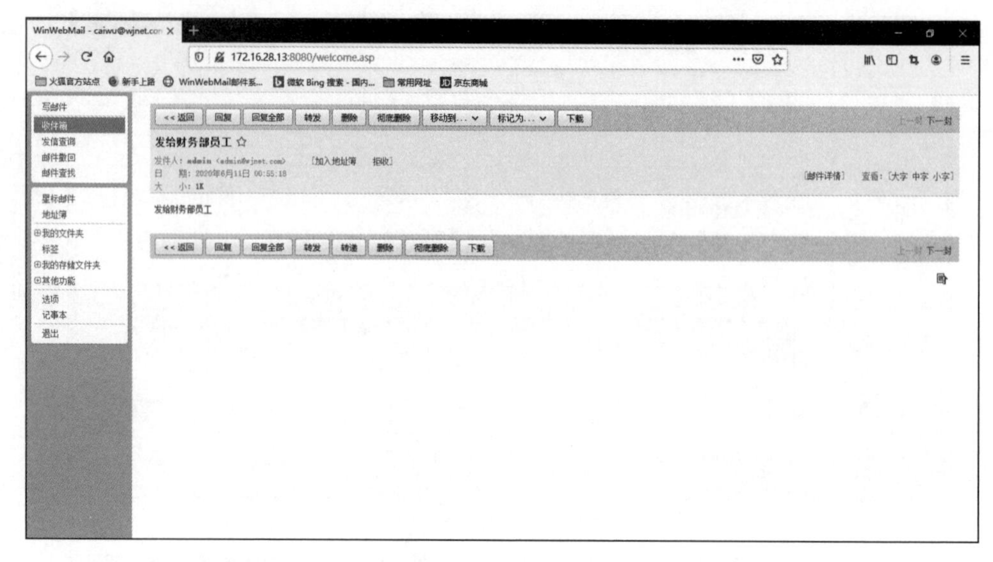

图 6-40　用户接收到的邮件

2. WinWebMail 网络存储系统的使用

WinWebMail 中的网络存储系统类似于 QQ 邮箱的文件中转站功能，主要用于存储较大的文件和长期存储的文件，该网络存储系统中的文件可以被很方便地用来作为邮件的附件使用，同时也可作为独立的文件共享功能在邮件系统中使用，使用起来非常灵活。

① 在 WinWebMail 的网络存储系统上传和管理文件系统，如图 6-41 所示。

图 6-41　网络存储

② 在文件上传之后，文件可以转为中转站中的邮件附件，或直接通过邮箱地址共享给其他用户，如图 6-42 所示。

图 6-42　通过密码和邮箱共享文件夹

网络管理与维护经验

1. WinWebMail 安装经验

（1）WinWebMail 的版本和使用

WinWebMail 分为企业版和标准版，企业版相对标准版提供更多的功能，WinWebMail 软件由个人开发，需要通过注册码才能使用全部功能，但是该软件不对功能做任何限制，仅仅对于用户数量进行授权控制，未注册的系统可以使用 25 个用户，系统管理员可以在测试和熟悉该系统之后再进行注册，该系统对于中小企业用户数量的授权费用远低于其他的 Windows 邮件系统。

（2）将 WinWebMail 设置为开机自动启动

WinWebMail 的开机启动功能是在安装的时候就启用的，由于多种系统原因，有可能造成该服务无法开机自动启用，该服务已经注册在 Windows 服务管理器中，如图 6-43 所示，可以在 Windows 的服务管理器中设置开机“自动”启动，如图 6-44 所示。

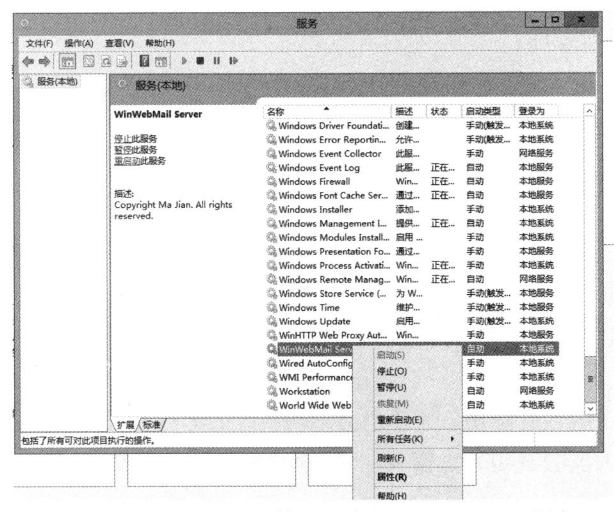

图 6-43　在服务器管理器中的 WinWebMail 服务

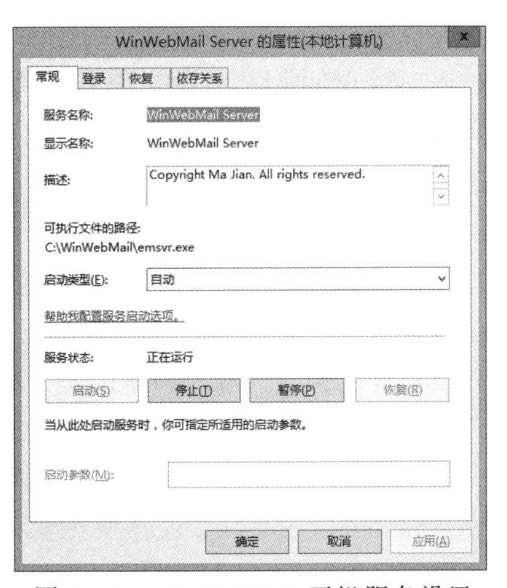

图 6-44　WinWebMail 开机服务设置

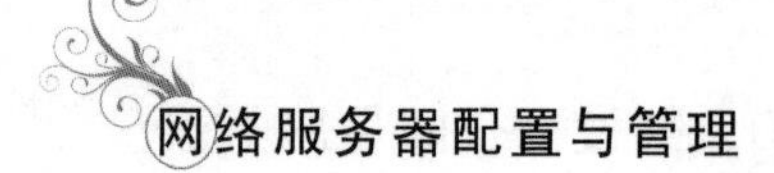

（3）WinWebMail 安装后的文件夹内容

WinWebMail 在安装之后可以在默认的安装目录下看到该软件的文件夹和文件，如图 6-45 所示。

图 6-45　WinWebMail 的安装目录结构

该目录下主要文件和文件夹的具体功能如下：

① backup 文件夹中存放的是备份的整个邮件系统的数据。

② Logs 文件夹中存放的是系统日志文件。

③ mail 文件夹中存放的是系统中所有用户的邮件及附件文件。

④ Web 文件夹中存放的是 WinWebMail 的网页电子邮箱的 ASP 源代码。

⑤ easymail.exe 是 WinWebMail 的启动文件。

⑥ emsvr.exe 是 WinWebMail 的托盘启动文件。

⑦ EasyMail.chm 是 WinWebMail 的帮助文件。

2. WinWebMail 配置和管理的高级经验

在 WinWebMail 邮件服务器管理和使用过程中，为了服务器的安全性和稳定性，应当尤其注意在实际项目中的一些常用的高级配置经验。

（1）防垃圾邮件的设置方法

邮件系统中的垃圾邮件设置非常重要，很多广告信息会大量占用邮箱空间，同时还伴随着一些病毒等附件。识别垃圾邮件是邮件系统非常重要的功能之一，可以通过设置服务器和客户端完成垃圾邮件的设置，服务器中的防垃圾邮件设置如图 6-46 所示。

（2）邮件过滤的使用

除了垃圾邮件外，带有特殊内容和特殊附件的邮件，通常也会影响系统的运行和安全。国家在企业邮件系统中有众多内容和安全方面的监督规定，这需要在 WinWebMail 中通过邮件过滤功能来实现，如图 6-46 所示。

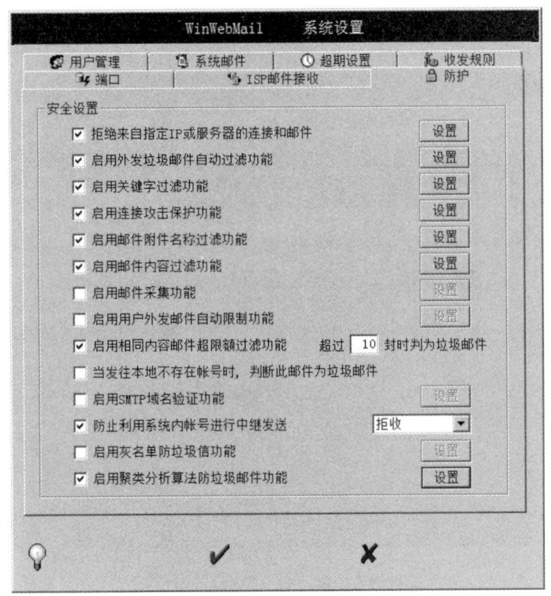

图 6-46 启用防垃圾邮件和关键字过滤的功能

（3）病毒扫描功能的使用

有些邮件及附件中会包含病毒脚本，很多情况下邮件系统成为病毒传播的途径之一，因此，主流的邮件系统一般都支持邮件病毒扫描功能。由于邮件本身是以文件的形式存储和转移的，因此邮件病毒扫描不需要太多的额外设置，只需在邮件服务器中安装相应的杀毒软件，并扫描邮件文件中的内容和附件即可。在 WinWebMail 中可以打开“系统设置”中的“收发规则”，在其中找到“启用邮件防毒功能”，如图 6-47 所示，在对话框中可以选择各种杀毒软件对邮件进行查毒，如图 6-48 所示。

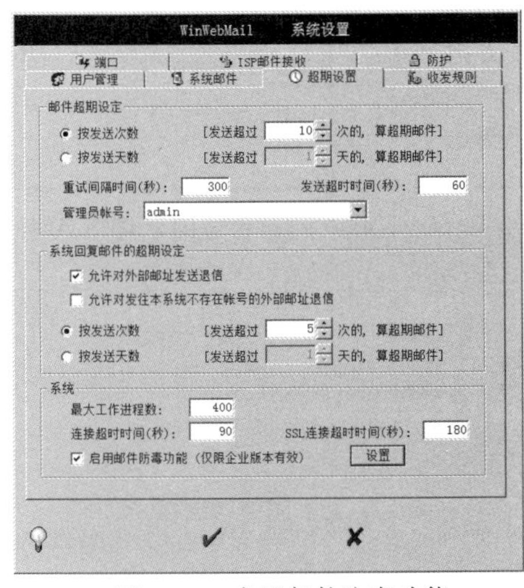

图 6-47 启用邮件防毒功能

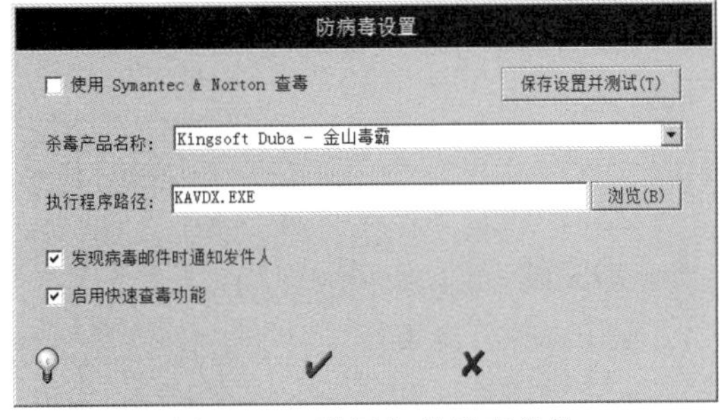

图 6-48 设置邮件杀毒软件

（4）查看邮箱统计信息

邮件系统管理员通常需要通过日志和统计信息了解邮箱的状态，以便采取相应的管理策略，在 WinWebMail 中可以通过使用系统设置中的“统计信息”功能查看邮箱的统计信息，以此来获取邮箱的状态统计图表，如图 6-49 所示。

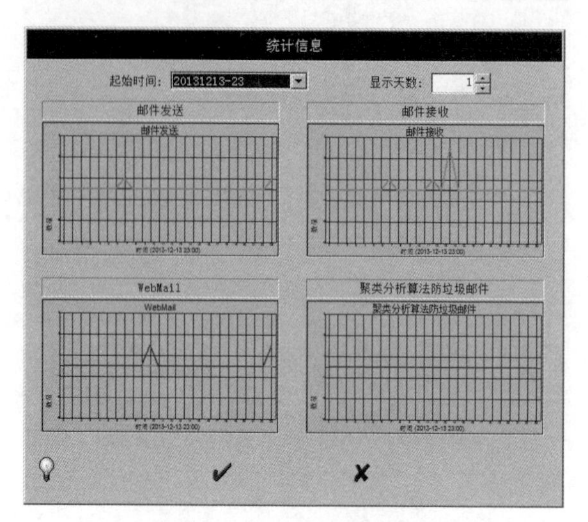

图 6-49　查看邮箱统计信息

（5）合理使用 WinWebMail 桌面管理托盘和网页电子邮箱的“系统管理”功能

WinWebMail 的服务器管理分为 C/S 方式和 B/S 方式两种，C/S 方式管理功能较为基础，重在系统的基本功能；B/S 方式管理功能较多，共有 44 项管理功能，具体区别如表 6-2 所示。

表 6-2　WinWebMail 两种管理方式的比较

差别项目	C/S 管理	B/S 管理
管理功能	基本	完整
管理入口	服务系统本机	客户端网页
设置难易度	配置项目较难理解	容易理解和配置
特有功能	病毒防护控制、服务控制	文件夹共享系统、域名控制系统
用户功能	需要其他邮件客户单	直接访问邮件系统
系统管理安全性	高	一般

通过对以上信息的比较，管理人员可以根据需要对 WinWebMail 选择合适的管理方式进行管理，以提高效率并增强安全性。

练　习　题

一、填空题

1. 电子邮件系统由________、________和________三部分组成。
2. 电子邮件协议包括________协议、________协议和________协议。
3. 电子邮件协议中用于提交和传送邮件的是________协议。
4. 用户电子邮箱格式为________。
5. 电子邮件可以实现________和________通信。
6. 需在收信人地址栏中输入________隔开各地址，即可实现同时给多人发信。

7. 用户通过________协议从电子邮件服务器中获取自己的电子邮件。
8. WinWebMail 服务器提供_________模式和_________模式的服务。
9. Foxmail 支持附件类型包括________、________和________。
10. 发布邮件服务器网页版之前必须预先安装________服务。

二、选择题

1. 当电子邮件在发送过程中有误时，则（　　）。
   A. 电子邮件服务器将自动把有误的邮件删除
   B. 邮件将丢失
   C. 电子邮件服务器会将原邮件退回，并给出不能寄达的原因
   D. 电子邮件服务器将自动忽略此次动作，不做任何反应
2. 在 Windows Server 2012 中，添加或删除服务器“功能”的工具是（　　）。
   A. 功能与程序　　B. 管理您的服务器
   C. 服务器管理器　　D. 添加或删除程序
3. 下列对邮件协议描述正确的是（　　）。
   A. SMTP 负责完成电子邮件服务器之间的邮件接收与发送任务
   B. POP3 负责完成电子邮件服务器之间的邮件接收与发送任务
   C. IMAP4 在 E-mail 中实现中文、添加各种类型附件
   D. MIME 用于访问邮件服务器上的邮件
4. Windows Server 2012 下查询 MX 记录可以用（　　）命令完成。
   A. netstat　　B. nslookup　　C. route　　D. ping
5. DNS 的记录类型中 MX 表示（　　）。
   A. 起始授权机构　　B. 主机地址
   C. 邮件交换器资源记录　　D. 指针

项目 7

配置与管理流媒体服务

学习情境

网坚公司十分重视员工的培训与素质提高，注重企业形象和企业宣传工作，以此增强企业的竞争力。采用的培训方式是事先将培训内容制作成视频，并在 Internet 上发布，以方便员工利用空闲时间，随时随地的学习。同时，企业为方便员工的娱乐和休闲，在企业内部创建了音频广播系统，在该平台发布企业领导讲话录音、音乐等信息。另外，公司为增强产品的市场分析与调查，定期在会议室邀请客户进行产品的反馈、调查和讨论活动，为调动客户的讨论积极性，公司管理层一般不直接出面，而是通过公司的会议室直播系统听取和分析客户的意见。

为解决上述问题，网络管理员决定架设一台流媒体服务器，将培训视频和企业形象视频存放在服务器上，并向员工提供视频点播（VOD）服务，使员工可以在网络上点播学习培训的内容。同时，在公司会议室搭建一个视频直播系统，并将视频直播录制保留为公司的视频商业资料，方便公司进行市场分析。

Windows Server 2012 系统通过外部组件的形式提供了流媒体服务组件 IIS Live Smooth Streaming（实时平滑流式处理），这是一款常用的通过 Internet 或 Intranet 向客户端传输音频和视频内容的服务平台。IIS Live Smooth Streaming 的应用环境非常广泛，在企业内部应用环境中，可以实现点播方式视频培训、课程发布、广播等；在商业应用中，可以用来发布电影预告片、新闻娱乐、动态插入广告、音视频服务等，可以实现视频点播、实况广播等功能。

本项目将基于 Windows Server 2012，在网坚公司的企业网络中使用 IIS 打造网络媒体中心，为企业员工提供培训内容，为客户提供企业形象宣传的视频点播和会议室的视频直播系统。本项目主要包括以下任务：

- 了解 Windows Media 流媒体服务。
- 架设流媒体直播系统。

任务 1　了解 Windows Media 流媒体服务

任务描述

在 Internet 和 Intranet 中提供视频点播、实况广播等类似的服务，可以使用流媒体技术。作为企业网络管理员，需要掌握与流媒体技术相关的一些基础知识，以便更好地配置和管理流媒体服务器，为用户提供质量高、传输快、安全稳定的视听服务。通过本次任务的学习主要掌握：

- 掌握流媒体技术的概念。
- 掌握流媒体的格式。
- 理解常见的流媒体传输协议。
- 理解流媒体的播放方式。

任务分析

为了在企业中架设流媒体服务器，为网络用户提供丰富的视听服务，了解流媒体技术方面的理论是至关重要的，只有打下良好的理论基础，才能架设出安全、稳定、高性能、功能强大的流媒体系统，更好地管理和维护流媒体服务器。

在 Windows Media 流媒体系统中，主要支持扩展名为*.asf、*.wmv、*.wma 和*.mp3 等多媒体文件类型，用户可以通过实时流协议（RTSP）以及超文本传送协议（HTTP）传输流媒体数据，主要包括单播和多播两种播放方式。

本次任务主要包括以下知识点与技能点：

- 流媒体和流媒体技术。
- 常见流媒体格式。
- 流媒体的传输协议。
- 流媒体信息的播放方式。

任务实施

1. 了解流媒体技术

流媒体（Streaming Media）是指采用流技术在网络上传输音频、视频等多媒体文件的媒体形式。流媒体技术是把连续的音频、视频信息经过压缩处理后放到网络服务器上，让用户随时在线视听的网络传输技术。

应用流媒体技术，音频、视频等多媒体信息由流媒体服务器向客户端连续、实时传送，它首先在客户端创建一个缓冲区，在播放前预先下载一段资料作为缓冲，用户不必等到整个文件全部下载完毕，而只需经过几秒或十几秒的启动延时即可进行观看。当多媒体信息在客户端上播放时，文件的剩余部分将在后台从服务器内继续下载。如果网络连接速度小于播放的多媒体信息需要的速度时，播放程序就会取用先前建立的一小段缓冲区内的资料，避免播放的中断，使得播放品质得以维持。

由于流媒体技术的优越性，该技术被广泛应用于视频点播、视频会议、远程教育、远程医疗和实况直播系统中。

2. 认识流媒体格式

流媒体文件格式经过特殊编码，不仅采用较高的压缩比，还加入了许多控制信息，使其能够在网络上流式传输。常见的流媒体格式有以下几种：

（1）Windows Media 格式

Microsoft 公司的视频流媒体格式是 Windows Media 格式，文件扩展名是*.asf。ASF 是一种数据格式，音频、视频、图像等多媒体信息通过这种格式以网络数据包的形式传输，实现流式多媒体内容的发布。

（2）RealMedia 格式

RealNetworks 公司的视频流媒体格式是 RealMedia 格式，包括 RealAudio、RealVideo 和 RealFlash 这 3 类文件，文件扩展名为*.rm，其中 RealAudio 用来传输接近 CD 音质的音频数据，RealVideo 用来传输不间断的视频数据，RealFlash 则是 RealNetworks 公司与 Macromedia 公司新近联合推出的一种高压缩比的动画格式。

（3）QuickTime Movie 格式

Apple 公司的视频流媒体格式是 QuickTime Movie 格式，现已成为数字媒体领域的工业标准，文件扩展名是*.mov。因为这种文件格式能用来描述几乎所有的媒体结构，所以它是应用程序间（不管运行平台如何）交换数据的理想格式。

3. **理解流媒体传输协议**

基于 IIS 的流媒体系统目前分别支持实时流协议（RTSP）及超文本传输协议（HTTP）等多种数据传输协议。其中也要提到的就是 MMS 协议，可适用于 Windows Server 2008，在 Windows Server 2012 版本中并不适用。

（1）MMS 协议

MMS 协议是 Microsoft 为 WMS（Windows Media Services）的早期版本开发的流式媒体协议。在以单播流方式传递内容时，可以使用 MMS 协议。此协议支持暂停、快进或后退等播放器控制操作。MMS 协议的工作示意图如图 7-1 所示。

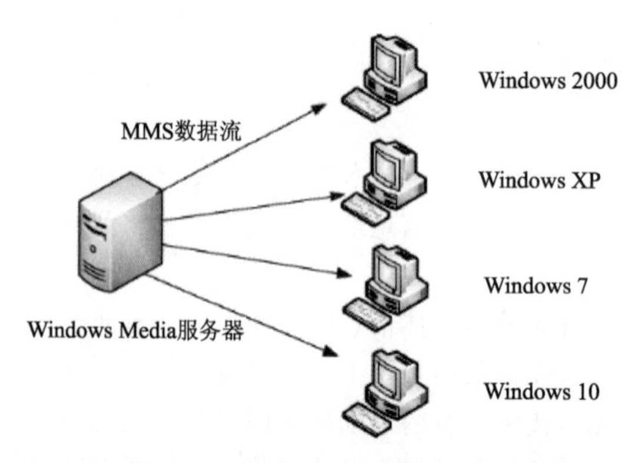

图 7-1　使用 MMS 协议工作示意图

如果由播放器指定的连接使用了 MMS，那么播放器就可以使用协议翻转（在 Windows Media 服务器无法通过特定协议建立连接时从一种协议切换到另一种协议的过程）协商使用最佳协议。MMSU 和 MMST 是 MMS 协议的专门化版本。MMSU 基于 UDP 传输，是流式播放的首选协议。MMST 基于 TCP 传输，用在不支持 UDP 的网络上。

WMS 通过 MMS 服务器控制协议插件实现 MMS 协议。在 WMS 的默认安装中，此插件是启用的，并且绑定到 TCP 协议的 1755 端口和 UDP 协议的 1755 端口。

（2）HTTP

通过使用 HTTP，用户可以将内容从编码器传输到 Windows Media 服务器，在运行 WMS 不同版本的计算机间或被防火墙隔开的计算机间分发流，以及从 Web 服务器上下载动态生成的播放列表。HTTP 对于通过防火墙接收流式内容的客户端特别有用，因为 HTTP 通常设置为使用 TCP 协议的 80 端口，而大多数防火墙不会阻断该端口。使用 HTTP 的工作示意图如图 7-2 所示。

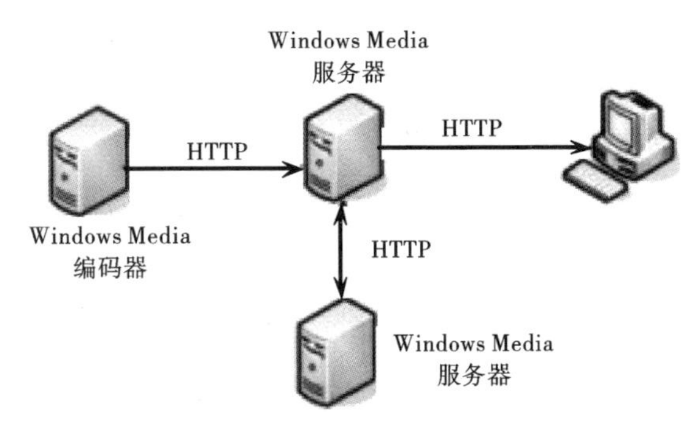

图 7-2　使用 HTTP 工作示意图

通过 HTTP 可以向所有 Windows Media Player 版本和其他 Windows Media 服务器传递流。如果客户端通过 HTTP 连接到服务器，那么就不会发生协议翻转。

WMS 使用 WMS HTTP 服务器控制协议插件控制基于 HTTP 的客户端连接。用户必须启用此插件才能允许 WMS 通过 HTTP 向客户端传输内容或从 Windows Media 编码器接收流。

（3）RTSP

RTSP（实时流协议）是一个应用程序级别的协议，是为控制实时数据的传递而专门创建的，可以使用 RTSP 以单播流方式传递内容，如图 7-3 所示。此协议是在面向纠错的传输协议基础上实现的，并支持暂停、快进或后退等播放器控制操作，用户可以使用 RTSP 将内容传输到运行 Windows Media Player 9 系列（或更高版本）或 Windows Media Services 2012 系列的计算机。RTSP 是一个控制协议，该协议与实时传输协议（RTP）依次发挥作用，实现向客户端提供内容。

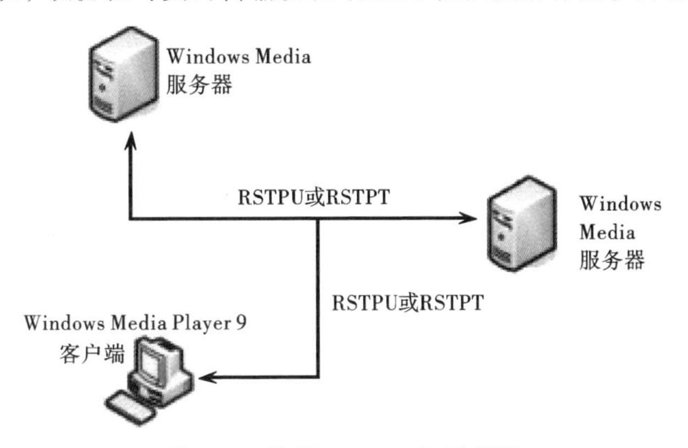

图 7-3　使用 RSTP 工作示意图

WMS 通过 WMS RTSP 服务器控制协议插件实现 RTSP，在 WMS 的默认安装中，此插件是启用的，并且绑定到 TCP 的 554 端口。

4. 了解流媒体的播放方式

流媒体系统支持以下几种播放方式。

（1）单播

单播指客户端与服务器之间的点到点连接，即每个客户端都从服务器接收远程流，且仅当客户端发出请求时才发送单播流。每一次单播流只传送给一个客户端，如果有多个客户端请求，服务器就要把相同内容的信息传输给多个客户端，需要传输多个备份，如图 7-4 所示。

（2）多播

多播也称为组播，是一种在网络上传输数据的方法，这种方法允许一组客户端同时接收相同的数据流，如图7-5所示。采用多播方式，网络带宽可以高效利用。

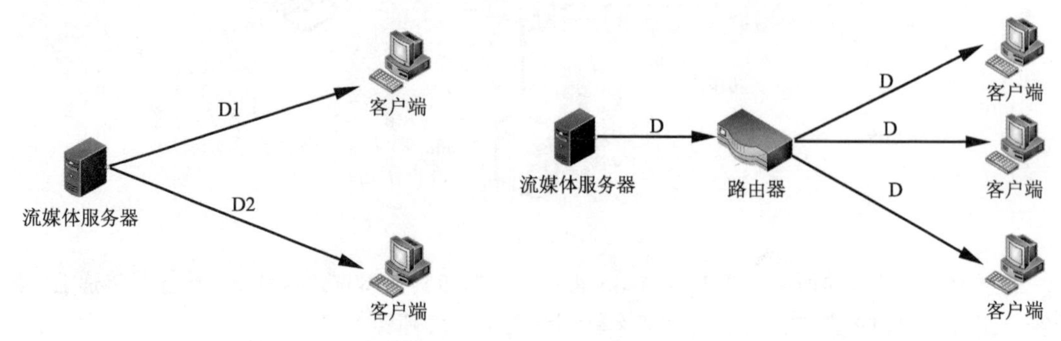

图7-4 单播播放方式

图7-5 多播播放方式

注意

用多播方式传递时，路由器应该已启用多播功能，并且只能用于建立广播发布点。

5. **直播流媒体技术**

流媒体直播技术IIS Live Smooth Streaming（实时平滑流式处理）是微软下一代流媒体解决方案。该技术是在IIS web中集成媒体传输平台IIS media services，实现利用标准HTTP Web技术以及高级Silverlight功能，确保在互联上传输质量最佳、播放流畅的音视频节目。在Windows Server 2012环境中搭建流媒体服务采用该技术最为合适。

该技术有以下优点：

（1）平滑流式处理是一种自适应流式处理技术，通过动态监视本地带宽和视频呈现性能，可实时切换视频质量来优化内容的播放，具有高带宽连接和先进计算机的观众可体验完全高清质量的流，而具有低带宽或较旧计算机的其他观众可接收适合其功能的流。

（2）可传送完全高清的按需和实时流而不会出现断断续续的问题。

（3）IIS比特率限制扩展可控制通过HTTP传送媒体的速率，从而能够节省网络带宽费用。

（4）平滑流式处理可以适用于点播（由IIS平滑流式处理扩展提供）和实时广播（由IIS实时平滑流式处理扩展提供）两种不同应用需求。

缺点：使用平滑流式处理技术实施直播并不是一个完全免费的方案，它必须使用Microsoft Expression Encoder Pro做为流媒体编码器（在以前的流媒体服务器解决方案中，Windows Meida Encode是完全免费的），该软件是集成在Microsoft Expression中的收费软件。免费的Microsoft Expression Encoder不支持平滑流式处理。

6. **认识Windows Media编码服务器**

Microsoft Expression Encoder是一款容易使用、功能强大的软件，既可以对视频、音频文件进行重新的转码和编码，也可以从音视频采集设备中直接对采集的音视频进行转码和编码，还可以将桌面画面和系统声音作为音视频进行编码。另外，通过软件自身功能，还可以帮助用户发布和录制实时视频，利用该软件提供网络现场播放的信息源，架设Windows Media编码服务器。

知识链接

在 Windows Server 2008 之前的操作系统中，微软一直提供名为 Windows Media Encoder 的编码软件，在 Windows Server 2008 后由于 64 位操作系统的普及，微软逐渐将该软件进行了独立整理和开发，直接提供了 Microsoft Expression Encoder 的编码工具，该软件分为免费版和企业版，免费版用于老的服务器编码格式，企业版用于最新的微软的流媒体技术的编码，本书中使用的免费版可以用于 wmv、wma、asf 等媒体格式的编码，如果需要使用该软件的更高功能，可以购买企业版。

课堂练习

1. 练习场景

互联网的迅猛发展和普及为流媒体业务发展提供了强大的市场动力，流媒体业务日益流行。在 Internet 和 Intranet 中，有很多场合应用多媒体系统提供视听服务。

2. 练习目标

了解流媒体服务的应用场景。

3. 练习的具体要求与步骤

① 思考在企业、学校等行业中，有哪些场合可以使用流媒体技术。

② 在互联网中找到使用 MMS 协议、HTTP 和 RTSP 访问网络音视频的例子。

③ 将以上的网络音视频文件下载下来，认识这些音视频流文件的格式。

拓展与提高——常用的流媒体系统与 Windows Media Services

目前主流的流媒体系统主要有 Apple（苹果）公司的 Quicktime 系统、Real Networks 公司的 Real 系统和微软公司的 Windows Media Services 系统。Quicktime 系统和 Real 系统服务器端软件分别是 Darwin Streaming Server 和 Helix Server，另外，美萍 VOD 点播系统也是一套功能强大、使用简单的 VOD 点播系统。

任务 2 架设流媒体直播系统

任务描述

网坚公司为了向全体员工实现培训视频点播和音频电台广播服务，决定在企业网络中部署流媒体系统，公司部署流媒体系统的网络环境如图 7-6 所示。

在流媒体服务器上需要存放处理好的培训视频流媒体文件，通过对流媒体服务器进行配置和管理，创建视频点播系统，为公司员工提供视频点播服务。其次是网坚公司的客户反馈活动需要在会议室中进行直播和录制，这需要在 IIS 组件中创建广播发布点，网络用户通过 Internet 或局域网连接到流媒体服务器，观看实时视频，并对视频进行即时存档。

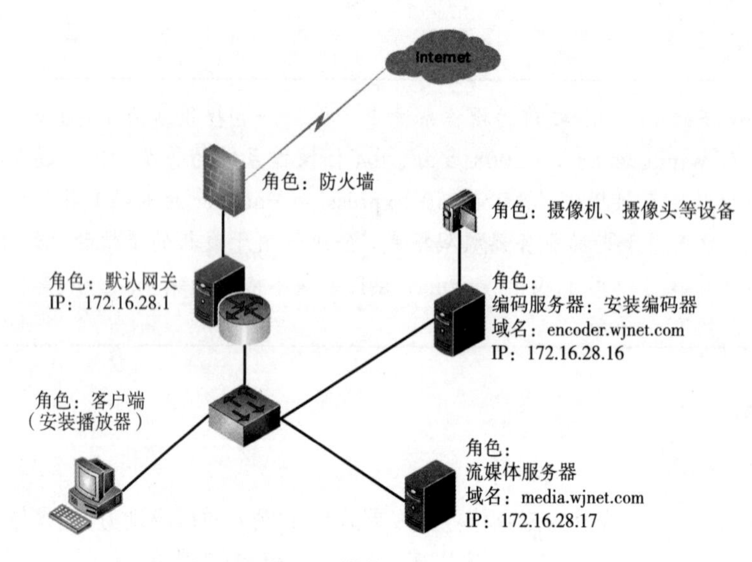

图 7-6　部署流媒体服务网络拓扑图

通过本次任务的学习主要掌握：

- 安装 IIS 组件的操作。
- 管理发布点的操作。
- 正确安装编码器。
- 配置和使用编码器。

任务分析

架设流媒体服务器之前，需要准备具有流媒体处理、内容发布、传输等功能的软件。Windows Server 2012 系统支持 IIS 组件，在 IIS web 中集成媒体传输平台 IIS media services，实现利用标准 HTTP Web 技术以及高级 Silverlight 功能，确保在互联上传输质量最佳、播放流畅音视频节目。

管理员可以将处理好的流媒体文件存储在服务器上，也可以发布从视/音频采集设备中传来的实况流。在流媒体服务器上，通过建立发布点来发布流媒体内容和管理用户连接。对于视频点播系统和音频广播系统，通常会在服务器上创建点播发布点。配置成功后，公司员工可以在播放器中观看培训视频。

架设视频点播流媒体系统需要满足以下要求：

- 由于 IIS Live Smooth Streaming 只支持 IIS 7 以上版本，所以我们使用的服务器操作系统可以是 Windows 2008、Windows Server 2012 等。
- 流媒体服务器应具有较大容量的存储空间来存储流媒体信息。
- 架设流媒体服务器需要具有系统管理员的权力。

架设流媒体服务器，首先需要在满足上述要求的计算机中安装 IIS 服务，然后创建发布点，通过该发布点向网络用户提供连接的接口。本次任务主要包括以下知识点与技能点：

- IIS 组件安装方法。
- IIS Live Smooth Streaming 的安装。
- 创建直播发布点。
- 配置 Expression Encoder Pro 视频采集计算机。

任务实施

1. 安装 IIS 7 组件

（1）安装 Web 服务器（IIS）

① 单击 Windows Server 2012 桌面任务栏上的“服务器管理器”快速启动图标，打开“服务器管理器”窗口，选择“添加角色和功能”选项，弹出“添加角色和功能向导”对话框，单击“下一步”按钮，显示“选择安装类型”窗口，保持选中“基于角色或基于功能的安装”单选按钮，单击“下一步”按钮，如图 7-7 所示。

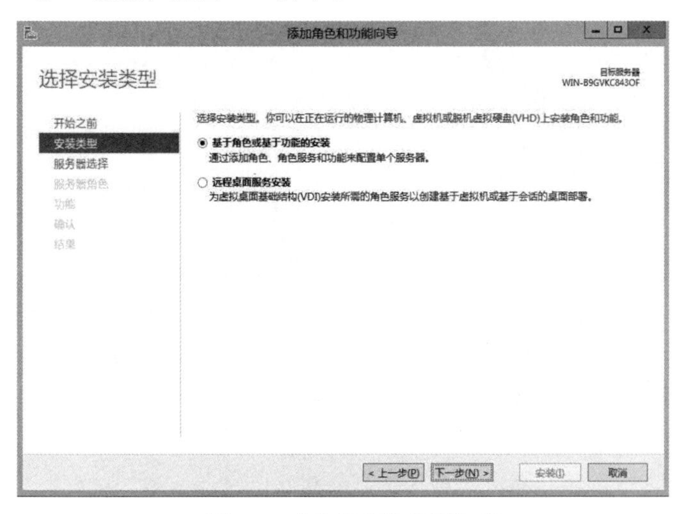

图 7-7 “选择安装类型”窗口

② 显示“选择目标服务器”窗口，选择“从服务器池中选择服务器”单选按钮，安装程序自动检测到服务器的网络连接，确认 VPN 服务器上两个网卡的 IP 地址无误后（如果 IP 地址异常，则关闭“添加角色和功能向导”对话框和“服务器管理器”窗口，然后从步骤①开始重新操作），单击“下一步”按钮，如图 7-8 所示。

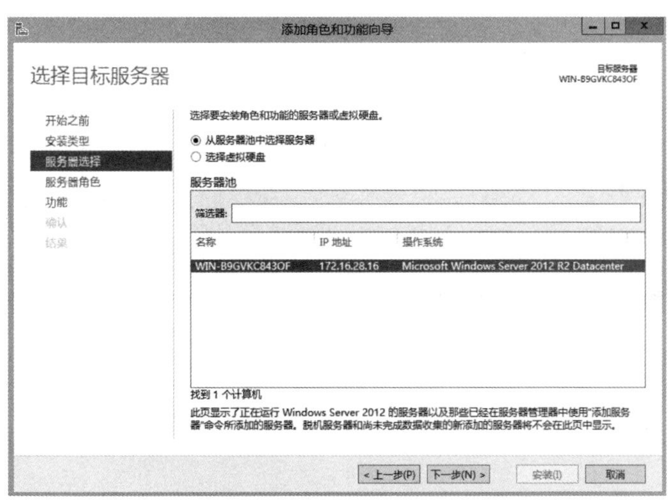

图 7-8 “选择目标服务器”窗口

③ 显示“选择服务器角色”窗口，选择“Web 服务器（IIS）”复选框，单击“下一步”按钮，如图 7-9 所示。

④ 弹出“添加 Web 服务器（IIS）所需得功能？”对话框，如图 7-10 所示，单击“添加功能”按钮，返回“选择服务器角色”界面，单击“下一步”按钮。

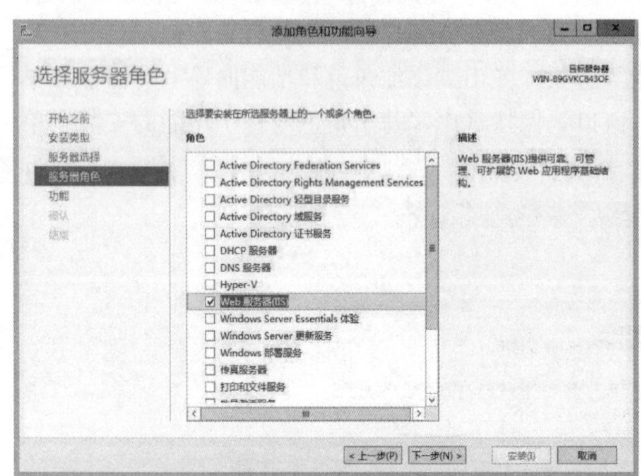

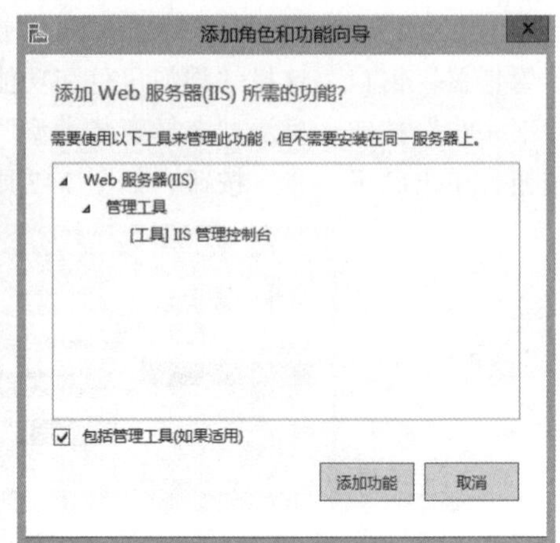

图 7-9 “选择服务器角色”窗口　　图 7-10 “添加 Web 服务器（IIS）所需的功能”对话框

⑤ 首先在“功能”选项卡中，单击“下一步”按钮，在“Web 服务器角色”选项卡中，单击“下一步”按钮；其次在“角色服务”选项卡中，单击“下一步”按钮；最后在“确认”选项卡中，单击“下一步”按钮。

⑥ 完成上述步骤后，在“确认”选项卡中，单击“安装”按钮。

⑦ 显示“安装进度”界面，待 Web 服务器（IIS）安装完成，单击“关闭”按钮，关闭“添加角色和功能向导”对话框。

（2）IIS Media Services 的下载与安装

① 使用“http://www.microsoft.com/zh-cn/download/details.aspx?id=27955”地址访问微软官方网站，单击“下载”按钮，在弹出的对话框中单击“保存”下拉按钮，单击“另存为”，选择保存位置后单击“保存”按钮开始下载文件直至下载结束，然后安装“IIS Media Services 4.1”，进入“IIS Media Services 4.1 安装程序”的界面，如图 7-11 所示。

② 依次单击“下一步”按钮，然后进入“最终用户许可协议”窗口，阅读相关许可协议，然后选中“我接受许可协议中的条款”复选框，单击“下一步”按钮，如图 7-12 所示。

图 7-11　安装 IIS media Services　　　　图 7-12 “最终用户许可协议”窗口

③ 进入“自定义安装”界面，选择“IIS Media Services 4.1”后，单击“下一步”按钮，如图 7-13 所示。

④ 进入“已准备好安装 IIS Media Service 4.1”界面，然后单击“安装”按钮，进入“正在安装 IIS Media Service 4.1”界面，当安装完成后，单击“下一步”按钮，进入“已完成 IIS Media Service 4.1 安装向导”界面，如图 7-14 所示。单击“完成”按钮以退出安装向导，即完成“IISMedia_amd64_zh-CN.msi”的安装。

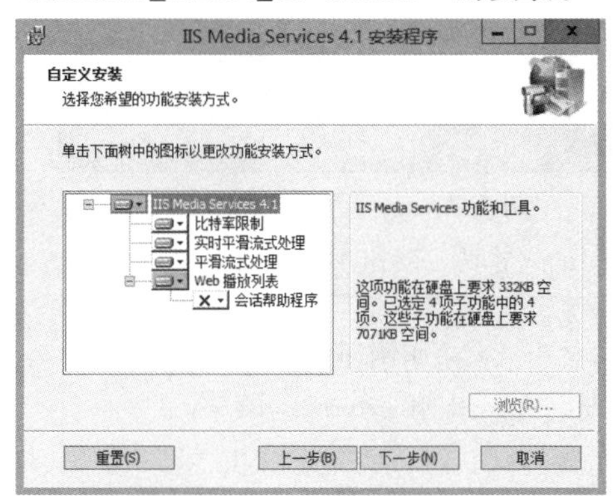

图 7-13 “自定义安装”选项

图 7-14 “安装完成 IIS Media Service 4.1”界面

2. **安装** IIS Live Smooth Streaming

准备好并安装 Microsoft Expression Encoder Pro 4.0 于视频采集计算机上。

① 安装文件下载完毕后，开始安装，进入“许可协议”界面。阅读许可协议后，单击“接受”按钮，如图 7-15 所示。

② 进入“输入产品密钥”界面，在此窗口的“输入产品密钥”下的文本框内输入该产品的相关密钥，再单击“下一步”按钮，如图 7-16 所示。

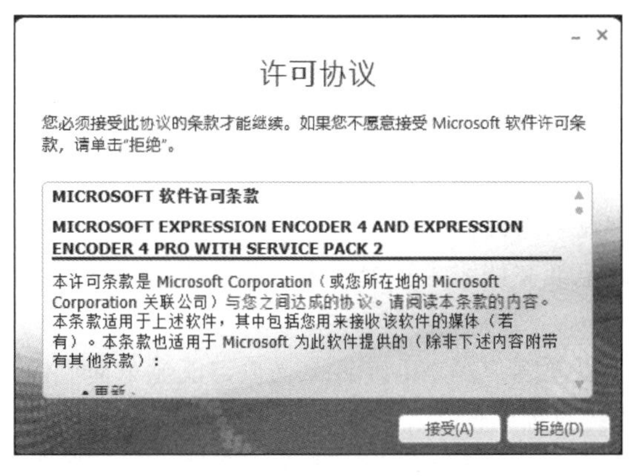

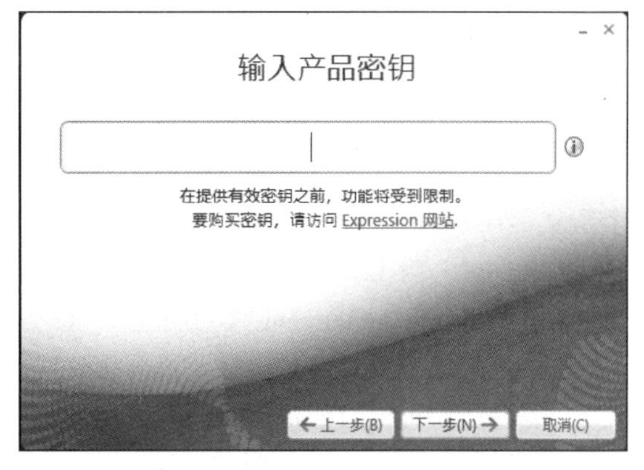

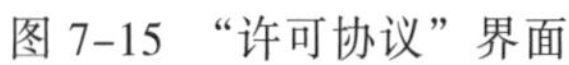

图 7-15 “许可协议”界面

图 7-16 “输入产品密钥”界面

③ 完成上述步骤进入到“参加客户体验改善计划”窗口，根据窗口显示“是否希望通过以下方式帮助改善 Microsoft Expression Encoder 4：参加客户体验改善计划定期向 Microsoft 发送基本性能信息和使用信息？”，选择“否”单选按钮，单击“下一步”按钮，如图 7-17 所示。

④ 进入“安装”窗口，选择希望安装的程序，单击“安装”按钮，如图 7-18 所示。

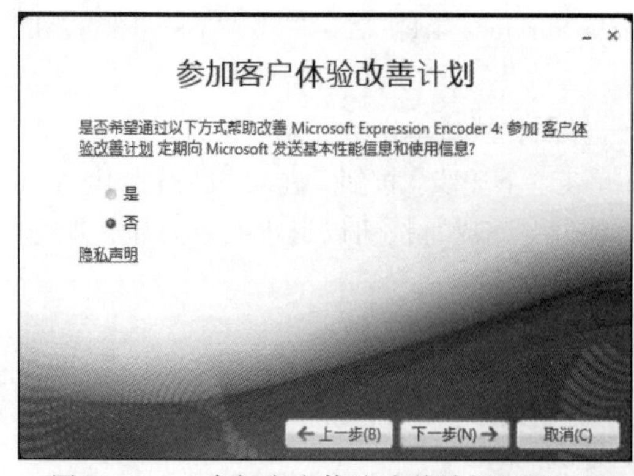

图 7-17 “参加客户体验改善计划”界面

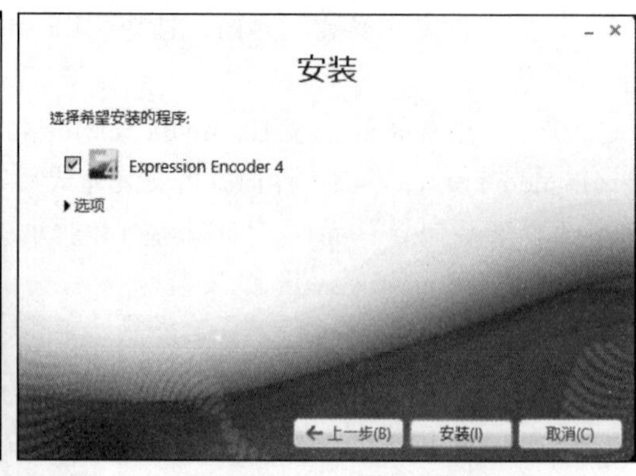

图 7-18 “安装”界面

⑤ 完成上述步骤会进入安装界面，待安装完成，单击“完成”按钮即可，如图 7-19 所示。

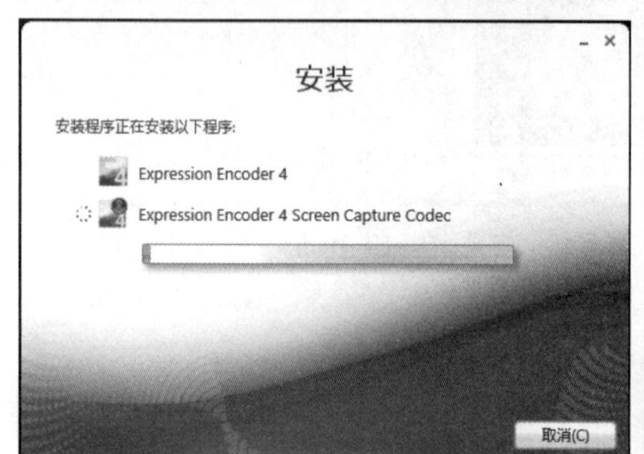

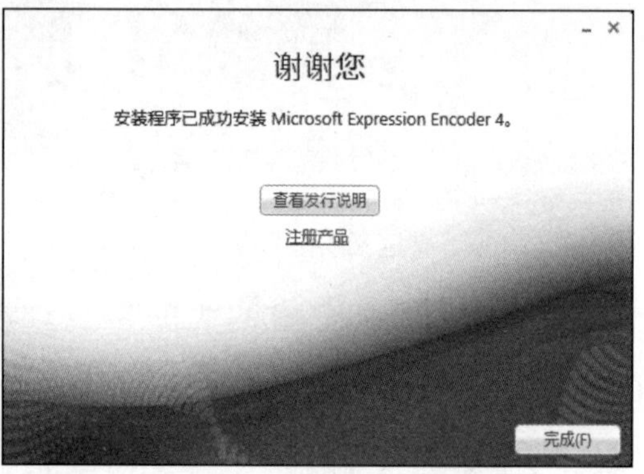

图 7-19 成功安装 Microsoft Expression Encoder Pro 4.0

3. 创建直播发布点

① 按照“开始”→“管理工具”→“Internet 信息服务管理程序”顺序操作，在打开的管理程序界面中选择想要设置的站点或虚拟目录，双击 Live Smooth Streaming Publishing Points 图标。

② 打开后会有警报提示“必须更新应用程序池设置，才能启用实时平滑流式处理的长期运行进程。这可能导致回收应用程序池。是否要继续？”，单击“确定”按钮，更新应用程序池设置。

③ 在“Internet 信息服务管理程序”窗口中，单击“添加”按钮，会弹出“添加发布点”对话框，在该对话框中的“基本设置”选项卡下，输入下列信息：

- 文件名：为 Live Smooth Streaming 发布点的定义文件输入一个名称，此处使用的文件名是“LiveSmoothStream”（可自定义）。
- 估计持续时间：实时直播节目的持续时间，以便客户端 Silverlight 播放器能显示播放内容合适的进度时间范围，此处使用 2 h 的持续直播时间。
- 实时源类型：此处我们的 Live Smooth Streaming 服务器作为直播源服务器，它接收从 Expression Encoder Pro 发来的节目内容。所以，我们选择默认的“推”选项，如图 7-20 所示。“拉”选项是从另一个 Live Smooth Streaming 服务器获取节目源内容，这样可以做到多服器分布负载，形成服务群集。

④ 切换到“高级设置”选项卡上，选择“在第一次客户端请求时自动启动发布点”复选框，如图 7-21 所示。这个设置是当广播开始时，允许编辑器连接发布点。如果不允许这个设置，可能会发生连接错误。

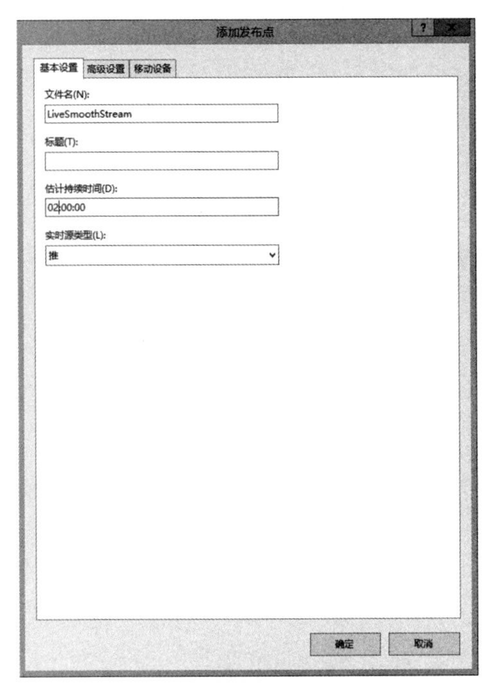

图 7-20 “添加发布点”对话框

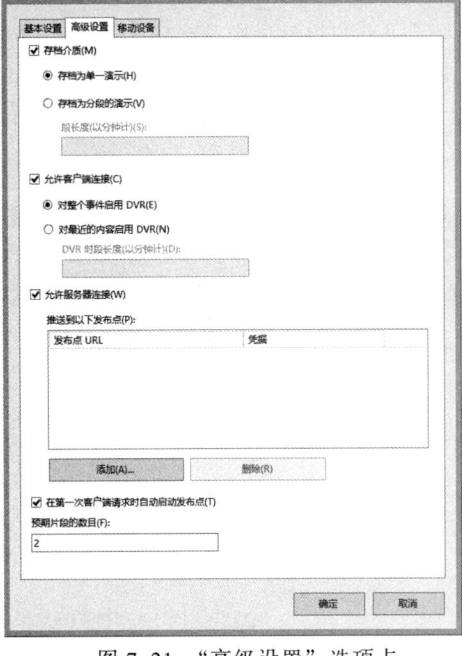

图 7-21 “高级设置”选项卡

⑤ 如果想让 Live Smooth Stream 支持 Apple 的移动数字设备播放实时视频广播，可以在“移动设备”选项卡上，选择“允许输出到 Apple 数字移动设备”复选框，如图 7-22 所示。完成后单击“确定”按钮。

图 7-22 “移动设备”选项卡

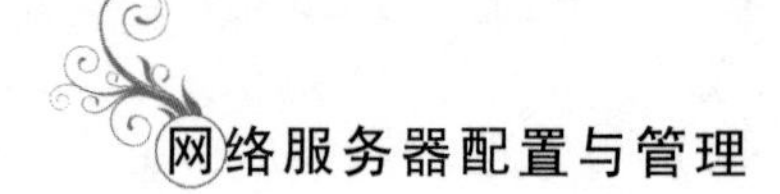

⑥ 完成上述步骤后，一个新的 Live Smooth Streaming 发布点的文件 LiveSmoothStream.isml 被加入到网点的根目录中。在中间的“实时平滑流式处理发布点”操作面板上，选择已经加入的发布点，然后在右侧的“操作”面板上，单击“启动发布点”。发布点状态从“空闲” 变成“正在启动”，如图 7-23 所示，这表示它正在等待外部数据传入。此处是等待从 Expression Encoder Pro 编辑器中发来的直播平滑流式媒体数据。

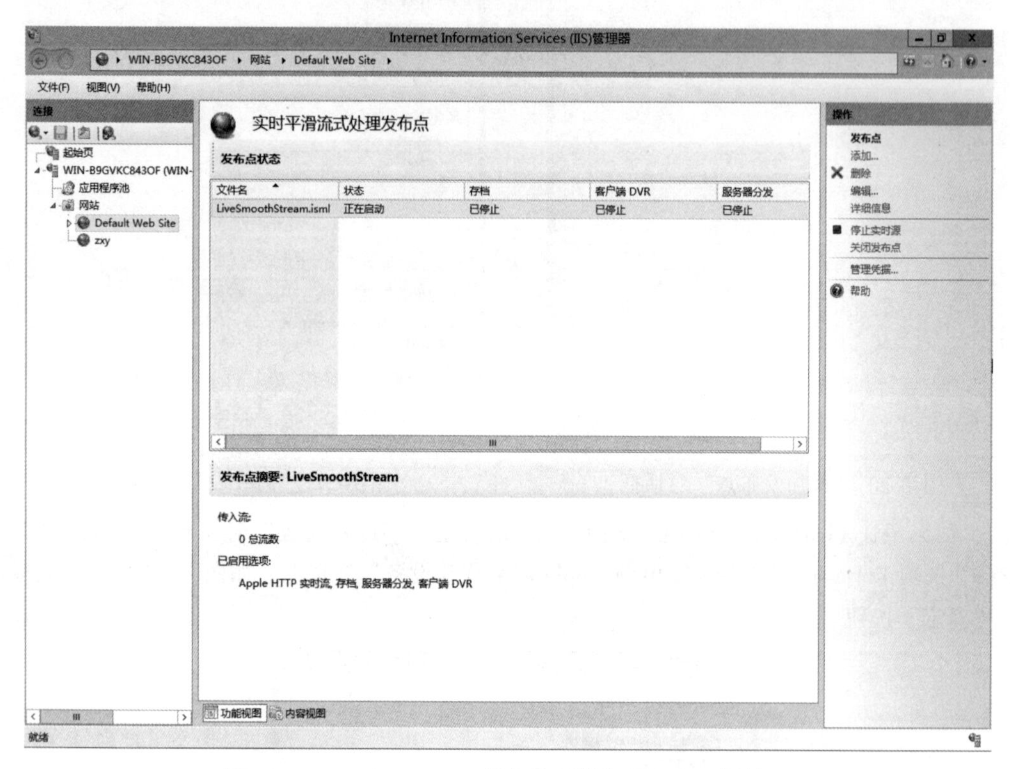

图 7-23 Windows Media 服务管理器的管理和示例界面

注意

当从发布点开始接收 Expression Encoder Pro 编辑器发来的数据之后，它的状态将变成 State。需要在 IIS 管理器中刷新 Live Smooth Streaming 发布点页面，才能看到这个状态的改变。

知识链接

广播：流媒体服务器主动向客户端发送媒体流数据，而客户端被动接收媒体流，但用户不能控制媒体流，不能进行暂停、快进或后退等操作。

点播：客户端主动向流媒体服务器发出连接请求，流媒体服务器响应客户端的请求并将媒体流发布出去。用户可以完全控制流，可以进行暂停、快进或后退等操作。

4. 配置 Expression Encoder Pro 视频采集计算机

① 在视频采集计算机上打开 Microsoft Expression Encoder Pro 4.0，在“加载新项目”对话框选择“实时广播项目”。

② 打开 Expression Encoder 4.0 工作窗口，首先单击中间预览部分的添加实时源。在左侧的

实时源窗格中选择实时源的视频设备以及音频设备。

③ 单击右侧“预设”面板，为 Live Smooth Streaming 直播方案选择可调整的编码速率和编码格式。在“编码”选项卡中选择“IIS 平滑流式处理”。可以自定义输出格式、视频、音频格式。

④ 单击“输出”选项卡，选择“流式处理”选择框，然后单击“发布点”，在“位置”右边的下拉框中输入有效的直播视频的发布点的 URL。URL 的一般格式是 http://ServerName/SiteName/DirectoryName/PublishingPointDefinitionFileName.isml，此处直播平滑流式发布点是我们在上面创建的发布点，格式是 http://192.168.1.104/LiveSmoothStream.isml，然后单击“连接”按钮去测试发布点连接是否正常。为了使连接有效，必须启动在服务器上设置的发布点。

⑤ 如果想在节目中加入数字版权，选择“输出”标签中的“数字版权管理”选项。但是，如果想让节目支持 Apple 设备，就不能选择“数字版权管理”保护。

⑥ 实时源标签页单击“定位”，使实时广播源开始工作。单击“开始”按钮，开始实时直播。

课堂练习——配置视频点播和音频广播发布点

1. 练习场景

在编码服务器上，通过 Microsoft Expression Encoder 4 Screen Capture 实时抓屏软件，将服务器桌面的培训操作过程视频和音频作为流媒体广播实时传送给客户端，并将视频录制为培训存档。

2. 练习目标

① 进一步掌握编码器的编码发布功能。

② 进一步掌握添加广播发布点的方法。

③ 进一步掌握访问广播发布点的方法。

3. 练习的具体要求与步骤

① 打开编码器软件，并添加一个实时源，使用 Screen Capture Source 作为视频设备可采集到编码服务器的桌面，采用麦克风作为音频设备可采集到编码服务器的声音。

② 在编码服务器中对以上实时源进行编码，并输出到广播端口，并对文件进行存储。

③ 在流媒体服务器上创建新的广播发布点 OnlineTraining。

④ 客户端访问发布点，播放视频剪辑，可以看到服务器桌面上进行的操作，并听到服务器麦克风中的培训声音。

拓展与提高

1. 制作流媒体文件

目前，网络上比较流行的视频文件格式主要有*.mpeg、*.rm 及 DVD 格式等，这些视频文件在 WMS 2008 中是不支持的，需要通过下载转换软件进行格式转换，Microsoft Expression Encoder 4 也可以将音频/视频文件转换成 Windows Media 格式文件，常用的格式转换软件还有超级解霸、Helix Producer 等。

2. 在流媒体中插播广告

当用户连接到 Windows Media Services 服务器，开始播放视频文件和视频文件的内容播放结束时，可以使用 Windows Media Services 提供的包装广告或插播式广告功能来提供广告。广告的内容由用户自己确定，形式既可以是一幅或几幅图片，也可以是一段视频或音频。具体操作可以参考帮助文档。

网络管理与维护经验

① 通常情况下，视频服务器使用的资源较大，应当在服务器采购过程中，采用硬盘读/写性能较高的服务器平台或考虑采用服务器集群系统，提高视频服务器的效率。

② 在实际使用中，如果能够在路由器中合理配置组播，配合视频服务器发布中的组播发布功能，通常可以取得更好的效果。

在实际使用中可以通过二次开发的方法，将所有的视频播放公告连接到数据库中统一管理，再通过动态或静态页面集中进行展示，形成一套集成视频管理系统。

③ 视频直播功能应用广泛，而且编码方式较多，在实际使用过程中，应当根据网络的实际环境设定编码格式，编码格式应当与网络带宽状况紧密联系，减少出现带宽大编码率低、带宽小编码率高的情况出现，充分利用带宽。

练　习　题

一、填空题

1. 目前比较流行的流媒体格式分别为________、________和________。

2. 编码以后的媒体流可以用________和________两种方式将内容传输到运行 Windows Media Services 的服务器上进行广播。

3. 假设流媒体服务器 IP 地址为 202.192.28.45，域名为 stream.abc.com，对服务器上的点播发布点 test，则在使用 MMS 协议访问媒体流时，可以使用的 URL 为________或________。

4. RTSP 绑定的 TCP 端口号是________，MMS 协议绑定的 TCP 和 UDP 端口号分别是________、________。

5. 在设置多播发布点时，如果网络中的路由器未开启多播服务，则可以在创建发布点时通过________使无法接收多播流的客户端可以接收单播流。

二、选择题

1. 媒体流数据不具备的特点是（　　）。

A. 连续性　　B. 实时性　　C. 时序性　　D. 无序性

2. 下列不是标准的 Windows Media 文件格式的是（　　）。

A. ASF　　B. WMA　　C. RM　　D. WMV

3. Windows 流媒体服务主要采用协议（　　）访问。

A. MMS　　B. FTP　　C. RTSP　　D. SMTP

4. 在客户端可使用（　　）播放器来播放 Windows 流媒体服务器上的媒体流文件。

A. Windows Media Player　　B. Realplayer

C. CD Row　　D. QuickTime Player

5. 以多播流方式传递内容时只能采用（　　）类型的发布点。

A. 单播发布点　　B. 广播发布点

C. 单播发布点或广播发布点　　D. 既不是单播发布点也不是广播发布点

6. Microsoft Expression Encoder 4 编码器建立广播服务时，默认的端口号是（　　）。

A. 80　　B. 1023　　C. 1066　　D. 8080

项目 8

架设 NAT 服务器与 VPN 服务器

学习情境

网坚公司在小型城市设有办事处，通常规模在 10 人以内；根据城市市场不同，在中大型城市均设有不同规模的分公司。各个办事处和分公司如何接入 Internet 成为网络管理人员急需解决的问题。分公司和办事处首先都已向 ISP 申请专线连入 Internet，连入 Internet 的客户必须有一个公网 IP 地址，由于公司的公网 IP 地址数目有限，只能分配到网络中的一些重要服务器上。但由于业务需要，公司员工需要借助 Internet 办公，如何使企业的其他计算机接入 Internet 呢？随着公司规模的扩大和业务量的提升，网坚公司在合肥市建立了一家分公司，分公司的员工和在外出差的员工需要访问总公司的内部业务资料和业务管理系统。如果通过租用网络运营商的裸纤实现互连，价格会十分昂贵，给公司带来经济负担；通过电子邮件、聊天工具等方式传输资料不仅效率低下，而且需要公司内部人员配合，造成人力资源的浪费。现需要找到经济实用、安全便捷的方法实现内部资料和业务系统的共享。

本项目中任务三和任务四讲述的是在互联网中位于不同地域的两个或多个企业内部局域网之间建立一条专用的通信线路，使得各分公司之间安全有效地访问其他分公司的网络资料。该线路要能够达到物理线路的效果，却不需要支付租用或者架设物理线路的费用。为了解决这一问题，需要使用一种技术，可以将互联网中的多个网络虚拟成一个局域网络，这里需要用到的就是 VPN 技术。

通常对于中小型企业来说，局域网用户连入 Internet 的方式主要包括两类：通过中小型路由器硬件设备实现和使用服务器的数据转换服务实现。Windows Server 操作系统中支持和提供数据转换方面的多种服务，主要包括 Internet 连接共享（ICS）服务、网络地址转换（NAT）服务等。

VPN 是通过一个公用网络建立一个临时的、安全的连接，是一条穿过混乱的公用网络的安全、稳定的隧道。通常是利用特殊的加密通信协议在 Internet 上建立一条专有的通信线路。为了实现 VPN 的构建，需要在企业每一个分公司内部网之间架设 VPN 服务器。

公司网络管理员针对各个办事处和分公司的实际情况，提出了四种较为实用并且可以并行使用的方案：一是通过 Internet 连接共享（ICS）服务，二是通过网络地址转换（NAT）技术，三是通过第三方的代理服务器技术，四是通过购买专用路由器，并提供图 8-1 所示的网络拓扑结构图。

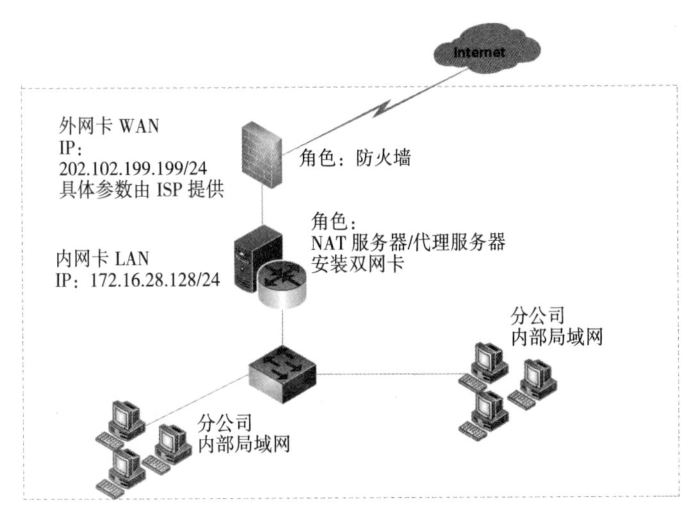

图 8-1　部署 NAT 服务/代理服务网络拓扑图

本项目将分别介绍在 Windows Server 2012 环境中如何架设 ICS 服务器、NAT 服务器，使该分公司内部局域网在 IP 地址缺乏的情况下能够接入 Internet。在 A 城市的网坚总公司和 B 城市的分公司中架设 VPN 服务器，实现资源共享和业务管理。本项目主要包括以下任务：

- 企业网络接入 Internet 的方案。
- 架设 NAT 服务器。
- 了解 VPN 服务。
- 架设远程接入 VPN 服务器。

任务 1　企业网络接入 Internet 的方案

任务描述

局域网接入 Internet 有多种方式，不同的方式所适用的网络规模、技术特点、投资成本、安全性能各有不同。在需求分析之后，需要选择一种合适的接入方式接入 Internet。本任务主要介绍一些常用的局域网接入 Internet 的方式，通过本次任务的学习主要掌握：

- 常用接入 Internet 的方式。
- ICS 的设置。
- NAT 技术功能和工作过程。

任务分析

企业通常都会有自己的局域网，而企业从 ISP 所获得公网 IP 地址只有 1 个或少数几个，不能满足网络中众多计算机的需求，也不可能花太多成本给每台计算机分配一个公网 IP 地址，因此，涌现出各种节省 IP 地址开销的技术，比较典型的就是 NAT 技术和代理服务。

本次任务主要包括以下知识点与技能点：

- 四种常用的 Internet 接入方式。

- Windows ICS 的设置方法。
- NAT 技术的工作过程和类型。

任务实施

1. 使用路由器接入 Internet

路由器主要工作在 OSI 参考模型的网络层，它以分组作为数据交换的基本单位。路由器位于一个网络的边缘，负责网络的远程互联和局域网到广域网（如 Internet）的接入。采用这种方式，需要单独购置路由设备，增加一定的成本。

对于家庭式小规模网络，可以选择带有 4 个 10/100/1000 Mbit/s 端口的宽带路由器作为集线设备和 Internet 共享设备，既可以实现计算机之间的互连，又有效地解决了 Internet 的接入。

而对于企业网络，可以选择企业级的路由器，如 Cisco、华为等公司的企业级路由器。

2. 使用 ICS 接入 Internet

ICS（Internet 连接共享），是指通过一个 Internet 连接，实现网络内所有计算机对 Internet 的访问。Windows Server 2012、Windows Server 2008、Windows Server 2003、Windows 10 等都支持 ICS 的功能。

以 Windows Server 2012 为例，可以通过下列步骤启用 ICS：按【WIN+X】组合键，选择“文件资源管理器”，右击“网络”→“属性”，单击“更改网络适配器设置”，右击“连接因特网的连接”，在弹出的快捷菜单中选择“属性”命令，在弹出的对话框中勾选“共享”选项卡下的“允许其他网络用户通过此计算机的 Internet 连接来连接(N)”，然后单击“确定”按钮，如图 8-2 所示。

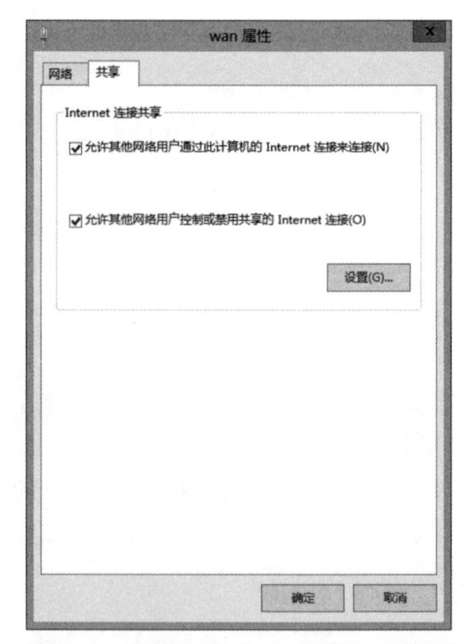

图 8-2　网络连接“wan 属性”对话框

单击“确定”按钮后启用 ICS。启用后，系统将本台计算机的内网网卡 IP 地址改为私有地址 192.168.0.1。

ICS 客户端的 IP 地址只要设置成自动获取即可，此时它们会自动获得 IP 地址（网段为 192.168.0.0）、默认网关、DNS 服务器等 TCP/IP 参数，也可以通过手工设置。

使用 ICS 方式，可使服务配置简单、设备费用低廉，但客户端依赖于 ICS 计算机才能访问 Internet，该功能完全依赖操作系统本身的安全控制，在系统功能设置不当或安全出现问题时，内部网络安全性会比较差。

注意

- ICS 只支持一个内部局域网通过它来连接 Internet。
- DHCP 分配器只能指派 192.168.0.0 网段。
- 无法停用 DHCP 分配器，若局域网中已有 DHCP 服务器，要小心设置。
- 只支持一个公网 IP 地址，无法实现“地址映射”。

3. 使用 NAT 技术接入 Internet

(1)网络地址转换(NAT)概述

在项目 1 中，介绍了 A、B、C 三类网络中的私有地址，而私有地址只能在内部网络中使用，不能被路由器转发。因此，如果内网主机使用私有地址与 Internet 进行通信，则必须有一种机制实现地址的转换。NAT 是一种把私有地址转换成公网 IP 地址的技术。

NAT 可以将多个内部地址映射成少数几个甚至一个合法的公网 IP 地址，让内部网络中使用私有 IP 地址的计算机通过“伪 IP”访问 Internet 等外部资源，从而更好地解决 IPv4 地址空间不足的问题。同时，由于 NAT 对内部 IP 地址进行了隐藏，因此 NAT 也给网络带来了一定的安全性。

(2)NAT 的工作原理

NAT 功能通常被集成到路由器、防火墙等关键网络硬件设备中，也可以在安装有 Windows Server 2012 系统的服务器上，借助“路由和远程访问”服务实现。NAT 将网络分成内部网络和外部网络两部分，一般情况下，内部网络是单位局域网，外部网络是 Internet。如图 8-3 所示，位于内部网络和外部网络边界的 NAT 路由器在发送数据包之前负责把内部私有 IP 地址转换成合法的公网 IP 地址。

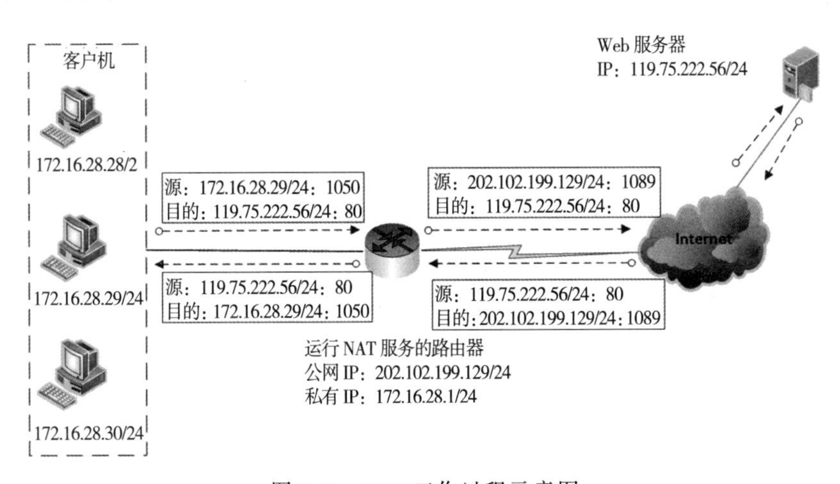

图 8-3 NAT 工作过程示意图

假设客户端 172.16.28.29 想要通过 NAT 访问 Internet 上的 Web 服务器 119.75.222.56，通信过程如下：

① 客户端发送数据包给运行 NAT 的服务器 172.16.28.1，数据包中源 IP 地址为 172.16.28.29，目的 IP 地址为 119.75.222.56，源端口为 TCP 端口 1050，目的端口为 TCP 端口 80。

② NAT 服务器将数据包中的源 IP 地址和源端口号分别改为 202.102.199.129 和 TCP 端口 1089，并将该映射关系保存在 NAT 服务器的地址转换表中，然后将修改后的数据包发送给外部的 Web 服务器。

③ Web 服务器收到这个数据包后，发送一个回应数据包给 NAT 服务器，数据包中的源 IP 地址为 119.75.222.56，目的 IP 地址为 202.102.199.129，源端口号为 TCP 端口 80，目的端口号为 TCP 端口 1089。

④ NAT 服务器收到回应包后，按照地址转换表中保存的信息，将数据包中的目的地址和目的端口信息修改回来，并发送给客户端。

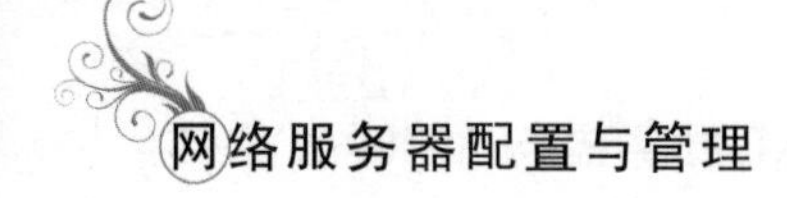

（3）NAT 的三种类型

NAT 中对地址的转换有三种类型：静态 NAT（Static NAT）、动态 NAT（Dynamic NAT）和 PAT（Port Address Translation，即端口地址转换）。

① 静态 NAT：这是一种比较简单的 NAT，它将内部地址和外部地址进行一对一的转换。一般情况下，内部网络中的服务器（如 Web 服务器、E-mail 服务器等）采用这种方式，但静态 NAT 不能解决 IP 地址短缺这一问题。

② 动态 NAT：动态 NAT 定义了 NAT 地址池（Pool）及一系列需要作映射的内部私有地址。采用动态分配的方法映射到内部网络，所有的内网主机可以使用地址池中的任何一个可用的地址进行 NAT 转换。

③ PAT：PAT 允许把内部私有地址映射到同一个公网地址上，但是这些地址会被转换在该公网地址的不同端口上，这样就可以保证会话的唯一性。

课堂练习

1. 练习场景——练习 ICS 服务的使用

利用实验室中的两台计算机，一台计算机作为服务器，连接到 Internet，另一台计算机使用服务器的 ICS 服务连接到 Internet。

2. 练习目标

① 掌握 Windows 实现 ICS 共享的方法。

② 掌握 ICS 在客户端的设置。

③ 理解 ICS 的工作过程。

3. 练习的具体要求与步骤

① 搭建 ICS 实验环境，服务器准备两块网卡，并连接 Internet。

② 在服务器上启动 ICS。

③ 配置客户端测试 ICS 的功能。

拓展与提高

1. 代理服务器的工作原理

通常，用户在使用 Internet 中的某些服务（如 WWW、FTP、E-mail 等）时，客户端会与目的服务器直接取得联系，然后由目的服务器把信息传送回来。而代理位于客户与目的服务器之间，当某个客户通过代理访问目的服务器时，发送的请求不是直接送到目的服务器，而是发给代理，然后由代理以自己的身份转发这个请求；同样，对于被请求的数据，也是由服务器先发给代理，由代理再转发给客户。通常把具有代理功能的软件称为代理服务器（Proxy Server）。

代理服务器通常提供的是正向代理服务，与正向代理相对应的，还有反向代理服务。反向代理服务为外网用户访问内网提供代理服务，通常只用来发布内网 Web 服务器。当外网用户访问内网的 Web 服务器时，其实访问的是反向代理服务器，然后由反向代理服务器访问 Web 服务器，以降低实际的 Web 服务器负载。

2. 使用 4 种方式接入 Internet 的区别

对于不同的接入方式，各有不同的特点，针对不同的网络、用户需求，可以选择不同的接入方式。4 种接入方式的区别如表 8-1 所示。

表 8-1 4 种接入方式的区别

接入方式	节省 IP 开销	安全	成本	难易程度	网络规模
路由器（企业级）	可以	不安全	高	难	大
代理	可以	安全	一般	一般	中
NAT	可以	安全	一般	一般	中
ICS	可以	一定安全性	低	容易	小

任务 2 架设 NAT 服务器

任务描述

为了节省 IP 地址开销，避免来自网络外部的攻击，隐藏并保护网络内部结构，并且实现互连网之间的接入共享，采用网络地址转换（NAT）是一种行之有效的方法。关键是在 Windows Server 2012 系统上如何架设 NAT 服务器，然后进行有效的 NAT 服务器管理，实现互联网接入共享。通过本次任务的学习主要掌握：

- 架设 NAT 服务器基本要求。
- NAT 服务器的架设方法。
- 管理 NAT 服务器的技巧。

任务分析

网络地址转换是一种被广泛使用的接入 Internet 的技术，它可以将私有地址转化为公网 IP 地址，被广泛应用于各种类型的网络中。NAT 不仅完美地解决了 IP 地址不足的问题，而且还能够有效地避免来自网络外部的攻击，隐藏并保护网络内部结构。

本任务主要介绍在 Windows Server 2012 系统中如何架设和管理 NAT 服务器，NAT 服务器需要满足以下要求：

① 服务器必须安装使用能够提供路由和远程访问服务的 Windows 版本，如 Windows Server 2012 中小企业版（Essentials）、标准版（Standard）、仅限供应 OEM 厂商版（Foundation）和数据中心版（Datacenter），本书以 Datacenter 作为蓝本。

② NAT 服务器至少具有两块网卡，一块接入 Internet，分配公网 IP 地址，另一块接入内部局域网，分配私有 IP 地址。

③ 系统服务“Windows Firewall/Internet Connection Sharing（ICS）”必须被禁用。

④ 架设 NAT 服务器需要具有系统管理员的权限。

架设 NAT 服务器，首先要启用“路由和远程访问”服务，然后在“路由和远程访问”服务中配置 NAT 服务器，配置成功后再管理和完善 NAT 服务器。本次任务主要包括以下知识点与技能点：

- 架设 NAT 服务器。
- 配置网络接口。

- 设置 DHCP 分配器和 DNS 代理。
- 端口映射和地址映射。

任务实施

1. 架设 NAT 服务器的准备

在 Windows Server 2012 系统上架设的 NAT 服务器，需要安装两块网卡，一块网卡连接到 Internet，网络参数由 ISP 提供，另一块网卡连接局域网。通常，为区别起见，可以将两块网卡分别命名为“WAN”“LAN”等类似的比较容易识别的名称。

另外，在 Windows Server 2012 系统中，NAT 被集成在“网络策略与访问服务”下的“路由和远程访问服务”角色中，该组件默认没有被安装，需要通过角色安装向导安装。安装后服务不会被启动，在启动和配置该服务之前，系统中的服务“Windows Firewall/Internet Connection Sharing （ICS）”必须被禁用。

2. 安装、配置和管理 NAT 服务器

（1）安装 NAT 服务器

① 在 Windows Server 2012 系统中的“服务器管理器”主窗口下，单击“添加角色和功能”，在“选择安装类型”中选择“基于角色或基于功能的安装”，单击“下一步”按钮，在“选择目标服务器”中保持默认配置并单击“下一步”按钮，在服务器角色列表中，选择“远程访问”服务，单击“下一步”按钮，如图 8-4 所示。

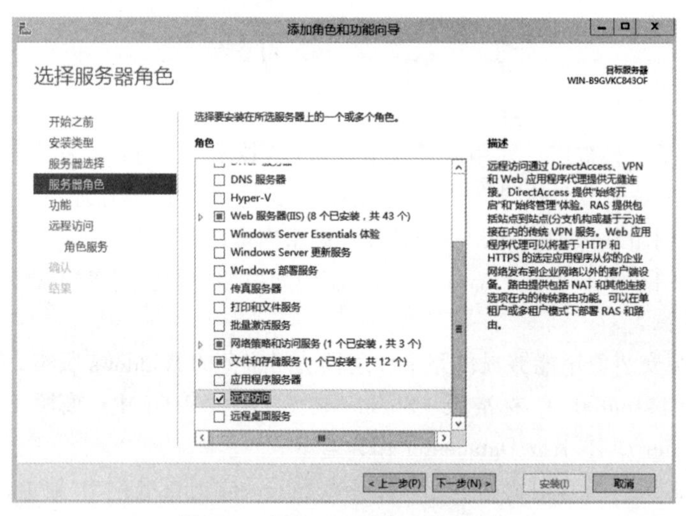

图 8-4 添加“远程访问”角色

② 在“选择功能”中保持默认配置并单击“下一步”按钮，接着在“远程访问”中保持默认配置并单击“下一步”按钮，然后“角色服务”中选择“DirectAccess 和 VPN（RAS）”“路由”两个角色，如图 8-5 所示，并在弹出的配套服务对话框中单击“添加功能”按钮，如图 8-6 所示，然后单击“下一步”按钮。

③ 在“Web 服务器角色（IIS）”中保持默认配置并单击“下一步”按钮，并在“角色服务”中保持默认配置并单击“下一步”按钮。然后在“确认”界面中确认安装所选内容，单击“安装”按钮开始安装，如图 8-7 所示。

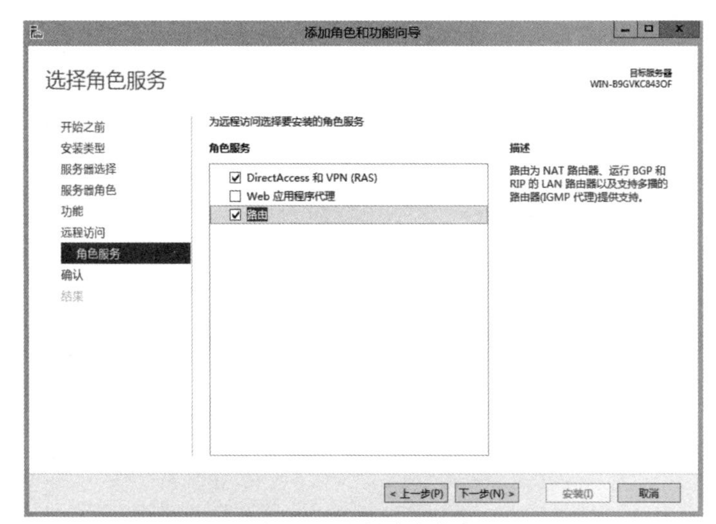

图 8-5　选择路由角色

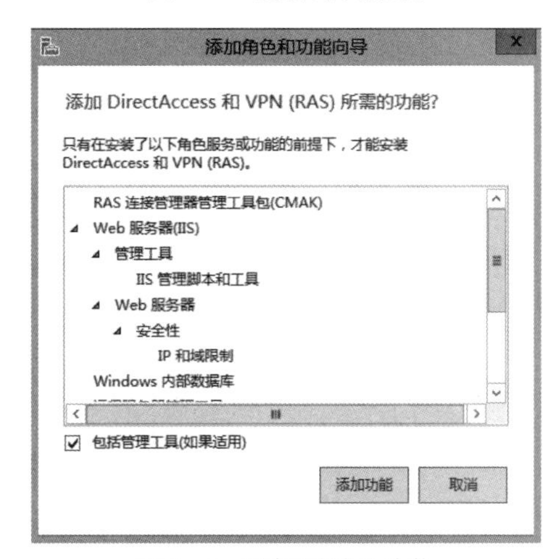

图 8-6　添加所需的功能

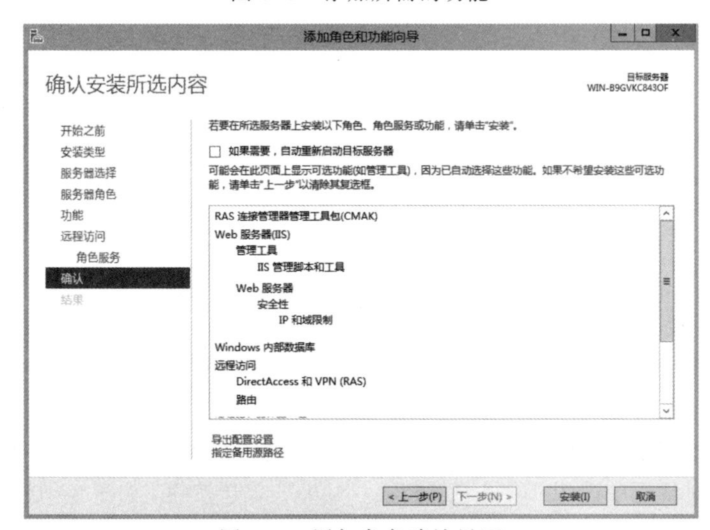

图 8-7　添加角色确认界面

④ 完成上述步骤，就会进入功能安装界面，待“功能安装”下面的安装进度条满格时，就是安装成功，最后单击“关闭”按钮即可，结果如图 8-8 所示。

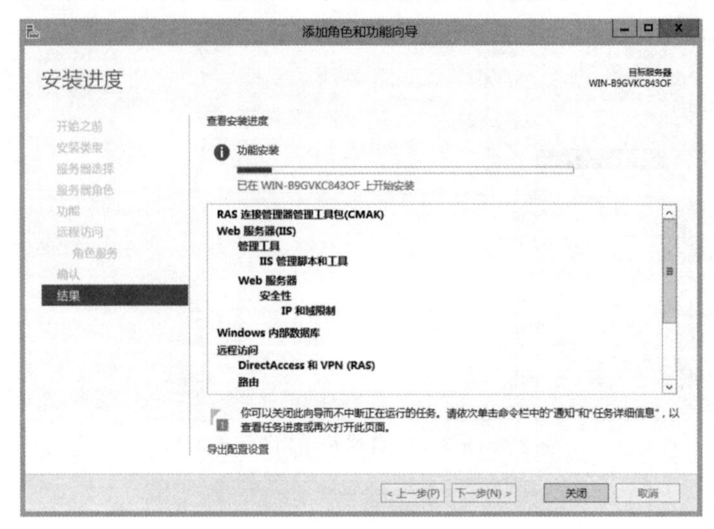

图 8-8　远程访问角色安装进度

（2）配置 NAT 服务器

利用“路由和远程访问”服务架设 NAT 服务器，操作过程如下：

① 在“服务器管理器”主窗口下，单击“工具”→“路由和远程访问”命令，打开“路由和远程访问”窗口，然后在控制台树中，右击“NATServer（本地）”，在弹出的快捷菜单中选择“配置并启用路由和远程访问”命令，如图 8-9 所示，启用 NAT 服务。

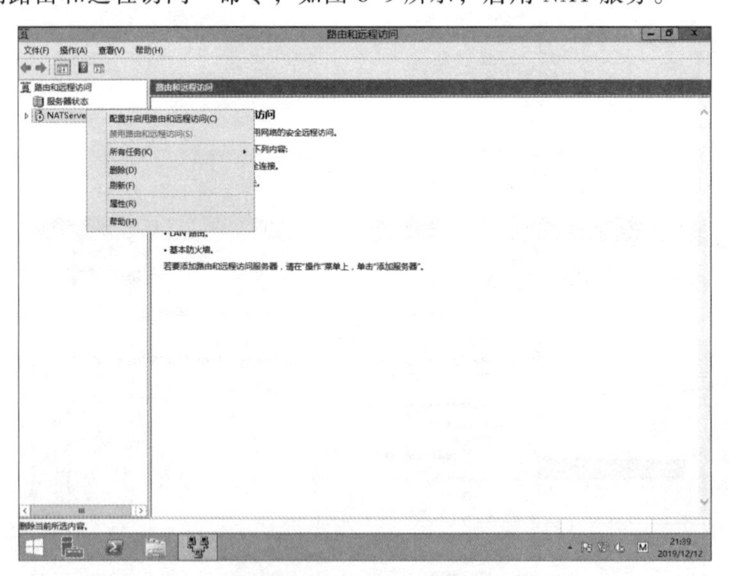

图 8-9 “路由和远程访问”服务的配置与启用

② 在弹出的“路由和远程访问服务器安装向导”对话框中，单击“下一步”按钮。

③ 在弹出的对话框中选中“网络地址转换（NAT）”单选按钮，如图 8-10 所示，并单击“下一步”按钮。

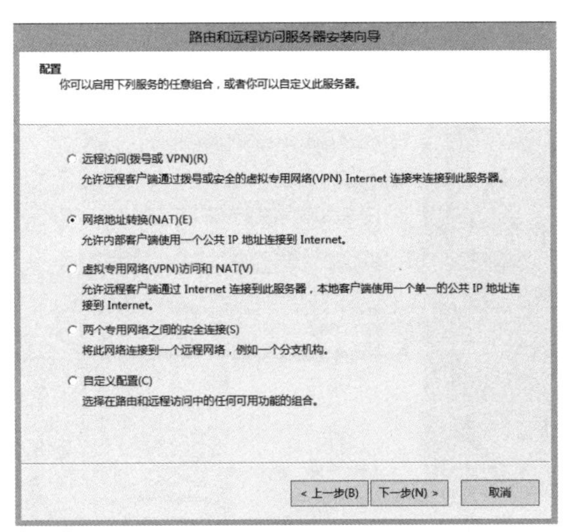

图 8-10　“路由和远程访问服务器安装向导”对话框

④ 单击“下一步”按钮，选择用来连接 Internet 的网络接口，如图 8-11 所示。此时，系统默认会启动基本防火墙。

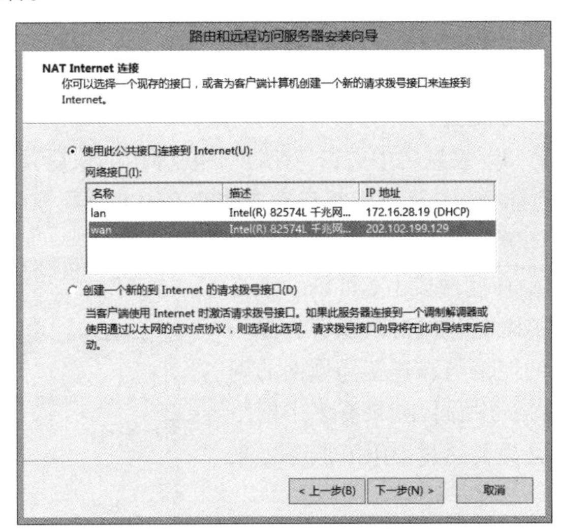

图 8-11　“NAT Internet 连接”对话框

⑤ 单击“下一步”按钮，如果系统检测不到网络中的 DHCP 或 DNS 服务器，会弹出“名称和地址服务”对话框，可以选择“启用基本的名称和地址服务”，如果暂时不需要配置，可以选中“我将稍后设置名称和地址服务”单选按钮。

⑥ 单击“下一步”按钮，可以看到在启用 NAT 服务后，给内网主机分配的 IP 地址的网络号，网络号是依据连接局域网网卡的 IP 地址来确定的，在这里网络地址为 192.168.1.0，子网掩码为 255.255.255.0。

⑦ 单击“下一步”按钮，打开“路由和远程访问服务器安装向导”对话框，如图 8-12 所示。单击“完成”按钮，完成 NAT 服务器的架设。

⑧ 在客户端上，在网络连接的 TCP/IP 属性中选中“自动获取”单选按钮，不需做其他设置，即可以实现 Internet 的访问。

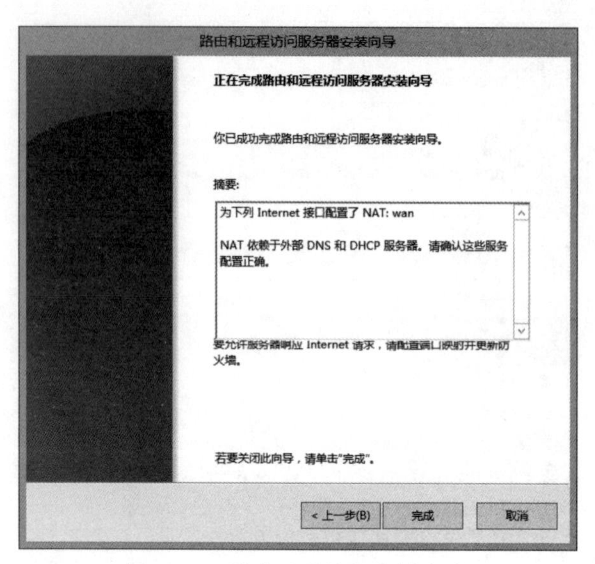

图 8-12 路由远程访问向导完成

（3）管理 NAT 服务器

① DHCP 分配器：NAT 服务器中的 DHCP 分配器可以充当 DHCP 服务器的功能，为内网主机动态分配 IP 地址、子网掩码等 TCP/IP 参数。如果在局域网中存在 DHCP 服务器，在启用 NAT 的过程中就不会激活 DHCP 分配器。

可以在“路由和远程访问”控制台中右击“NAT”，在弹出的快捷菜单中选择“属性”命令，在弹出的对话框中选择“地址分配”选项卡来启动或改变 DHCP 分配器的设置，如图 8-13 所示。

如果局域网中的某些计算机的 IP 地址是手工输入的，而且它们的 IP 地址是在此网段上，可以设置将这些 IP 地址排除。但是，DHCP 分配器只能够分配一个网段的 IP 地址，该网段的网络号和连接局域网的网络连接所设置的 IP 地址网络号相同，如果有多个网络接口连接到内部局域网，必须要通过 DHCP 服务器来分配 IP 地址。

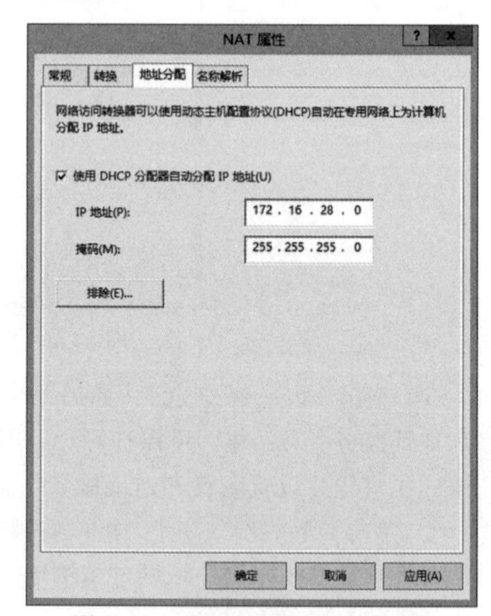

图 8-13 “NAT 属性”对话框的“地址分配”选项卡

② DNS 代理：如果 NAT 服务器启用了 DNS 代理，便可以帮助内网计算机发送 DNS 解析请求，具体解析的操作是由 NAT 服务器的网络接口上设置的 DNS 服务器完成。

在图 8-14 所示对话框中的“名称解析”选项卡下，选中“使用域名系统（DNS）的客户端”复选框，可以启用 DNS 代理。

③ 网络接口：对服务器上网络接口的设置主要包含“接口类型”选项。用户可以在“路由和远程访问”控制台左边窗格中选择“NAT”选项，双击右边窗格中需要修改的网络接口，弹出图 8-15 所示的对话框，在其中修改接口类型。接口类型有 2 种，如表 8-2 所示。

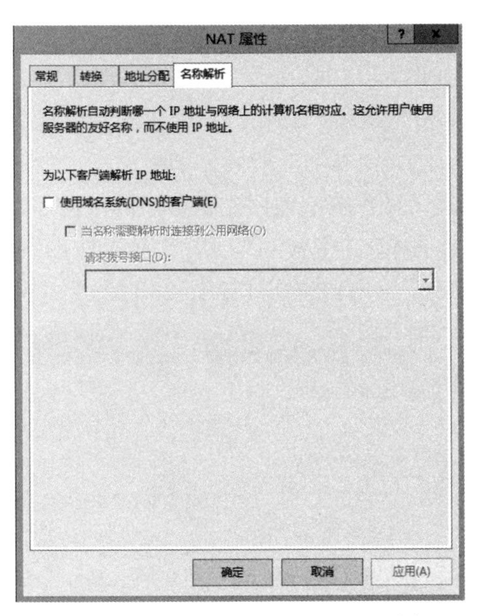

图 8-14　选择“名称解析”选项卡

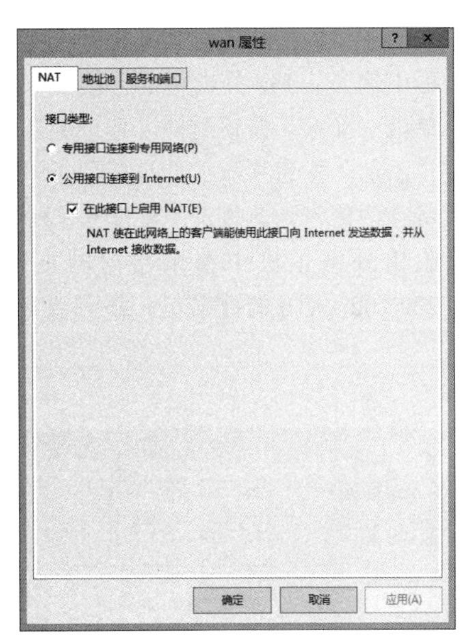

图 8-15　网络连接属性的“NAT”选项卡

表 8-2　网络接口的类型

类　　型	描　　　　述
专用接口连接到专用网络	用来连接到内部局域网的网络接口
公用接口连接到 Internet	用来连接到 Internet 的网络接口

④ 端口映射：NAT 使内网用户可以正常连接到 Internet，但是由于 NAT 屏蔽了内部局域网的网络结构，外网用户正常情况下无法访问局域网内的主机。而 NAT 的端口映射功能可以实现外网用户对内网主机的访问，这一功能主要用在对外网用户开放内网主机提供的服务，如 Web 服务、FTP 服务等。

例如，若要对外开放内网主机上的 Web 站点，可以在“服务和端口”选项卡下选中“Web 服务器(HTTP)”复选框，会自动弹出图 8-16 所示的对话框，输入内网 Web 服务器的私有 IP 地址。

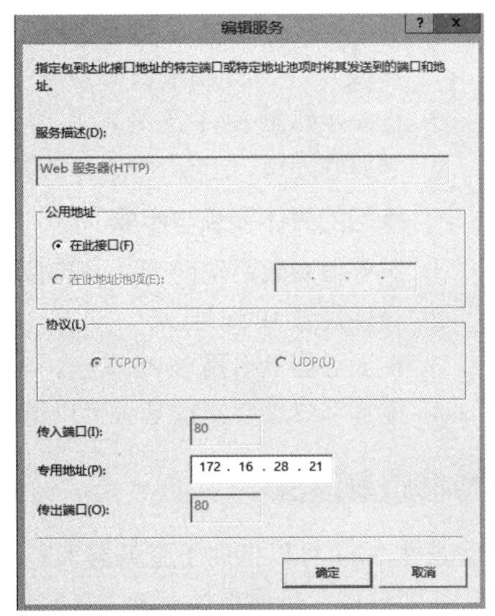

图 8-16　“编辑服务”对话框

⑤ 地址映射：端口映射只是开放了 NAT 服务器的某些端口，而对于有些特殊的应用服务，只开放某些端口是不够的，这时可以使用“地址映射”的功能来解决这个问题。经过地址映射的某个公网 IP 地址会被映射到内部某个特定的私有 IP 地址，所有从外部发给此公网 IP 地址的数据包，不论端口是多少，都会被 NAT 服务器转发给该内网主机。

假设现在需要将公网 IP 202.102.19.10 映射成私有 IP 172.16.28.122，用户可以在 NAT 服务器中按下列步骤设置：

- 在图 8-15 所示的对话框中选择“地址池”选项卡，单击“添加”按钮，在弹出的对话框中输入从 ISP 处申请的公网 IP 地址范围，如图 8-17 所示。
- 单击“确定”按钮返回“地址池”选项卡，单击“保留”按钮，在弹出的对话框中单击“添加”按钮来添加地址映射条目，弹出对话框如图 8-18 所示。如果没有选中“允许将会话传入到此地址”复选框，则 NAT 服务器只接收响应内网主机请求的数据包，不接收由外网主机主动来与内网主机通信的数据包。完成后，所有的从外网传送给 202.102.19.10 的数据包，都会被 NAT 服务器转发给内网主机 172.16.28.122。

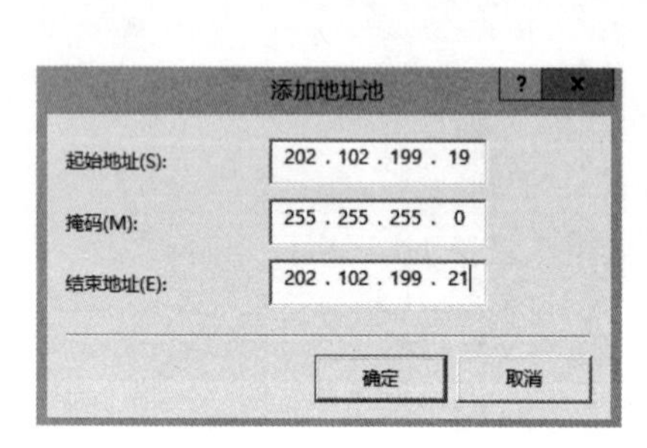

图 8-17 “添加地址池”对话框

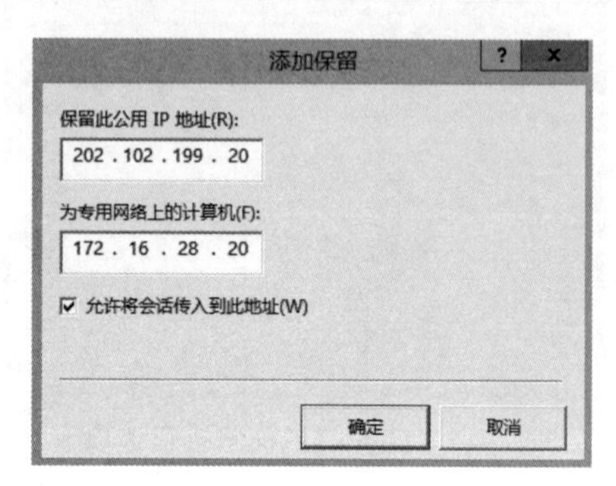

图 8-18 “添加保留”对话框

课堂练习

1. 练习场景

在网络中选择能够访问 Internet 的计算机，将其架设成 NAT 服务器，为其他计算机提供访问 Internet 的服务。

2. 练习目标

① 掌握 NAT 服务器架设的具体步骤。

② 进一步熟悉 NAT 技术的功能。

③ 掌握管理维护 NAT 服务器的方法。

3. 练习的具体要求与步骤

① 服务器安装两块网卡，并连接 Internet。

② 合理规划 IP 地址。

③ 在服务器上启用 NAT 服务。

④ 配置客户端并测试是否可以访问 Internet。

拓展与提高

虽然 NAT 可以借助于服务器来实现，但考虑到运算成本和网络性能，很多时候都是在路由器上来实现的。目前市场上绝大多数厂家的路由器或三层交换机都支持 NAT 技术，如 Cisco、华为、锐捷等公司产品。

本任务中介绍的是固定 IP 地址的 NAT 服务设置，对于非固定 IP 地址（如 ADSL 拨号）访问 Internet 的服务器，NAT 设置步骤与固定 IP 设置步骤基本相同，但是必须另外建立一个 PPPoE 的请求拨号接口，读者可以自行研究。

任务3　了解 VPN 服务

任务描述

Windows Server 2012 提供了比以往更为丰富的远程访问选择方案。系统提供了传统的点对点隧道协议（PPTP）或基于 IPSec 的第 2 层传输协议（L2TP/IPSec）虚拟专用网络（VPN）连接，也可以选择使用安全套接字隧道协议（SSTP）的安全套接字层（SSL）加密的 HTTP VPN 连接。网络管理员根据公司网络带宽、基础结构、兼容性、管理易用性等方面需求选择远程用户访问的最佳方式。通过本次任务的学习应做到：

- 理解 VPN 的概念。
- 理解 VPN 的关键技术。
- 理解 VPN 的主要协议。

任务分析

虚拟专用网络（VPN）是跨专用网络或公用网络的点对点连接。VPN 客户端使用基于 TCP/IP 的特殊协议——隧道协议，在两台计算机之间建立可用于发送数据的安全通道。从两台参与通信的计算机角度来看，在它们之间有一条专用的点对点链路，而实际上数据与任何其他数据包一样，都是通过 Internet 进行传输的。

在典型的 VPN 部署中，客户端通过 Internet 启动与远程访问服务器的虚拟点对点连接。远程访问服务器应答呼叫，对呼叫方进行身份验证，并在 VPN 客户端与企业的专用网络之间传输数据。

运用 Windows Server 2012 的服务器管理器，可以根据企业实际情况选择与要部署的远程访问解决方案最近似的配置路径。最常用的远程访问解决方案包括虚拟专用网络（VPN）连接、拨号连接及两个专用网络之间的安全连接。

本次任务主要包括以下知识点与技能点：

- VPN 的隧道技术。
- VPN 用户认证协议。
- PPTP。
- L2TP。
- SSTP。
- IKEv2。

任务实施

1. 认识 VPN

VPN（Virtual Private Network，虚拟专用网络），可以理解成是虚拟出来的企业内部网络专线。它可以通过特殊的加密通信协议在 Internet 上的位于不同地方的两个或多个企业内部网之间建立一条专有的通信线路，就如同去网络运营商处申请专线，但是不用交纳铺设线路的费用，也不用购买路由器等硬件设备。VPN 技术是原始路由器具有的重要技术之一，目前在交换机、防火墙设备或网络操作系统等软件里也都支持 VPN 功能。VPN 连接拓扑如图 8-19 所示。

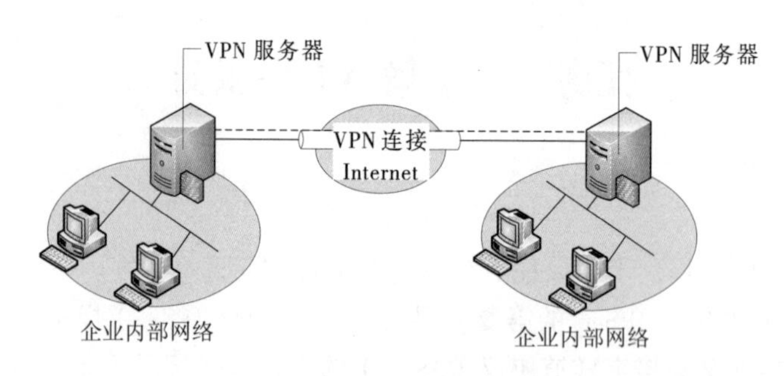

图 8-19　VPN 连接拓扑图

虚拟专用网（VPN）被定义为通过一个公用网络（通常是 Internet）建立一个临时的、安全的连接，是一条穿过混乱的公用网络的安全、稳定的隧道。虚拟专用网是对企业内部网的扩展。虚拟专用网可以帮助远程用户、公司分支机构、商业伙伴及供应商同公司内部网建立可信的安全连接，并保证数据的安全传输。虚拟专用网可用于不断增长的移动用户的全球因特网接入，以实现安全连接；可用于实现企业网站之间安全通信的虚拟专用线路，用于经济有效地连接到商业伙伴和用户的安全外联虚拟专用网。

利用远程访问连接可以将远程工作人员或移动工作人员连接到企业的网络上，远程用户可以像计算机直接连接到企业内部网络上一样工作，包括文件共享、打印机共享、Web 服务器访问和消息传递等，因此，大多数商用应用程序和自定义应用程序不必进行修改即可使用。

2. 构建 VPN 的关键技术

（1）隧道技术

隧道技术是 VPN 实现的关键技术之一，是通过某种协议进行另一种协议传输的技术，主要通过隧道协议进行这种功能的实现。其中包含了三种协议：隧道协议、传输协议和乘客协议。隧道协议主要负责建立、拆卸和保持隧道；传输协议主要进行隧道协议的传送；乘客协议则是进行协议的封装。通过隧道传递的数据通常为不同协议的数据包或数据帧，通过隧道协议将其重新封装并发送。路由信息由新的帧头提供，确保封装的数据包通过互联网传递而到达目的结点，随后通过解封得到原始的数据包。

Windows Server 2012 支持 PPTP、L2TP （L2TP / IPSec）、SSTP （SSL）与 IKEv2（VPN Reconnect）等 VPN 协议。其中 PPTP 和 L2TP 工作在 OSI 模型的第二层，又称二层隧道协议；IPSec 是第三层隧道协议，也是最常见的协议。表 8-3 简要列出了这 4 种通信协议的主要差异，后面还会有相关对应的知识点讲解。

表 8-3　部分身份验证协议及其特点

协 议	支持的 Windows 操作系统	部署方式	行动能力	加密方法
PPTP	XP、Vista、7、8、10	远程访问	无	RC4
	2003（R2）、2008（R2）、2012	远程访问、站点对站点		
L2TP	XP、Vista、7、8、10	远程访问	无	DES、3DES、AES
	2003（R2）、2008（R2）、2012	远程访问、站点对站点远程访问		
SSTP	Vista SP1、2008（R2）、7、8、2012	远程访问	无	RC4、AES
IKEv2	7、8、2008 R2	远程访问	有	3DES、AES
	2012	远程访问、站点对站点		

（2）用户认证技术

在隧道正式连接开始前，通常使用用户认证技术对用户的身份进行确认，从而实现系统的用户授权和进一步资源访问控制。通常情况下，认证协议采用的是摘要技术，它是通过 Hash 函数对长报文的长度进行函数变换，映射成为长度固定的摘要。但由于 Hash 函数的特性难以掌握，使得在不同报文中找到长度相同的摘要变得更加困难。在 VPN 中，这种特性使摘要技术有以下两种用途：

① 数据的完整性验证。发送方发送数据报文及其摘要，接收方对此进行计算对比，如果报文摘要与发送的摘要相同则表示报文没有经过修改。

② 用户认证。这种功能在一定程度上是第一种功能的延伸。当通信的某方希望对另一方进行验证，但不希望验证结果传送到网络时，该通信方可以随机发送一段报文，使对方将该报文摘要及秘密信息发回，另一方可以对摘要进行验证，如果正确，则可以达到对对方进行验证的目的。

Windows Server 2012 中的远程访问支持 EAP、MS-CHAP v2 等身份验证协议，各种协议的特点如表 8-4 所示。

表 8-4　部分身份验证协议及其特点

协　议	特　点
EAP	允许使用身份验证方案（称为 EAP 类型）对远程访问连接进行随意身份验证
MS-CHAP v2	远程访问客户端收到其拨入的远程访问服务器有权访问用户密码的验证，支持双向相互身份验证

注意

Windows Server 2012 还支持未经身份验证的访问，启用了未经身份验证的访问后，远程访问用户不必发送用户凭据即可建立连接。未经身份验证的远程访问客户端在建立连接的过程中不协商使用公用的身份验证协议，也不发送用户名或密码。

（3）数据加密技术

数据加密技术是将一个信息经过加密钥匙及加密函数转换，变成无意义的密文，而接收方则将此密文经过解密函数、解密钥匙还原成明文。加密技术是网络安全技术的基础。

在数据包的传输过程中，主要靠数据加密技术对数据包进行隐藏。如果在这个过程中数据包通过的因特网不够安全，即使已经通过了用户认证，VPN 也不是一定安全的。在发送端隧道，用户认证应该首先加密，然后再进行数据传送；在接收端隧道，通过认证的用户应该先将数据包解密。按照密钥类型的差异可以将当前的密码技术进行分类，主要分为两类：对称和非对称加密系统。在实际中，通常对大量的数据加密采用对称密码体制，而对于关键的核心数据加密则通常采用公钥密码体制。

（4）访问控制

访问控制是按用户身份及其所归属的某项定义组来限制用户对某些信息项的访问，或限制对某些控制功能的使用。访问控制通常用于系统管理员控制用户对服务器、目录、文件等网络资源的访问。它决定了是否允许访问系统以及相关资源的使用，并且通过适当的控制对未授权用户的数据获取和授权用户的资源访问起到阻止作用。

访问控制可分为自主访问控制和强制访问控制两大类。

① 自主访问控制，是指用户有权对自身所创建的访问对象进行访问，并可将对这些对象的访问权授予其他用户和从授予权限的用户收回其访问权限。

② 强制访问控制，是指由系统对用户所创建的对象进行统一的强制性控制，按照规定的规则决定哪些用户可以对哪些对象进行什么样操作系统类型的访问，即使是创建者用户，在创建一个对象后，也可能无权访问该对象。

3. 认识 VPN 的主要协议

VPN 网络的建立，关键是要建立一个虚拟的隧道，隧道可建立多层。传输网络的用户服务不同系统的不同数据源，通过隧道和加密、用户身份验证技术，确保私人数据的合法性和完整性。目前主要的协议有 PPTP（点对点隧道协议）、L2F（第二层转发协议）、L2TP（2 层隧道协议）和 SSTP（安全套接字隧道协议）等。

（1）PPTP

PPTP 允许对多协议通信进行加密，然后封装在 IP 报头中，以通过 IP 网络或公用 IP 网络（例如 Internet）发送。PPTP 可以用于远程访问连接和站点到站点的 VPN 连接。使用 Internet 作为 VPN 的公用网络时，PPTP 服务器是启用 PPTP 的 VPN 服务器，该服务器有两个网络接口：一个接口在 Internet 上，另一个接口在企业内部网上。

① PPTP 的封装。PPTP 将 PPP 帧封装在 IP 数据报中，以便通过网络传输。PPTP 使用 TCP 连接进行隧道管理，使用修订版的通用路由封装（GRE）封装隧道数据的 PPP 帧。封装的 PPP 帧的有效负载可以加密、压缩或加密并压缩。图 8-20 显示了包含 IP 数据报的 PPTP 数据包的结构。

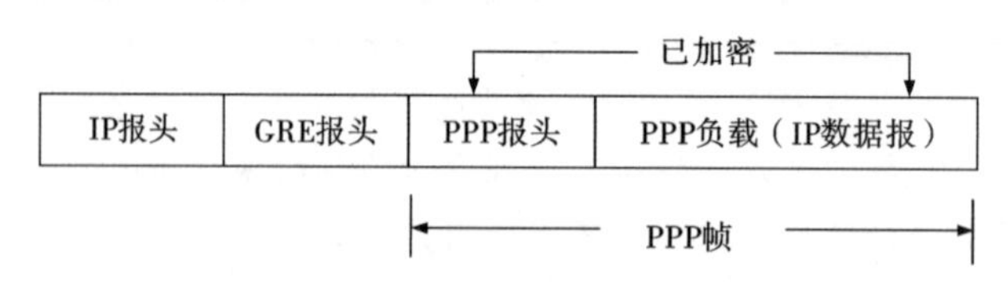

图 8-20　包含 IP 数据报的 PPTP 数据包的结构

② PPTP 的加密。可使用微软质询握手身份验证协议（MS-CHAP v2）或 EAP-TLS 身份验证进程生成的加密密钥，通过微软点对点加密（MPPE）对 PPP 帧进行加密。虚拟专用网络客户端只有使用 MS-CHAPv2 或 EAP-TLS 身份验证协议才能对 PPP 帧的有效负载进行加密。PPTP 利用基础 PPP 加密并封装以前加密的 PPP 帧。

（2）L2TP

L2TP（Layer Tow Tunneling Protocol，第二层隧道协议）是点到点隧道协议与第二层转发协议的综合，它是由 Cisco 公司推出的一项技术。L2TP 技术的产生是为了避免 PPTP 与 L2F 这两种隧道协议在市场上产生不必要的竞争，所以把这两种协议结合起来形成一种隧道协议，用来同时实现点到点隧道协议和第二层转发协议。

L2TP 运用起来之所以十分灵活，是因为它既支持自愿隧道也支持强制隧道。目前 L2TP 技术的相关认证以及计费系统已经发展的比较成熟。

① L2TP 的拓扑结构。L2TP 是一种工业标准的 Internet 隧道协议，功能大致和 PPTP 类似，但是 L2TP 要求面向数据包的点对点连接，连接时使用多隧道并提供报头压缩、隧道验证。图 8-21 显示了一个简单的远程办公情境下的网络拓扑图，是远程用户通过 L2TP 协议与远程服

务器（即网关 2）的沟通过程示意图。其中，网关 2 是代表网络中的 L2TP 服务器。

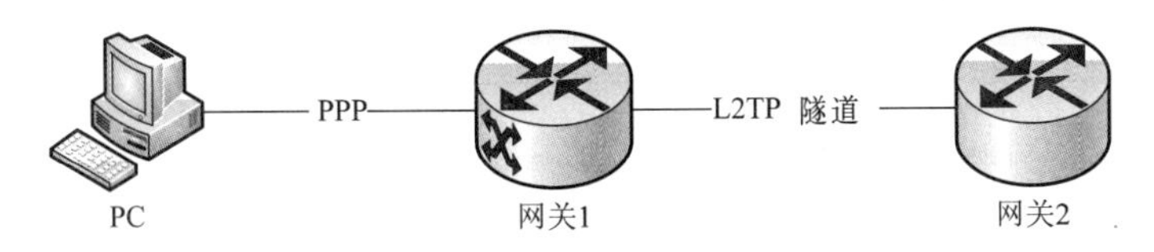

图 8-21 L2TP 协议的拓扑结构

② L2TP 控制消息和数据隧道消息。L2TP 中的信息分为控制消息和数据隧道消息，利用它们可以使 L2TP 能够正常工作。L2TP 的控制消息主要负责创建、维护及终止 L2TP 隧道，而数据隧道消息负责用户的 PPP 数据的传送。L2TP 使用相同的帧发送控制消息和数据隧道消息，只是在帧内部的某一个字段来标识此帧是控制消息还是数据隧道消息。

L2TP 控制消息共分为四类，分别是隧道建立、进入连接（用户建立）、输出连接（LNS 建立）、多种信息，如表 8-5 所示。

表 8-5 L2TP 控制消息类型和分类

信息分类	信息类型
隧道建立	SCCRQ、SCCRP、SCCCN、StopCCN
进入连接（用户建立）	ICRQ、ICRP、ICCN
输出连接（LNS 建立）	OCRQ、OCRP、OCCN
多种信息	Hello、CDN、WEN、SLI

③ L2TP 的安全。L2TP 的安全主要包括 L2TP 隧道建立过程的安全、PPP 会话的安全及判别代理的安全。L2TP 本身不能实行加密方法，所以 L2TP 不能提供任何形式的通信安全，虽然可以使用 PPP 提供加密、压缩等功能，但其安全性和灵活性在许多应用中的强度不能满足要求。

与 PPTP 不同，L2TP 不使用 MPPE 协议对 PPP 数据报进行加密。L2TP 依靠 Internet 协议安全（IPSec）传输模式来提供加密服务。L2TP 和 IPSec 的组合称为 L2TP/IPSec。

（3）SSTP

SSTP（Secure Socket Tunneling Protocol）的全称是安全套接层隧道协议，是微软提供的新一代的 VPN 技术。通过使用此项新技术，可以使管理员更容易配置策略，使 SSTP 流量通过其企业网关或者防火墙。它提供了一种机制，将 PPP 数据包封装在 HTTPS 的 SSL 通信中，从而使 PPP 支持更加安全的身份验证方法，如 EAP-TLS（EAP 传输层协议安全协议）等。

目前，支持 SSTP 技术的仅限于以下的操作系统：Windows Vista SP1、Windows 7、Windows 8、Windows 10 及 Windows Server 2008、Windows Server 2012 等。

① SSTP 的特点。SSTP 的出现，并没有完全否决 PPTP 及 L2TP/IPSEC 在 VPN 连接解决方案中的作用，当企业使用基于 Windows 平台的 VPN 解决方案时，PPTP 和 L2TP/IPSec 仍是最常用的解决或是提升企业网络安全性的两种协议。但两者的数据包通过防火墙、网络地址转换、Web 代理时都有可能发生一些连接方面的问题，造成连接不成功的情况出现。

SSTP 可以创建一个在 HTTPS 上传送的 VPN 隧道，从而消除这些基于 PPTP 或 L2TP VPN 连接时出现连接不成功的问题。但是 SSTP 只适用于远程访问，不能支持站点与站点之间的 VPN

隧道。SSTP与其他VPN协议之间的区别如表8-6所示。

表8-6 不同VPN协议属性对照表

VPN类型 特征	PPTP	L2TP/IPSec	SSTP
封装	GRE	L2TP/UDP	SSTP/TCP
加密	微软点对点加密协议（MPPE）	IPSec 封装安全负载（IPSec ESP）	运用RC4或者AES算法的SSL
通道协议	PPTP	L2TP	SSTP
身份认证	加密之前	IPSec会话建立之后	SSL会话建立之后
客户端	Windows 98以上	Windows 2000以上	Windows Server 2008、Windows 7、Windows 8、Windows 10、Windows Server 2012、Windows Server 2012 R2

② SSTP的工作过程。客户端连接到Windows Server 2012 的SSTP VPN服务器的工作过程如下：

- 客户端以随机的TCP端口建立TCP连接至服务器（常常是网关服务器）上的TCP 443端口。
- 客户端发送一个SSL“Client-Hello”消息给服务器，表明想与服务器建立一个SSL会话。
- 服务器发送“机器证书”至客户端。
- 客户端验证机器证书，决定SSL会话的加密方法，并产生一个以服务器公钥加密的SSL会话密钥，然后发送给服务器。
- 使用此机器证书私钥解密收到的加密SSL会话，之后两者之间所有的通信都以协商的加密方法和SSL会话密钥进行加密。
- 客户端发送一个基于SSL的HTTP（HTTPS）请求至服务器。
- 客户端与服务器协商SSTP隧道。
- 客户端与服务器协商包含“使用PPP验证方法（或EAP验证方法）验证使用者证书及进行IPv4或IPv6通信”的PPP连接。
- 客户端开始发送基于PPP连接的IPv4或IPv6通信数据。

注意

SSTP服务器必须具有一个网站证书，在客户端上安装此根CA的证书供客户端在建立SSL会话期间对服务器进行验证，在建立SSL会话之后根CA证书将作为隧道内的加密凭据，对用户身份进行验证。

（4）IKEv2

IKEv2是采用IPsec信道模式（UDP端口号500）的通信协议，通过IKEv2 MOBIKE（Mobillity and Multihoming Protocol）协议所支持的功能，让用户可以更方便地通过VPN连接企业内部网络（L2TP使用IKEv1）。

前面介绍的3种VPN协议（PPTP、L2TP与SSTP）都有一个共同的缺点，那就是若网络因为故障而导致断开，正在使用的用户就会完全失去其VPN通道，当在网络重新连接后，用户必须重新建立VPN通道。然而IKEv2VPN允许网络中断后，在一段指定的时间内，VPN

通道仍然保留着不会消失（进入休眠状态），一旦网络重新连接后，这个 VPN 通道就会自动恢复工作，用户不需要重新连接、不需要重新输入账户与密码，应用程序可以好像没有被中断一样继续工作。

例如，用户在车上使用笔记本式计算机通过 3G 无线网络（WWAN，Wireless WAN）上网，利用 IKEv2（VPN Reconnect）连接公司 VPN 服务器，执行应用程序来与内部服务器通信，当他到达客户办公室后，即使将 3G 无线网络断开，其 VPN 并不会被中断，若此时用户改用高速 Wi-Fi 无线网络（WLAN）.上网，原来的 VPN 通道就会自动继续工作、应用程序继续与内部服务器通信。

例如，当用户在客户的办公室之间游走时，可能会因为无线信号微弱而中断与 Wi-Fi 无线基站（AP）的连接，因而改为通过另外一个 Wi-Fi 无线基站上网，同样其 VPN 通道也会自动恢复工作。

IKEv2 客户端可以采用用户验证或计算机验证方式来连接 VPN 服务器。若采用用户验证方式，则仅 VPN 服务器需安装计算机证书。若采用计算机验证方式，则 VPN 客户端与服务器都需安装计算机证书。IKEv2 VPN 服务器的计算机证书应包含服务器身份验证与 IP 安全性 IKE 中级证书（或仅包含服务器身份验证亦可，若 VPN 服务器内有多个包含服务器身份验证的计算机证书，则它会挑选同时包含服务器身份验证与 IP 安全性 IKE 中级的计算机证书），而客户端的计算机证书为客户端身份验证证书。

若是站点对站点 IKEv2 VPN，则它还支持采用预共享密钥（preshared key）的计算机验证方法。若使用计算机证书，则两台 VPN 服务器应安装同时包含客户端身份验证、服务器身份验证与 IP 安全性 IKE 中级证书的计算机证书。

可以将 Windows Server 2012 与 Windows Server 2008 R2 设置为 IKEv2 VPN 服务器，但仅 Windows Server 2012 支持站点对站点 IKEv2 VPN。IKEv2 的数据加密方法是 3DES（Triple DES）或 AES（Advanced Encryption Standard，高级加密标准）。

课堂练习

1. 练习场景

网坚合肥分公司的业务代表在外地出差，需要为客户设计一个详细的项目建设方案，业务代表需要通过 VPN 连接登录分公司内部的财务系统查询所需设备的报价，又要连接到总公司查询相关设备的配置信息，公司的网络管理员已经配置好 VPN 服务。

2. 练习目标

① 理解远程接入 VPN 和站点到站点 VPN 的概念。

② 熟练掌握 VPN 的工作原理与工作过程。

3. 练习的具体要求与步骤

描述业务代表通过 VPN 连接到分公司内部网络，并且通过分公司内部网络访问总公司内部网络时两个公司的 VPN 服务器的工作过程。

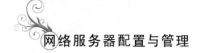

任务4　架设远程接入VPN服务器

任务描述

网坚公司北京总部为了方便公司员工在出差期间访问公司内部的文件服务器和企业内部的办公OA系统，决定在企业网络中部署远程接入VPN服务，为公司全职远程办公者、频繁出差的高管和销售人员及有时需要在家办公的员工，在办公室以外能够连接到公司内部网络。公司部署VPN服务网络环境拓扑结构如图8-22所示。

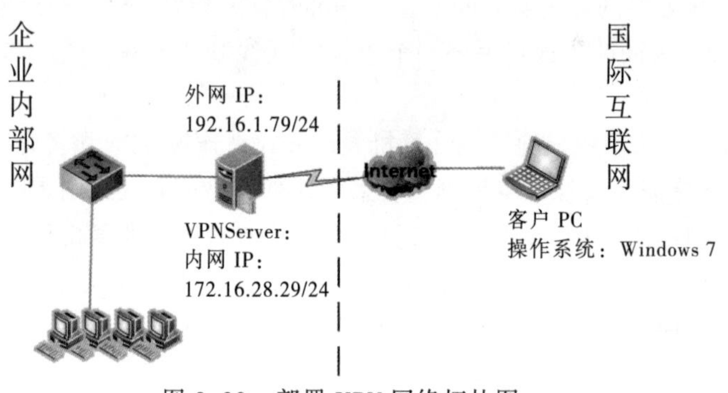

图8-22　部署VPN网络拓扑图

要创建用于远程拨入的VPN解决方案，首先应该架设远程接入VPN服务器。通过本次任务的学习主要掌握：

- 部署VPN服务的网络需求。
- 安装VPN服务的操作方法。
- 配置路由和远程访问服务的操作方法。
- 创建VPN拨入账户的操作方法。
- 配置VPN客户端的操作方法。

任务分析

在企业网络中部署远程接入VPN服务时，要求架设一台VPN服务器。服务器在启用VPN角色时可以选择使用传统的点对点隧道协议（PPTP），也可以选择使用安全套接字隧道协议（SSTP）的安全套接字层（SSL）加密的HTTP VPN连接来实施部署。PPTP是Windows支持的首个VPN协议，且Windows Server 2012仍包含对远程访问PPTP VPN服务器的支持。它使用点对点协议进行身份验证，并使用Microsoft点对点加密（MPPE）进行数据加密，具有易于部署的优点。

安装VPN服务需要满足以下要求：

① VPN服务器必须安装有能够提供VPN服务的Windows版本，如Windows Server 2012。

② 确定放置VPN服务器的网络位置，一般放置在企业内部网络与Internet之间的外围网络中。

③ 确定服务器拥有两块网卡，一块用于连接外部网络，另一块用于连接内部网络。

④ 安装VPN服务器服务时需要具有系统管理员的权限。

架设VPN服务器，首先需要在满足上述要求的服务器中安装VPN服务，然后启用路由和远程访问服务，选择正确的服务组合，使远程客户端能够通过 Internet 连接到此服务器，同时，还要在服务器上创建 VPN 拨入账户供远程客户端连接时进行身份验证，最后需要正确地配置远程客户端。本次任务主要包括以下知识点与技能点：

- 安装 VPN 服务。
- 配置并启用 VPN 服务。
- 创建 VPN 拨入账户。
- 配置 VPN 客户端。

任务实施

1. 安装 VPN 服务

在 Windows Server 2012 中，VPN 服务器安装方法和之前的 Windows 系统有所不同，它作为一项角色服务包含在“网络策略和访问服务”角色中。“网络策略和访问服务”提供了网络策略服务器（NPS）、路由与远程访问、健康注册颁发机构（HRA）和主机凭据授权协议（HCAP）四个角色服务，这些服务都有助于提升网络的健康和安全。

① 单击桌面左下角的“服务器管理器”按钮，打开“服务器管理器”窗口，选择“添加角色和功能”选项，弹出“添加角色和功能向导”对话框，单击“下一步”按钮，显示“选择安装类型”界面，保持选中“基于角色或基于功能的安装”单选按钮，单击“下一步”按钮，如图 8-23 所示。

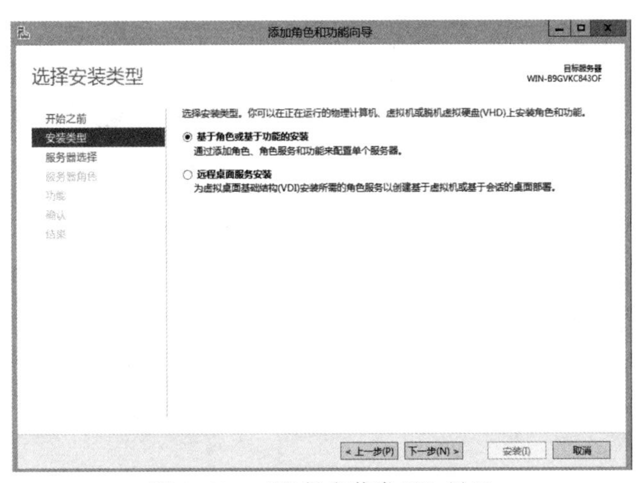

图 8-23 “选择安装类型”界面

② 显示“选择目标服务器”界面，选择“从服务器池中选择服务器”单选按钮，如图 8-24 所示，安装程序自动检测到服务器的网络连接，确认 VPN 服务器上两个网卡的 IP 地址无误后（如果 IP 地址异常，则关闭“添加角色和功能向导”对话框和“服务器管理器”窗口，然后从步骤①开始重新操作），单击“下一步”按钮。

③ 显示“选择服务器角色”界面，选择“远程访问”复选框，单击“下一步”按钮，如图 8-25 所示。

④ 显示“选择功能”界面，保持默认设置，单击“下一步”按钮，接着显示“远程访问”界面，可查看远程访问简介，单击“下一步”按钮。然后显示“选择角色服务”界面，选择“DirectAccess

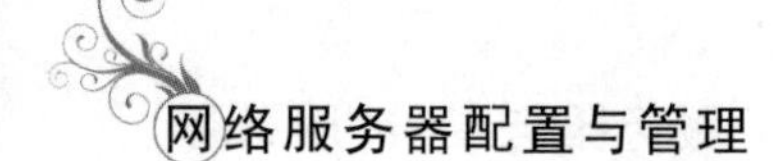

和 VPN（RAS）”复选框，弹出“添加 DirectAccess 和 VPN（RAS）所需的功能” 提示框，如图 8-26 所示，单击“添加功能”按钮，返回“选择角色服务”界面，单击“下一步”按钮。

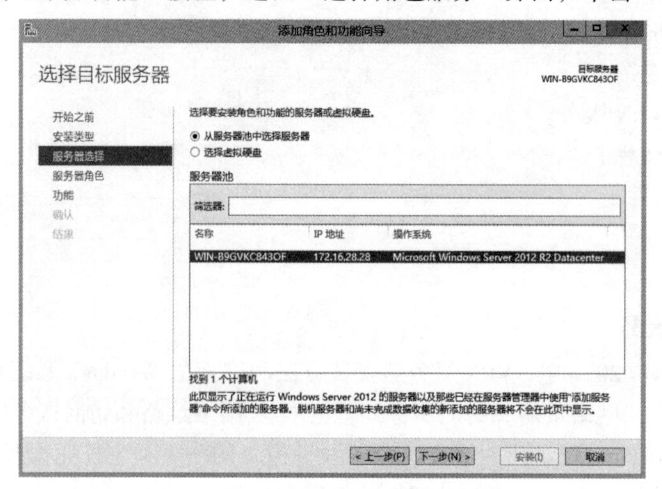

图 8-24　“选择目标服务器”界面

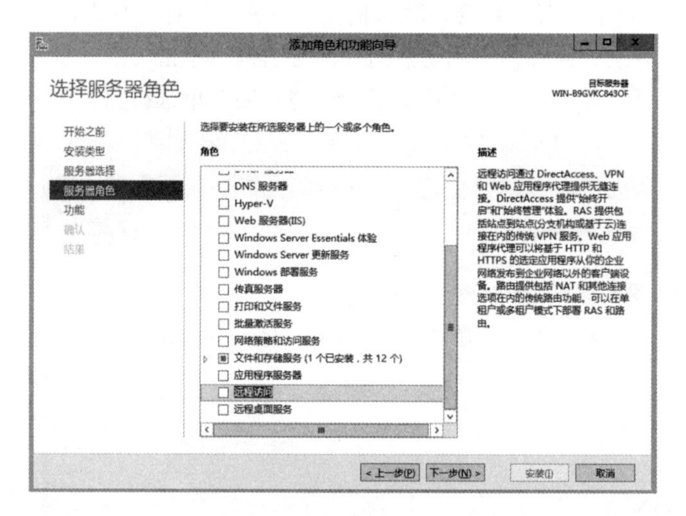

图 8-25　“选择服务器角色”界面

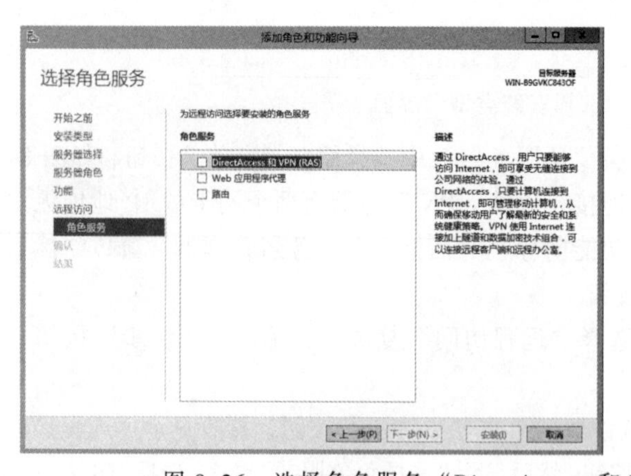

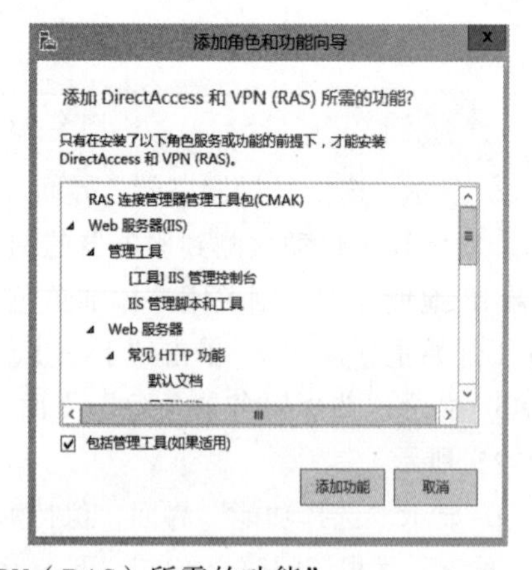

图 8-26　选择角色服务“DirectAccess 和 VPN（RAS）所需的功能”

⑤ 显示“确认安装所选内容”界面，单击“安装”按钮开始安装 VPN 服务器，然后显示“安装进度”界面，如图 8-27 所示，待 VPN 服务器安装完成，单击“关闭”按钮，关闭“添加角色和功能向导”对话框。通过“安装结果”对话框，系统列出已经安装到服务器的角色，并且给出相应的警告消息和提示消息，提醒系统管理员需要实施相应的配置，提高服务器的功能和安全性。

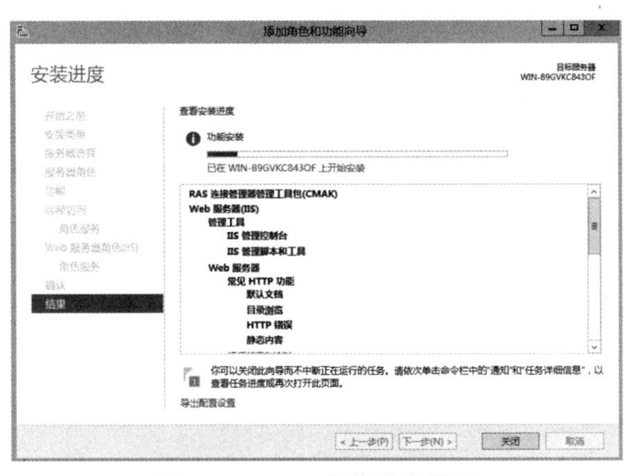

图 8-27　VPN 安装进度界面

2. 配置并启用 VPN 服务

在“网络策略和访问服务”角色安装完成后，默认的情况下“路由和远程访问”功能并没有启用，需要进一步的设置才能开启路由和远程访问功能。

① 在“服务器管理器”窗口中，选择“工具”→“路由和远程访问”选项，打开“路由和远程访问”窗口，右击服务器名称，在弹出的快捷菜单中选择“配置并启用路由和远程访问”选项，弹出“路由和远程访问服务器安装向导”对话框，如图 8-28 所示，单击“下一步”按钮。

② 弹出“配置”对话框，如图 8-29 所示。在此项设置中，系统给出了四个默认选项，分别是“远程访问（拨号或 VPN）”“网络地址转换（NAT）”“虚拟专用网络（VPN）访问和 NAT”“两个专用网络之间的安全连接”，这四个默认选项分别对应着企业常规业务中的四个不同的应用场景，在每一个选项下面都给出了应用场景的具体描述。系统管理员还可以选择“自定义配置”根据公司具体情况进行下一步的设置。在这里选中“远程访问（拨号或 VPN）”单选按钮。

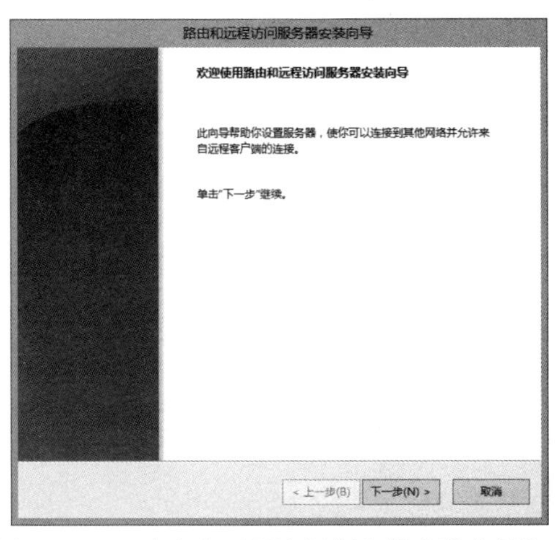

图 8-28　“路由和远程访问服务器安装向导”对话框

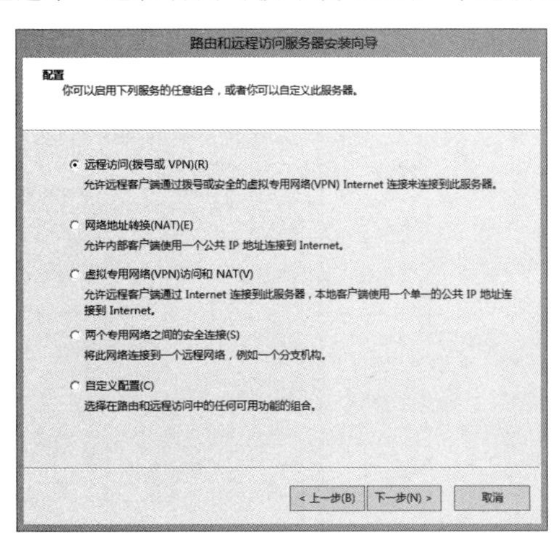

图 8-29　配置 VPN 访问类型

注意

在选中“虚拟专用网络（VPN）访问和NAT”单选按钮时，要求VPN服务器中必须要包含至少两块网卡，否则无法进行下一步设置。如果服务器只有一块网卡，可以选中“自定义配置”单选按钮完成远程访问的配置。

③ 显示“远程访问”界面，选择“VPN”复选框，单击“下一步”按钮，如图8-30所示。

④ 在弹出的“VPN连接”对话框中，选择VPN服务器连接到Internet的网络接口，也就是我们这里的Ethernet1，如图8-31所示。

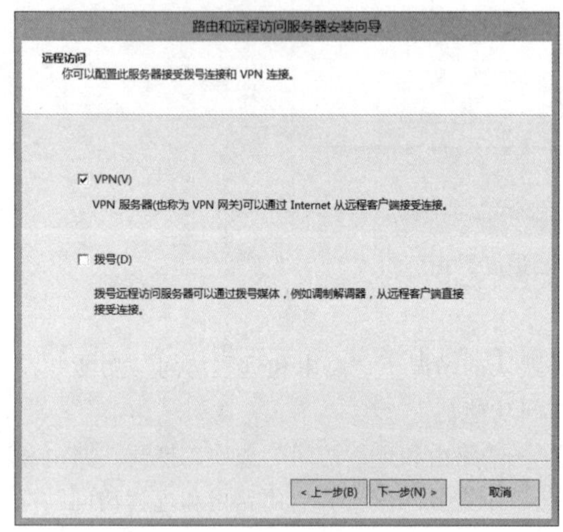

图8-30 “远程访问”界面

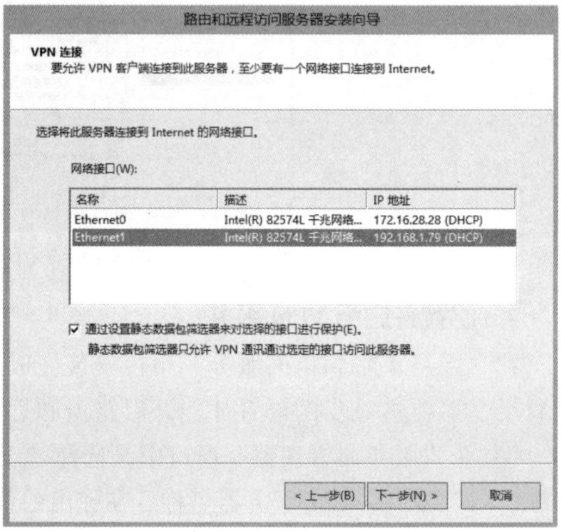

图8-31 选择VPN连接网络接口

⑤ 单击“下一步”按钮，在弹出的“IP地址分配”对话框中，如果企业内部网络中已经架设了DHCP服务器，则可以选中“自动”单选按钮，由DHCP服务器给接入到VPN服务器的客户端分配IP地址；也可以选中“来自一个指定的地址范围”单选按钮，由VPN服务器给客户端分配IP地址。这里按照图8-32所示设置。

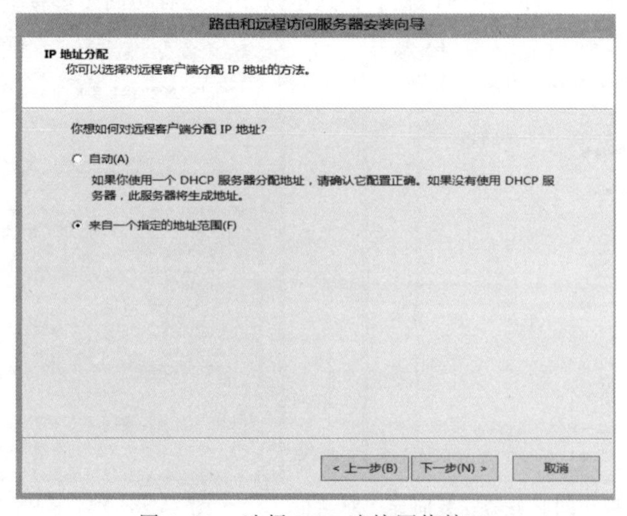

图8-32 选择VPN连接网络接口

⑥ 单击“下一步”按钮，在“地址范围分配”界面，输入新的地址范围，如图 8-33 所示，单击“确定”按钮，返回“地址范围分配”界面。

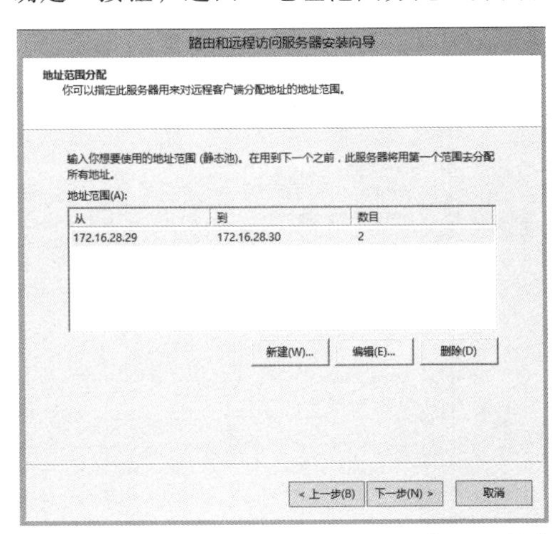

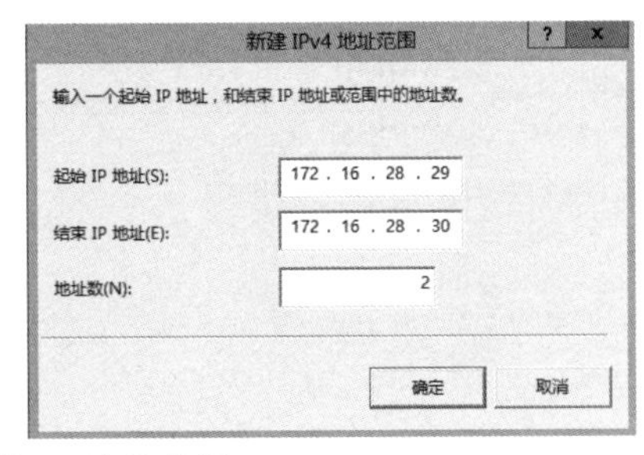

图 8-33　分配远程客户端 IP 地址范围

⑦ 单击“下一步”按钮，在弹出的“管理多个远程访问服务器”对话框中，由于企业网络内部没有 Radius 服务器，此处选中第一项“否，使用路由和远程访问来对连接进行身份验证”单选按钮，单击“下一步”按钮，在“正在完成路由和远程访问服务服务器安装向导”界面，单击“完成”按钮完成相应配置，如图 8-34 所示。

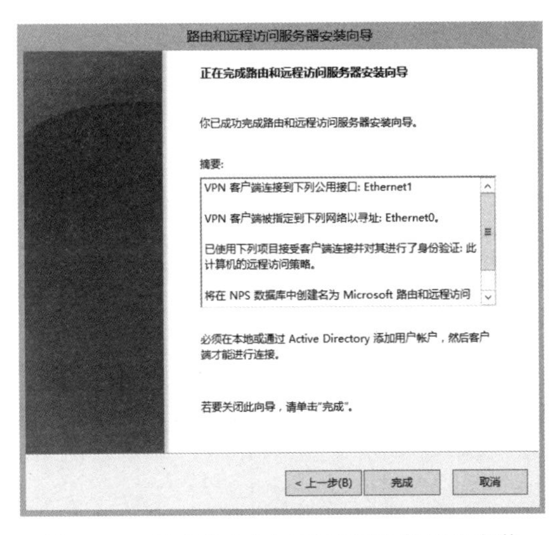

图 8-34　完成路由和远程访问服务器的安装

完成配置后，选择“路由和远程访问服务”→“端口”选项，此时，在中间的窗口中可以看到系统已经创建了“PPTP”“SSTP”“L2TP”“IKEv2”四种协议的 VPN 服务。

3. 创建 VPN 拨入账户

在 VPNServer 服务器中安装并启用了 VPN 服务以后，客户端用户现在还无法连接到此 VPN 服务器，需要在 VPNServer 服务器上创建用户账户，并且分配 VPN 拨入权限，操作过程如下：

① 在 VPN 服务器的“服务器管理器”窗口中，选择“工具”→“计算机管理”选项，打开“计算机管理”窗口，新建用户“test”，输入相关的密码，如图 8-35 所示。

② 在“用户”窗口中右击刚刚建立的账户名称 test，在弹出的快捷菜单中选择“属性”命令，在用户属性对话框中选择“拨入”选项卡，将该选项卡下的“网络访问权限”设置为“允许访问”，如图 8-36 所示。

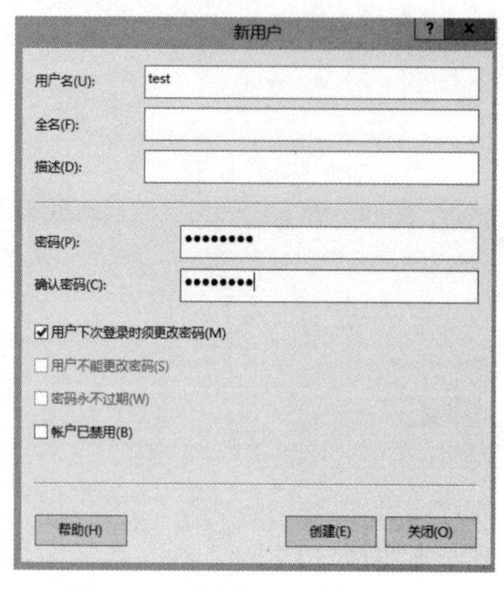

图 8-35　创建 VPN 拨入账户

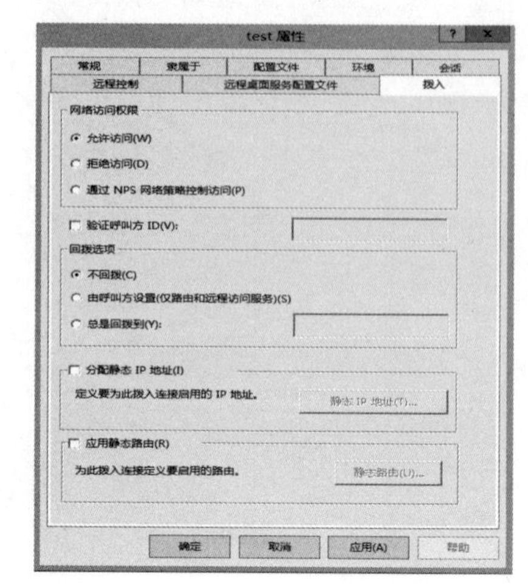

图 8-36　配置 VPN 拨入账户网络访问权限

4. **配置 VPN 客户端**

配置完成 VPNServer 服务器后，在互联网中的客户端 PC 上只需要做简单的设置即可连接到企业内部的 VPN 服务器。由于任务中的客户端 PC 安装的是 Windows 7 操作系统，下面将介绍在 Windows 7 操作系统下的 VPN 客户端配置方法。

① 右击桌面上“网络”图标，在弹出的快捷菜单中选择“属性”命令，弹出“网络和共享中心”对话框，在该对话框的“更改网络设置”区域中，单击“设置新的连接或网络”链接，打开“设置连接或网络”向导。

② 在“设置连接或网络”向导中的“选择一个连接选项”对话框中选择“连接到工作区”选项，如图8-37 所示，单击“下一步”按钮，在弹出的“你想如何连接”对话框中选择“使用我的 Internet 连接（VPN）”选项。

③ 系统弹出“连接到工作区”向导，在连接向导的“Internet 地址”文本框中输入 VPNServer 服务器的外网地址，即 223.255.2.25；“目标名称”文本框中输入连接名称，在这里按照图 8-38 所示，输入“VPN 连接 2”字符串，单击“创建”按钮，完成用户创建。

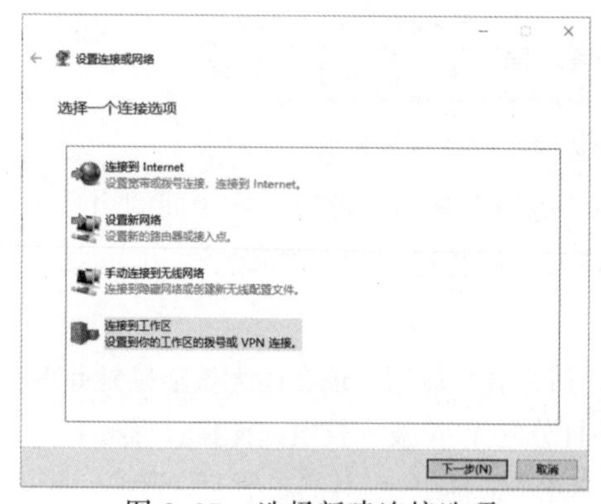

图 8-37　选择新建连接选项

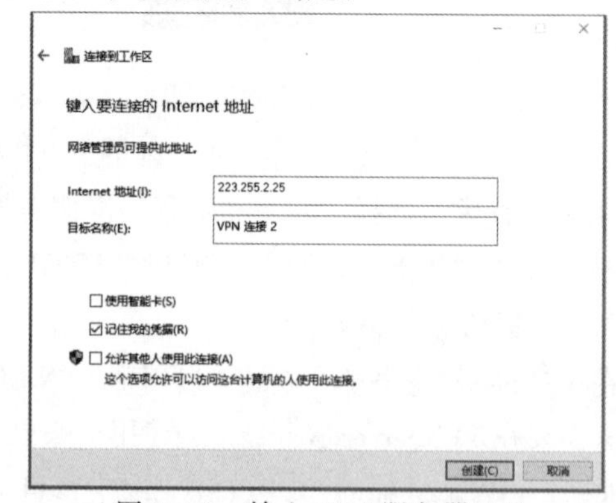

图 8-38　输入 VPN 服务器地址

④ 在“网络和共享中心”的窗口中，选择“更改适配器设置”选项，打开“网络连接”选项，打开“网络连接”窗口，双击“VPN 连接”图标。打开“设置”窗口，选择“VPN 连接无 Internet”选项，单击“连接”按钮。

⑤ 弹出用户登录框，输入具有远程访问权限的用户名和密码，单击“确定“按钮，如图 8-39 所示，VPN 连接成功后，在“设置”窗口中，显示 VPN 已连接，输入完成如图 8-40 所示。

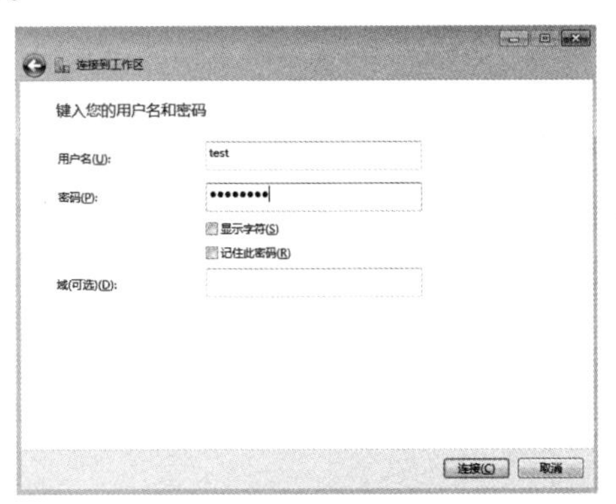

图 8-39 输入 VPN 拨入用户名和密码

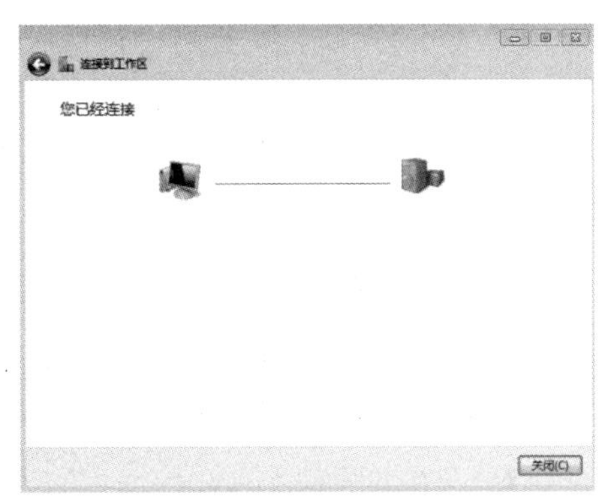

图 8-40 VPN 拨入成功

课堂练习

1. 练习场景

网坚公司为了提高工作效率，实现员工对远程办公和移动办公的需求，希望网络管理员小张在公司内部架设一台远程接入 VPN 服务器，同时制作一个客户端连接的配置说明书供公司员工参阅并对照说明书进行客户端配置。

2. 练习目标

① 掌握远程接入 VPN 服务的安装。

② 掌握远程接入 VPN 服务的配置。

③ 掌握接入 VPN 服务器的客户端配置。

3. 练习的具体要求与步骤

① 使用服务管理器添加“网络策略和访问服务”角色。

② 在服务管理器中配置“路由和远程访问服务”。

③ 为 VPN 拨入用户创建用户组和用户账户。

④ 针对不同的客户端，撰写客户端建立拨入 VPN 连接的配置说明。

练　习　题

一、填空题

1. 企业局域网常用的接入 Internet 方式有________、________、________和________。

2. NAT 技术的三种类型分别是________、________和________。

3. 启用“路由和远程服务”，系统必须禁用的服务是________________________。

4. ICS设置中对局域网可分配的网段为________。

5. 使用代理服务、NAT和ICS，计算机都必须拥有________。

6. CCproxy代理服务器的主要功能包括________、________、________、________和________等。

7. 网坚公司想在NAT服务器上通过在内网卡上设置出站过滤，使外网用户无法访问内网的FTP服务器172.16.28.3，可采用下列步骤实现：

（1）在内网卡的"出站筛选器"对话框中选择的筛选器操作是________________。

（2）设置筛选项的源地址、协议类型、目的端口号分别是________、________和________。

8. VPN是Virtual Private Network的缩写，它又被称为________。

9. VPN不是真正的专用网络，它是________的延伸。

10. VPN主要通过采用________、________、________和________四项技术来保证其数据安全。

11. SSTP只适用于________，不能支持________的VPN隧道。

12. 在"路由和远程访问服务器安装向导"中，可以配置________、________、________和________四种类型的连接方式。

13. 网关式VPN需要在各自网络的VPN服务器上分别配置________和________以实现身份认证，且双方的配置要协调统一。

二、选择题

1. NAT不具备的功能是（　　）。

A. 端口映射　　B. 地址映射　　C. 地址池映射　　D. RIP路由

2. 下面叙述正确的是（　　）。

A. NAT的DHCP分配器可以分配任何网段的IP地址

B. NAT的DHCP分配器可以分配与内网接口同网段的IP地址

C. NAT的DHCP分配器就是一个DHCP服务器

D. NAT的DHCP分配器可跨网段分配IP地址

4. 假设NAT服务器上外网接口的IP地址为11.11.11.11，内部主机192.168.1.1经过NAT发送数据包至Internet，访问外部Web服务器22.22.22.22。则地址转换关系是（　　）。

A. 192.168.1.1→22.22.22.22　　B. 11.11.11.11→192.168.1.1

C. 22.22.22.22→192.168.1.1　　D. 192.168.1.1→11.11.11.11

5. 代理服务器CCProxy默认的HTTP端口号是（　　）。

A. 80　　B. 8080　　C. 808　　D. 8088

6. 如果想发布使用私有地址的内网Web服务器上的信息，该使用的功能是（　　）。

A. 地址映射　　B. 端口映射　　C. 出站过滤　　D. 入站过滤

7. 下列关于VPN的叙述，不正确的有（　　）。

A. 利用公共网络构建的私人专用网络称为虚拟私有网络VPN

B. 在公共网络上组建的VPN可以提供安全性、可靠性和可管理性等

C. 实现VPN 的核心技术是各种隧道技术

D. VPN可以实现对用户访问互联网行为的日志记录

8. 下列 VPN 协议属于二层隧道 VPN 协议的有（　　）。

A. L2F　　B. IPSec　　C. PPTP　　D. L2TP

9. 下列安全技术中，不是 VPN 所需的安全技术为（　　）。

A. 隧道技术　　B. 加密解密技术　　C. 防火墙技术　　D. 认证技术

10. 网坚的分公司为其新来的员工小张建立了远程访问账户，并将用户名和密码告诉了小张，小张按照公司网络管理员提供的客户端配置说明正确地配置了自己的计算机，但是连接到 VPN 服务器时始终提示“本账户没有拨入的权限”，而其他员工可以正常访问，请问该问题的主要原因为（　　）。

A. 用户名和密码输入错误　　B. VPN 服务器协议配置错误

C. 客户端计算机需要重启　　D. 远程访问账户没有配置好拨入属性

项目 9

使用证书服务保护网络通信

学习情境

网坚公司的总公司与各子公司之间、外出人员与公司各部门之间经常需要通过互联网传递各类内部文件和业务数据，文件和业务数据的安全越来越受到关注。IT 部门急需找到一种身份认证和数据加密的方式，以实现内部文件和业务数据的防窃取和防篡改问题。

本项目讲述的是利用数字证书实现用户身份认证、数据加密等功能，确保用户在利用互联网进行交流中信息和数据的完整性和安全性。数字证书集合了多种密码学算法，证书自身带有公钥信息，可以完成相应的加密、解密操作。同时，数字证书还拥有自身信息的数字签名，可以鉴别证书的颁发机构，以及证书内容的完整性。

本项目基于 Windows Server 2012，在网坚公司企业内部网络中部署证书服务，为总公司、分公司员工及企业合作伙伴提供证书服务。本项目主要包括以下任务：

- 了解证书服务。
- 安装与配置证书服务。
- 管理与维护证书服务。

任务 1　了解证书服务

任务描述

数字证书是指证书颁发机构（CA）发行的一种电子文档，是一串能够表明网络用户身份信息的数字，它通过对用户的信息和数据进行加密或解密来保证信息和数据的完整性和安全性。数字证书提供了一种在计算机网络上验证网络用户身份的方式,因此数字证书又称为数字标识。CA 是公钥基础设施（Public Key Infrastructure，PKI）系统中的重要组成部分。因此在部署证书服务之前，理解 PKI 和 CA 的概念，熟悉 PKI 的组成及 CA 分类等知识是必要的。通过本次任务的学习主要掌握：

- 理解 PKI 的概念和组成。
- 理解 CA 的概念及分类。

任务分析

数字证书是公钥的载体，是用户在网络中的电子身份证，通过证书将公钥和用户身份关联起来。在网络通信中，数字证书是用来区别通信双方身份信息的，它成功地解决了在互联网上如何验证通信双方的身份信息的难题。

Windows Server 2012 操作系统中的 Active Directory 证书服务（AD CS）用于创建和管理系统为用户颁发的公钥证书，为证书的分发和管理提供了安全高效的解决方案，支持多种应用领域和多种操作系统，并且提供了丰富的可自定义服务。

本次任务主要包括以下知识点与技能点：

- PKI 的概念和组成。
- CA 的概念。
- CA 的结构及信任关系。
- CA 的分类。

任务实施

1. 理解 PKI 的基础知识

PKI 的应用非常广泛，其为网上金融、网上银行、网上证券、电子商务、电子政务等网络中的数据交换提供了完备的安全服务功能。PKI 作为安全基础设施，能够提供身份认证、数据完整性、数据保密性、数据公正性、不可抵赖性和时间戳六种安全服务。PKI 的主要目的是为用户创建一个安全的网络环境，让用户可以方便地在不同环境中使用数字签名这项技术而不用了解其细节，充当用户在网络中的安全卫士，保证用户在数据交换过程中的信息安全。

（1）PKI 的概念

PKI 即公开密钥基础设施，是以公开密钥技术为基础，以数据的机密性、完整性、真实性和不可抵赖性为安全目的而构建的认证、授权、加密等硬件、软件的综合设施。

PKI 安全系统能够提供智能化的信任服务和有效的授权服务。其中，信任服务主要是解决在互联网环境中如何确认操作者真正身份的问题，授权服务主要提供用户的权限分配及管理。

（2）PKI 的组成

一个典型有效的 PKI 系统由 PKI 策略、证书管理机构 CA、注册机构 RA、证书发布系统、密钥备份与恢复系统、证书作废系统以及 PKI 应用接口等组成，企业构建 PKI 也需要围绕这七大系统来着手构建，如图 9-1 所示。

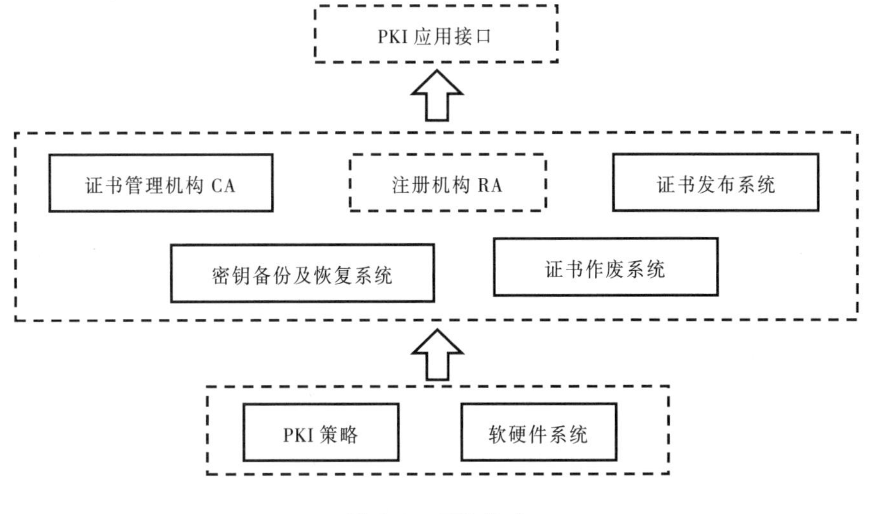

图 9-1　PKI 组成

① PKI策略。PKI策略建立和定义了一个组织信息安全方面的指导方针，同时也定义了密码系统使用的处理方法和原则。它包括一个组织怎样处理密钥和有价值的信息，根据风险的级别定义安全控制的级别。

② 证书管理机构CA。证书管理机构CA（Certificate Authority）是PKI的信任基础，它管理公钥的整个生命周期，其作用包括：发放证书、规定证书的有效期和通过发布证书废除列表（CRL）确保必要时可以废除证书。

③ 注册机构RA。注册机构RA为用户和CA之间提供接口服务，获取并认证用户的身份，向CA提出证书请求。RA主要完成收集用户信息和确认用户身份的功能，它接受用户的注册申请，审查用户的申请资格，并决定是否同意CA给其签发数字证书。对于一个规模较小的企业搭建的PKI应用系统来说，可把注册管理的职能由认证中心CA来完成，而不设立独立运行的RA。

④ 证书发布系统。证书发布系统负责数字证书的发放，可以通过用户自己申请的方式发放，也可以通过目录服务器发放。一般情况下企业不单独设立证书发布系统，而是采用PKI方案中提供的发布方式发放证书。

⑤ 密钥备份及恢复系统。密钥备份及恢复系统是PKI提供的备份与恢复密钥的机制，防止用户丢失解密数据的密钥，而造成数据无法被解密的情况。密钥的备份与恢复必须由可信的机构来完成，并且只能针对解密密钥，签名私钥为确保其唯一性而不能备份。

⑥ 证书作废系统。证书作废系统是PKI的一个必备的组件，它提供了作废证书的一系列机制。当出现密钥介质丢失或用户身份变更等情况，证书作废系统就启用作废机制，将有效期以内的证书作废处理。

⑦ PKI应用接口。PKI的价值在于使用户能够方便地使用加密、数字签名等安全服务。因此一个完整的PKI必须提供良好的应用接口系统，使得各种各样的应用能够以安全、一致、可信的方式与PKI交互，确保安全网络环境的完整性和易用性。

知识链接——密钥

密钥是一种参数，它是在明文转换为密文或将密文转换为明文的算法中输入的参数。密钥分为对称密钥与非对称密钥。

2. 理解CA的基础知识

（1）CA的概念

① 数字证书。数字证书是一种数字标识，可以说是Internet上的安全护照或身份证明。当人们到其他国家旅行时，用户护照可以证实其身份，并被获准进入这个国家。数字证书提供的是网络上的身份证明。

数字证书是一个经证书授权中心数字签名的包含公开密钥拥有者信息和公开密钥的文件。最简单的证书包含一个公开密钥、名称以及证书授权中心的数字签名。一般情况下证书中还包括密钥的有效时间、发证机关（证书授权中心）的名称、该证书的序列号等信息，证书的格式遵循ITU-TX.509国际标准。

② 证书管理机构CA。CA是数字证书授权中心的简称，是指发放、管理、废除数字证书的机构。CA的作用是检查证书持有者身份的合法性，并签发证书（在证书上签字），以防证书被伪造或篡改，对证书和密钥进行有效管理。CA是各行业、各部门及公众共同信任的、认可

的、权威的、不参与交易的第三方身份认证机构。

CA 是 PKI 的核心组成部分，主要对网上的数据信息的发送方与接收方身份进行确认，以保证各方信息传递的机密性、完整性、真实性和不可抵赖性。

（2）CA 的结构及信任关系

① CA 框架模型。CA 通常为一个称为安全域（Security Domain）的有限群体发放证书。创建证书的时候，CA 系统首先获取包含用户公钥的请求信息，CA 将根据用户的请求信息产生证书，并用自己的私钥对证书进行签名。其他用户、应用程序或实体将使用 CA 的公钥对证书进行验证。如果一个 CA 系统是可信的，则验证证书的用户可以确信，他所验证的证书中的公钥属于证书所代表的那个实体。

CA 还负责维护和发布证书废除列表 CRL（Certificate Revocation Lists，又称为证书黑名单）。当一个证书，特别是其中的公钥未到期而因为其他原因无效时，CRL 提供了一种通知用户和其他应用的中心管理方式。CA 系统生成 CRL 以后，要么是放到 LDAP 服务器中供用户查询或下载，要么是放置在 Web 服务器的合适位置，以页面超链接的方式供用户直接查询或下载。

一个典型的 CA 系统包括安全服务器、注册机构 RA、CA 服务器、LDAP 目录服务器和数据库服务器等，如图 9-2 所示。

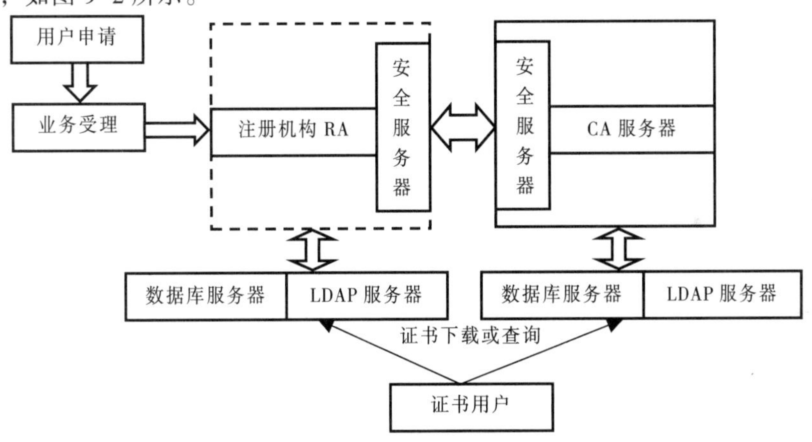

图 9-2 典型 CA 框架模型

② CA 的结构。基于 Windows Server 2012 操作系统的 PKI 支持结构化的 CA，即将 CA 分为根 CA（Root CA）和从属 CA（Subordinate CA）。其中：

- 根 CA。根 CA 位于系统的最上层，它既可以用来发放保护电子邮件安全、提供网站 SSL（加密套接字协议层）安全传输、登录 Windows Server 2012 域智能卡等证书，也可以用来发放证书给其他的 CA（从属 CA）。虽然根 CA 可用来发放证书，但在大部分情况下，根 CA 的主要作用是向从属 CA 发放证书。
- 从属 CA。从属 CA 主要用来发放保护电子邮件安全、提供网站 SSL 安全传输、登录 Windows Server 2012 域智能卡等证书；也可以发放证书给其下一层的从属 CA。从属 CA 必须先向其父 CA（可能是根 CA，也可能是从属 CA）取得证书后，才可以发放证书。

③ CA 的信任关系。在 PKI 架构之下，当用户利用某 CA 所发放的证书来发送一份签名的

电子邮件时，接收方的计算机应该信任由此 CA 所发放的证书，否则接收方的计算机会将此电子邮件视为有问题的邮件。

Windows Server 2012 等操作系统默认已经信任了一些知名 CA 所发放的证书，可以通过证书管理器或浏览器进行查看。如果公司只是希望在各分公司、企业合作伙伴、供应商与客户之间，能够安全通过因特网发送数据的话，则可以不用向商业 CA 申请证书，而可以利 Windows Server 2012 操作系统的 Active Directory 证书服务自行架设 CA，然后通过此 CA 来发放证书给员工、客户与供应商等，并让他们的计算机信任此 CA。

（3）CA 的分类

在 Windows Server 2012 中，可以部署独立 CA 和企业 CA 两种类型的 CA，这两者最大的不同之处在于活动目录的集成和依赖。独立 CA 不需要 AD 域，也不需要依赖于 AD 域，而企业 CA 需要有 AD 域，但是企业 CA 有很多优势，比如可以进行自动注册。企业 CA 与独立 CA 之间的区别如表 9-1 所示。

表 9-1　企业 CA 与独立 CA 之间的区别

特　性	企　业　CA	独　立　CA
使用场景	企业 CA 通常被用来颁发证书给用户、计算机，并且一般不会作为离线 CA 使用	独立 CA 通常用作离线 CA，但是它能够作为 CA，与网络上的 CA 一致可用
活动目录依赖	企业 CA 要求有 AD 域，它将 AD 作为配置信息和注册信息的数据库。企业 CA 作为证书的发布点来颁发证书给用户和计算机	独立 CA 不依赖 AD 域，并且可以在非域环境中部署
证书申请方法	用户能够通过以下方式从企业 CA 申请证书：手动注册、Web 注册、自动注册、注册代理	用户只能手动或者通过 Web 从独立 CA 申请证书
证书颁发方式	根据模板中的自主访问控制列表自动颁发或拒绝证书申请	证书管理员必须手动批准所有的证书申请

① 企业 CA。企业 CA 发放证书的对象是域内的所有用户和计算机，非本域内的用户或计算机是无法向该企业 CA 申请证书的。当域内的用户向企业 CA 申请证书时，企业 CA 将通过 Active Directory 进行身份验证（验证用户是否为本域中的用户或计算机），并根据验证结果决定是否发放证书。

企业 CA 可以分为企业根 CA（Enterprise Root CA）和企业从属 CA（Enterprise Subordinate CA）两种类型。在大多数情况下，企业根 CA 主要用来向企业从属 CA 发放证书；而企业从属 CA 必须先向企业根 CA 取得证书，然后才可以向其域内的用户或计算机以及其下属的企业从属 CA 发放证书。企业从属 CA 主要用来发放保护电子邮件安全、提供网站 SSL 安全传输、登录 Windows Server 2012 域智能卡等证书。

② 独立 CA。独立 CA 不需要 Active Directory 域，扮演独立 CA 的计算机既可以是运行 Windows Server 2012 的独立服务器，也可以是成员服务器或域控制器。无论用户和计算机是否是 Active Directory 域内的用户，都可以向独立 CA 申请证书。由于用户在向独立 CA 申请证书时，不像企业 CA 首先通过 Active Directory 来验证其身份，所以用户需要自行输入申请者的详细信息和所要申请的证书类型。

独立 CA 也分为独立根 CA（Stand-alone Root CA）和独立从属 CA（Stand-alone Subordinate

CA）两种类型。其中，在多数情况下，独立根 CA 主要用来发放证书给从属 CA；而独立从属 CA 必须先向其父 CA（既可以是独立根 CA，也可以是其上层的独立从属 CA）取得证书，然后才可以发放证书。独立从属 CA 主要用来发放保护电子邮件安全、提供网站 SSL 安全传输、登录 Windows Server 2012 域智能卡等证书。

注意

当使用从属 CA 为域中的用户和计算机颁发证书的时候，可以将从属 CA 配置成企业 CA，从属 CA 的账号需要是域管理员群组的成员或相同级别的权限，这样就能使用 AD 域中的账号数据来发布和管理证书，并将证书发布到 AD 域。从安全性的角度考虑，推荐使用一台离线根 CA 结合一台企业从属 CA 使用。

课堂练习

1. 练习场景

为方便公司员工安全高效地访问企业信息，网坚公司建立了证书颁发服务器及统一身份认证、单点登录服务器。网坚公司合肥分公司新入职的员工小李需要在公司配备的计算机中查看已经安装的数字证书，以防止证书过期，影响访问公司内部信息。

2. 练习目标

① 理解 CA 的概念。

② 熟练掌握查看证书的方法。

3. 练习的具体要求与步骤

新入职员工小李的计算机上已经安装了公司的数字证书，请分别尝试使用证书管理器和浏览器查看证书。（提示：可通过运行“certmgr.msc”命令打开证书管理器。）

任务 2 安装与配置证书服务

任务描述

网坚公司北京总部为了在各分公司，以及企业合作伙伴、供应商与客户之间，能够安全地通过因特网发送数据，决定在公司网络中部署证书服务，通过此 CA 发放证书给员工、客户与供应商等。部署证书服务网络拓扑结构如图 9-3 所示。

通过本次任务的学习主要掌握：

- 安装证书服务并架设企业根 CA 的方法。
- 申请企业 CA 证书的方法。

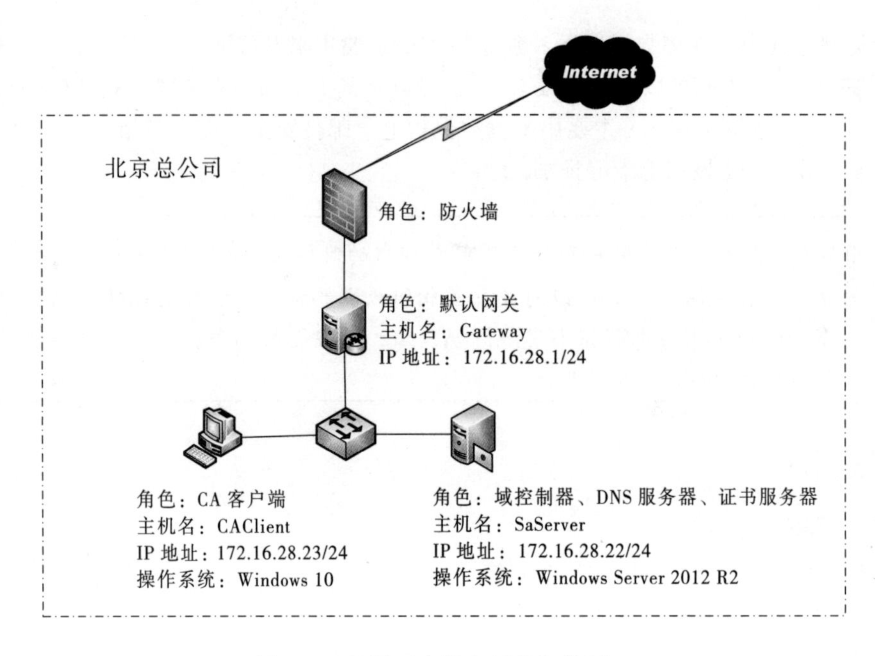

图 9-3　部署证书服务网络拓扑图

任务分析

Active Directory 证书服务角色是 Windows Server 2012 中的一个组件，默认情况下没有安装，需要先进行安装。证书服务安装完成后，通过"服务器管理器"查看安装的证书服务，然后在客户端以域用户身份登录，并申请企业 CA 证书。在本案例中，选择 IP 地址为 172.16.28.22、子网掩码为 255.255.255.0 的计算机作为证书服务器。

注意

企业 CA 服务器需要活动目录（Active Directory）的支持，因此在安装证书服务前须先确认网络中具有域控制器，并将企业 CA 服务器加入到域中，否则只能创建独立 CA。

安装证书服务需要满足以下要求：

① 证书服务器必须安装能够提供证书服务的 Windows Server 版本。

② 证书服务器的 IP 地址应是静态的，即 IP 地址、子网掩码、默认网关等 TCP/IP 属性均需手工设置。

③ 安装证书服务需要具有系统管理员的权限。

本次任务主要包括以下知识点与技能点：

- 安装"Active Directory 证书服务"角色。
- 配置"Active Directory 证书服务"角色。
- 验证证书服务。
- 申请企业 CA 证书。

任务实施

1. 安装“Active Directory 证书服务”角色

由于企业 CA 需要网络中具有域控制器，为了节约服务器资源，可以将域控制器和企业 CA 服务器安装于同一台服务器中，这需要将安装企业 CA 服务的系统首先提升为域控制器，然后执行以下操作。

① 打开服务器管理器，单击“添加角色和功能”，如图 9-4 所示。

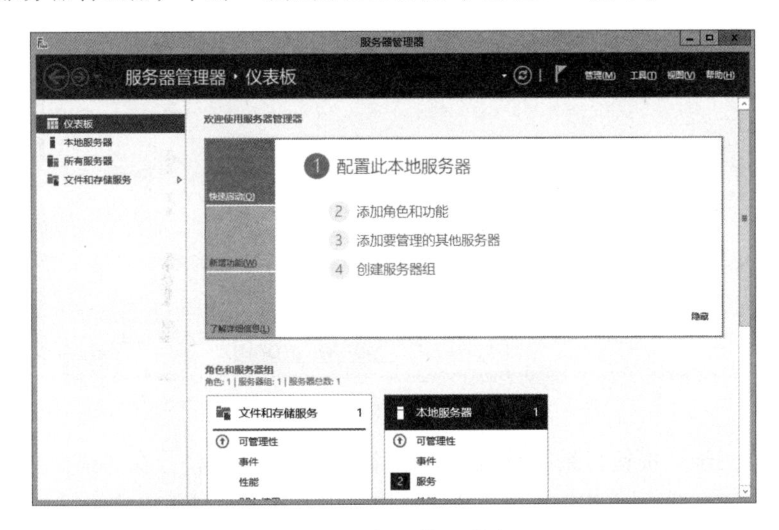

图 9-4 服务器管理器窗口

② 系统弹出“添加角色和功能向导”窗口，此窗口将引导用户一步步安装自己所需要的服务和功能。在默认情况下“开始之前”窗口是不显示的，用户可以单击向导左边的导航栏查看提示信息，如图 9-5 所示。

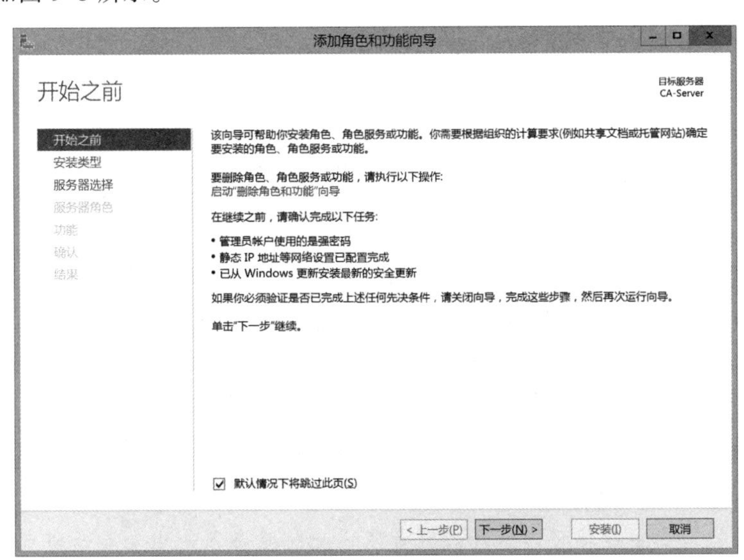

图 9-5 “添加角色和功能向导”窗口

③ 单击“下一步”按钮进入“选择安装类型”窗口，用户可以选择在当前正在运行的物理计算机上安装角色和功能，也可以选择在远程虚拟机或脱机虚拟硬盘上安装。在列表框中选择“基于角色或基于功能的安装”单选按钮，如图 9-6 所示。

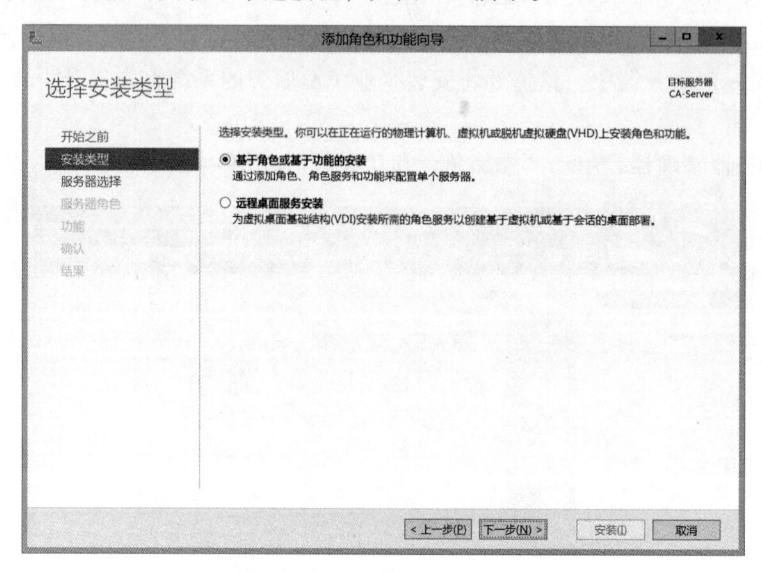

图 9-6 “选择安装类型”窗口

④ 单击“下一步”按钮，系统弹出“选择目标服务器”窗口，在“选择要安装角色和功能的服务器或虚拟磁盘”列表中，选择“从服务器池中选择服务器”单选按钮，如图 9-7 所示。系统会自动列出当前服务器的名称、IP 地址和操作系统。

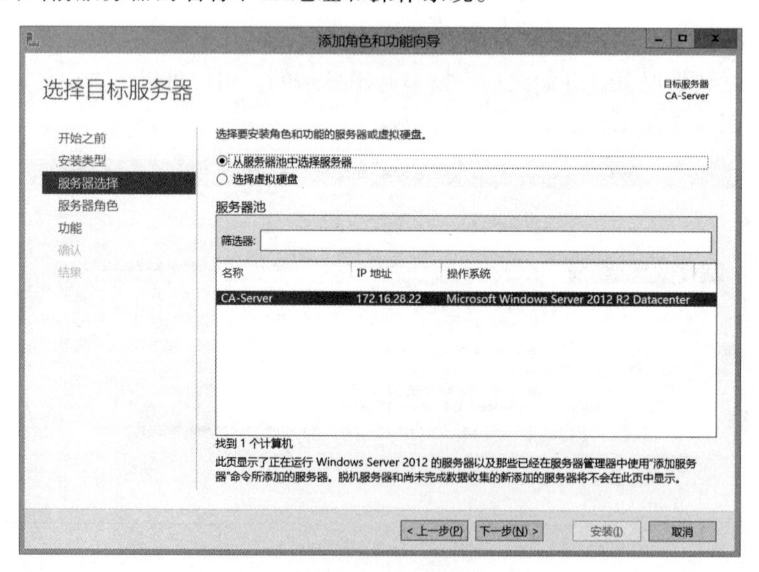

图 9-7 “选择目标服务器”窗口

注意

如果服务器管理器中连接了多台物理服务器，此时服务器池中会显示所有连接到本机的服务器，选择需要安装 Active Directory 证书服务的服务器即可。

⑤ 单击“下一步”按钮，系统弹出“选择服务器角色”窗口，在“角色”列表中，选中“Active Directory 证书服务”复选框，如图 9-8 所示。

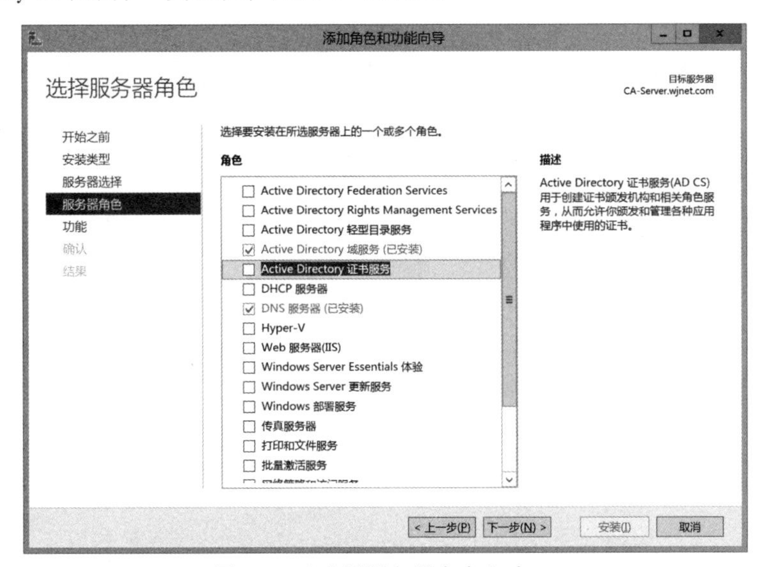

图 9-8 “选择服务器角色”窗口

当选中复选框时，系统自动弹出“添加 Active Directory 证书服务所需的功能”提示框，提醒用户必须要安装列表中的工具才能管理 Active Directory 证书服务功能，如图 9-9 所示。单击“添加功能”按钮，返回到“选择服务器角色”窗口，此时“Active Directory 证书服务”选项已被选中。

图 9-9 “添加 Active Directory 证书服务功能”提示框

⑥ 单击“下一步”按钮，系统弹出“选择功能”窗口，在“功能”列表框中，用户可以选择除了 Active Directory 证书服务角色之外，还想要服务器对网络中的客户端提供的其他功能，这里按照默认选项即可，如图 9-10 所示。

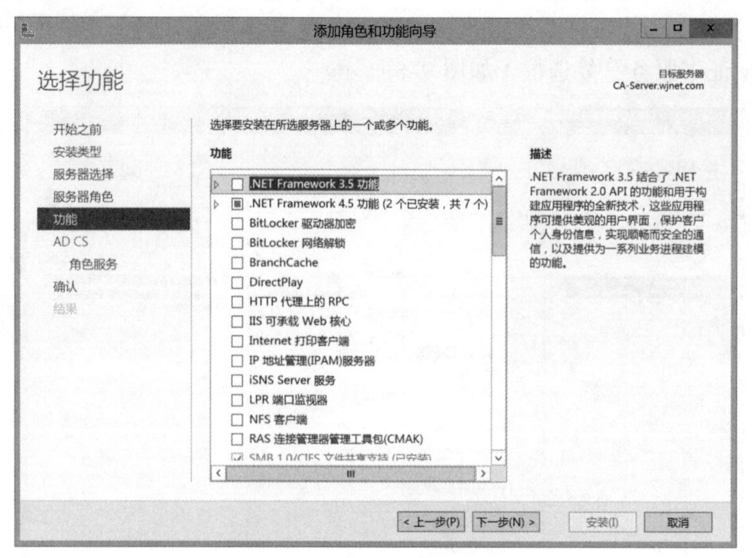

图 9-10 “选择功能”窗口

⑦ 单击“下一步”按钮，系统弹出“Active Directory 证书服务”窗口，系统列出了使用 Active Directory 证书服务（AD CS）的注意事项，如图 9-11 所示。在安装 CA 后，将无法更改当前计算机的名称和域设置，如果用户需要修改这些参数，可以单击“取消”按钮，取消 Active Directory 证书服务的安装，配置好相应参数后再进行安装。

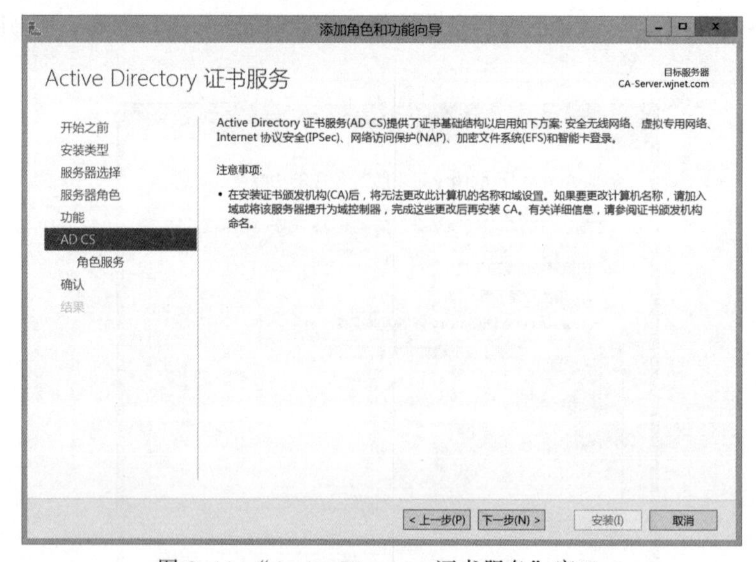

图 9-11 “Active Directory 证书服务”窗口

⑧ 在“选择角色服务”窗口的“角色服务”列表中，选择“证书颁发机构”、“证书颁发机构 Web 注册”、“证书注册 Web 服务”和“证书注册策略 Web 服务”四个选项，如图 9-12 所示。其中“证书注册 Web 服务”和“证书注册策略 Web 服务”同时运行，可以为域成员以外的用户提供自动证书注册和续订服务，如果企业不允许其他人员注册证书，则可以不选择此两项。

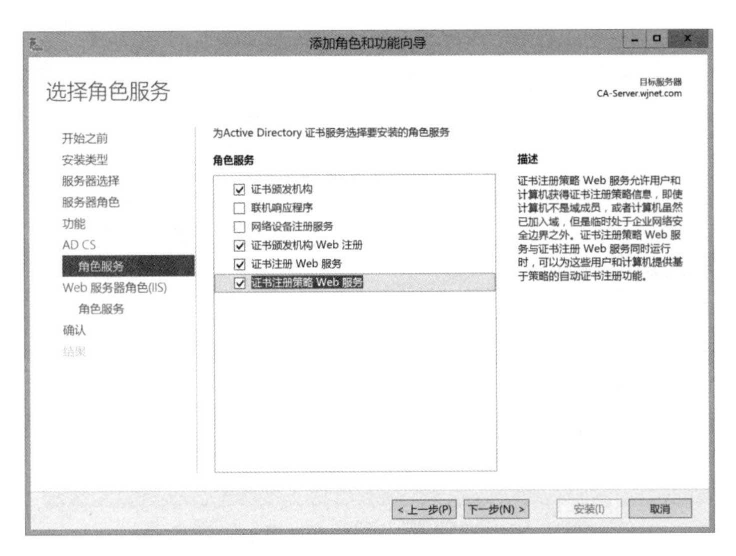

图 9-12 “选择角色服务”窗口

当选择“证书注册 Web 服务”和“证书注册策略 Web 服务”选项的时候，系统会自动弹出安装这两项服务所必须添加的功能，如图 9-13 和图 9-14 所示，在弹出的对话框中分别单击“添加功能”按钮即可。

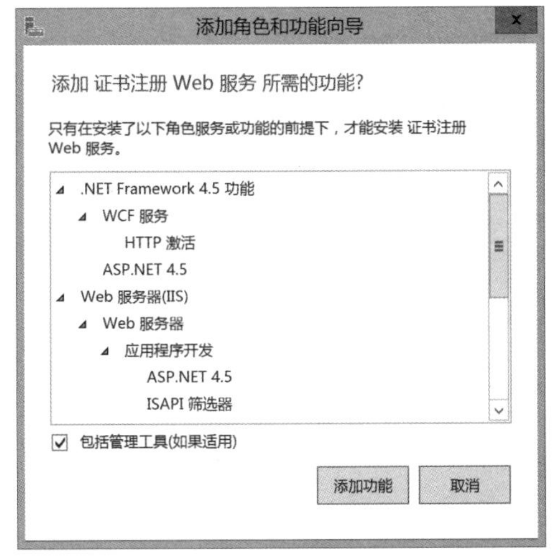

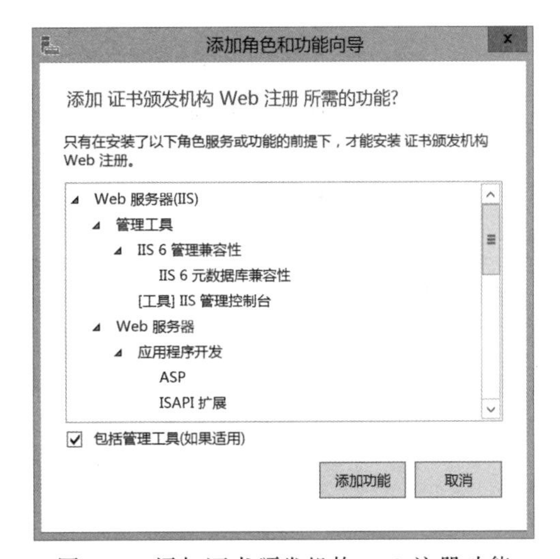

图 9-13 添加证书注册 Web 服务功能　　图 9-14 添加证书颁发机构 Web 注册功能

⑨ 单击“下一步”按钮，系统弹出“Web 服务器角色（IIS）”窗口，这里列出了 Web 服务器角色功能和安装时的注意事项，如图 9-15 所示。如果需要查看更多有关 IIS 的信息，可以单击窗口左下角“有关 Web 服务器 IIS 的更多信息”超链接，详细了解 IIS 的其他功能。

⑩ 单击“下一步”按钮，系统弹出“选择角色服务”窗口，这里与上面 AD CS 角色服务窗口的内容不同，当前窗口的角色服务列表中列出了 Web 服务器能够向用户提供的各类服务，如图 9-16 所示。按照默认选项，单击“下一步”按钮即可。

⑪ 在“确认安装所选内容”窗口中，系统列出了本次添加角色和功能向导中用户所选择的所有选项，如图 9-17 所示，确认无误后单击“安装”按钮。

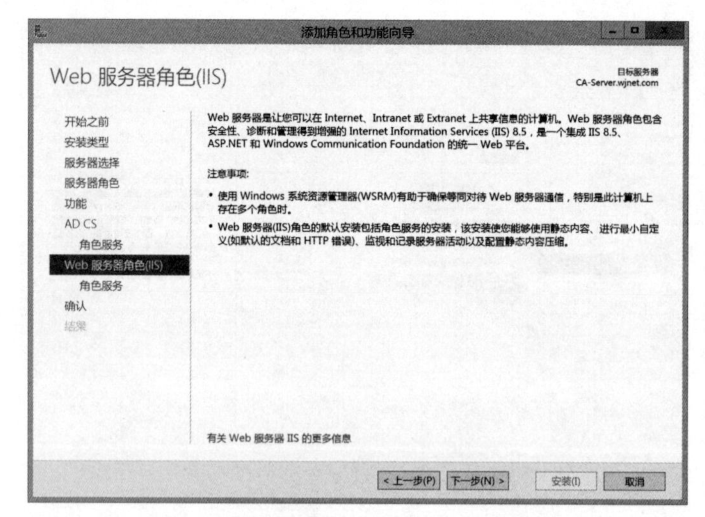

图 9-15 “Web 服务器角色（IIS）”窗口

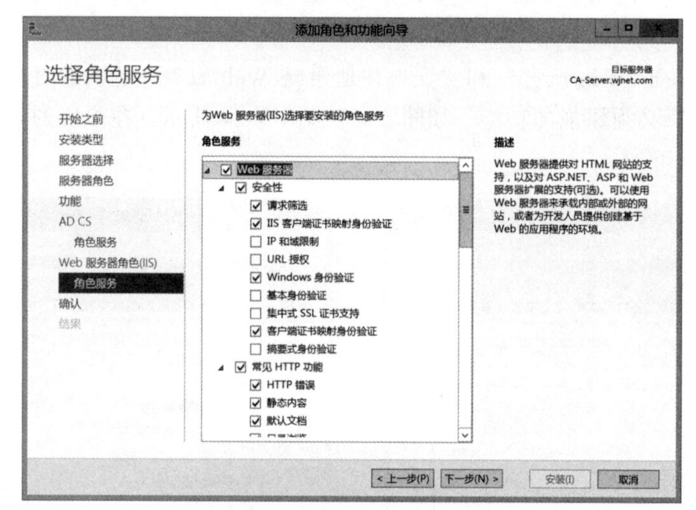

图 9-16 “选择角色服务”窗口

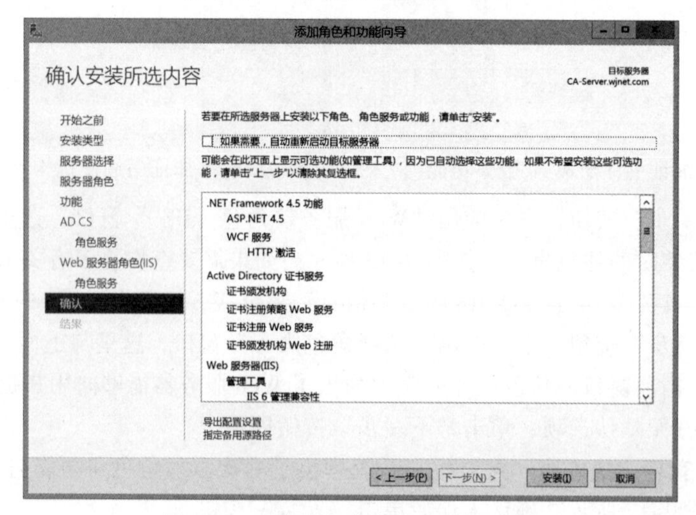

图 9-17 “确认安装所选内容”窗口

⑫ 系统将 Active Directory 证书服务角色安装到服务器中，安装结束后单击“关闭”按钮即可完成证书服务的安装。

2. **配置“Active Directory 证书服务”角色**

在完成“Active Directory 证书服务”角色的安装后，服务器并不能立即对外提供证书服务，必须完成配置后才可以向企业用户提供证书注册、证书安装、证书续订等服务。配置“Active Directory 证书服务”角色具体操作过程如下：

① 打开“服务器管理器”窗口，在服务器管理器上有一个黄色的叹号标志，单击该标志系统会弹出提示框，提示用户需要配置目标服务器上的 Active Directory 证书服务。单击提示框中的“配置目标服务器上的 Active Directory 证书服务”超链接，如图 9-18 所示，打开 AD CS（Active Directory 证书服务）配置向导。

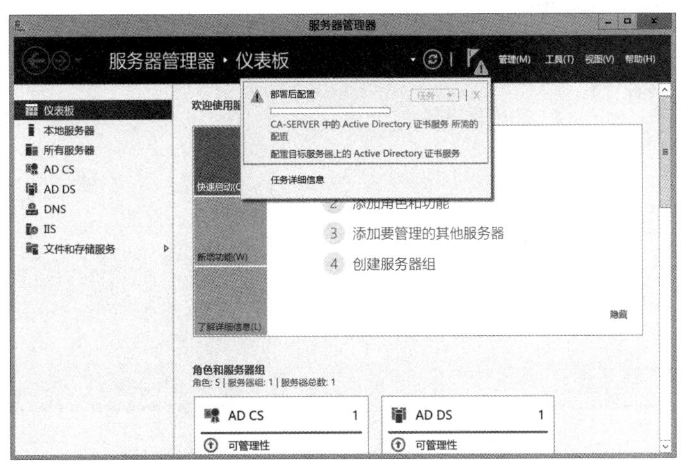

图 9-18 “服务器管理器”窗口

② 在 AC CS 配置向导的“凭据”窗口中选择配置证书服务的账号，如图 9-19 所示。由于本次安装的是企业 CA，必须指定 Active Directory 域下的企业管理员组账号作为管理账号，如果安装的是独立 CA，只需要设置管理员组的账号即可。

图 9-19 指定配置角色服务的凭据

③ 单击“下一步”按钮，系统弹出“角色服务”窗口，在“选择要配置的角色服务”列表中，依次选中“证书颁发机构”“证书颁发机构 Web 注册”和“证书注册策略 Web 服务”三个复选框，如图 9-20 所示。

注意

在未完成“证书颁发机构（CA）”配置的情况下，系统无法配置“证书注册 Web 服务”，如果同时勾选“证书注册 Web 服务”选项，系统会弹出错误提示。

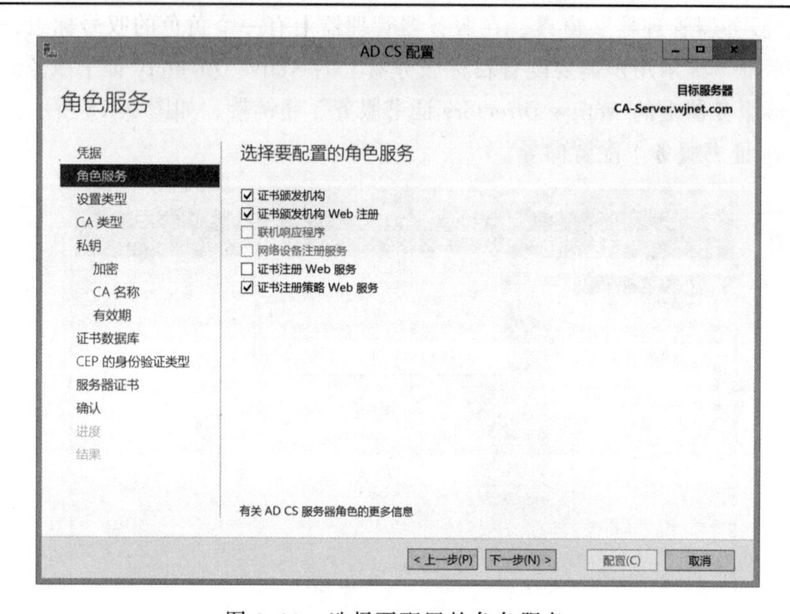

图 9-20　选择要配置的角色服务

④ 单击“下一步”按钮，系统弹出“设置类型”窗口，在“指定 CA 设置类型”列表中选择“企业 CA”单选按钮，如图 9-21 所示。

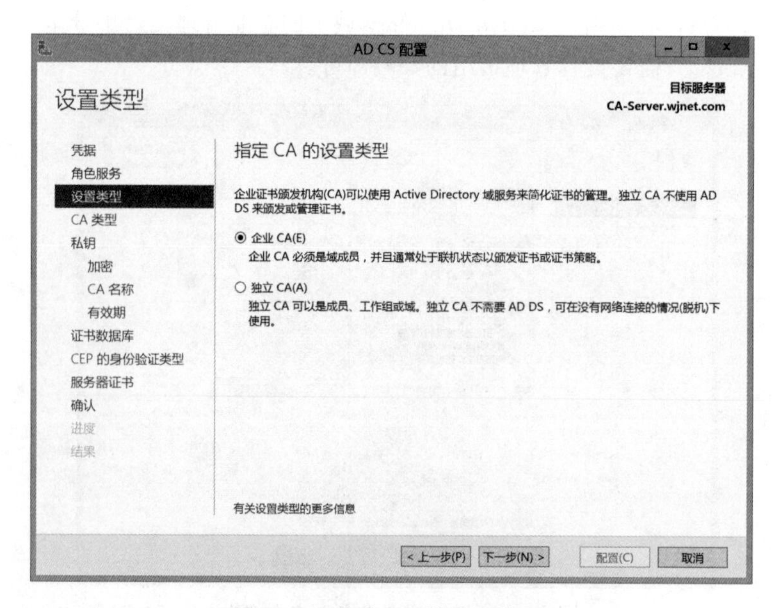

图 9-21　指定 CA 的设置类型

⑤ 单击“下一步”按钮，在“CA 类型”窗口中配置“指定 CA 类型”选项。如果当前服务器是企业域中的根 CA 服务器，选择“根 CA”单选按钮；如果企业域中已经包含了根 CA，当前服务器只是作为根 CA 的从属 CA，则选择“从属 CA”单选按钮。这里选择“根 CA”单选按钮，如图 9-22 所示。

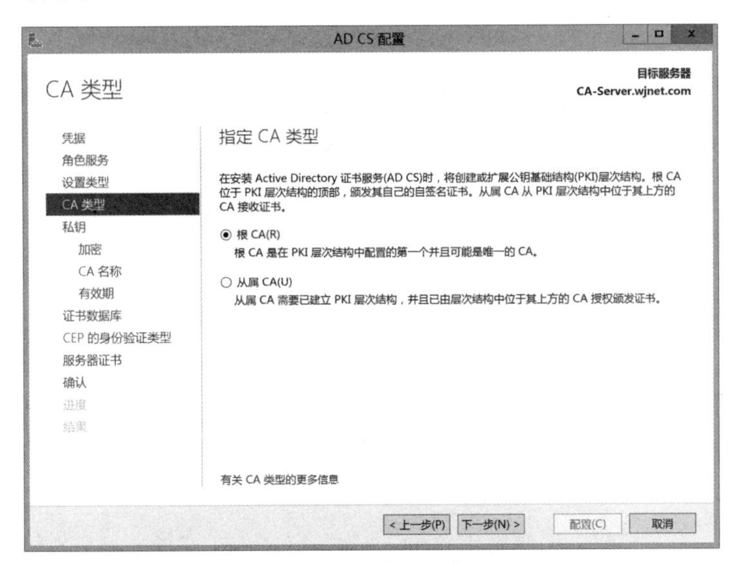

图 9-22　指定 CA 类型

⑥ 单击“下一步”按钮，系统弹出“私钥”窗口，在“指定私钥类型”列表中选择“创建新的私钥”单选按钮，如图 9-23 所示。如果已经有企业私钥，可以将企业私钥复制到当前服务器中，然后选择“使用现有私钥”单选按钮，在“选择此计算机上的现有私钥”中选择企业私钥。

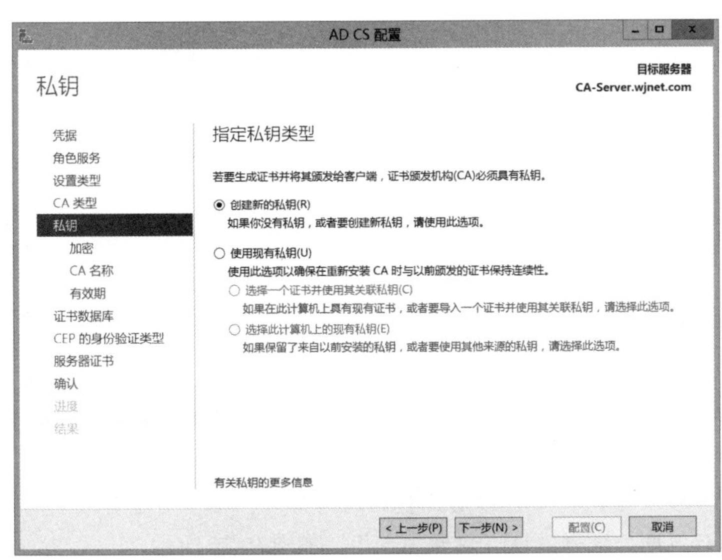

图 9-23　指定私钥类型

⑦ 在“CA 的加密”窗口“指定加密选项”的选项中，用户可以设置合适的加密程序，系统默认采用“RSA#Microsoft Software Key Storage Provider”程序提供加密服务，这种加密程序有

四种密钥长度和七种加密算法可供选择。如果不符合企业实际需求，也可以在“选择加密提供程序”下拉列表中选择其他加密程序，本次配置采用默认加密选项，如图 9-24 所示。

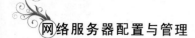

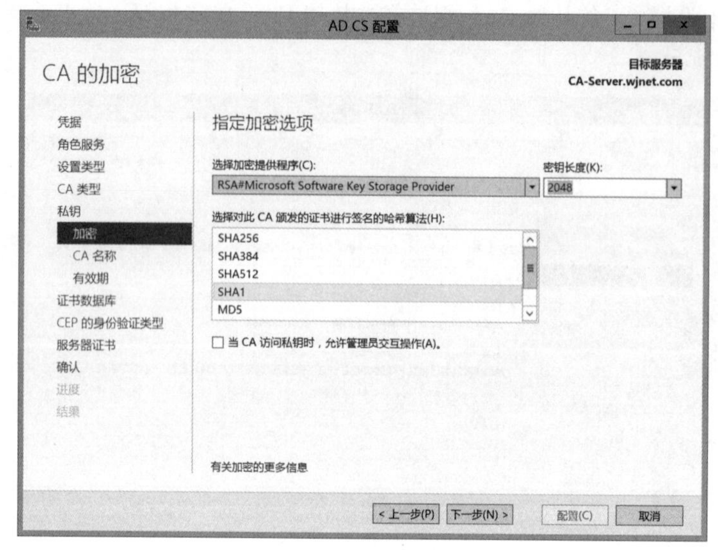

图 9-24　指定加密选项

⑧ 单击“下一步”按钮，系统弹出“CA 名称”窗口，在“指定 CA 名称”选项中，系统自动根据 AD 域设置生成了 CA 公用名称、名称后缀，如图 9-25 所示，也可以根据需要对其进行修改。

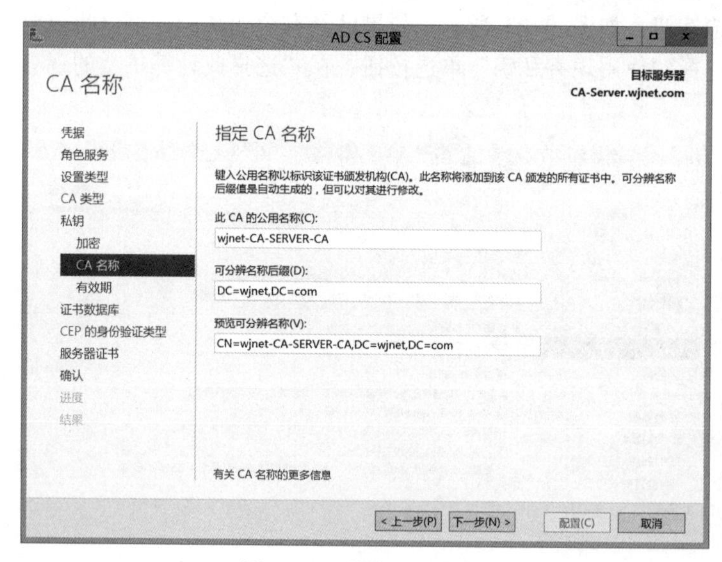

图 9-25　指定 CA 名称

⑨ 单击“下一步”按钮，系统弹出“有效期”窗口，在“指定有效期”选项中设置当前 CA 生成的证书的有效期，证书默认有效期为 5 年，如图 9-26 所示。

注意

在证书服务配置完成后，如果要延长证书有效期，需要在根 CA 上停止证书服务，并进行修改注册表等复杂操作，建议用户根据实际需要合理设置证书有效期。

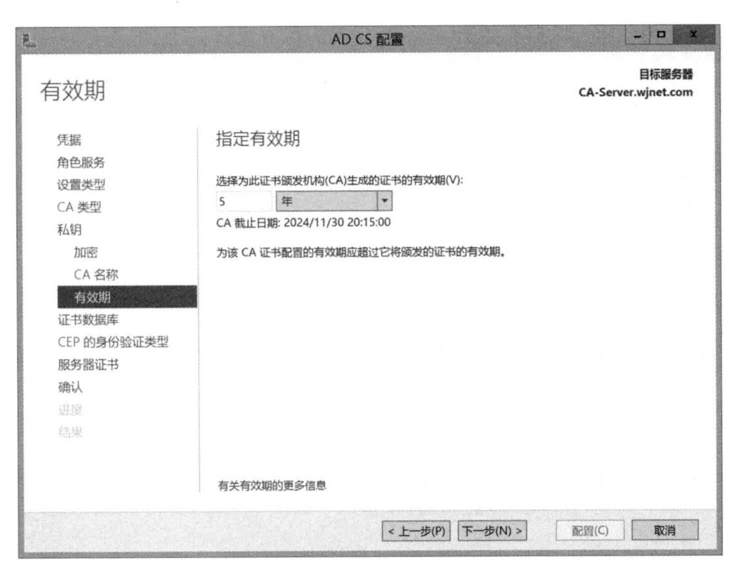

图 9-26　指定有效期

⑩ 单击“下一步”按钮，系统弹出“CA 数据库”窗口，在“指定数据库位置”选项中，输入证书数据库位置和证书数据库日志位置，如图 9-27 所示。

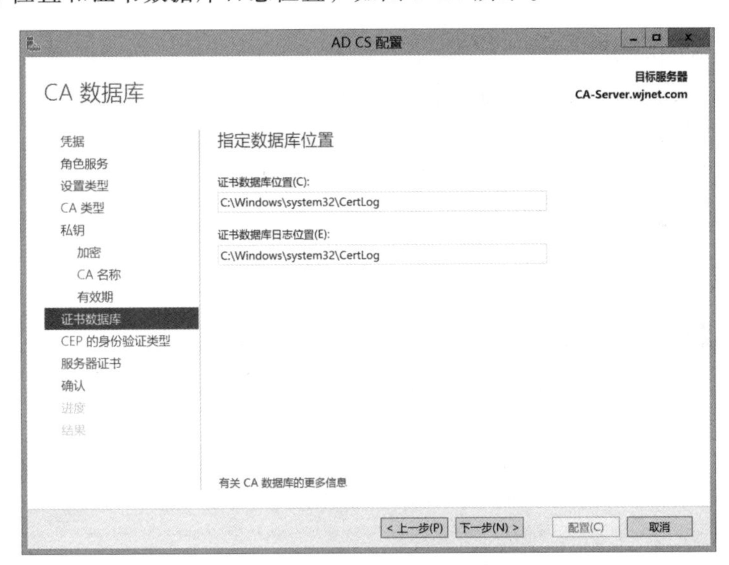

图 9-27　指定 CA 数据库位置

⑪ 单击“下一步”按钮，系统弹出“CEP 的身份验证类型”窗口，在“选择身份验证类型”选项列表中，选择“Windows 集成身份验证”单选按钮，如图 9-28 所示。如果企业内部配置了第三方认证服务器，并且与域控制器完成了对接，可以根据实际情况选择“客户端证书身份验证”或“用户名和密码”选项。

⑫ 单击“下一步”按钮，系统弹出“服务器证书”窗口，在“指定服务器身份验证证书”选项列表中，选择“选择证书并稍后为 SSL 分配”单选按钮，如图 9-29 所示。证书的颁发是由 CA 来完成的，在初次配置企业根 CA 时，并没有现有证书，所以无法选择“为 SSL 加密选择现有证书”选项。

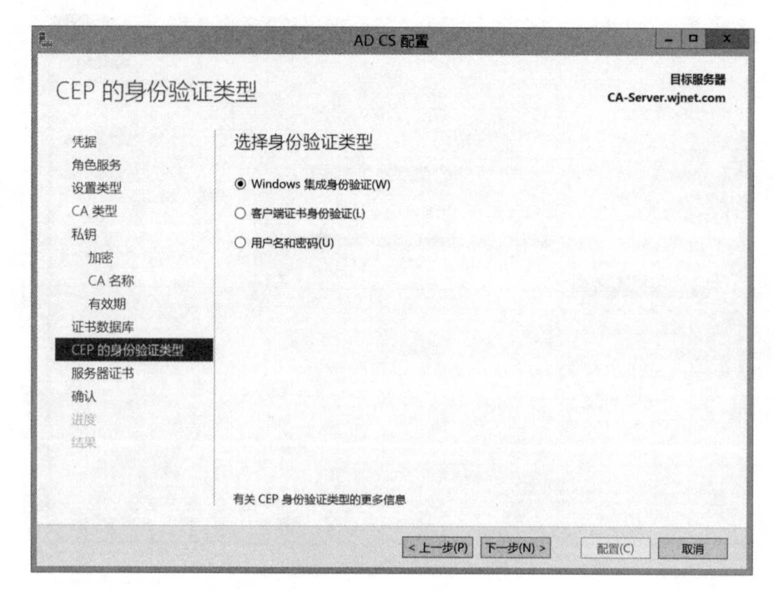

图 9-28　选择身份验证类型

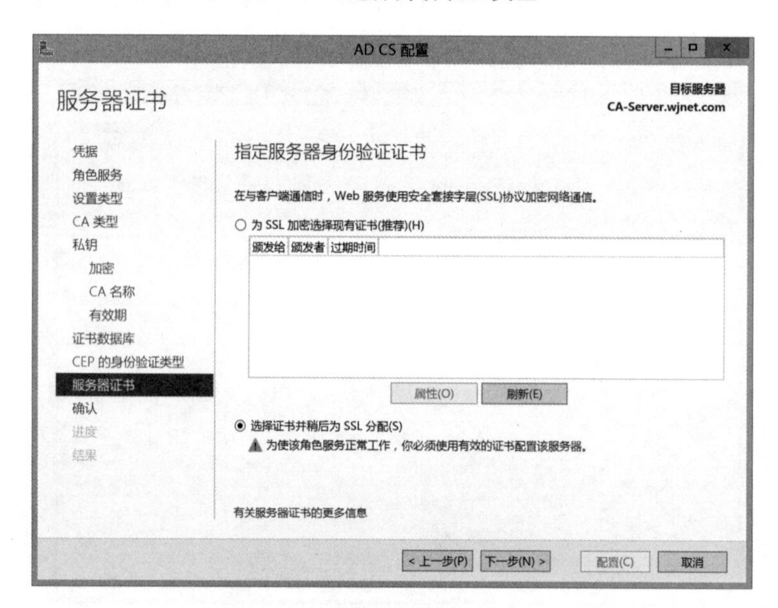

图 9-29　指定服务器身份验证证书

⑬ 单击“下一步”按钮，系统弹出“确认”窗口，在当前窗口中，系统自动列出用户对 Active Directory 证书服务所做的所有配置，如图 9-30 所示，用户确认无误后，单击“配置”按钮。系统自动完成所有配置，最后显示配置结果，如图 9-31 所示，单击“关闭”按钮即可完成证书服务配置。

在完成 Active Directory 证书服务配置后，系统自动弹出提示窗口，询问是否配置其他角色服务，单击“是”按钮，系统再次弹出“AD CS 配置”向导，用户可以参考前面的设置完成“证书注册 Web 服务”的配置。由于已经完成了 Active Directory 证书服务配置，在配置证书注册 Web 服务的“指定服务器身份验证证书”时，系统会自动列出为 SSL 加密选择现有证书的证书列表，选中列表中的证书后即可完成后续证书注册 Web 服务的配置。

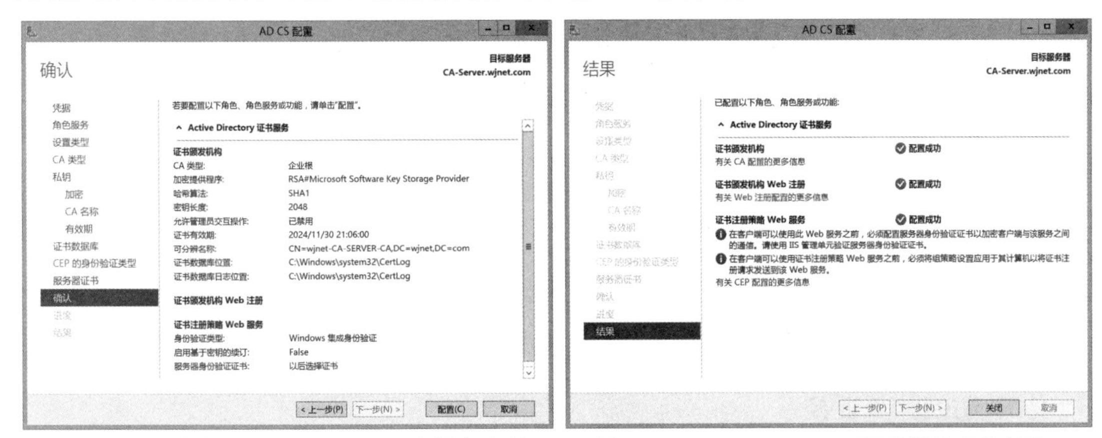

图 9-30 确认 Active Directory 证书服务配置　　图 9-31 Active Directory 证书服务安装结果

3. 验证证书服务

证书服务安装完成后，通过“服务器管理器”可以查看已安装的证书服务。验证证书服务的操作过程如下：

① 打开“服务器管理器”窗口，单击“AD CS”导航按钮，在服务器列表中，选择服务器名称为“CA-SERVER”的服务器，右击该服务器，在弹出的快捷命令列表中选择“证书颁发机构”选项，如图 9-32 所示。

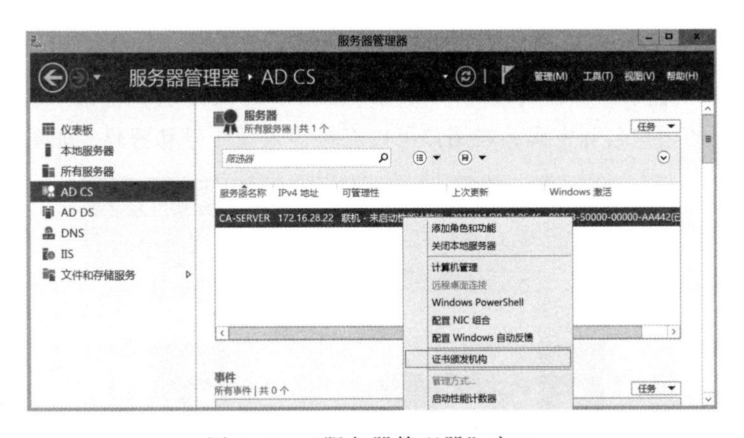

图 9-32 “服务器管理器”窗口

② 系统自动弹出“certsrv-[证书颁发机构（CA-SERVER.WJNET.COM）]”管理控制台，控制台中名为“wjnet-CA-SERVER-CA”的服务器就是刚刚安装配置完成的证书颁发机构服务器。单击该服务器，可以看到“吊销的证书”、“颁发的证书”、“挂起的申请”、“失败的申请”和“证书模板”五个文件夹。当域内用户向企业根 CA 申请证书时，企业根 CA 会通过 Active Directory 来获取用户的信息，并自动核准、发放用户所要求的证书，所有颁发过的证书都可以通过“颁发的证书”文件夹查看和管理，如图 9-33 所示。企业根 CA 根据“证书模板”文件夹中的模板发放证书，如图 9-34 所示，除了模板中列出的证书外，通过对证书模板的管理，可以添加或创建企业需要的证书模板。

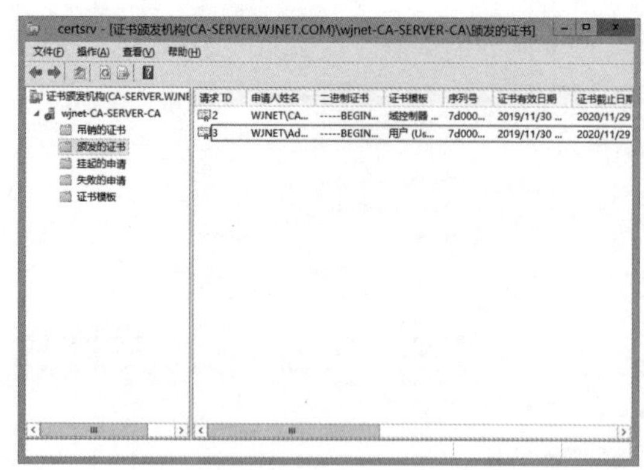

图 9-33　颁发的证书

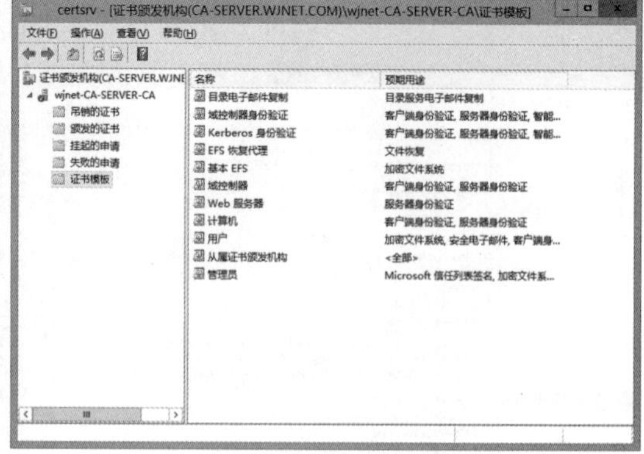

图 9-34　证书模板

4. **申请企业 CA 证书**

证书服务安装完成后，无论是域成员还是非域成员，都可以向证书服务器申请证书。由于在安装证书服务时已经安装了“证书颁发机构 Web 注册”，用户可以通过 Web 浏览器访问 CA 服务器申请证书。

在访问 CA 服务器的申请证书页面前，首先打开浏览器的“工具”→“Internet 选项”→“安全”选项卡中的“Internet”→“自定义级别”，将所有的 ActiveX 控件执行脚本都设置为启用，确认客户端浏览器能够运行 ActiveX 控件，否则将无法申请用户证书。下面以 Windows 7 系统为例介绍客户端如何通过 Web 浏览器申请证书。

（1）申请并安装用户证书

① 打开浏览器，在地址栏中输入证书服务器的地址，格式为 http://证书服务器 IP 地址/certsrv”，本例中输入证书服务器地址 http://172.16.28.22/certsrv，弹出登录对话框，输入具有登录证书服务器权限的用户名和密码，域用户可以直接输入域账号和密码，如图 9-35 所示。

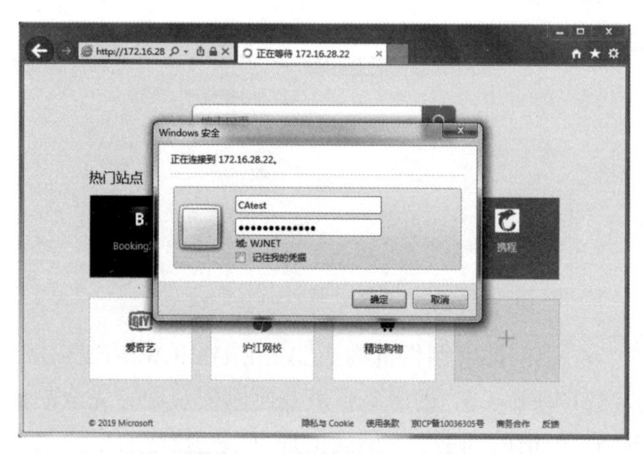

图 9-35　登录证书服务器

注意

企业 CA 要求用户在登录申请证书的 Web 网页时，必须提供用户的域账号和密码。企业 CA 在域控制器中验证用户信息，并根据证书模板自动向用户颁发证书。独立 CA 在用户访问申请证书的 Web 网页时不需要用户提供认证信息，用户申请证书后，独立 CA 不会立即发放证书，而是由管理员证实用户真实身份后手动发放。

② 单击“确定”按钮，浏览器跳转到图 9-36 所示的“Microsoft Active Directory 证书服务”窗口。

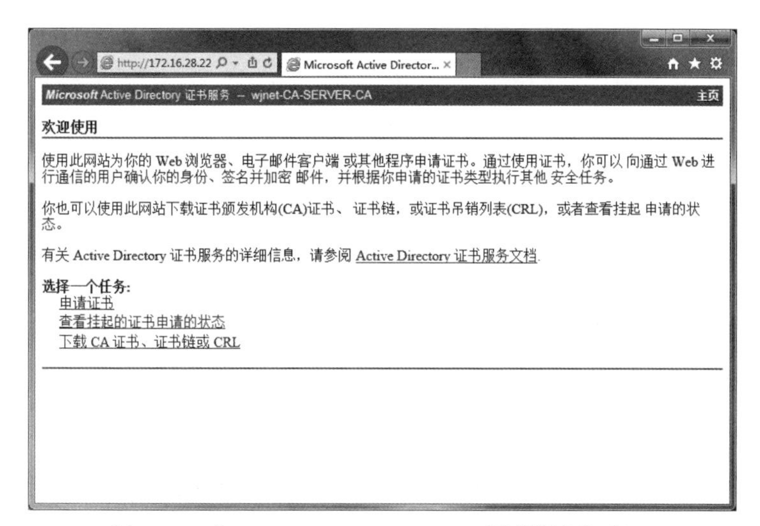

图 9-36 “Microsoft Active Directory 证书服务”窗口

③ 在“欢迎使用”下单击“申请证书”链接，浏览器跳转到“申请一个证书”窗口，如图 9-37 所示。

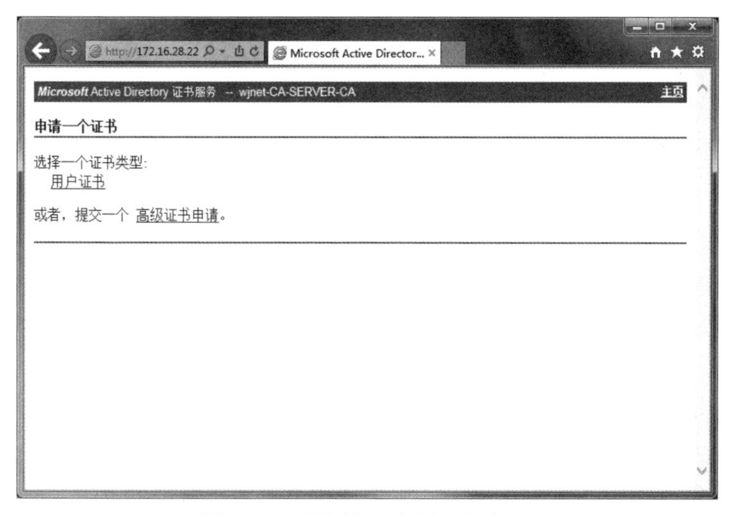

图 9-37 “申请一个证书”窗口

④ 单击“用户证书”链接，跳转到“用户证书-识别信息”窗口，如图 9-38 所示，用户可以单击“更多选项”链接，选择不同的加密程序和证书申请格式，如图 9-39 所示。此时如果浏览器提示需要配置和使用 HTTPS 认证，说明 CA 服务器开启了 SSL 安全协议，用户需要在浏览器中输入 CA 服务器的 HTTPS 地址，如“https://172.16.28.22/certsrv”，重新登录，申请证书即可。

⑤ 单击“提交”按钮，浏览器弹出“Web 访问确认”警示框，提醒操作人员此网站正代表证书服务器向用户执行证书操作。确认证书服务器地址无误后，单击“是”按钮，向证书服务器申请证书。证书服务器收到用户的申请，验证用户身份后自动颁发证书。

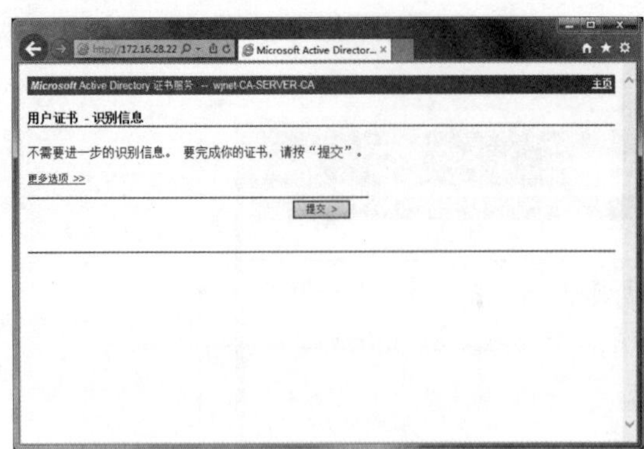

图 9-38 “用户证书-识别信息”窗口

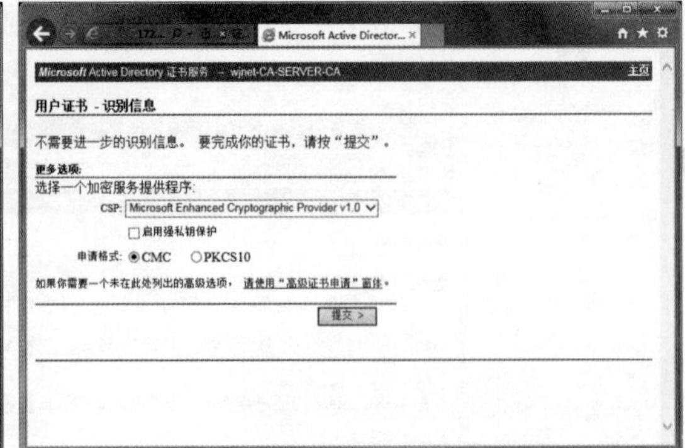

图 9-39 选择证书加密程序和申请格式

⑥ CA 服务器完成自动颁发证书后，浏览器跳转到“证书已颁发”窗口，单击“安装此证书”链接完成证书的申请及安装，如图 9-40 所示。

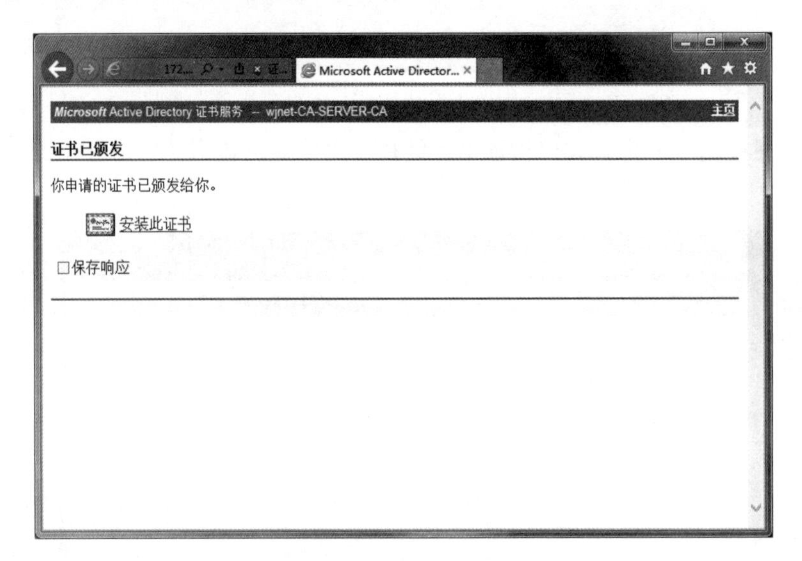

图 9-40 证书颁发窗口

（2）下载并安装根证书

CA 服务器配置完成后，域用户在客户端可以通过上述的操作申请并安装用户证书，但当前情况下用户下载的证书还不是可信证书。要信任 CA 签名的服务器证书，必须安装证书颁发机构证书，即 CA 根证书，具体操作过程如下。

① 打开浏览器，在地址栏中输入证书服务器的地址 http://172.16.28.22/certsrv，登录到“Microsoft Active Directory 证书服务”窗口。

② 在“选择一个任务”列表中单击“下载 CA 证书、证书链或 CRL”链接，浏览器跳转到“下载 CA 证书、证书链或 CRL”窗口。在当前窗口下，用户可以直接安装证书，也可以下载根证书保存到计算机中。

③ 单击“下载 CA 证书、证书链或 CRL”链接，弹出“要打开或保存来自 172.16.28.22 的 certnew.cer 吗？”系统提示框，提示用户将证书保存到计算机，如图 9-41 所示。单击“保存”按钮，将证书文件保存到计算机中。

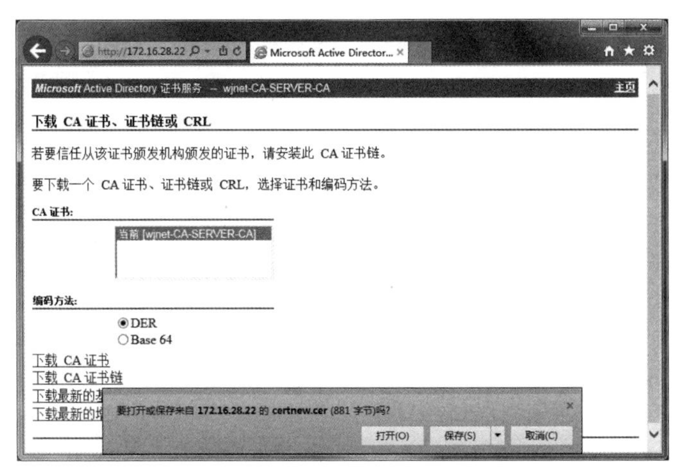

图 9-41　下载 CA 证书

④ 证书保存完成后，双击打开证书文件，系统弹出“打开文件-安全警告”警示框，如图 9-42 所示，提醒用户是否要打开证书文件。单击“打开”按钮，弹出“证书导入向导”对话框，如图 9-43 所示。

图 9-42　打开 CA 证书

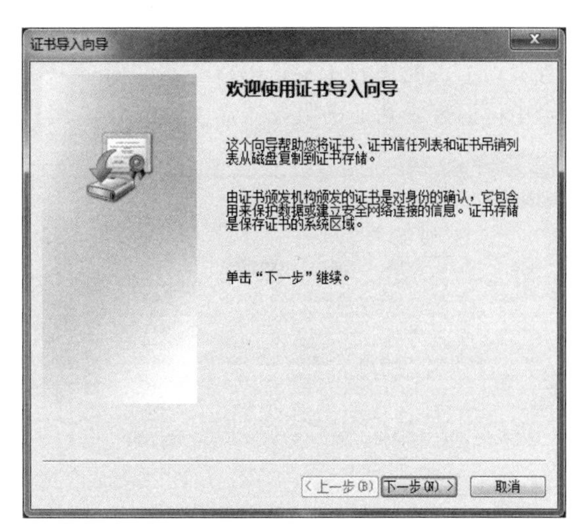

图 9-43　“证书导入向导”对话框

⑤ 单击“下一步”按钮，系统弹出“证书存储”对话框，设置保存证书的系统区域。Windows 系统可以根据证书类型自动选择证书存储区，用户也可以手动为证书指定一个位置。由于本次下载的是根证书，选中“将所有证书放入下列存储区”单选按钮，如图 9-44 所示，单击“浏览”按钮，在弹出的“选择证书存储”对话框中，选中列表中“受信任的根证书颁发机构”选项，单击“确定”按钮。

⑥ 单击“下一步”按钮，系统弹出“正在完成证书导入向导”对话框，对话框中列出了用户准备安装的证书存放位置、内容和文件名等信息，如图 9-45 所示，单击“完成”按钮，显示“导入成功”提示框，根证书就安装完成了。

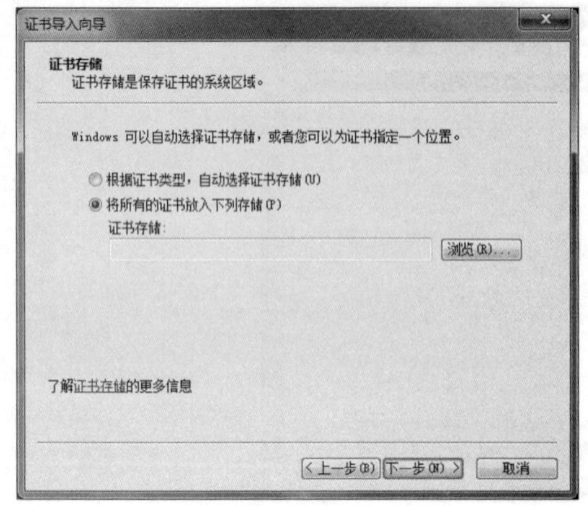

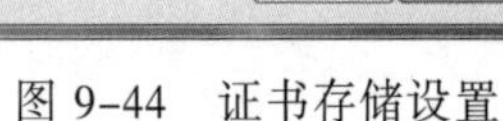
图 9-44　证书存储设置

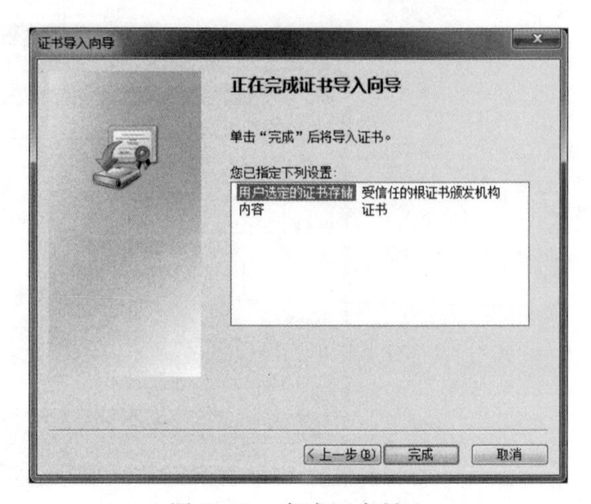

图 9-45　完成证书导入

（3）查看证书

① 打开 IE 浏览器，选择“工具”菜单下的“Internet 选项”命令，在弹出的“Internet 选项”对话框中单击“内容”标签页下的“证书”按钮。

② 在“证书”对话框中单击“受信任的根证书颁发机构”选项卡中，如图 9-46 所示，可以查看到本次配置的 CA 证书服务器“wjnet-CA-SERVER-CA”颁发的根证书，在“个人”选项卡中可以查看到证书服务器颁发给 CAtest 用户的用户证书，如图 9-47 所示。

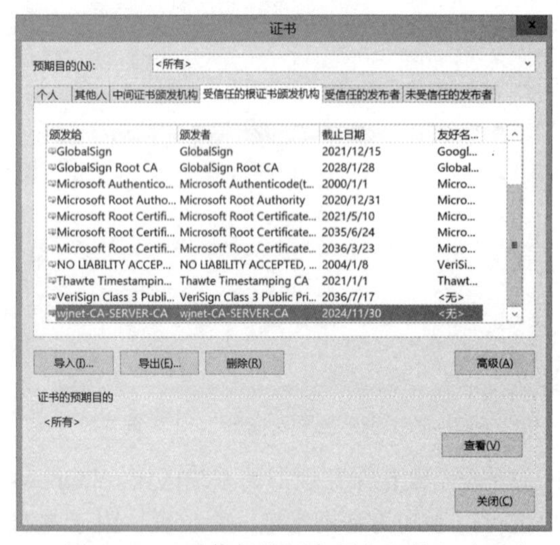

图 9-46　“受信任的证书颁发机构”选项卡

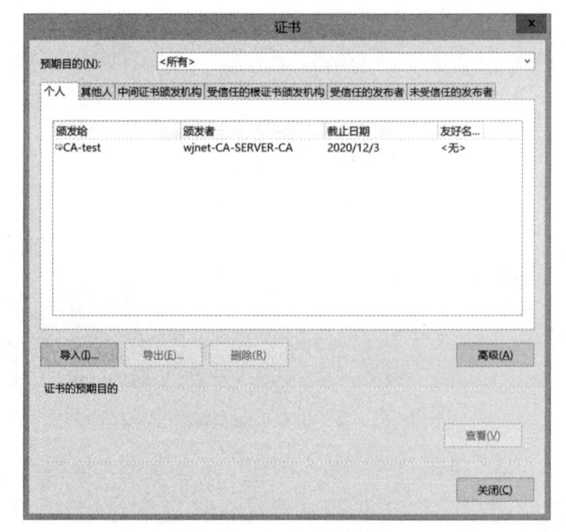

图 9-47　个人证书

课堂练习

1. 练习场景

为了确保数据传输过程的安全，网坚公司拟对公司内部网站配置 SSL 协议，公司已经架设了企业根 CA 服务器，服务器 IP 地址为 172.16.28.22。你作为公司的网络管理员，请为公司内部网站服务器申请数字证书，进行安全设置，并通过客户端访问启用了 SSL 协议的网站。

2. 练习目标

① 掌握申请 Web 服务器证书的方法。

② 掌握搭建安全网站的方法。

3. 练习的具体要求与步骤

① 通过 IIS 管理器申请证书。

② 通过 IIS 管理器进行网站安全配置。

③ 通过客户端测试该网站。

任务 3 管理与维护证书服务

任务描述

网坚公司总部与各分公司之间由于业务关系调整，人员也随之发生了变动，为了防止因人事变动、用户操作不当或证书服务器意外等原因，导致证书丢失、损坏或过期等，管理员需要定期对证书进行管理与维护，确保证书安全有效。通过本次任务的学习主要掌握：

- 管理证书服务的方法。
- 管理与维护证书的方法。

任务分析

为了确保证书服务的稳定运行，用户安全有效地使用证书访问公司内部管理系统，管理员和用户都需要定期备份证书，以便在证书丢失或损坏时能够及时还原，而不必再重新申请。

当员工离开公司或调到其他部门时，该员工原来申请的证书将不再使用，此时网络管理员应及时吊销其证书。同时，数字证书具有一定的有效期，超过证书有效期后，证书将不能再使用。因此，为了保证数字证书过了有效期后还能够继续使用，应及时更新或续订证书。

本次任务主要包括以下知识点与技能点：

- 证书服务的启动与停止。
- 证书备份与还原。
- 证书吊销与解除吊销。
- 证书续订。

任务实施

1. 启动与停止证书服务

Active Directory 证书服务安装完成后，可以使用 Windows Server 2012 管理工具中的“证书颁发机构”对证书服务进行管理，具体操作过程如下：

① 打开“服务器管理器”窗口，单击“AD CS”导航按钮，在服务器列表中，选择服务器名称为“CA-SERVER”的服务器，右击该服务器，在弹出的快捷菜单中选择“证书颁发机构”选项，如图 9-48 所示。

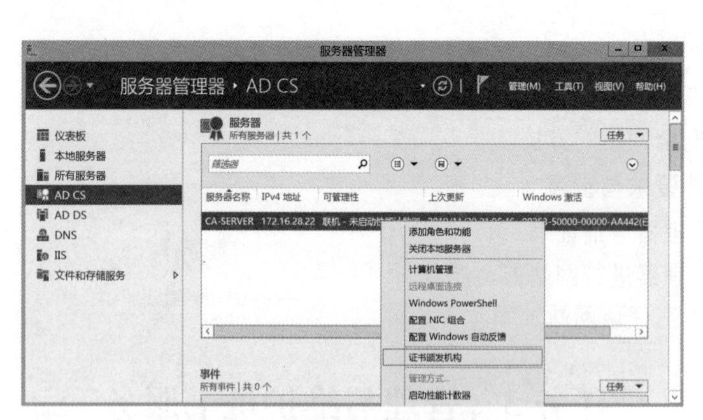

图 9-48　选择“证书颁发机构”选项

② 系统自动弹出“certsrv-[证书颁发机构（CA-SERVER.WJNET.COM）]”管理控制台，控制台中名为“wjnet-CA-SERVER-CA”服务器就是证书颁发服务器，右击该服务器，在弹出的快捷菜单中选择“所有任务”→“停止服务”命令，即可停止证书服务，如图 9-49 所示。

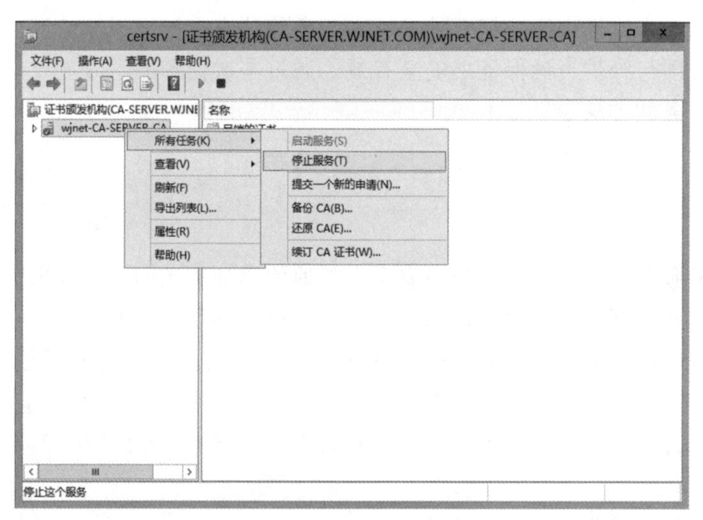

图 9-49　停止证书服务

③ 如果要启动证书服务，右击证书颁发服务器，在弹出的快捷菜单中选择“所有任务”→“启动服务”命令，即可启动证书服务。

④ 展开证书服务器的下拉列表，可以看到“吊销的证书”、“颁发的证书”、“挂起的申请”、“失败的申请”和“证书模板”五个文件夹，其中“吊销的证书”文件夹中存放被吊销的所有证书列表；“颁发的证书”文件夹中存放审核通过并已经颁发的证书列表；“挂起的申请”文件夹中保存着用户已经提交申请，需要人工进行审核的申请列表；“失败的申请”文件夹中存放因各种原因未能申请成功的证书申请列表；“证书模板”文件夹中存放证书服务器中已经启用的证书模板，通过右击证书模板文件夹，在弹出的快捷菜单中选择“新建”→“要颁发的证书模板”命令，选择需要启用的证书模板。

注意

在证书服务配置完成后，证书服务器上默认保存有很多的证书模板，但是并非所有的证书模板都处于启用状态，管理员需要根据实际情况启用相应的证书模板。

2. 备份与还原证书

（1）备份证书

在 Windows Server 2012 中，备份证书的操作过程如下：

① 打开“服务器管理器”窗口，单击“AD CS”导航按钮，在服务器列表中，选择服务器名称为“CA-SERVER”的服务器，右击该服务器，在弹出的快捷菜单中选择“证书颁发机构”选项。

② 系统自动弹出“certsrv-[证书颁发机构（CA-SERVER.WJNET.COM）]”管理控制台，右击控制台中名为“wjnet-CA-SERVER-CA”服务器，在弹出的快捷菜单中选择“所有任务”→“备份 CA”命令，如图 9-50 所示，弹出“证书颁发机构备份向导”对话框。

图 9-50　备份证书颁发机构

③ 单击“下一步”按钮，在“要备份的项目”对话框中选中“私钥和 CA 证书”和“证书数据库和证书数据库日志”复选框，在“备份到这个位置”文本框中输入备份目标文件夹，如图 9-51 所示。

④ 单击“下一步”按钮，系统弹出“选择密码”对话框，输入后期访问私钥和 CA 证书文件所需要的密码，如图 9-52 所示。

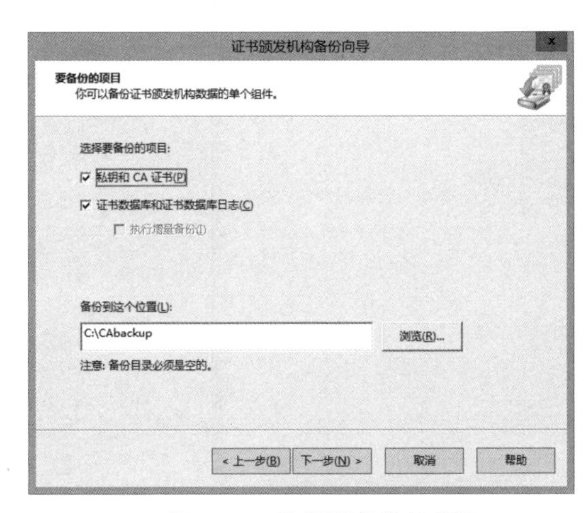

图 9-51　选择要备份的项目

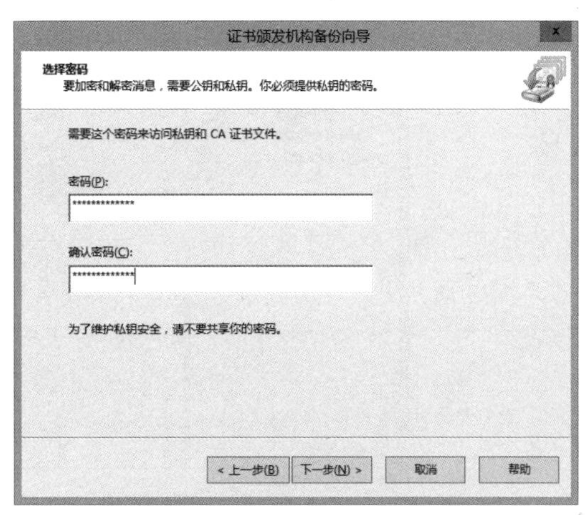

图 9-52　设置访问备份文件密码

⑤ 单击“下一步”按钮，系统弹出“完成证书颁发机构备份向导”对话框，如图 9-53 所示，单击“完成”按钮，系统自动执行证书备份。

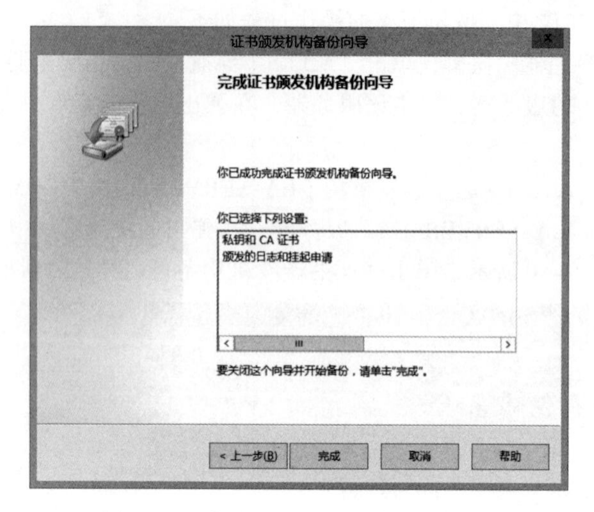

图 9-53　完成证书颁发机构备份向导

（2）还原证书

由于管理人员误操作或者重新安装证书服务器等原因导致数字证书丢失，可以借助还原证书的方式快速恢复丢失的数字证书。还原数字证书的操作过程如下：

① 打开“服务器管理器”窗口，单击“AD CS”导航按钮，在服务器列表中，选择服务器名称为“CA-SERVER”的服务器，右击该服务器，在弹出的快捷菜单中选择“证书颁发机构”选项。

② 系统自动弹出“certsrv-[证书颁发机构（CA-SERVER.WJNET.COM）]”管理控制台，右击控制台中名为“wjnet-CA-SERVER-CA”服务器，在弹出的快捷菜单中选择“所有任务”→“还原 CA”命令，如图 9-54 所示。

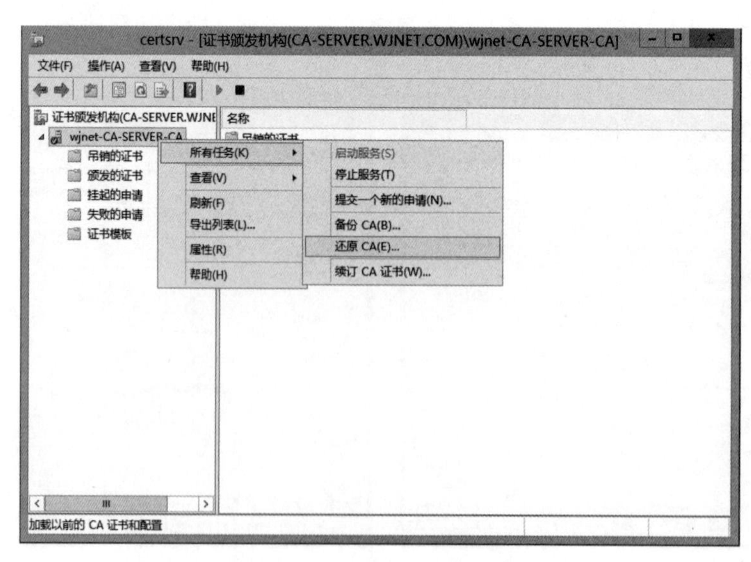

图 9-54　还原证书颁发机构

③ 系统弹出“证书颁发机构还原向导”对话框，还原向导首先提醒用户证书还原过程中不能运行证书服务，需要立即停止证书服务，单击“确定”按钮。证书服务停止后，系统弹出“欢迎使用证书颁发机构还原向导”对话框。

④ 单击“下一步”按钮，系统弹出“要还原的项目”对话框，选中“私钥和 CA 证书”和“证书数据库和证书数据库日志”复选框，在“从这个位置还原”文本框中输入证书文件和数据库所在的文件夹，如图 9-55 所示。

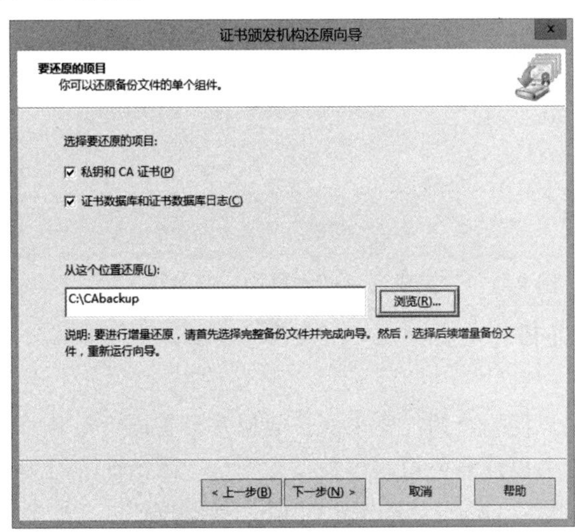

图 9-55　选择要还原的项目

⑤ 单击“下一步”按钮，在“提供密码”文本框中输入备份证书文件和数据库时设置的密码，如图 9-56 所示。

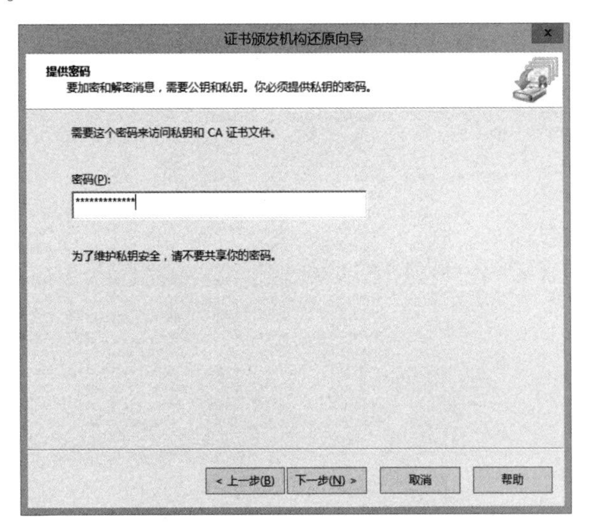

图 9-56　输入访问证书文件密码

⑥ 单击“下一步”按钮，系统弹出“完成证书颁发机构还原向导”对话框，单击“完成”按钮，如图 9-57 所示，系统自动执行证书文件和数据库的还原工作。还原结束后，系统提示是否启动 Active Directory 证书服务，单击“是”按钮，启动证书服务，完成证书和数据库的还原。

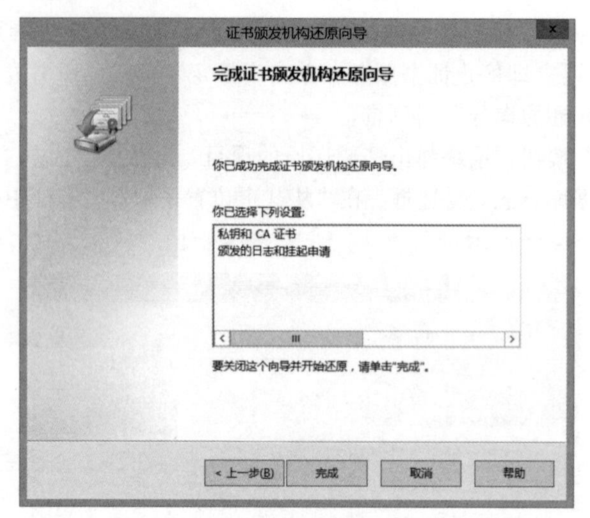

图 9-57 “完成证书颁发机构还原向导”对话框

3. 吊销与解除吊销证书

（1）吊销证书

用户申请的证书是用户使用公钥加密来保护数据并对其进行签名的有效手段，当用户离开公司后，应及时吊销其证书以保障公司内部数据的安全。吊销证书的具体操作过程如下：

① 打开“服务器管理器”窗口，单击“AD CS”导航按钮，在服务器列表中，选择服务器名称为“CA-SERVER”的服务器，右击该服务器，在弹出的快捷菜单中选择“证书颁发机构”选项。

② 系统自动弹出“certsrv-[证书颁发机构（CA-SERVER.WJNET.COM）]”管理控制台，选择控制台中 “wjnet-CA-SERVER-CA”→“颁发的证书”选项，如图 9-58 所示，显示所有已颁发的证书列表。

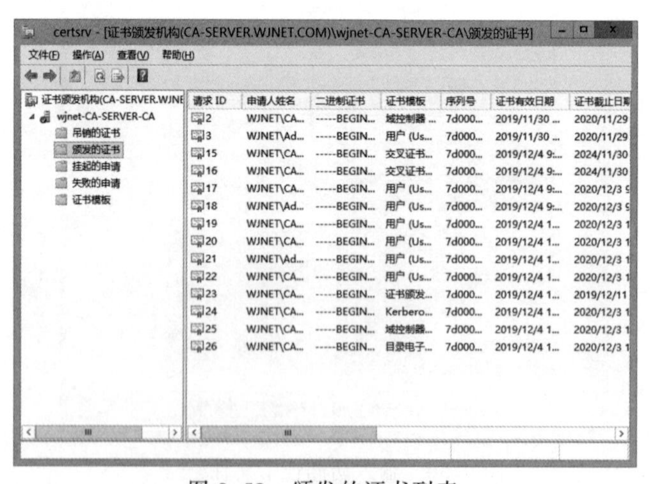

图 9-58 颁发的证书列表

③ 在“颁发的证书”列表中右击需要吊销的证书，在弹出的快捷菜单中选择“所有任务”→“吊销证书”命令，在弹出的“证书吊销”对话框的“理由码”下拉列表中选择吊销该证书的原因，如图 9-59 所示。如果后期需要解除该证书的吊销，需要选择“证书待定”选项。

④ 单击“是”按钮，完成证书吊销操作，被吊销的证书将自动加入到“吊销的证书”文件夹中。

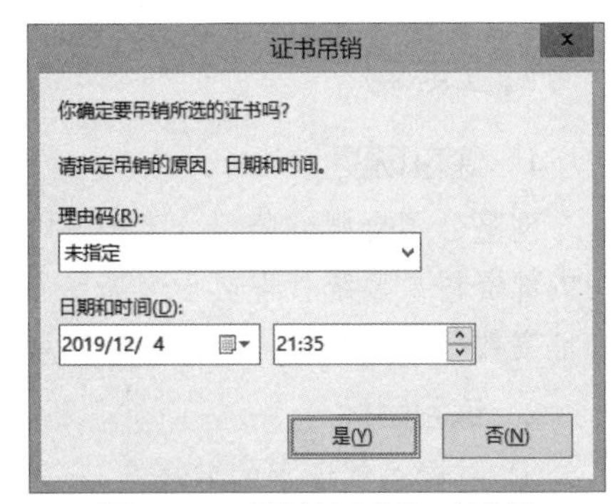

图 9-59 “吊销证书”对话框

(2)解除吊销证书

如果用户只是暂时离开公司，在其返回原工作岗位后，可以通过解除吊销证书操作来恢复其原来的证书。解除吊销证书的具体操作过程如下：

① 打开“服务器管理器”窗口，单击“AD CS”导航按钮，在服务器列表中，选择服务器名称为“CA-SERVER”的服务器，右击该服务器，在弹出的快捷菜单中选择“证书颁发机构”选项。

② 系统自动弹出“certsrv-[证书颁发机构(CA-SERVER.WJNET.COM)]”管理控制台，选择控制台中的“wjnet-CA-SERVER-CA”→“吊销的证书”选项，显示所有吊销的证书列表。

③ 在“吊销的证书”列表中右击需要解除吊销的证书，在弹出的快捷菜单中选择“所有任务”→“解除吊销证书”命令，即可完成解除吊销证书的操作。解除吊销的证书被自动加入到“颁发的证书”文件夹中。

> **注意**
>
> 在解除吊销证书时，系统只允许解除“吊销原因”为“证书待定”的证书，由于其他原因被吊销的证书在执行解除吊销操作时，系统会弹出“取消吊销命令失败”的提示框。

4. 续订证书

证书服务器在向用户颁发证书时，颁发的证书都有截止日期，当到达截至日期时，证书将无法再被使用。因此，若要继续使用证书，就必须在证书到期前续订证书。对于企业 CA，只有以域用户身份登录才能进行证书续订。

证书的续订包括用新密钥申请证书和用新密钥续订证书两种方式。具体操作过程如下：打开控制台窗口，添加“证书”管理单元，选择“证书-当前用户” →“个人”→“证书”选项，右击要续订的证书，如图 9-60 所示，在弹出的快捷菜单中选择“所有任务”→“用新密钥续订证书”或“所有任务”→“高级操作”→“用当前密钥续订证书” 命令，按“证书注册” 向导提示完成证书续订，如图 9-61 所示。

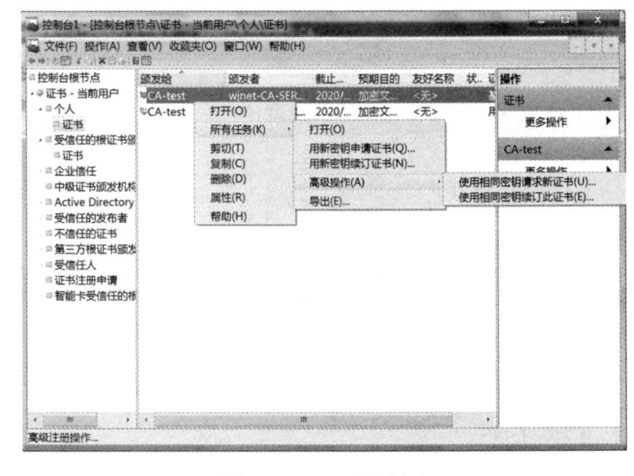

图 9-60 证书续订

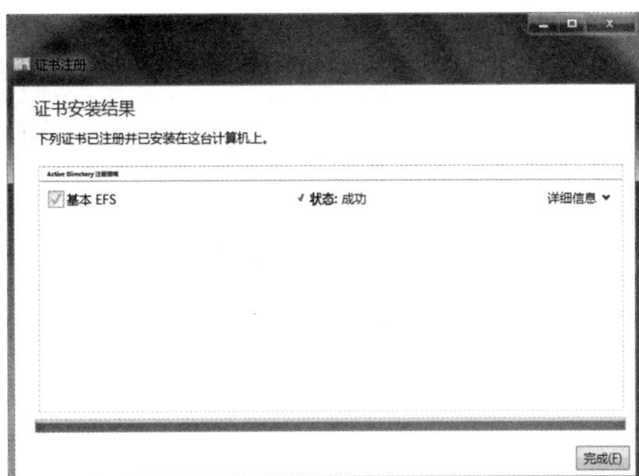

图 9-61 证书续订结果

课堂练习

1. 练习场景

网坚公司合肥分公司员工小张因工作疏忽导致证书外泄，为防止他人利用数字证书窃取公司内部资料，系统管理员小李需要吊销小张的证书。小张重新申请证书后，小李还需要将证书和证书数据库进行备份，以便后期重新部署证书服务器时还原证书。

2. 练习目标

① 掌握吊销证书的方法。

② 掌握导出证书的方法。

③ 掌握备份证书和数据库的方法。

3. 练习的具体要求与步骤

① 以系统管理员身份吊销已泄密的证书。

② 以系统管理员身份导出个人证书。

③ 以系统管理员身份备份证书和数据库。

拓展与提高

当在企业中部署了 CA 证书服务器后，如果 CA 证书服务器同时启用了“证书注册 Web 服务”和“证书注册策略 Web 服务”角色功能，服务器可以根据用户的请求自行颁发数字证书，而不需要管理员手动验证颁发。

在默认情况下，用户访问证书颁发页面时，在证书类型列表中只能看到少部分的证书类型，有时候无法找到想要注册的证书类型，比如，用户通过证书服务浏览器界面进行“申请 Web 服务器证书”的操作时，在“证书模板”列表中并没有“Web 服务器”证书，导致证书申请无法完成。出现这种情况的原因是在证书模板中很多证书默认情况下是不允许用户注册的，需要管理员开通证书注册权限才可以注册。下面就以“Web 服务器”证书为例，演示如何开放证书注册权限。

1. 管理证书模板

① 打开“服务器管理器”窗口，单击“AD CS”导航按钮，在服务器列表中，选择服务器名称为“CA-SERVER”的服务器，右击该服务器，在弹出的快捷菜单中选择“证书颁发机构”选项，如图 9-62 所示。

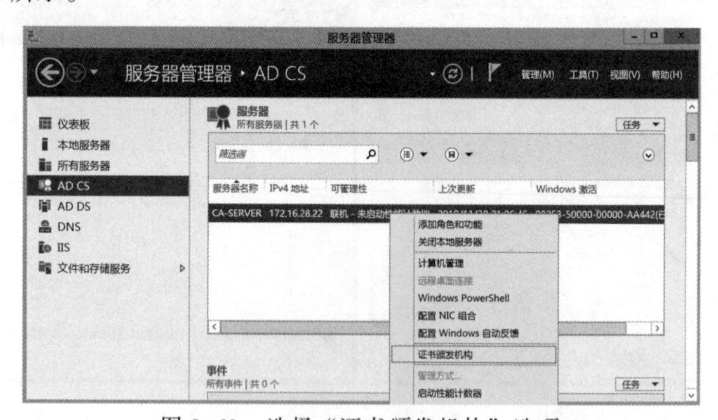

图 9-62 选择“证书颁发机构”选项

② 系统自动弹出“certsrv–[证书颁发机构（CA–SERVER.WJNET.COM）]”管理控制台，单击控制台中“wjnet–CA–SERVER–CA”服务器下的“证书模板”文件夹，如图 9–63 所示。

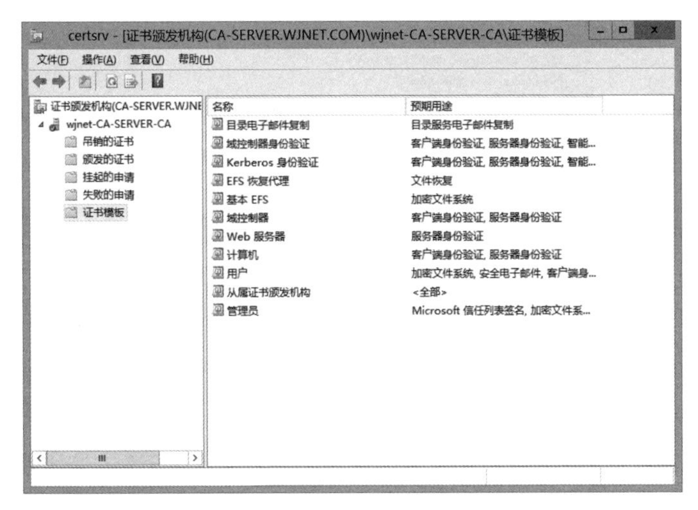

图 9–63 证书模板文件夹

③ 将“证书模板”文件夹中的“Web 服务器”证书模板删除。右击“证书模板”文件夹，在弹出的快捷菜单中选择“管理”命令，系统弹出“证书模板控制台”对话框，该对话框中列出了当前 CA 服务器中能够提供给用户的所有证书，可将不需要的证书模板删除。

2. **修改证书模板权限**

① 在“证书模板控制台”对话框中，右击“Web 服务器”证书模板，在弹出的快捷命令列表中选择“属性”命令，如图 9–64 所示。

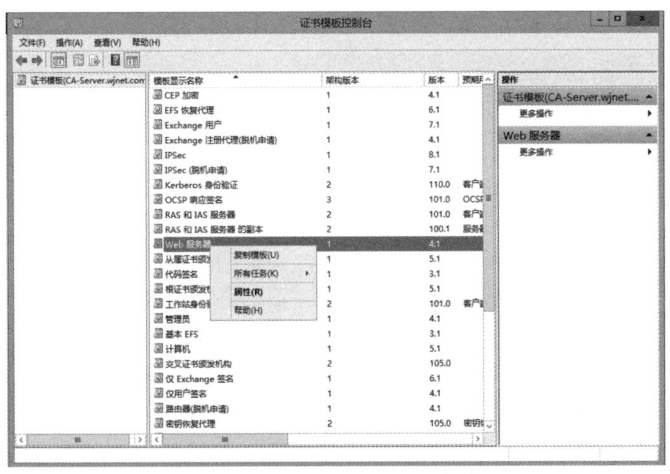

图 9–64 选择“属性”命令

② 在弹出的“Web 服务器属性”对话框中，选择“安全”选项卡，在“组或用户名”列表中单击“Authenticated Users”，将“Authenticated Users 的权限”设置由原来的只允许“读取”修改为“读取、写入、注册”，如图 9–65 所示。

③ 单击“确定”按钮即可完成证书模板权限的修改，此时“Web 服务器”证书就向认证用户开放了“注册”权限。

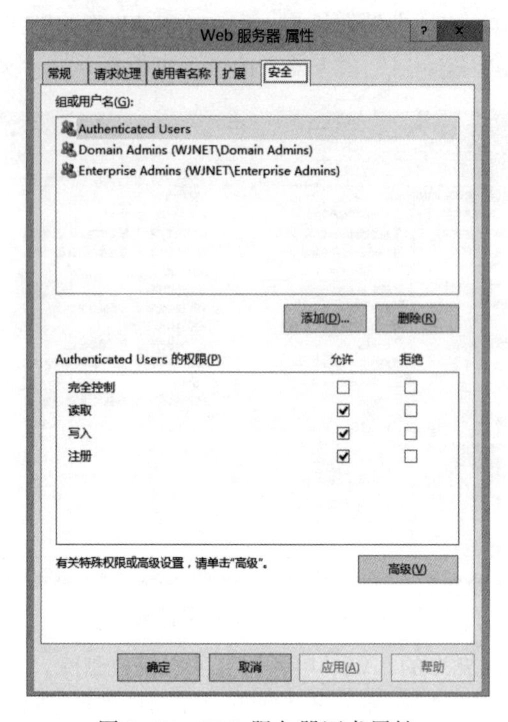

图 9-65　Web 服务器证书属性

3. 启用证书模板

① 在“certsrv-[证书颁发机构（CA-SERVER.WJNET.COM）]”管理控制台，右击控制台中“wjnet-CA-SERVER-CA”服务器下的“证书模板”文件夹，在弹出的快捷菜单中选择“新建”→“要颁发的证书模板”选项，如图 9-66 所示。

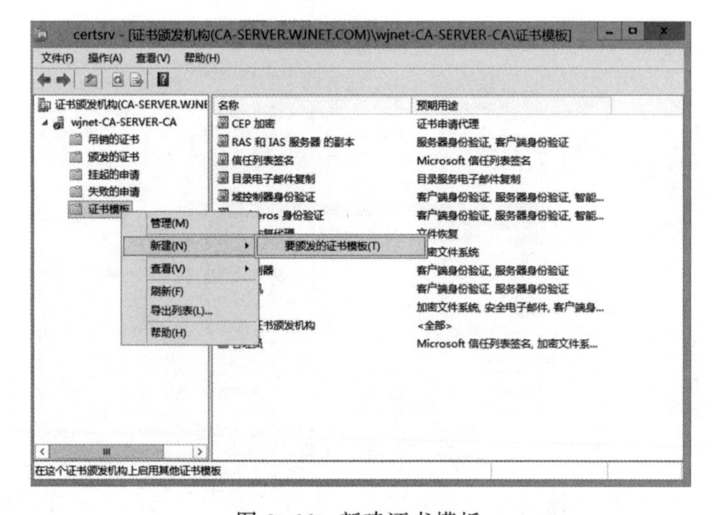

图 9-66　新建证书模板

② 在弹出的“启用证书模板”对话框中，选择“Web 服务器”证书模板，单击“确定”按钮，完成证书模板的启用，如图 9-67 所示。

③ 用户通过访问 CA 证书服务器的证书颁发页面，可以在证书类型下拉列表中看到“Web

服务器”选项，选中该选项即可申请 Web 服务器证书。

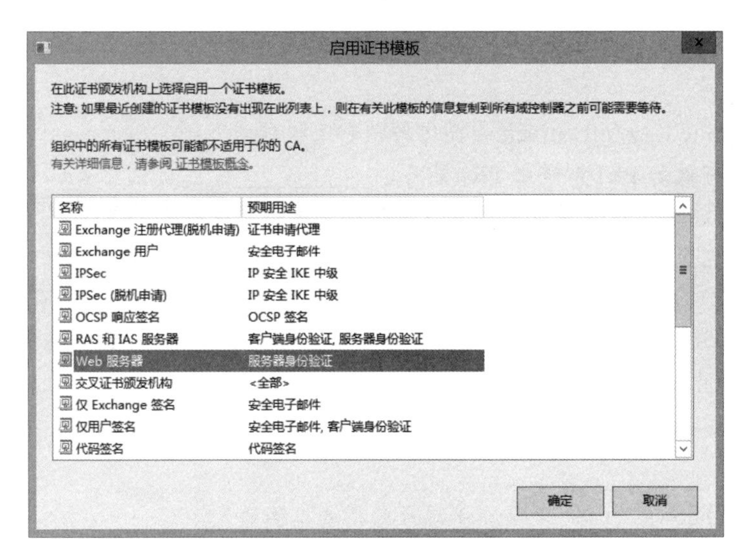

图 9-67 “启用证书模板”对话框

网络管理与维护经验

利用 CA 服务器实现企业各地机构的身份认证和数据加密

（1）案例分析

国内某上市公司信息化起步较早，各类应用系统主要分布于总公司、分公司、各地办事机构三级单位。目前该公司已经初步实现 OA 系统的信息整合，信息化工作进一步将围绕信息流和工作流的整合、项目管理系统的建立以及公共基础安全平台建设展开。由于这些信息系统是通过互联网向各地办事机构开放，使得整体信息系统存在很多安全隐患，给下一步的系统建设提出了高强度身份认证、数据机密性、完整性、不可抵赖等诸多安全需求。

（2）解决方案

该公司的安全基础信息平台主要是建设企业内部 CA 认证系统，向使用应用系统的用户和各地服务器颁发数字证书；并通过数字签名系统实现基于数字证书的身份认证，替换以前的用户名+口令的认证模式。进一步还可以通过数字签名系统提供的数据加密和数字签名接口对应用系统进行深度安全加固，实现基于数字证书的机密性、完整性、抗抵赖性等安全功能。

本次建设的内容包括：一个 CA Server（认证中心）、一个 LDAP（目录服务系统）。随着应用系统的建设和实施，证书应用可在分公司建设二级 CA，并可在各地办事机构建设 RA 系统，实现整个公司系统的信任体系和身份认证系统的建设。

（3）应用效果

公司各类应用系统通过 CA 系统提供的安全服务，实现了基于数字证书和数字签名系统的高强度身份认证和其他安全需求。针对 B/S 架构的应用，客户端采用 ActiveX 控件，用户在访问指定网页时可以自动完成 ActiveX 的下载和注册，无须干预，有效提高产品的易用性和通用性。结合 IC 卡、USBKEY 等证书存放介质的使用，使得整个公司安全性大幅提高。

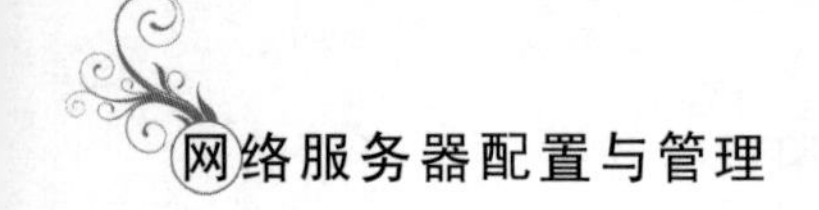

练 习 题

一、填空题

1. PKI 是 Public Key Infrastructure 的缩写，它又被称为____________。

2. 一个典型有效的 PKI 系统由 PKI 策略、__________、注册机构 RA、__________、密钥备份与恢复系统、证书作废系统以及 PKI 应用接口七大系统组成

3. 数字证书包含一个公开密钥、名称以及__________的数字签名。

4. CA 主要保证各方信息传递的__________、完整性、__________和不可抵赖性。

5. Windows Server 2012 中，可以部署__________和__________两种类型的 CA，这两者最大的不同之处在于活动目录的集成和依赖。

6. 企业 CA 可以分为__________和企业从属 CA 两种类型。

二、选择题

1. 以下对 Windows Server 2012 证书服务的描述正确的是（　　）。

A. 独立 CA 需要活动目录服务的支持

B. 安装证书服务后，输入 http://证书服务器 IP/certserver 可以申请证书

C. 企业 CA 在接到证书申请后会自动颁发证书

D. 独立 CA 在接到证书申请后会自动颁发证书

2. 管理员在 Windows Server 2012 服务器上安装好 CA 证书服务后，希望通过 Web 的方式来申请证书，但是当在 IE 浏览器中输入了 http://ip/certsrv 后，出现了 HTTP 错误“您要找的资源已被删除、已更名或暂时不可用”的提示，产生这种问题最大的可能性是（　　）。

A. IIS 服务已经停止了，不提供访问功能

B. 在 IIS 服务器设置了访问控制列表功能，禁止了部分计算机的访问

C. 输入了错识的 URL 地址，应该输入 https://ip/certsrv

D. 在安装证书服务的时候没有安装证书颁发机构 Web 注册，导致无法通过 Web 的方式进行注册和证书申请工作

3. 管理员想在 Windows server 2012 服务器上安装证书服务，在指定安装类型时发现只能选择独立 CA，企业 CA 为灰色不可选状态，原因是（　　）。

A. 服务器已配置为企业 CA　　　　B. 该服务器不在域中

C. 管理员没有权限创建企业 CA　　D. 只有域控制器才能配置为企业 CA

4. 证书颁发机构的功能包括（　　）。

A. 颁发证书　　　　　　　　B. 吊销证书

C. 发布证书吊销列表 CRL　　D. 以上都是

项目 10

使用 SSL/TLS 安全连接网站

学习情境

随着网坚公司规模的不断扩大，很多业务系统都通过 Web 服务器的方式为各地分公司、员工和合作伙伴提供服务，其中也包括采购订单管理、财务支付、进销存管理等包含公司重要业务数据的信息系统。这些数据和文件在 Internet 上没有经过任何加密和验证的情况下进行传输，很容易遭受网络攻击或信息窃取，对网坚公司的信息安全造成了巨大的威胁。

本项目讲述的是如何使用 SSL（Secure Sockets Layer，安全套接层）或 TLS（Transport Layer Security，传输层安全）增强 Web 服务器的安全性。Web 服务器的身份认证除了匿名访问、基本验证和 Windows 请求/响应方式外，还有一种安全性更高的认证：通过 SSL 安全机制使用数字证书认证。

SSL 是为网络中任意两台机器提供安全传输保障的一种协议。它能对传输数据加密并为数据传输的客户端以及服务端提供身份认证功能。SSL 协议经历了多个版本修改，从最开始由 Netscape 公司开发的版本到国际互联网工程任务组（The Internet Engineering Task Force，简称 IETF）最终所采纳的 TLS（Transport Layer Security，传输层安全）标准。SSL 协议和其继承者 TLS 协议通过加密和封装应用层数据，以数字证书认证的方式为客户端和服务器端提供了安全和可靠的通信通道，保证整个通信过程的安全。因此，SSL/TLS 协议已成为应用最为广泛的加密传输协议。

本项目将基于 Windows Server 2012 R2 操作系统为网坚公司的 Web 服务器配置 SSL 安全通道，用以保护网站访问的安全性。本项目主要包括以下任务：

- 了解 SSL/TLS 服务。
- 安装并配置 SSL/TLS 服务。

任务 1　了解 SSL/TLS 服务

任务描述

随着网络技术的发展，互联网已渐渐融入人们生活中衣食住行等各个方面。网上金融、电子商务、在线购物的发展，使得网络安全隐患层出不穷，高科技犯罪、信息窃取、黑客入侵案例也逐渐增多，如何保证敏感数据的安全传输已经成为社会讨论的热点。通过本次任务的学习主要掌握：

- 理解 SSL/TLS 的相关概念。

- 理解 SSL/TLS 的工作流程。

任务分析

网络管理员要控制端到端的通信就要调用传输层协议，而 SSL 安全套接层协议及继任者 TLS 传输层安全协议就是为网络通信提供安全及数据完整性的一种安全协议。利用 TLS 与 SSL 在传输层可以对网络连接进行加密。SSL 提供的安全通信具有数据保密性、数据完整性和身份认证等特性。

本次任务主要包括以下知识点与技能点：

- SSL/TLS 的基本概念。
- SSL/TLS 的工作流程。
- SSL/TLS 的实际应用。
- HTTPS 的概要介绍。

任务实施

1. 理解 SSL/TLS 的基本概念

SSL（Secure Sockets Layer，安全套接层）协议是为网络通信提供安全及数据完整性的一种安全协议。SSL 协议是 1995 年由 Netscape 公司设计研发，为 Web、电子邮件、FTP 等互联网业务提供一种在协议层上解决通信安全问题的解决方案。1999 年，由于 SSL 协议被广泛采用，成为大家共同认可的一个技术标准，因此 IETF 将 SSL 标准化为 TLS，SSL 正式成为互联网标准。SSL/TLS 并不是两个不同的协议，而是同一个技术的不同阶段的称呼而已。

SSL/TLS 协议位于 TCP（Transmission Control Protocol，传输控制协议）和 HTTP（Hyper Text Transfer Protocol，超文本传输协议）之间，如图 10-1 所示，以可靠的传输协议为前提，即它认为传输层发送的都是可靠数据包，这些数据包将依照先后顺序发送至接收端，不会出现丢失或需要重新传输的问题。由于 TCP 可以提供可靠传输，而 UDP（User Datagram Protocol，用户数据报协议）不能提供可靠传输，因此 SSL 协议只能在 TCP 上工作，无法在 UDP 上运行。

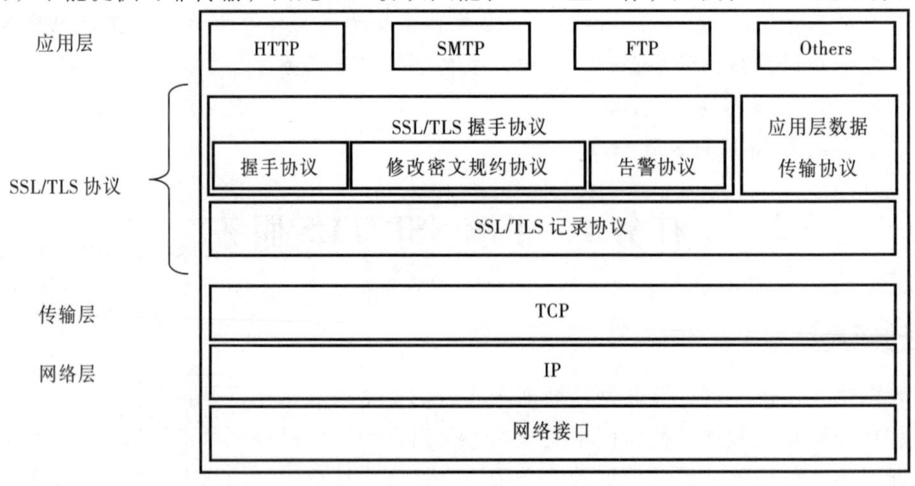

图 10-1　SSL/TLS 协议整体架构

对于 SSL/TLS 协议本身来说，它主要包含如下几种协议类型：

① SSL/TLS 记录协议：整个 SSL/TLS 协议的载体，定义了协议整体的数据封装方法，内部包含通信初始化时的握手数据，或者加密和压缩过的应用层数据，它可以说是应用层数据在整个 SSL/TLS 消息中的信封。其格式如图 10-1 所示。从中可以看出，SSL/TLS 记录协议在整体结构上提供了一些有效的明文信息，根据此信息，可以正确地对 SSL/TLS 协议进行识别。

② 应用层数据传输协议：为 SSL/TLS 记录协议提供原始的应用层数据。

③ 握手协议：起到协商 SSL/TLS 会话过程中各项参数的作用。客户端和服务器端协商双方所使用的 SSL/TLS 版本，相互验证对方，确定整个会话使用的加密和压缩算法，并产生通信过程中使用的共享密钥。

④ 修改密文规约协议：用于更改加密策略的信号。客户端和服务器端的任意一方可以通过发起该协议的一系列消息来告知另一方，本次会话后续的数据将使用新的加密算法和密钥来进行传输。

⑤ 告警协议：当会话遇到错误或会话状态改变时，由客户端和服务器端的任意一方发起，告知另一方。此时应立即停止本次会话。

2. **了解 SSL/TLS 的工作流程**

SSL 的工作分为两个阶段：握手阶段和数据传输阶段。若握手阶段发现存在安全风险，比如握手时发现另一端不能支持选择的协议或加密组件，或者发现数据被篡改，这时通信另一端会发送告警消息，如果安全风险较大，两端之间的通信就会终止，同时重新协商建立新的 SSL 握手。SSL 握手协议分成五个子协议：Hand Shake（握手）、Change Cipher Spec（更改密钥规格）、Alert（告警）、Application Data（应用数据）、Heartbeat（心跳）。

SSL 握手有三个目的：第一，客户与服务器需要协商一套用于加密传输数据的加密算法；第二，他们需要通过 SSL 握手获得这组加密算法所需要的公钥和私钥；第三，握手过程还可以选择对客户或者服务端进行身份认证。

（1）Client Hello

不同的客户端支持的加密组件不一样，在 SSL 握手过程中，必须使用同一套加密组件对数据进行加解密。客户端需要为服务端提供这些信息：客户端支持的加密组件的种类，以及客户端生成的随机数，该随机数在生成会话密钥中有重要的作用，它将与服务端随机数一起作为主密钥的材料，主密钥的生成过程与具体用途将在后面详细介绍。不仅客户端需要本地保存这个随机数，服务端也需要该数据。所以 Client Hello 消息中传递的最重要参数就是加密组件列表与客户端随机数。

（2）Server Hello

从 Server Hello 到 Server Hello Done，有些服务端单独发送每条消息，而有些服务端将所有消息合并之后一起发送。其中 Server Hello 消息中重要的加密参数包括三部分：服务端从客户端的加密组件列表中选择的加密组件；服务端从客户端的压缩算法列表中选择的压缩算法；服务端生成的随机数，发送至客户端，用于生成主密钥。

接着，服务器发送了 Certificate 消息，该消息主要是服务器证书，该证书用于客户端对服务器进行身份认证。比如：客户端收到来自于自称是 www.baidu.com 的数据，客户端如何确定对方是合法百度呢？证书此时发挥了重要作用，百度的数字证书可以证明它是 baidu，不是搜狗。证书申请由第三方权威的数字证书认证机构（CA）严格审核之后才能颁发。证书颁发的同时会产生一对私钥和公钥。服务端秘密保存私钥，防止被窃取。证书信息中包含公钥，在互联网上传输。证书存在有效期，超过有效期的证书是不可靠的。证书本身包括了电子签名，该签名保证证书免遭篡改，确保了证书的真实性以及完整性。

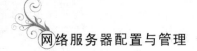

当服务端提供的证书中没有足够让客户端能够确定自己身份的信息时，服务端还可以发送 Server Key Exchange 消息。

除此之外，对于限定访问的敏感资源，服务端需要对客户端的身份进行验证，用于确定重要数据传输的接收端是合法的。此时，服务端向客户端发送 Cerficate Request 消息，要求客户端提供并发送证书来验证自身身份的合法性。

最后，服务端向客户端发送 Server Hello Done 消息，以表示 Server Hello 消息结束。

（3）Client Key Exchange

若服务端需要验证客户端身份，客户端接收 Server Hello 消息之后，会向服务端发送客户端证书。在此之前，所有 SSL 握手信息都是明文传输。客户端在接收 Server Hello Done 消息后，会使用之前协商好的不对称加密算法（例如：RSA、Diffie-Hellman）生成长度为 48 B 的密钥作为握手过程中的预主密钥，该密钥再生成主密码，到最后加解密应用数据的会话密钥（session key）扮演重要的角色。预主密钥十分重要，只要该密钥被窃取，再加上之前明文传输的客户端以及服务端的随机数，经过一系列计算，攻击者可以获得最终的会话密钥，因此，一般客户端使用 DH 等非对称加密算法，以及来自服务端的公钥，加密预主密钥传输至服务端，服务端再利用私钥解密就可以获得预主密钥。

接着，客户端需要检查服务器的证书是否完整、是否是经过 CA 颁发、证书上域名与服务器地址是否吻合。

Change Cipher Spec 协议是 SSL 握手阶段三大协议之一，该协议只有一种 Change Cipher Spec 消息。Change Cipher Spec 消息长度为一个字节。其主要作用在于一端告诉另一端，本端已经准备使用协商一致的加密套件了，将用该加密套件对应用数据进行加密传输。

客户端发送完 Change Cipher Spec 消息之后，会使用加密套件中的密钥交换算法，以及之前协商好的公钥加密之前所有的握手摘要消息传输至服务端，此消息是为了确保握手建立起来的加密通道没有被篡改。

（4）Server Finished

服务端接收来自客户端的 Finished 消息后，利用私钥解密这段加密后的摘要信息，服务端也会在本地生成这段摘要信息，与解密后的摘要信息进行比对。同时，服务端采用相同的密钥参数以及生成密钥的方法生成相同的会话密钥。准备就绪之后，服务端发送 Change Cipher Spec 消息至客户端。通知客户端，服务端已经准备使用协商一致的加密套件了，将用该加密套件对应用数据进行加密传输。随后，服务端将 Finished 消息加密发送至客户端，来确认加解密通道是否被攻击者篡改。

若双方都能加密 Finished 信息并且解密后的摘要消息是正确的，说明双方握手成功。接下来，客户端与服务端可以使用会话密钥对应用数据进行加解密传输了。

3. **掌握 SSL/TLS 在实际中的应用**

（1）单向认证

单向认证又称匿名 SSL 连接，是 SSL 安全连接的最基本模式，它便于使用，主要的浏览器都支持这种方式，适合单向数据安全传输应用。在这种模式下客户端没有数字证书，只是服务器端具有证书。典型的应用就是用户进行网站注册时采用 ID+口令的匿名认证，过去，网上银行的大众版就是使用的这种认证。

（2）双方认证

双方认证是对等的安全认证，这种模式通信双方都可以发起和接收 SSL 连接请求。通信双方可以利用安全应用程序或安全代理软件，前者一般适合于 B/S（浏览器/服务器）结构，而后者适用于 C/S（客户端/服务器）结构。安全代理相当于一个加密/解密的网关，这种模式双方皆需安装证书，进行双向认证，如网上银行的 B2B 的专业版等应用。

（3）电子商务中的应用

电子商务与网上银行交易不同，因为有商家参加，形成“客户—商家—银行”三方通信、两次点对点的 SSL 连接。客户、商家和银行都必须使用数字证书，进行两次点对点的双向认证。

4. 理解 HTTPS 协议

HTTPS（Hypertext Transfer Protocol Secure，安全超文本传输协议）由 Netscape 公司开发并内置于其浏览器中，用于对数据进行压缩和解压操作，并返回网络上传送回的结果。HTTPS 实际上应用了 Netscape 的 SSL 作为 HTTP 应用层的子层。

HTTPS 是以安全为目标的 HTTP 通道，简单讲是 HTTP 的安全版，即 HTTP 下加入 SSL 层，HTTPS 的安全基础是 SSL。

它是一个 URI scheme（抽象标识符体系），句法类同“HTTP:URL”体系，用于安全的 HTTP 数据传输。“HTTPS:URL”表明它使用了 HTTP，但 HTTPS 存在不同于 HTTP 的默认端口及一个加密/身份验证层（在 HTTP 与 TCP 之间）。这个系统提供了身份验证与加密通信方法，它被广泛应用于万维网上安全敏感的通信，例如交易支付等。

> **注意**
> HTTPS 会加重服务器端的负担，相比于 HTTP 其需要更多的资源来支撑，同时也降低了用户的访问速度。

课堂练习

1. 练习场景

随着互联网中勒索病毒不断爆发，各大企事业单位越来越重视数据安全。网坚公司希望梳理当前业务系统，制定符合业务特点的安全解决方案。网络管理员小张通过调研得知，公司现有业务系统分为三类：面向互联网用户的 Web 服务系统、面向公司员工和合作企业的 ERP 系统、电子商务系统，现需要根据每种系统的特点制定不同的 SSL 安全连接解决方案。

2. 练习目标

① 理解 SSL/TLS 的概念。

② 熟悉 SSL/TLS 的工作流程。

③ 掌握 SSL/TLS 安全方案在实际应用中的设计思路。

3. 练习的具体要求与步骤

① 根据不同业务系统选择不同 SSL 连接方式。

② 根据 SSL/TLS 的工作流程编制 SSL 安全方案。

- 在公司当前的网络拓扑下设计 SSL/TLS 安全服务器的 IP 地址和服务对象。
- 编写公司安全连接整体解决方案。

任务 2　安装并配置 SSL/TLS 服务

任务描述

网坚公司需要将财务管理信息系统部署在 Web 服务器上，供公司内部员工使用，为了安全起见，需要在 Web 服务器上启用 HTTPS。Web 服务器主机名为 Webserver，域名为 cw.wjnet.com，内网 IP 地址为 172.16.28.25，子网掩码为 255.255.255.0；证书颁发服务器主机名为 CAserver，内网 IP 地址为 172.16.28.26，子网掩码为 255.255.255.0；客户端主机名为 ClientA，内网 IP 地址为 172.16.28.27，子网掩码为 255.255.255.0。基本拓扑结构如图 10-2 所示。

通过本次任务的学习主要掌握：

- 从证书颁发服务器获取并安装证书的操作方法。
- 在 Web 服务器上启用 SSL 功能的操作方法

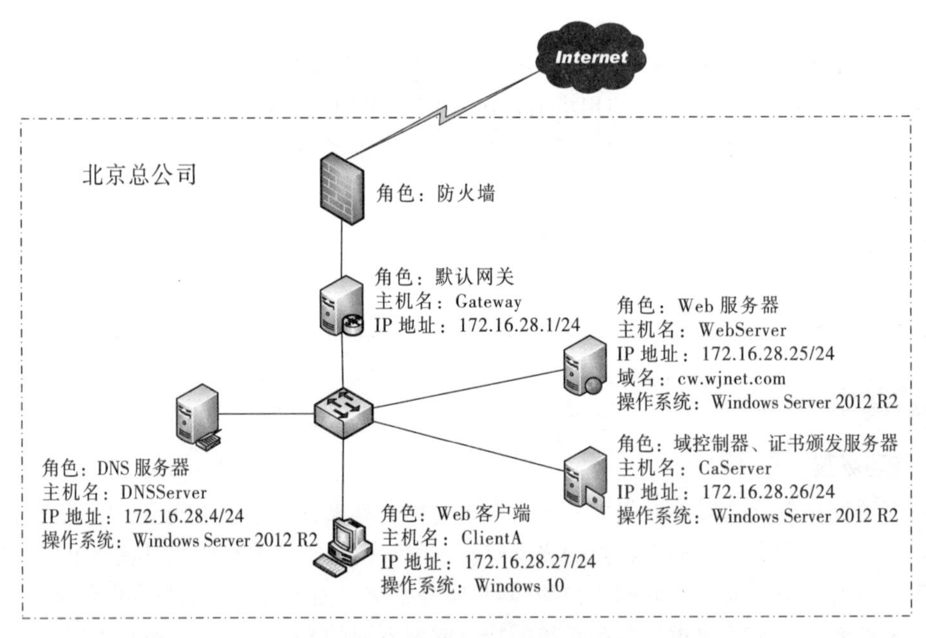

图 10-2　部署 SSL/TLS 网络拓扑图

任务分析

Web 服务器通过向证书颁发机构申请并安装 Web 服务器证书，为客户端的访问提供 SSL 安全通道连接，从而可以保证双方通信的保密性、完整性和服务器的用户身份认证。同时，可以通过在客户端上申请并安装客户端证书，实现客户端的用户身份认证。

在本次任务实施之前，管理员需要首先确认 DNS 服务器中是否正确配置了 Webserver 的域名，即需要在 DNS 中添加一条主机记录，完整的域名为“cw.wjnet.com”，对应的 IP 地址为“172.16.28.25”，如图 10-3 所示。其次要确认 Webserver 服务器上的“Web 服务器（IIS）”角色已经正确安装，为方便 SSL 证书的管理，在“角色服务”中需要选择“集中式 SSL 证书支持”选项，如图 10-4 所示。

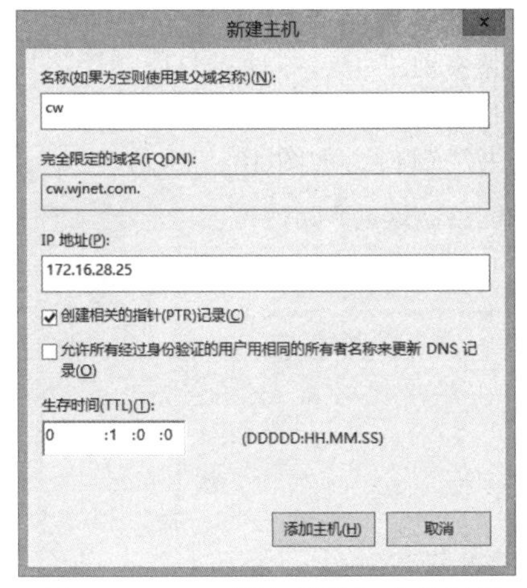

图 10-3 DNS 服务器添加主机记录

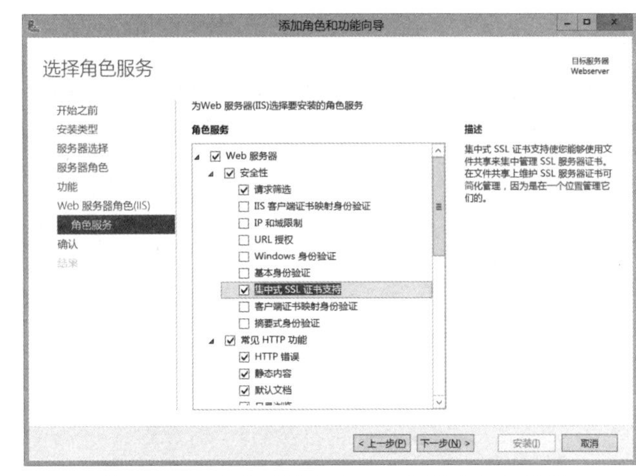

图 10-4 选择“集中式 SSL 证书支持”选项

本次任务主要包括以下知识点与技能点：

- 在 IIS 中创建 Web 服务器证书申请。
- 申请并安装 Web 服务器证书。
- 为 Web 站点启用 SSL 功能。

任务实施

1. 掌握在 IIS 中创建 Web 服务器证书申请

① 在 Webserver 服务器中，打开“服务器管理器”控制台，单击“IIS”导航按钮，在服务器列表中，选择服务器名称为“WEBSERVER”的服务器，右击该服务器，在弹出的快捷菜单中选择“Internet Information Services（IIS）管理器”选项，如图 10-5 所示。

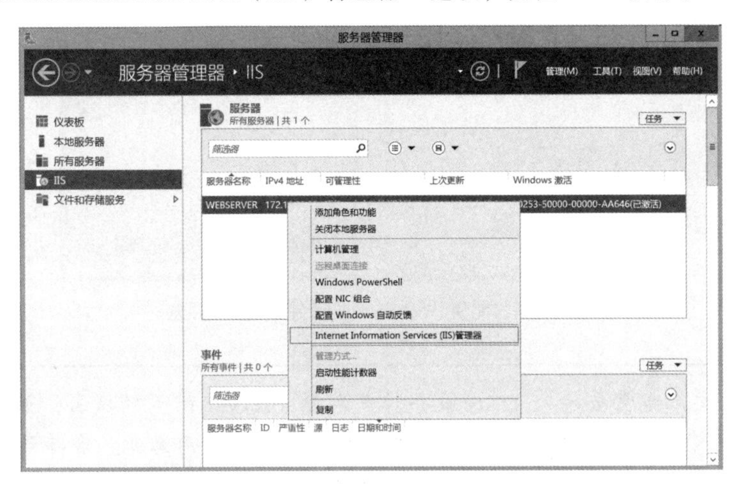

图 10-5 “服务器管理器”控制台

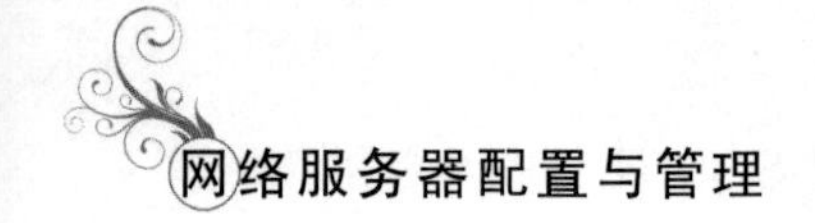

小技巧

在“运行”对话框中直接输入“servermanager.msc”可以直接启动服务管理器。

② 在弹出的“Internet Information Services（IIS）管理器”窗口中，单击左侧边栏的“WEBSRVER”服务器，在“WEBSERVER 主页”中双击“服务器证书”图标，右侧操作快捷命令中出现可以对服务器证书执行的各种操作，如图 10-6 所示。

③ 单击“打开功能”按钮，IIS 管理器弹出“服务器证书”窗口，如图 10-7 所示。

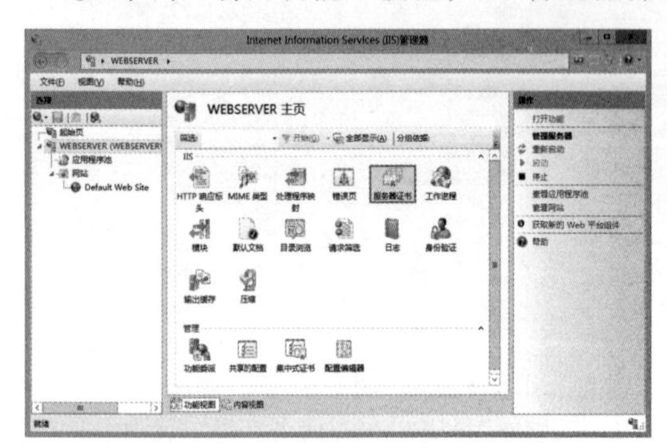

图 10-6　WEBSERVER 主页

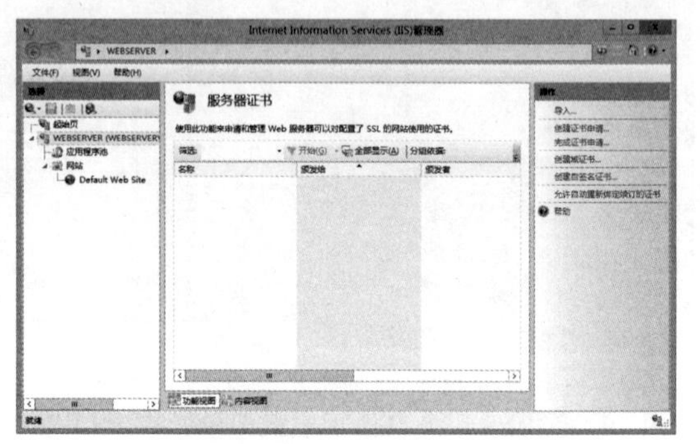

图 10-7　“服务器证书”窗口

④ 单击右侧“操作”栏的“创建证书申请”链接，在弹出的“可分辨名称属性”对话框中输入 Webserver 服务器的基本信息，如图 10-8 所示。

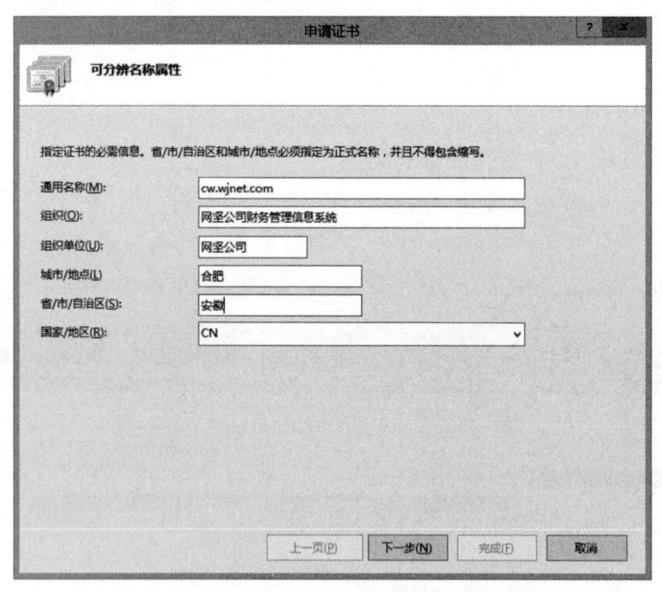

图 10-8　配置 Webserver 服务器基本信息

注意

“通用名称”文本框需要输入 DNS 服务器中为 Webserver 配置的域名，如果没有域名，可以使用 NetBIOS 名称。如果在配置过程中此处随意输入通用名称，会导致客户端在访问 Web 服务器时被提醒证书名称与主机名不一致的错误提醒。

⑤ 单击“下一步”按钮，系统弹出“加密服务提供程序属性”对话框，如图 10-9 所示，选择合适的加密服务提供程序和位长。位长越大，安全性越强，但是会降低服务器性能。如果没有特殊需求，保持各项参数默认值即可。

⑥ 单击“下一步”按钮，弹出“文件名”对话框，输入需要生成文件的保存路径，如图 10-10 所示。由于此文件后期需要使用，需要妥善设置存放位置。单击“完成”按钮，证书申请文件创建成功。

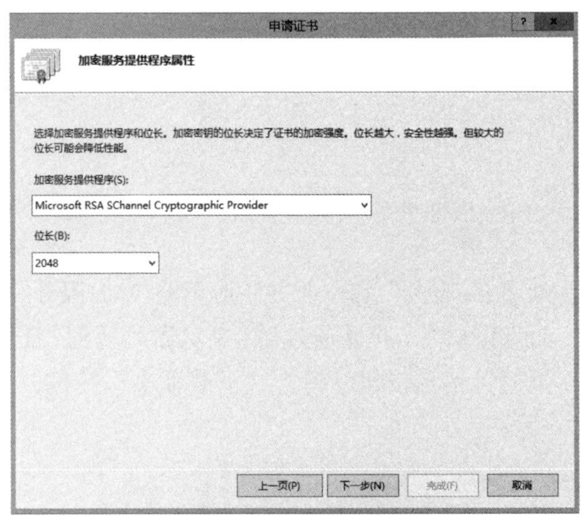

图 10-9 设置加密服务程序属性

图 10-10 设置证书申请文件名

2. **申请并安装 Web 服务器证书**

① 在 Webserver 服务器上打开浏览器，在地址栏中输入 CA 证书服务器的证书地址“https//172.16.28.26/certsrv”，在弹出的“Windows 安全”对话框中输入 Webserver 服务器的域用户账户和密码，如图 10-11 所示，单击“确定”按钮，打开“Microsoft Active Directory 证书服务”窗口，如图 10-12 所示。

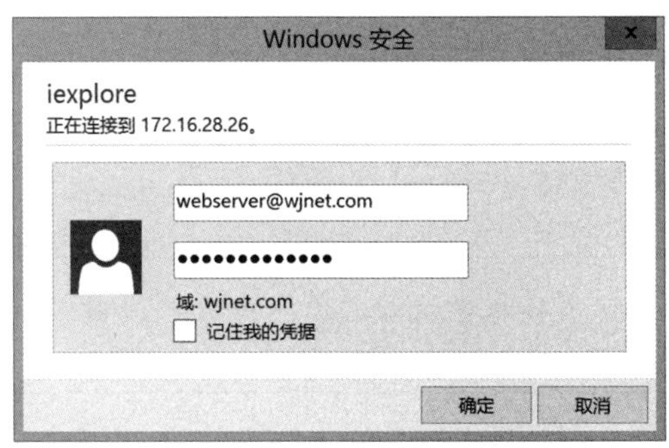

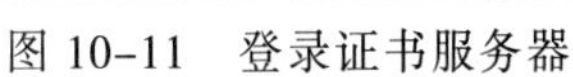
图 10-11 登录证书服务器

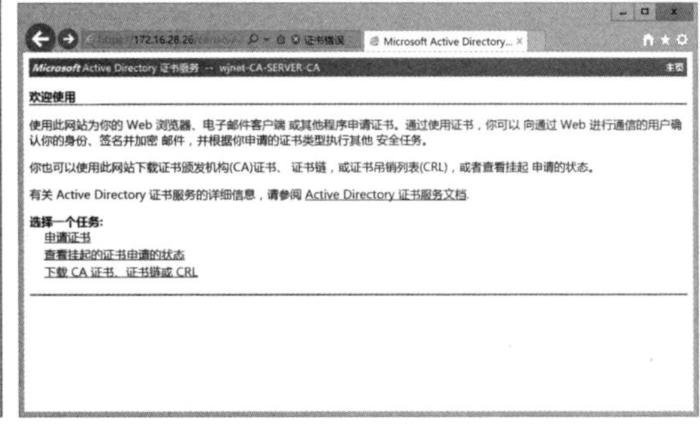

图 10-12 证书服务窗口

② 单击页面上的“申请证书”链接，弹出“申请一个证书”窗口。在接下来的两个申请证书类型界面中依次选择“高级证书申请”和“使用 base64 编码的 CMC 或 PKCS#10 文件提交一个证书申请，或使用 base64 编码的 PKCS#7 文件续订证书申请”链接，系统弹出“提交一个证书申请或续订申请”窗口。打开前面保存的证书申请文件，将文件内容全部复制到“保存的申请”文本域中，在“证书模板”下拉列表中选择“Web 服务器”选项，如图 10-13 所示。

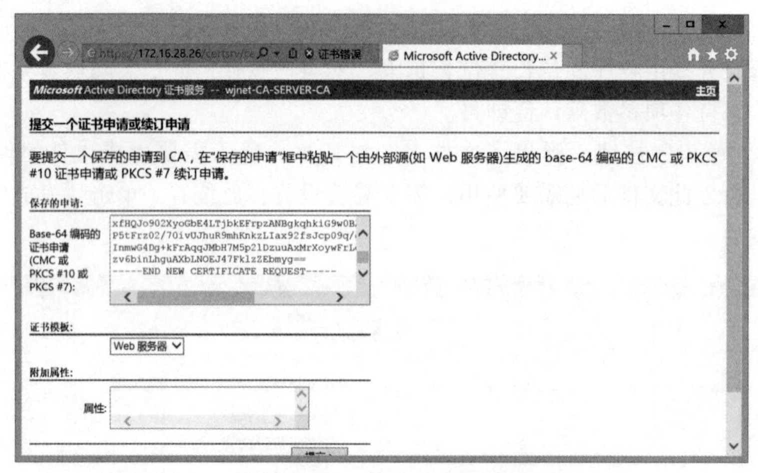

图 10-13　提交证书申请

③ 如果在配置 CA 服务器时，安装了“证书注册 Web 服务”和“证书注册策略 Web 服务”角色服务功能，CA 服务器可以自动验证 Webserver 的身份信息，验证通过后，浏览器跳转到“证书已颁发”页面。选择“DER 编码”或“Base 64 编码”单选按钮，单击“下载证书”链接，下载并保存申请的 Web 服务器证书，如图 10-14 所示。

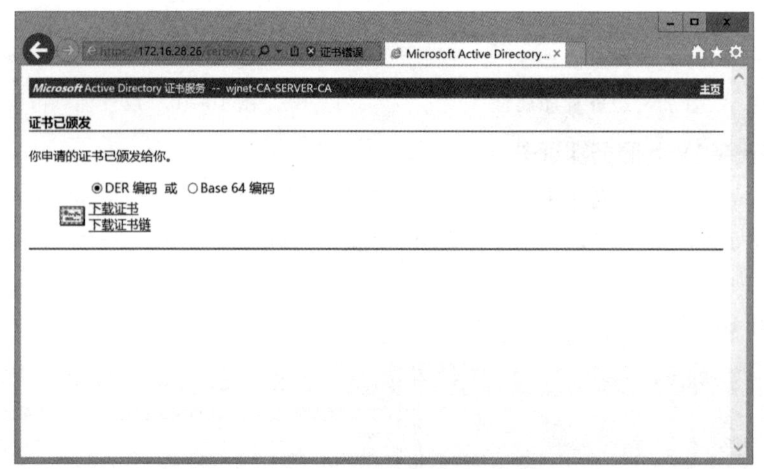

图 10-14　证书颁发窗口

注意

在 CA 服务器中首先需要设置“Web 服务器”证书模板的属性，允许域用户注册 Web 服务器证书，否则在证书模板下拉列表中将找不到“Web 服务器”选项。

④ 再次打开 Webserver 服务器的“Internet Information Services（IIS）管理器”窗口，单击左侧边栏的“WEBSRVER”服务器，在“WEBSERVER 主页”中双击“服务器证书”图标，单击窗口右侧“完成证书申请”快捷命令，如图 10-15 所示。

⑤ 在弹出的“指定证书颁发机构响应”对话框中选择并填入前面下载的证书文件，设置好一个便于记忆的名称，并配置好证书的保存位置，如图 10-16 所示。

⑥ 单击“确定”按钮，完成 Web 服务器证书的安装。证书安装后，打开 IIS 管理器，点

击左边“连接”列表中“WEBSERVER”服务器，在“服务器证书”窗口中会列出刚刚安装的 Web 服务器证书，如图 10-17 所示。

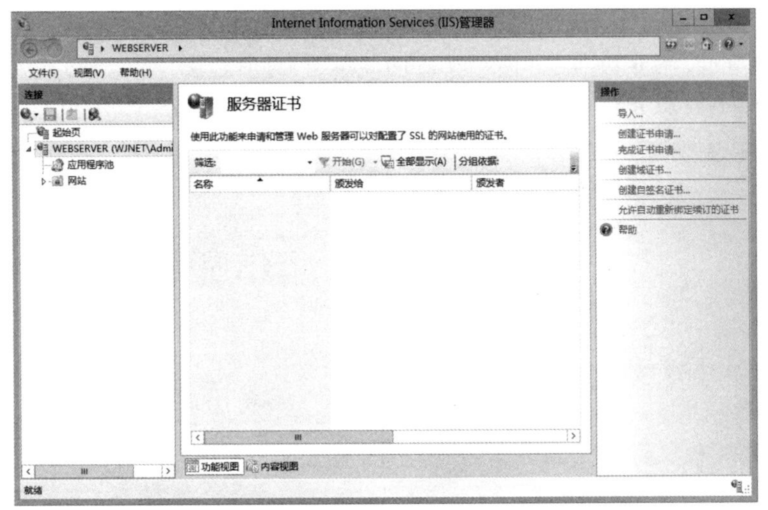

图 10-15　Webserver 服务器证书

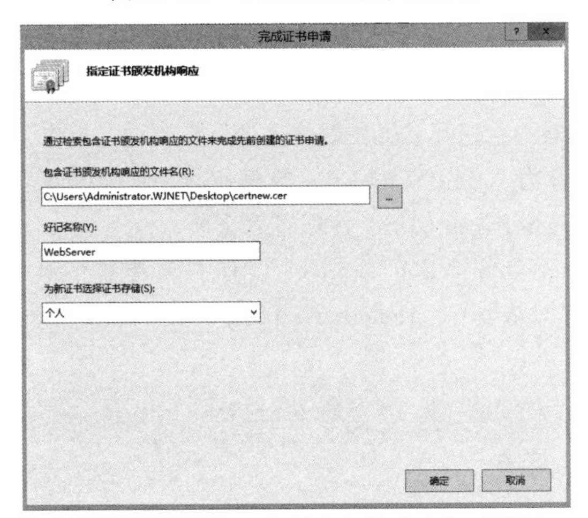

图 10-16　“指定证书颁发机构响应”对话框

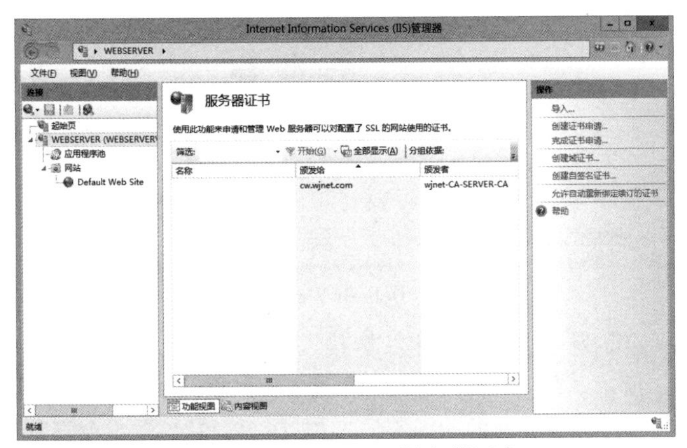

图 10-17　Webserver 服务器证书

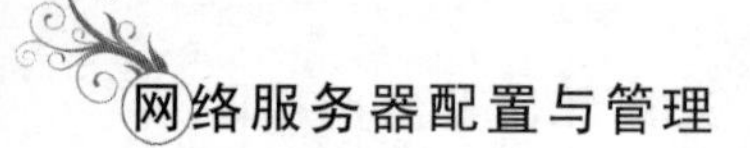

3. 为 Web 站点启用 SSL 功能

在 Webserver 服务器中安装了服务器证书以后，客户端用户现在还无法通过浏览器直接访问 HTTPS 站点。当前情况下用户使用客户端浏览器访问“http://cw.wjnet.com”网址时可以打开页面如图 10-18 所示，但是访问“https://cw.wjnet.com”网址时，显示无法显示此页，如图 10-19 所示，说明 Webserver 服务器的 HTTP 站点是正常的，而 HTTPS 站点无法访问。

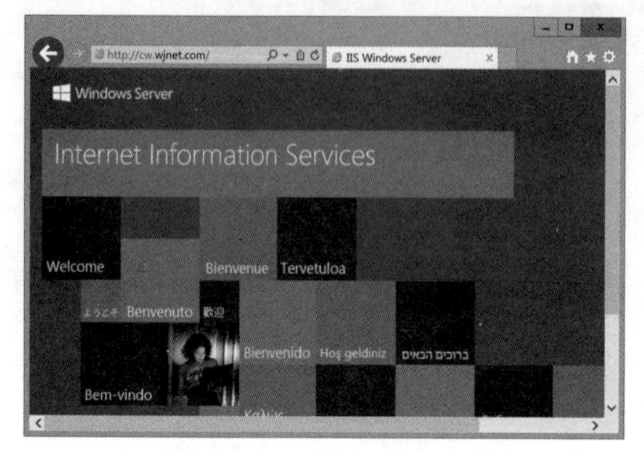

图 10-18　访问 HTTP 站点

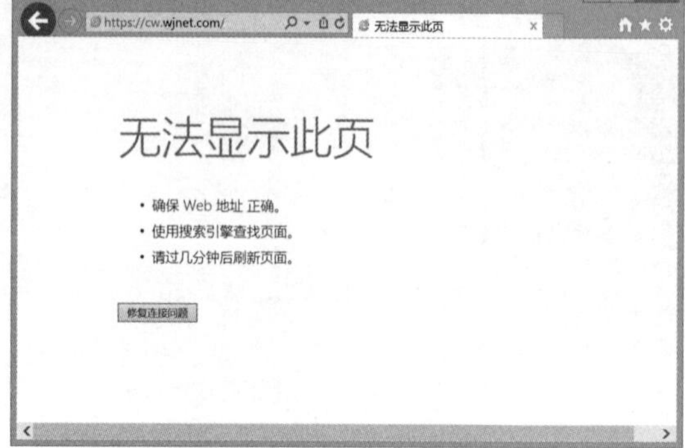

图 10-19　访问 HTTPS 站点

当前情况下，需要在 Webserver 服务器上完成 HTTPS 站点的绑定操作，才能启用站点的 SSL 功能，操作过程如下：

① 在 Webserver 服务器中，打开“服务器管理器”控制台，单击“IIS”导航按钮，在服务器列表中，选择服务器名称为“WEBSERVER”的服务器，右击该服务器，在弹出的快捷菜单中选择“Internet Information Services（IIS）管理器”选项。

② 在弹出的“Internet Information Services（IIS）管理器”窗口中，单击左侧边栏的“WEBSRVER”服务器→“网站”→“Default Web Site”，打开“Default Web Site 主页”设置，如图 10-20 所示。

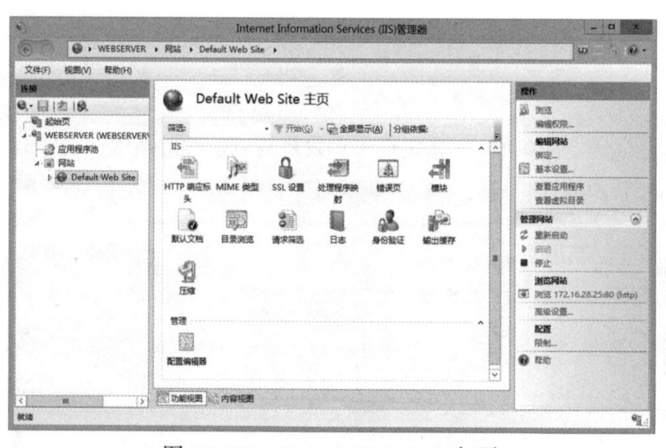

图 10-20　Default Web Site 主页

③ 单击右侧“操作”列表中的“绑定”链接，在弹出的“网站绑定”对话框中单击“添加”按钮，如图 10-21 所示。在“编辑网站绑定”对话框中的“类型”下拉列表中选择“https”，“IP 地址”中输入 Webserver 服务器的 IP 地址“172.16.28.25”，端口保持默认的 443 端口，单击“SSL 证书”选项的“选择”按钮，选中颁发给“cw.wjnet.com”的证书，如图 10-22 所示。

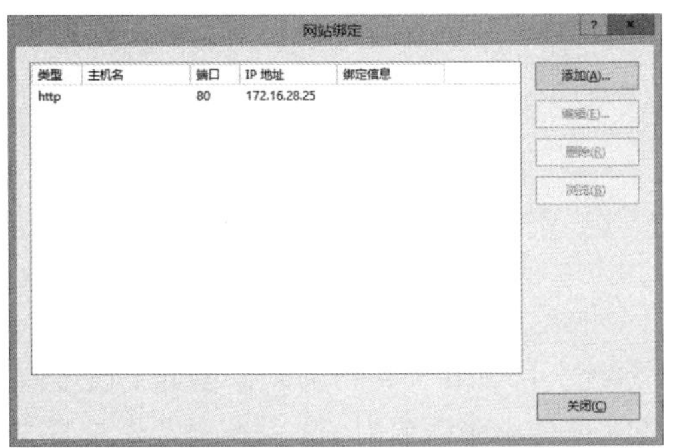

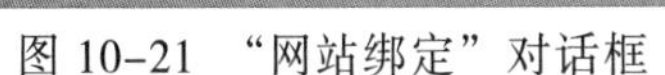
图 10-21 “网站绑定”对话框

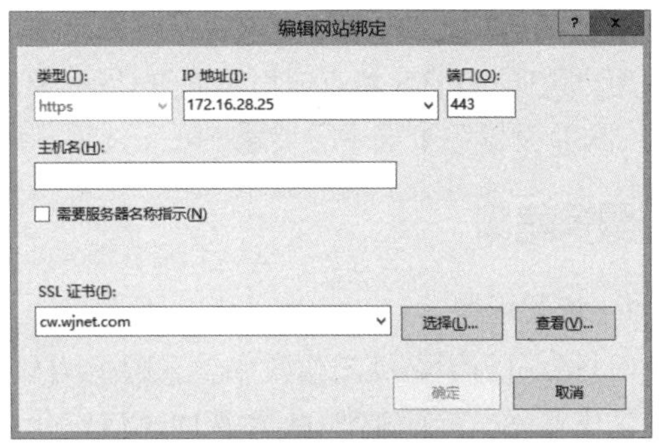

图 10-22 “编辑网站绑定”对话框

④ 单击“确定”按钮，网站绑定设置完成，如图 10-23 所示。

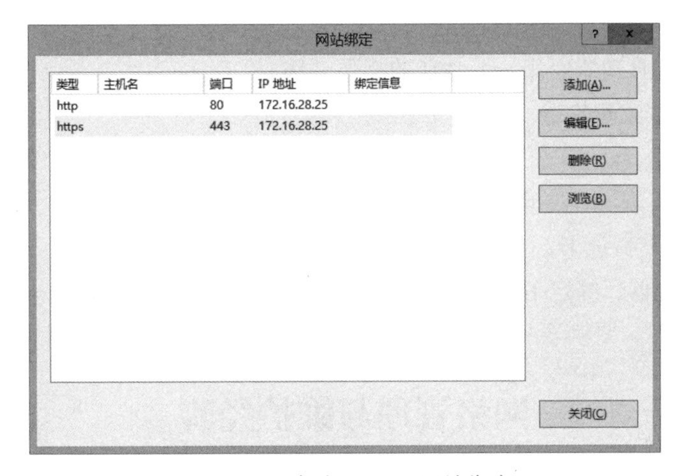

图 10-23 完成 HTTPS 网站绑定

⑤ 客户端用户在浏览器地址栏中再次输入“https://cw.wjnet.com”，可以正常打开网页，单击地址栏里的小锁标记，可以看到当前网站的标识，如图 10-24 所示，提示用户本次与服务器的连接是加密的。

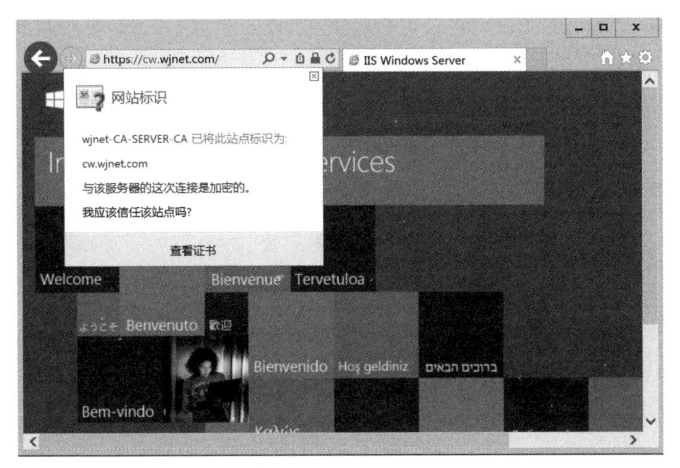

图 10-24 访问 HTTPS 站点

为 Web 站点启用 SSL 功能后，网站的 HTTP 和 HTTPS 站点都可以被访问，如果管理员只允许用户访问 HTTPS 站点，而不允许访问 HTTP 站点的话，可以在“Default Web Site 主页”窗口的“SSL 设置”中选中“要求 SSL”选项。

课堂练习

1. 练习场景

网坚公司为了提高工作效率，采购了 OA 办公系统，部署在公司内部，方便员工通过网络办理各项事务。为了确保 OA 系统的通信安全，网络管理员小张需要对 OA 系统服务器配置 SSL 通道，启用 HTTPS 站点。

2. 练习目标

① 掌握 Web 服务器证书的申请和安装。

② 掌握使用 IIS 管理器启用 SSL 功能的操作方法。

3. 练习的具体要求与步骤

① 创建证书申请文件。

② 访问证书颁发服务器，申请 Web 服务器证书。

③ 安装 Web 服务器证书。

④ 配置 IIS 管理器，绑定 HTTPS 站点。

⑤ 配置 SSL 设置，限制客户端只允许通过 SSL 访问。

网络管理与维护经验

1. 优化 Web 服务器的性能

在实际应用中，如果使用 SSL 安全连接 Web 站点，会增大 Web 服务器 CPU 的运算负载，因为要为每一个 SSL 连接进行加密和解密，但一般不会影响太大。建议通过以下几点减轻服务器的负载：

① 仅为需要加密的页面使用 SSL，如系统的登录页面等，不要所有页面都使用 HTTPS 方式访问，特别是访问量较大的网站首页等页面。

② 尽可能不要在使用了 SSL 的页面上设计大块的图片文件和其他大文件，尽量使用简洁的文字页面。

③ 如果网站的访问量非常大，则建议另外购买 SSL 加速卡来专门负责 SSL 加解密工作，可以有效地减轻服务器负载。

2. 实现网站中部分页面使用 SSL 功能

在一些企业的网站中，一部分页面是公开的信息，需要能快速的访问；另外一部分页面是内部信息，要求较高的安全性，需启用 SSL 来保障通信的安全。具体解决方案如下：

① 公司的主站点不启用 SSL 功能。

② 在站点下建立两个虚拟目录，一个存放不使用 SSL 功能的页面，不申请安全通道；另一个存放要启用 SSL 功能的页面，申请安全通道。

练 习 题

一、填空题

1. SSL/TLS 协议位于________和________之间。

2. SSL/TLS 协议主要包含 SSL/TLS 记录协议、应用层数据传输协议、________、修改密文规约协议和________。

3. SSL 的工作分为两个阶段：__________和__________。

4. SSL 握手协议分成五个子协议：Hand Shake（握手）、__________、__________、Application Data（应用数据）和 Heartbeat（心跳）。

5. HTTP 协议以__________方式发送内容，不提供任何方式的数据加密；而 HTTPS 协议是以__________发送数据。

二、选择题

1. 关于 SSL 协议，下列说法不正确的是（　　）。

A. SSL 协议的全称为 Secure Sockets Layer

B. TLS 协议是 SSL 协议的继任者

C. SSL 协议是一种安全协议

D. SSL 协议是工作在网络层的安全协议

2. 管理员利用 Windows Server 2012 R2 的 IIS 搭建了 Web 服务器，其为默认站点设置了 HTTPS 类型的绑定，但是客户端依然可以通过“HTTP://服务器 IP 地址”访问站点，原因是（　　）。

A. 绑定的端口没有设置为 80

B. 没有在“SSL 设置”中选择“要求 SSL”

C. Web 服务器没有安装证书

D. Web 服务器处于工作组环境中

3. 下列不是 SSL 安全协议提供的功能是（　　）。

A. 数据保密　　B. 数据完整　　C. 访问控制　　D. 用户身份认证

4. HTTPS 的默认端口号为（　　）。

A. 21　　B. 80　　C. 23　　D. 443

项目11

Hyper-V 虚拟化

学习情境

随着网坚公司规模不断扩大，业务量不断攀升，各类业务系统的建设也在紧锣密鼓地开展，如人事系统、财务系统、考勤系统、协同办公系统等十几个管理信息系统都纳入了部署计划。小张作为公司的网络管理人员，需要设计业务系统的部署方案。如果采用传统的每个业务系统部署在一台物理服务器上，需要购买十几个物理服务器，对于公司的财务支出、后期管理、数据容灾和运行能耗都是不小的考验。通过多方面调研，小张决定采用虚拟化技术搭建公司的私有云平台实现业务系统的部署和管理。

本项目讲述的是利用虚拟化技术满足企业不断变化的业务需求，通过对业务系统所需的硬件资源进行虚拟化，可以控制并降低成本、节约能耗，同时改善 IT 系统的扩展性、灵活性及覆盖面。

通过使用 Windows Server 2012 的 Hyper-V 角色，企业可以简单地利用虚拟化技术充分节约成本，并将多个服务器角色作为独立虚拟机在一台物理服务器上进行整合，优化服务器的硬件投资。Hyper-V 可以在一台物理服务器上同时高效率地运行多种操作系统，如 Windows、Linux 等。

本项目基于 Windows Server 2012，在网坚公司搭建服务器虚拟化平台。本项目主要包括以下任务：

- 了解 Hyper-V 服务。
- 安装与配置 Hyper-V 服务。
- 使用 Hyper-V 创建与管理虚拟机。

任务1　了解 Hyper-V 服务

任务描述

经过多年的不断发展，服务器虚拟化已由最初的新兴技术逐步变成信息化领域成熟的 IT 运营重要组成部分。不同规模的企业都可以借助该技术满足不断变化的业务需求。通过对业务系统硬件资源进行虚拟化，企业既可以控制并降低成本，同时又可以改善可扩展性、灵活性以及 IT 系统的覆盖面。通过本次任务的学习主要掌握：

- 理解 Hyper-V 的由来。
- 理解 Hyper-V 的特点。
- 理解 Hyper-V 的系统需求。

任务分析

虚拟化是指计算元件在虚拟的基础上而不是在真实的基础上运行，是一种为了简化管理、优化资源的解决方案。服务器的虚拟化是指将服务器物理资源抽象成逻辑资源，让一台服务器变成若干台相互隔离的虚拟服务器，摆脱物理上数量与性能的界限。CPU、内存、磁盘、I/O 等硬件均变成可动态管理的“资源池”，从而提高资源的利用率，简化系统管理，实现服务器整合，改善 IT 硬件资源对业务变化的适应性。

Windows Server 2012 提供的 Hyper-V 角色可以用来实现虚拟化底层架构的部署，创建一个虚拟化的服务器环境来支持虚拟机，在一台物理计算机上运行多个操作系统。通过在单一物理服务器上运行多个虚拟服务器，不但降低了企业总支出成本，而且提高了服务器的利用率。本次任务主要包括以下知识点与技能点：

- 虚拟化技术。
- Hypervisor。
- VMBus。
- 故障转移群集。

任务实施

1. 认识 Hyper-V

Hyper-V 是微软提出的一种虚拟化技术，旨在提供高性价比的虚拟化基础设施软件，降低运营成本，提高硬件利用率，优化基础设施并提高服务器的可用性。在 x86 平台虚拟化技术中引入的虚拟化层通常称为虚拟机监控器（Virtual Machine Monitor，VMM），又称为 Hypervisor，Hyper-V 的名称正来源于此。

Hyper-V 技术可虚拟化硬件，提供在一台物理计算机上同时运行多个操作系统的环境。虚拟机监控器 Hypervisor 运行的环境，也就是真实的物理平台，称之为宿主机或主机（Host），其中运行的操作系统称为管理操作系统。而虚拟出来的平台是可单独运行其各自操作系统的虚拟机，通常称为客户机，其运行的操作系统称为客户操作系统或来宾操作系统（Guest OS）。

Hyper-V 首次出现是在 Windows Server 2008 中，作为 Windows 服务器的安装角色出现，使用 VHD 格式作为虚拟机硬盘，使用 Windows 故障转移群集功能实现 Hyper-V 高可用性，支持在群集间实施快速迁移。

Windows Server 2012 中的 Hyper-V 角色升级为 3.0 版本，在企业级应用中更具优势，在高可用性方面提供更多的解决方案，比如虚拟机复制、基于 SMB（Server Message Block）3.0 协议的共享虚拟机部署、Hyper-V 群集、虚拟机迁移等。

> **注意**
>
> 除了 Windows Server 2012 的 Hyper-V 角色，微软还推出了单独的发行版 Hyper-V Server，它是官方精简的服务器操作系统，只拥有 Hyper-V 功能，更小的系统内核决定了该版本更不容易被攻击和破坏。

Hyper-V 角色通过灵活的负载、网络以及存储，能够提供动态的数据中心与云基础架构。Hyper-V 将企业物理服务器转换为易于管理的、基于策略的资源池，提高业务系统高可用性的同时减少停机时间。动态数据中心的特点是灵活性，通过 Hyper-V 可以将任何应用程序负载安置到任何物理服务器上，并能移动或分配所需的资源。在完善的自动化环境中，CPU、内存、存储等硬件资源的分配都可以通过预先定义的策略实现。

2. 了解 Hyper-V 的特点

Hyper-V 采用微内核的架构，兼顾了安全性和性能的要求。Hyper-V 底层的 Hypervisor 运行在最高的特权级别下，微软将其称为 Ring-1，而虚拟机的 OS 内核和驱动运行在 Ring-0，应用程序运行在 Ring-3 下，如图 11-1 所示，这种架构不需要采用复杂的 BT（二进制特权指令翻译）技术，可以进一步提高安全性。

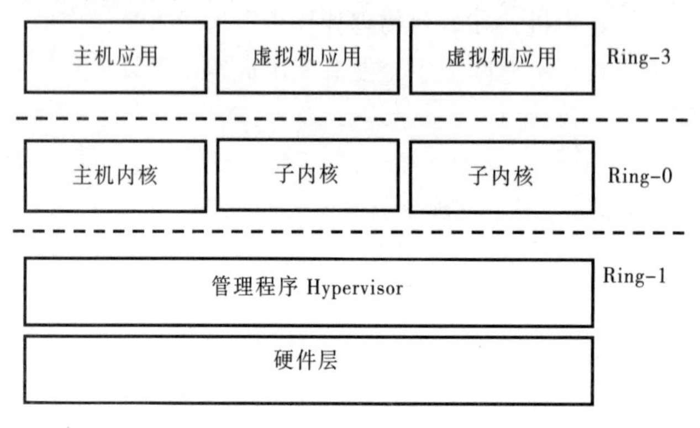

图 11-1　基于微内核的 Hyper-V 管理程序架构

Windows Server 2012 关于 Hyper-V 的新增功能非常多，主要介绍以下几点。

① 共享虚拟硬盘。虚拟磁盘使用新的 VHDX 格式，可以使多个虚拟机能够访问同一个虚拟硬盘文件，可以提供 Windows 故障转移群集使用的共享存储。

② 动态调整虚拟机硬盘大小。可以在运行虚拟机的同时调整虚拟硬盘的大小。在线虚拟硬盘大小调整只适用于已附加到 SCSI 控制器的 VHDX 文件。

③ 存储服务质量（QoS）。可以针对虚拟机中的每个虚拟磁盘，以每秒 I/O 运算次数为单位指定最大和最小 I/O 负载，确保一个虚拟硬盘的存储吞吐量不会影响同一主机中另一个虚拟硬盘的性能。

④ 增强的实时迁移。较大规模的部署中，此项改进可减少网络开销和 CPU 使用率，以及实时迁移所需的时间。支持跨版本实时迁移，可以将 Windows Server 2012 中的 Hyper-V 虚拟机迁移到 Windows Server 2012 中的 Hyper-V。

⑤ 支持第 2 代虚拟机。即提供新增功能，包括安全启动（默认情况下已启用）、从 SCSI 虚拟硬盘启动、从 SCSI 虚拟 DVD 启动、使用标准网络适配器执行 PXE 启动、UEFI 固件支持。

⑥ 增强的会话模式。与虚拟机交互时，它可以提供类似于远程桌面连接的功能。

⑦ 虚拟机自动激活。将虚拟机激活绑定到许可的虚拟化服务器，并在虚拟机启动时激活该虚拟机。也就是说，在已经激活了 Windows Server 2012 的计算机上安装虚拟机，而无须管理每一台虚拟机的产品密钥，即使在连接断开的环境中，也是如此。

⑧ 可扩展的 Hyper-V 复制。在扩展复制中，副本服务器会将有关主虚拟机上发生更改的信息转发到第三台服务器（扩展的副本服务器），以提供进一步的业务连续性保护。

⑨ 增强的 Linux 支持。包括提供增强的视频体验并改进鼠标支持、动态内存技术对 Linux 虚拟机的支持、联机 VHDX 大小调整、联机备份（例如可将运行中的 Linux 虚拟机备份到 Windows Azure）。

⑩ 增强的故障转移群集和 Hyper-V。结合使用增强的故障转移群集和 Hyper-V 功能，可以实现虚拟网络适配器保护和虚拟机存储保护，检测未由 Windows 故障转移群集管理的存储设备上的物理存储故障和虚拟机的网络连接问题。如果分配到虚拟机的物理网络发生故障（例如交换机端口或网络适配器发生故障或网络电缆连接断开等），Windows 故障转移群集会将该虚拟机移到群集中的其他结点，以恢复网络连接。

⑪ Hyper-V 网络虚拟化的新增功能。主要包括 HNV（网络虚拟化）网关、IPAM（IP 地址管理）、HNV 与 Windows NIC 组合相集成、NVGRE 封装任务卸载。

⑫ Hyper-V 虚拟交换机的新增功能。包括 Hyper-V 虚拟交换机扩展端口 ACL（访问控制列表）、网络流量的动态负载平衡、Hyper-V 网络虚拟化能够与 Hyper-V 虚拟交换机的第三方转发扩展共存、使用虚拟机接收方缩放（vRSS）缓解虚拟机的流量瓶颈，以及网络跟踪简化并可提供更多详细信息。

3. 安装 Hyper-V 的系统需求

（1）安装 Windows Server 2012 最低系统需求

Windows Server 2012 根据在互联网中提供的服务不同，其硬件需求也各不相同。如果计算机未满足“最低”要求，将无法正确安装 Windows Server 2012。实际需求因系统配置和所安装应用程序及功能不同而有所变化。

除非另有指定，否则最低系统要求适用于所有安装选项，即服务器核心、带桌面体验的服务器核心、标准版和数据中心版等。

- CPU：1.4 GHz 64 位处理器，与 x64 指令集兼容，支持硬件数据执行保护（DEP），支持二级地址转换（EPT 或 NPT）。
- 内存：Windows Server 2012 运行时所需要的最小内存为 512 MB，但是这个容量的内存无法安装操作系统，用户至少需要配置 800 MB 以上的内存才能成功安装 Windows Server 2012。如果需要安装并运行带有图形桌面的 Windows Server 2012，则最低需要配置 2 GB 内存。
- 硬盘：确保成功安装 Windows Server 2012 的容量最低值为 32 GB，此最低值能够以“服务器核心”模式安装包含 Web 服务（IIS）服务器角色的 Windows Server 2012。
- 网络适配器：至少有千兆位吞吐量，符合 PCI Express 体系结构规范的以太网适配器。建议配备支持网络调试（KDNet）和预启动执行环境（PXE）的网络适配器。

其他要求：

- DVD 驱动器（如果要从 DVD 媒体安装操作系统）。
- 基于 UEFI 2.3.1c 的系统和支持安全启动的固件。
- 支持 SVGA（1 024 × 768）或更高分辨率的图形设备和监视器。
- 键盘和鼠标（或其他兼容的指针设备）。

（2）Hyper-V 硬件需求

Hyper-V 作为 Windows Server 2012 的一个角色和功能，正常运行需要更高的硬件要求，某些 Hyper-V 功能还需要满足其他要求。Hyper-V 的硬件需求超过 Windows Server 2012 的一般最低要求，因为虚拟化环境需要更多的计算资源。

① 常规要求。

- CPU：带有二级地址转换（SLAT）的 64 位处理器。若要安装 Hyper-V 虚拟化组件，如 Windows 虚拟机监控程序，处理器必须具有 SLAT；如果不安装 Hyper-V 管理工具、Hyper-V 管理器和 Hyper-V cmdlet，则 SLAT 不是必须满足项。
- 内存：至少 4 GB RAM 的内存，对于要同时运行的主机和所有虚拟机，则需要更大的内存。
- 硬件虚拟化：支持在 BIOS 或 UEFI 中启用硬件协助的虚拟化和硬件强制实施的数据执行保护。硬件协助的虚拟化需要在支持虚拟化选项的处理器中开启，Intel 虚拟化技术是 Intel VT，AMD 虚拟化技术是 AMD-V。硬件强制实施的数据执行保护（DEP）必须可用且已启用，Intel 处理器的 DEP 技术是 XD 位（执行禁用位），AMD 处理器的 DEP 技术是 NX 位（无执行位）。

② 特定功能的要求。如果在 Hyper-V 上启用离散设备分配和受防护的虚拟机的功能，则需要主机具备更加特殊的需求。

- 离散设备分配。处理器具有 Intel 的扩展页表（EPT）或 AMD 的嵌套页表（NPT）功能。芯片组具有中断重映射、DMA 重新映射和 PCI Express 根端口上的访问控制服务（ACS）功能。固件表向 Windows 虚拟机监控程序公开 I/O MMU。此功能默认情况下在 UEFI 或 BIOS 中处于关闭状态。硬件服务器需要包含 GPU 或非易失性内存 Express（NVMe）。
- 受防护的虚拟机。

UEFI 2.3.1 c——支持安全、标准启动。

TPM v2.0——保护平台安全资产。

I/OMMU（Intel VT）——以便虚拟机监控程序可以提供直接内存访问（DMA）保护。

课堂练习

1. 练习场景

网坚公司的网络管理员小张通过到其他公司考察私有云平台建设，希望在公司运用服务器虚拟化技术搭建网坚公司私有云平台，在提升硬件资源使用率、降低能耗的同时，为公司提供业务系统的高可用性和数据保护等服务。

2. 练习目标

① 理解 Hyper-V 的功能。

② 理解 Hyper-V 的硬件需求。

3. 练习的具体要求与步骤

描述网络管理员需要购买服务器搭建虚拟化平台时需要关注的因素，如 CPU、内存、硬盘、芯片组、引导固件等要求，尝试修改 UEFI 或 BIOS，开启安装 Hyper-V 需要的选项。

任务 2　安装与配置 Hyper-V 服务

任务描述

网坚公司购买了两台高性能的服务器，希望使用这两台服务器运用虚拟化技术搭建公司的私有云平台，将现有的十几个业务系统全部迁移到私有云平台上运行。首先需要在新购买的服务器上安装 Windows Server 2012 数据中心版，然后在两台服务器上安装 Hyper-V 角色，将两台服务器加入到公司的域中，方便管理和访问。安装配置 Hyper-V 服务的网络拓扑结构如图 11-2 所示。

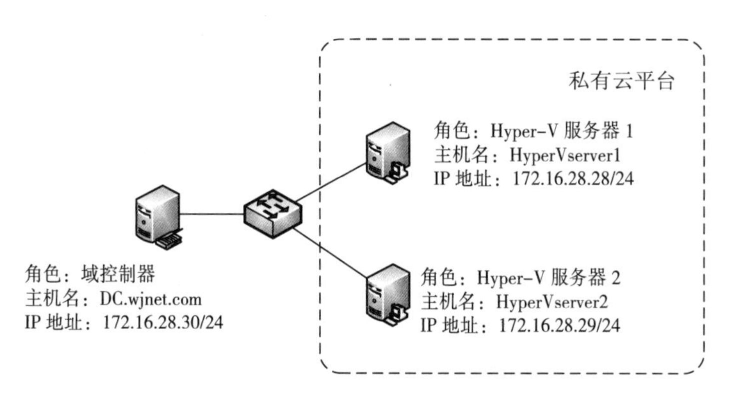

图 11-2　Hyper-V 服务网络拓扑图

要搭建企业的私有云平台，首先应该安装 Hyper-V 角色。通过本次任务的学习主要掌握：

- 安装 Hyper-V 服务的操作方法。
- 配置 Hyper-V 服务的操作方法。

任务分析

Hyper-V 的定位更多偏向于服务器虚拟化，除了系统部署配置外，在正常运行的情况下，无须直接登录服务器，可通过服务器控制台连接到虚拟机上进行操作，以便为系统保留更多的资源。在服务器硬件配置足够高的情况下，可以在 Hyper-V 创建更多的虚拟服务器，用于发布和后台服务，Hyper-V 管理器就如同一台隐形的机柜，机柜中放置一组各式的服务器，日常运维期间，管理员可以利用 3389 远程桌面连接来调试服务器。

Hyper-V 具有如下优势：

① 节约 IT 部署总体成本。将物理服务器变成虚拟服务器，减少物理服务器的数量，同时占用空间和能耗也都变小，降低了 IT 总成本。

② 提高基础架构的利用率。通过将基础架构进行资源池化，打破应用一台物理机的藩篱，大幅提升资源利用率。

③ 提高 IT 的灵活性和适应性。通过动态资源配置提高 IT 对业务的灵活适应力，支持异构操作系统的整合，支持老旧应用的持续运行，减少迁移成本。

④ 提高可用性，增长运行时间。Hyper-V 能提供物理服务器无法提供的高级功能，如实时迁移、存储迁移、容错、高可用性、分布式资源管理等，能用来保持业务延续和增长运行时间。

⑤ 提高灾难恢复能力。硬件抽象功能使得在灾难恢复时不需要同样的硬件配置环境，灾难恢复时需要的工作会少很多。

⑥ 便于隔离应用。为隔离应用，通常用一台服务器一个应用的模式。通过 Hyper-V 的应用隔离功能，只需要很少几台物理服务器就可以建立足够多的虚拟服务器来解决这个问题。

本次任务主要包括以下知识点与技能点：

- 安装 Hyper-V 服务。
- 配置和启用 Hyper-V 服务。
- 连接其他的 Hyper-V 服务器。

任务实施

1. 安装 Hyper-V 服务

在 Windows Server 2012 中默认并没有安装 Hyper-V 角色，需要单独安装才可以启用 Hyper-V 服务。安装 Hyper-V 角色通过服务器管理器来完成。

① 在 HyperVserver1 服务器中，打开“服务器管理器”控制台，如图 11-3 所示，单击“添加角色和功能”链接。

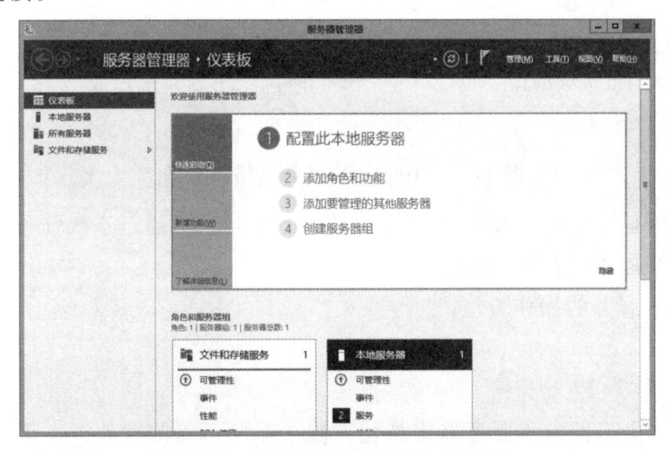

图 11-3 “服务器管理器”控制台

② 系统弹出“添加角色和功能向导”窗口，此窗口将引导用户一步步安装自己所需要的服务和功能。在“开始之前”窗口中显示了用户在进行角色安装时需要提前做好的事项。

③ 单击“下一步”按钮，系统弹出“选择安装类型”窗口，选择“基于角色或基于功能的安装”单选按钮，如图 11-4 所示。

④ 单击“下一步”按钮，系统弹出“选择目标服务器”窗口，选择“从服务器池中选择服务器”单选按钮，服务器池列表中列出了当前服务器管理器能够直接管理的服务器列表。单击名称为“HyperVserver1”的服务器，如图 11-5 所示。

⑤ 单击“下一步”按钮，系统弹出“选择服务器角色”窗口，如图 11-6 所示，当前窗口中已经安装的角色前面的复选框会被选中。选择“Hyper-V”选项，系统自动弹出“添加 Hyper-V 所需的功能”对话框，提醒用户需要安装 Hyper-V 管理工具。选中“包括管理工具(如果适用)”复选框，如图 11-7 所示，单击“添加功能”按钮，返回到“选择服务器角色”窗口，此时“Hyper-V”选项已经被选中。

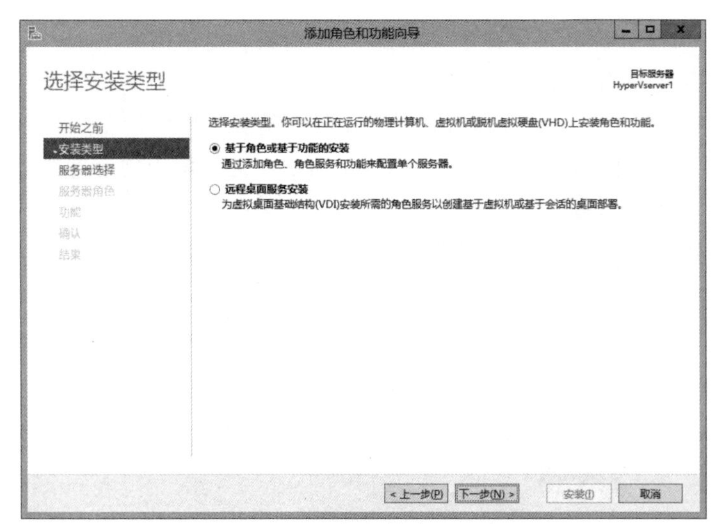

图 11-4　“选择安装类型”窗口

图 11-5　“选择目标服务器”窗口

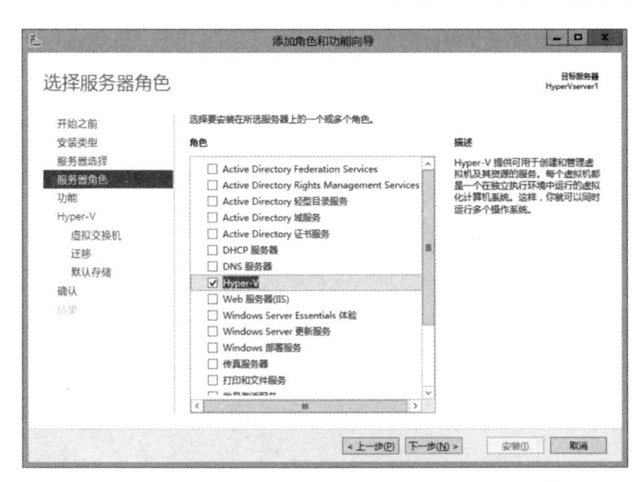

图 11-6　“选择服务器角色”窗口

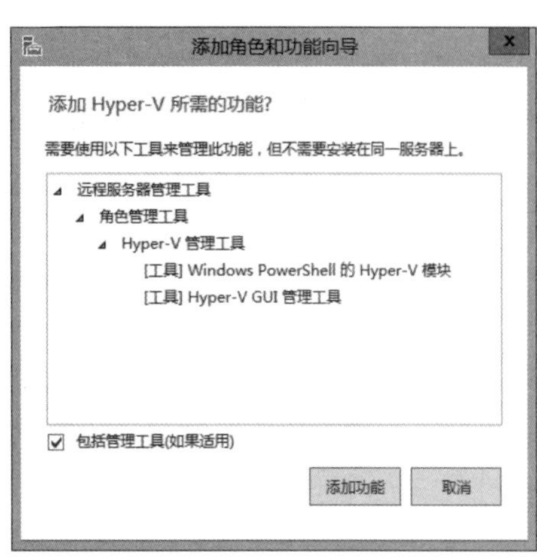

图 11-7　“添加 Hyper-V 所需的功能”对话框

⑥ 单击“下一步”按钮，系统弹出“Hyper-V”窗口，简单描述 Hyper-V 的功能以及能够带来的成效，并提醒用户需要注意的事项。

⑦ 单击“下一步”按钮，系统弹出“创建虚拟交换机”窗口，在“网络适配器”列表中列出了当前服务器所有的网络适配器，如图 11-8 所示。选择用于创建虚拟交换机的网络适配器，单击“下一步”按钮即可。

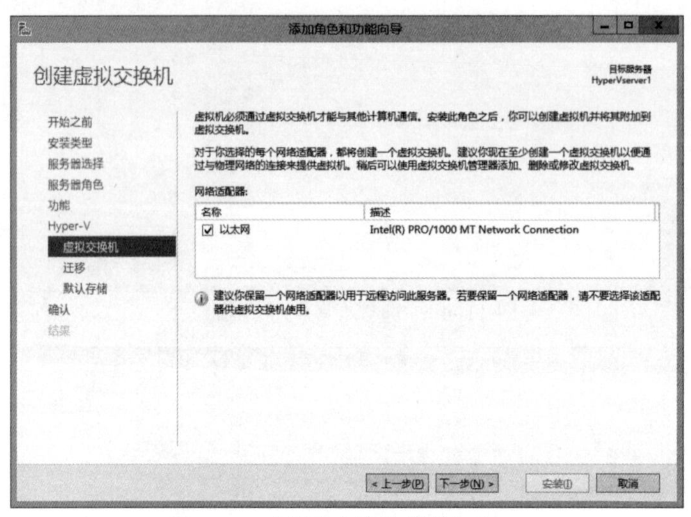

图 11-8 “创建虚拟交换机”窗口

注意

由于虚拟机需要通过虚拟交换机才能与其他计算机通信，所以至少选择一个网络适配器用于创建虚拟交换机，如果服务器只有一个网络适配器，选中即可；如果服务器有多个网络适配器，可以保留一个，用于配置远程访问，方便管理员远程维护服务器。

⑧ 在“虚拟机迁移”窗口中，选择“允许此服务器发送和接收虚拟机的实时迁移”选项，在“身份验证协议”列表中选择“使用凭据安全支持提供程序（CredSSP）”单选按钮，如图 11-9 所示。

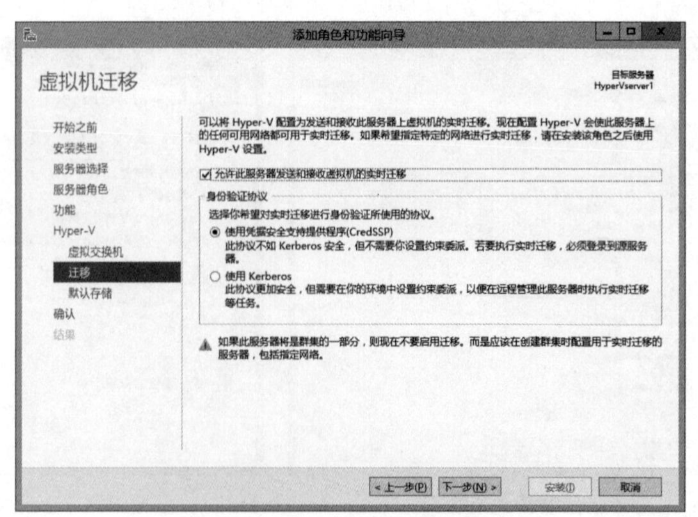

图 11-9 虚拟机迁移设置

⑨ 单击“下一步”按钮，系统弹出“默认存储”窗口，配置虚拟硬盘和虚拟机配置文件存放的默认位置，如图 11-10 所示。如果服务器的 C 盘空间比较小，可以单击“浏览”按钮选择其他分区的文件夹作为默认位置。

图 11-10　配置 Hyper-V 默认存储位置

⑩ 单击“下一步”按钮，系统弹出“确认安装所选内容”窗口，如图 11-11 所示，列出根据用户设置的选项、将要安装到服务器的工具和组件。确认无误后，选中“如果需要，自动重新启动目标服务器”复选框，单击“安装”按钮，系统将根据用户在向导中的选项，将 Hyper-V 角色和功能添加到服务器中，如图 11-12 所示。

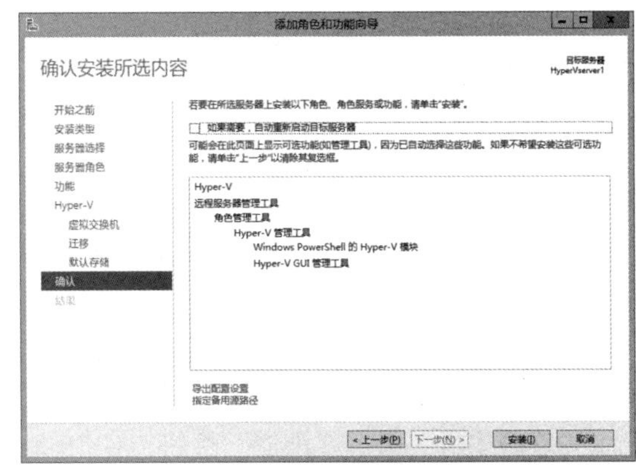

图 11-11　“确认安装所选内容”窗口

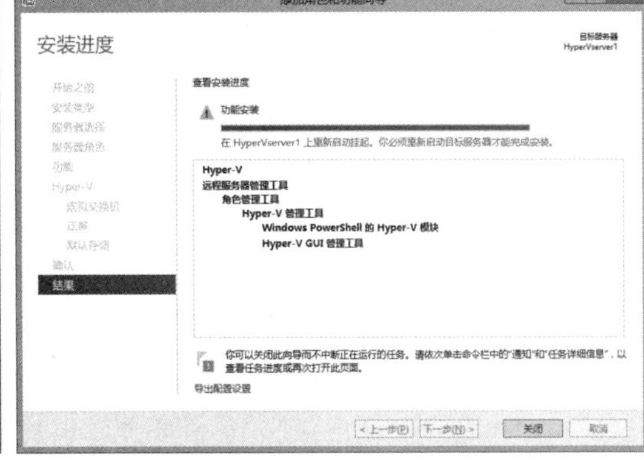

图 11-12　Hyper-V 安装进度

2. **配置并启用 Hyper-V 服务**

Hyper-V 角色安装成功后，默认情况下，Hyper-V 将服务自动启动，用户如果需要配置服务器和调整参数设置，需要启动 Hyper-V 管理器对 Hyper-V 服务器进行管理。

打开“服务器管理器”，单击左侧边栏的“Hyper-V”列表项，右击服务器名称为“HYPERVSERVER1”的服务器，在弹出的快捷菜单中选择“Hyper-V 管理器”选项。在弹出的“Hyper-V 管理器”窗口中，单击服务器列表中的“HYPERVSERVER1”服务器，在操作栏中列出了用户可以对服务器执行的所有操作，如图 11-13 所示。

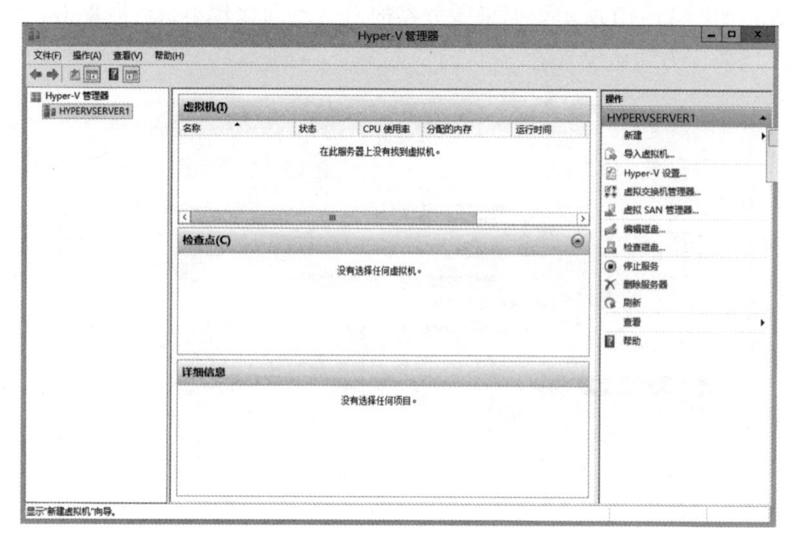

图 11-13 “Hyper-V 管理器”窗口

（1）停止和启动 Hyper-V 服务

Hyper-V 服务在服务器启动时，默认处于启动状态，如果要停止 Hyper-V 服务，需要在“Hyper-V 管理器”窗口中，选择服务器列表中名为“HYPERVSERVER1”的服务器，单击“操作”列表中的“停止服务”选项。系统弹出“停止虚拟机管理服务”警示框，提醒用户如果停止此服务，将无法管理虚拟化环境和虚拟机，单击“强行关闭”按钮，Hyper-V 服务就被停止了。

在“Hyper-V 管理器”窗口中，选择服务器列表中名为“HYPERVSERVER1”的服务器，单击“操作”列表中的“启动服务”选项，即可启动 Hyper-V 服务。

（2）设置 Hyper-V

在“Hyper-V 管理器”窗口中，选择服务器列表中名为“HYPERVSERVER1”的服务器，单击“操作”列表中的“Hyper-V 设置”选项，系统弹出“HYPERSERVER1 的 Hyper-V 设置”窗口，在这里可以配置服务器和用户的各种参数。下面以开启实时迁移为例，演示具体配置的方法。

在“HYPERSERVER1 的 Hyper-V 设置”窗口中单击“实时迁移”选项，在“实时迁移”选项下选中“启用传入和传出的实时迁移”复选框，设置并行实时迁移数量。在“传入的实时迁移”选项中选择“使用这些 IP 地址进行实时迁移”单选按钮，单击“添加”按钮，在 IP 地址文本框中输入“172.16.28.0/24”，如图 11-14 所示，单击“确定”按钮后，应用实时迁移设置。实时迁移操作只允许在同一个域下的不同 Hyper-V 服务器之间完成，所以在启用实时迁移操作时确认两台服务器都添加到同一个域控制器下。

注意

“172.16.28.0/24”是一个网段的地址，其含义是该服务器允许 172.16.28.0 这个网段的所有服务器传入的实时迁移，如果只允许某个 IP 地址传入的实时迁移操作，IP 地址可以设置成“IP 地址/32”，如 172.16.28.29/32。

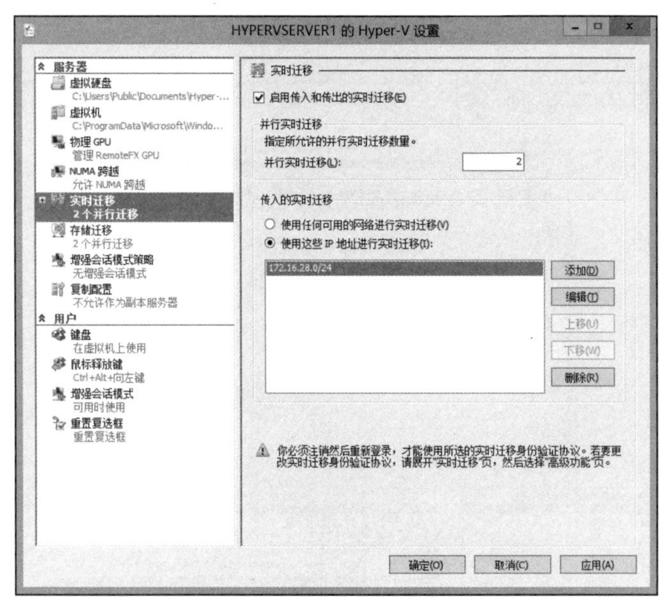

图 11-14 配置 Hyper-V 实时迁移

（3）虚拟交换机管理

在“Hyper-V 管理器”对话框中，选择服务器列表中名为“HYPERVSERVER1”的服务器，单击操作列表中的“虚拟交换机管理器”选项，系统弹出“HYPERSERVER1 的虚拟交换机管理器”对话框，在这里可以配置虚拟交换机参数和虚拟网络适配器的 MAC 地址范围。

比如，财务系统需要 3 台虚拟机，要求这 3 台虚拟机相互可以访问，但是 Hyper-V 服务器上的其他虚拟机不允许访问这 3 台虚拟机，那么管理员就可以创建内部虚拟交换机实现财务系统虚拟机之间的互联。

① 在“虚拟交换机管理器”对话框中，单击“新建虚拟网络交换机”，在“创建虚拟交换机”列表中选择“内部”，单击“创建虚拟交换机”按钮。

② 在“虚拟交换机属性”的“名称”文本框中输入“CWswitch”，连接类型设置为“内部网络”，选中“为管理操作系统启用虚拟 LAN 标识”复选框，在文本框中输入 VLAN 的 ID 号，单击“应用”按钮，即可完成虚拟交换机的新建。

3. 连接其他的 Hyper-V 服务器

Hyper-V 管理器不仅可以管理本地服务器，还可以管理网络中的其他服务器，实现在同一台服务器上管理网络中所有的安装有 Hyper-V 服务器的物理服务器，具体操作方法如下：

① 在“Hyper-V 管理器”对话框中，单击“Hyper-V 管理器”，如图 11-15 所示，在操作命令列表中单击“连接到服务器”命令项。

② 在弹出的“选择计算机”对话框中，选择“另一台计算机”单选按钮，在后面的文本框中输入要连接的服务器 IP 地址，如：172.16.28.29，如图 11-16 所示，单击“确定”按钮。

③ 系统返回到“Hyper-V 管理器”对话框，此时在 Hyper-V 管理器下的服务器列表中就多了一台名为“HyperVserver2”的服务器，如图 11-17 所示，该服务器下的虚拟机也可以通过当前的 Hyper-V 管理器进行管理。

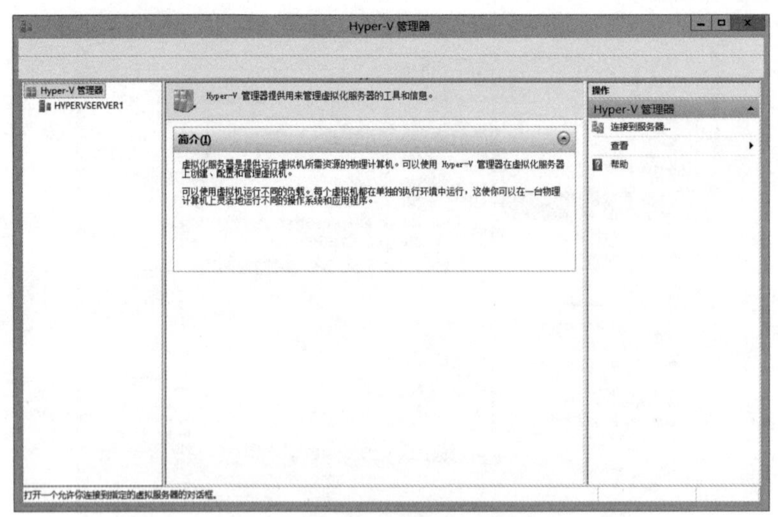

图 11-15　连接 Hyper-V 服务器

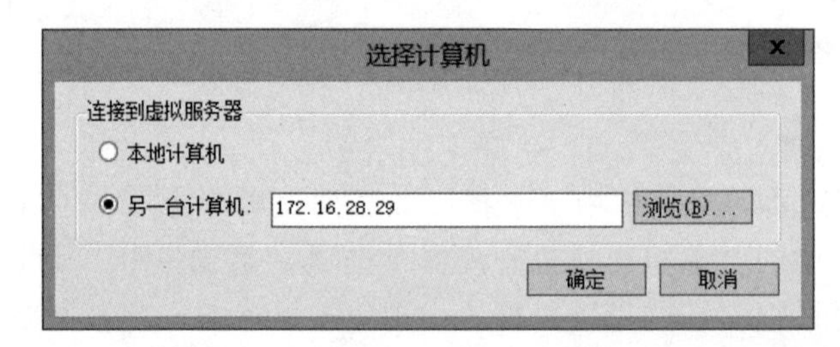

图 11-16　设置连接目标服务器

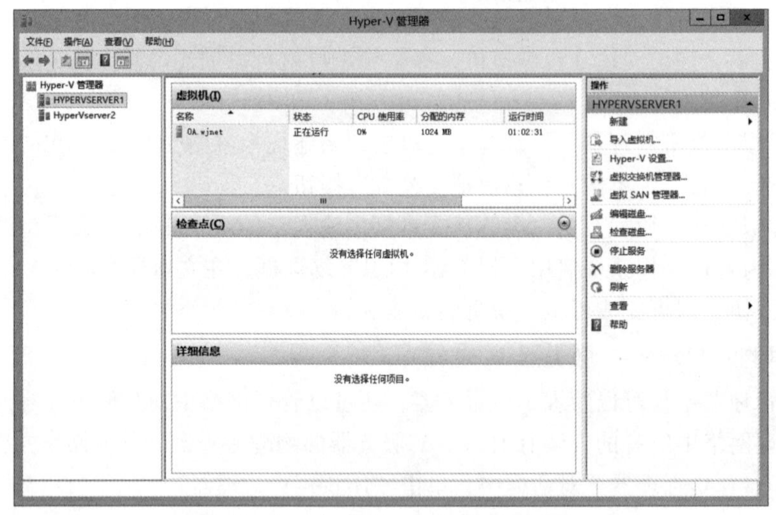

图 11-17　完成 Hyper-V 服务器连接

课堂练习

1. 练习场景

某公司新购置了五台服务器，希望通过 Hyper-V 来搭建公司的私有云平台。五台服务器中一台配置成域控制器，另外四台安装 Hyper-V 服务，用来运行虚拟机。管理员希望通过一台服务器的 Hyper-V 管理器同时管理四台 Hyper-V 服务器。

2. **练习目标**

① 掌握 Hyper-V 角色的安装。

② 掌握 Hyper-V 管理器的配置。

③ 掌握 Hyper-V 管理器连接多台服务器的操作方法。

3. **练习的具体要求与步骤**

① 安装活动目录服务。

② 提升服务器为域控制器。

③ 在域控制器中添加计算机。

④ 服务器加入到域中。

⑤ 安装 Hyper-V 角色。

⑥ 使用 Hyper-V 管理器连接服务器。

任务 3　使用 Hyper-V 创建与管理虚拟机

任务描述

网坚公司为了搭建私有云平台购买了两台高性能的服务器，目前两台服务器都已经安装 Windows Server 2012 操作系统，并添加了 Hyper-V 角色。现需要在两台高性能的服务器上创建虚拟机，配置虚拟机的运行环境，并实现两台服务器之间虚拟机的实时迁移。本次任务的网络拓扑图如图 11-18 所示。

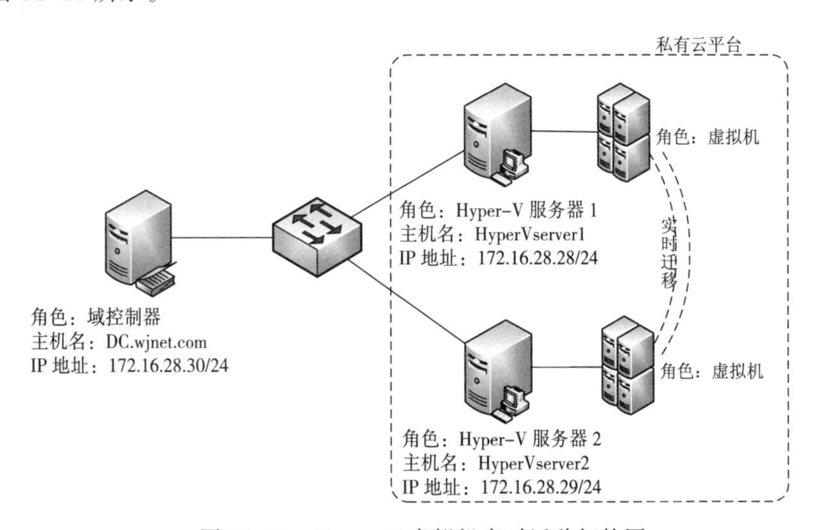

图 11-18　Hyper-V 虚拟机实时迁移拓扑图

通过本次任务的学习主要掌握：

- 使用 Hyper-V 创建虚拟机。
- 使用 Hyper-V 管理虚拟机。
- 虚拟机实时迁移。

任务分析

为了充分利用服务器用物理资源，并保持业务系统的服务能力，经常需要在不中断服务的情况下创建、管理和移动虚拟机。Hyper-V 在 Windows Server 2008 及以后的版本中支持了实时迁移技术，该技术可以将运行中的虚拟机从一台物理服务器移动到另一台物理服务器上，并且不会导致停机和服务中断。在 Windows Server 2012 中，实时迁移不再要求群集环境，也就是说虚拟机可以迁移到企业网络中的任何 Hyper-V 服务器上，并且可以同时移动多个虚拟机。

Hyper-V 除了在大部分基本环境中提供虚拟机的创建、管理和实时迁移功能外，还可以在多个相互独立的群集间执行虚拟机的实时迁移，可以跨越整个数据中心实现负载平衡。

本次任务主要包括以下知识点与技能点：

- 创建虚拟机的操作方法。
- 管理 Hyper-V 服务器上的虚拟机。
- 完成 Hyper-V 服务器之间虚拟机实时迁移。

任务实施

1. 使用 Hyper-V 创建虚拟机

Hyper-V 的主要优势是在虚拟化方面，该功能在 Windows Server 2012 中进一步扩展与增强。通过 Hyper-V 可以将多个服务器角色整合为不同的虚拟机，在一台物理服务器上运行。创建虚拟机的操作过程如下。

① 在“Hyper-V 管理器”窗口中，选择服务器列表中名为“HYPERVSERVER1”的服务器，单击“操作”列表中的“新建”选项，在弹出的操作命令中选择“虚拟机”命令，如图 11-19 所示。

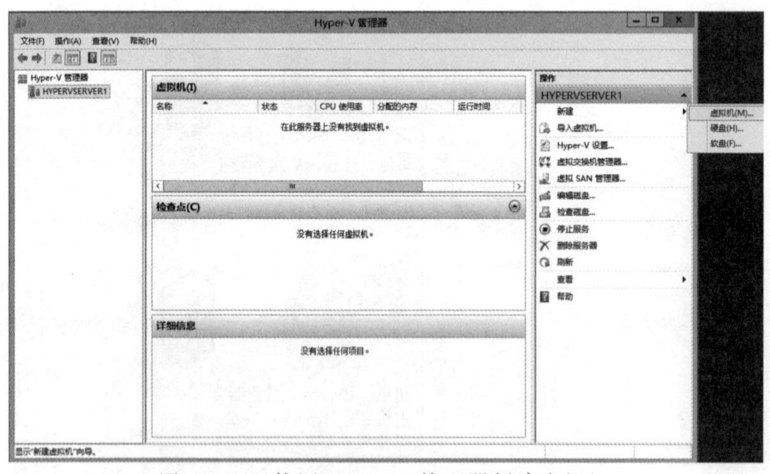

图 11-19 使用 Hyper-V 管理器创建虚拟机

② 在弹出的“创建虚拟机向导”对话框中，系统提示用户可以通过“创建使用默认值配置虚拟机”或“创建具有自定义配置的虚拟机”两种方式创建新的虚拟机。如果使用默认配置创建虚拟机，可直接单击“完成”按钮；如果自定义配置虚拟机，则单击“下一步”按钮。这里单击“下一步”按钮。

③ 在“指定名称和位置”对话框中的“名称”文本框中输入虚拟机的名称。一般情况下随着私有云平台不断深入应用，虚拟机的数量也会不断增加，提前设计虚拟机的命名规范是非常有必要的，便于后期管理。本次创建的虚拟机主要运行公司的 OA 业务，在“名称”文本框中输入“OA.wjnet”，如图 11-20 所示。

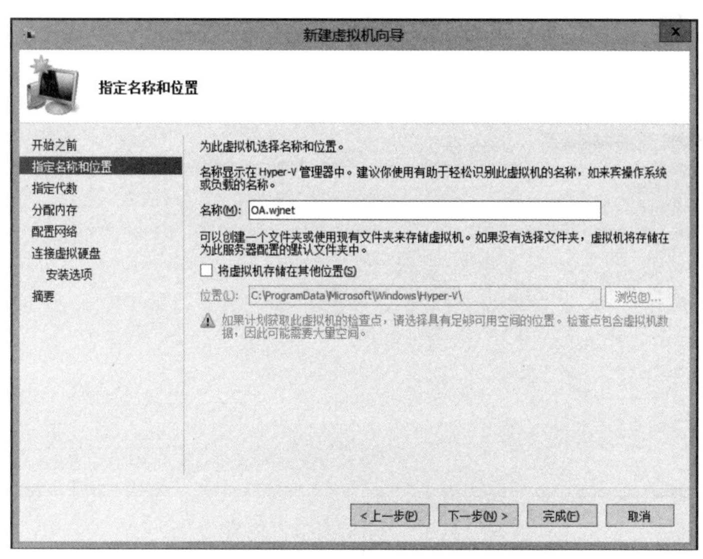

图 11-20　指定虚拟机名称和位置

④ 单击“下一步”按钮，系统弹出“指定代数”对话框，在“选择虚拟机代数”选项中选择“第一代”或“第二代”。第二代虚拟机比第一代虚拟机支持更多的功能，虚拟机代数一经选定，后期将无法修改。按照默认情况，选中“第一代”单选按钮，如图 11-21 所示。

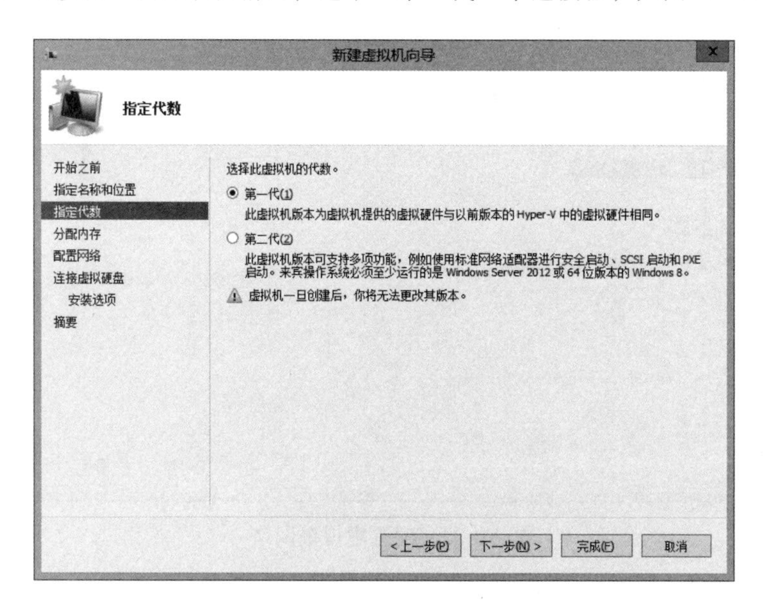

图 11-21　选择虚拟机的代数

⑤ 单击“下一步”按钮，系统弹出“分配内存”对话框，根据业务系统需要和物理服务器实际内存空间大小，合理分配虚拟机的启动内存，如图 11-22 所示。虚拟机的启动内存并不

是越大越好，分配合适的内存能够最大化提升虚拟机的效能，如果虚拟机承载的业务系统对内存需求浮动较大，可以选中“为虚拟机使用动态内存”复选框。

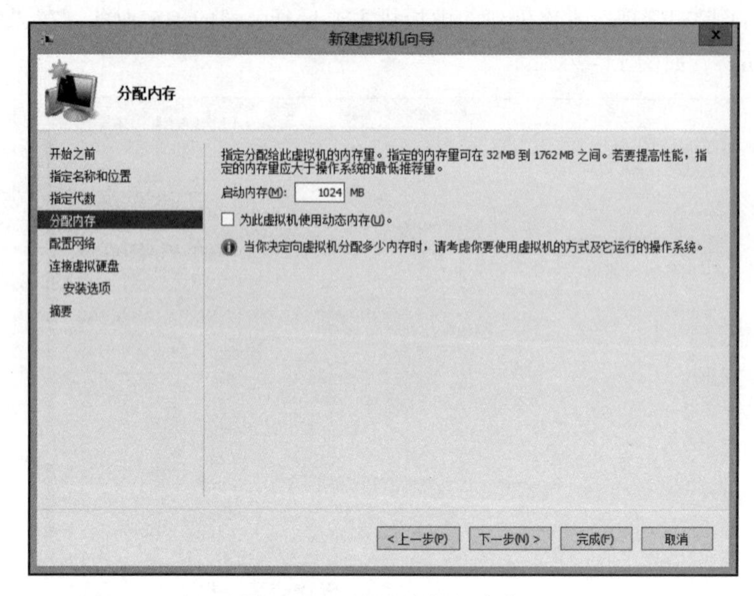

图 11-22　分配虚拟机内存

⑥ 单击“下一步”按钮，系统弹出“配置网络”对话框，在“连接”下拉列表项中选择当前新建虚拟机的网络适配器所要连接的虚拟交换机，如图 11-23 所示。

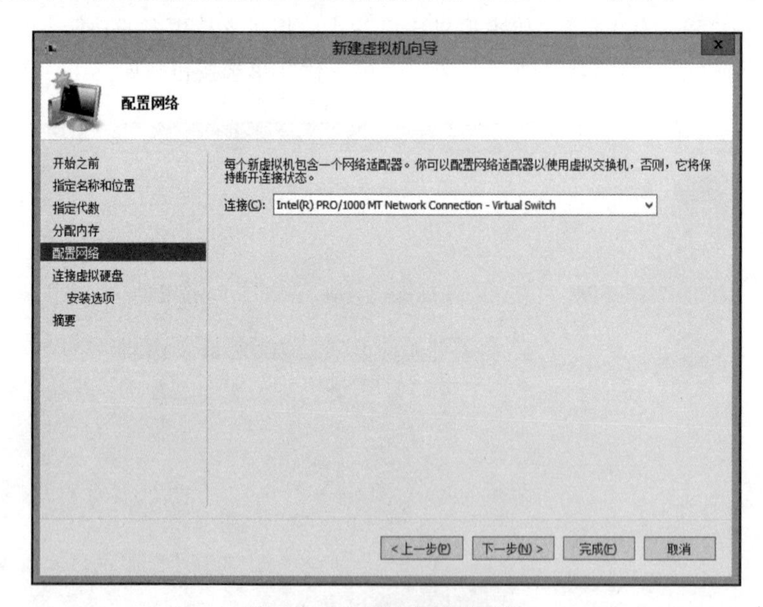

图 11-23　配置虚拟机网络

⑦ 单击“下一步”按钮，系统弹出“连接虚拟硬盘”对话框，对于在新配置的 Hyper-V 服务器上创建虚拟机，可以选择“创建虚拟硬盘”单选按钮，如图 11-24 所示，配置虚拟硬盘存放的位置和大小后，单击“下一步”按钮即可。如果 Hyper-V 服务器上已经有虚拟硬盘，选择“使用现有虚拟硬盘”单选按钮，单击“浏览”按钮，选择现有的虚拟硬盘文件即可；

如果暂时不想配置虚拟硬盘，选择“以后附加虚拟硬盘”单选按钮，跳过此步骤，待虚拟机创建完成后再附加虚拟硬盘。

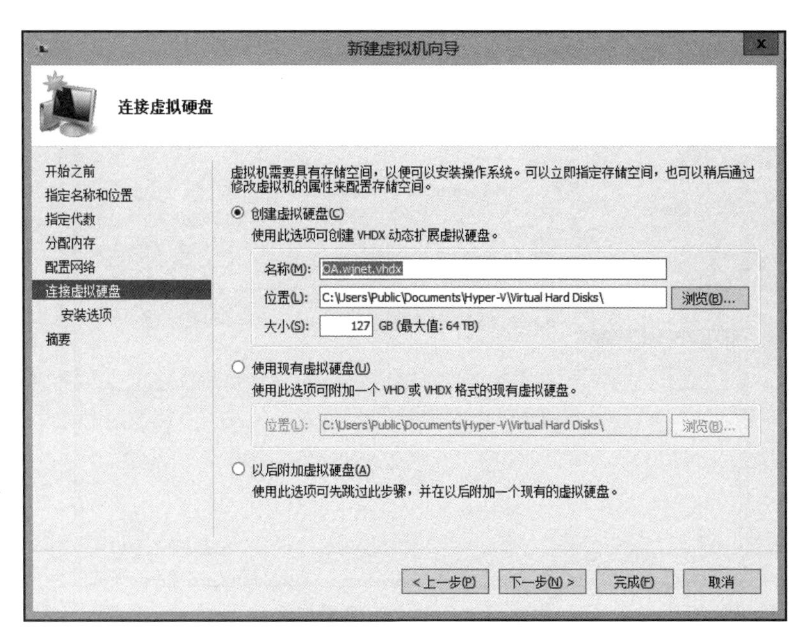

图 11-24　连接虚拟硬盘

⑧ 在“安装选项”对话框中，需要设置新建虚拟机后虚拟机安装操作系统的方式。如果 Hyper-V 服务器中已经保存有安装操作系统的映像文件，选择“从可以启动的 CD/DVD-ROM 安装操作系统”单选按钮，在“媒体”选项中选择“映像文件（.iso）单选按钮”，单击“浏览”按钮选择服务器上的映像文件，如图 11-25 所示。

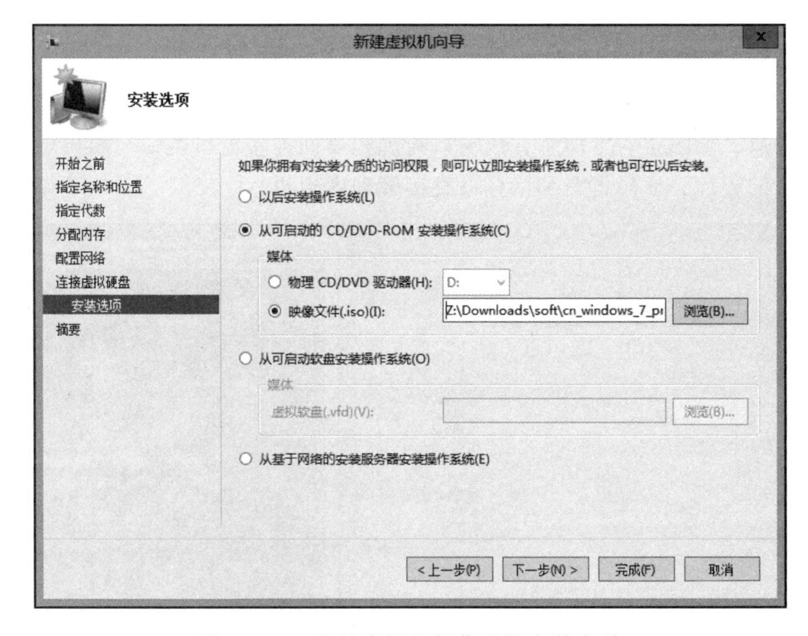

图 11-25　选择虚拟机操作系统安装介质

⑨ 单击“下一步”按钮，系统弹出“正在完成新建虚拟机向导”对话框，对话框中列出了用户对于新建虚拟机的各项设置，如图 11-26 所示。确认无误后单击“完成”按钮即可完成创建虚拟机的操作。

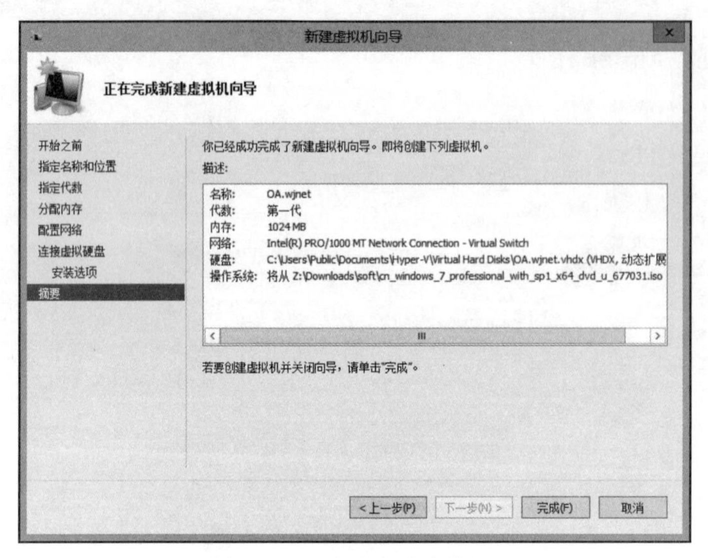

图 11-26　完成新建虚拟机

2. 使用 Hyper-V 管理虚拟机

虚拟机创建完成后，利用 Hyper-V 管理器可以对服务器上的虚拟机进行管理，使用 Hyper-V 管理器可以完成以下管理操作。

（1）连接

在“Hyper-V 管理器”窗口中，单击“Hyper-V 管理器”列表项中的“HYPERVSERVER1”服务器，在虚拟机列表中单击刚刚创建的“OA.wjnet”虚拟机，对话框右边的“操作”列表中就出现了“OA.wjnet”命令组，如图 11-27 所示。

单击“OA.wjnet”命令组的“连接”命令，系统弹出“HYPERVSERVER1 上的 OA.wjnet-虚拟机连接”窗口，如图 11-28 所示，该窗口与远程桌面连接窗口类似，用户可直接看到虚拟机目前正在执行的程序，通过键盘和鼠标可直接管理虚拟机。

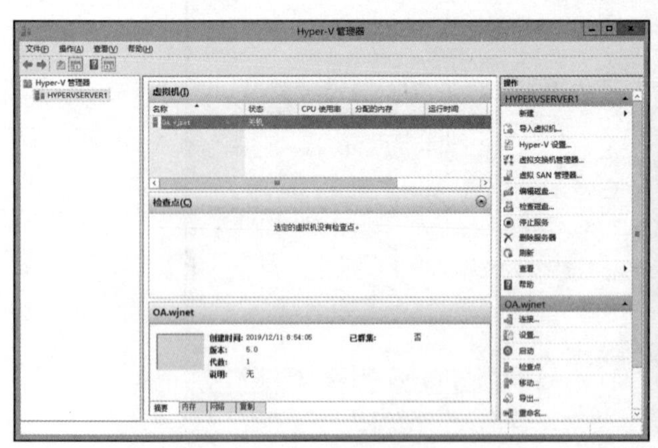

图 11-27　连接虚拟机

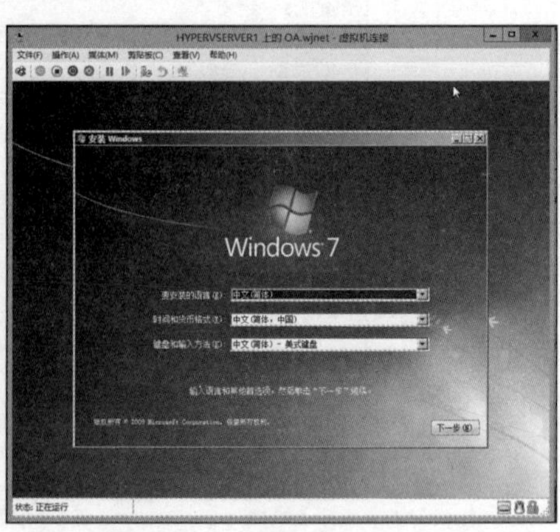

图 11-28　虚拟机连接窗口

(2)设置

通过设置命令，用户可以配置虚拟机的各类参数。单击“OA.wjnet”命令组的“设置”命令，系统弹出“HYPERVSERVER1 上 OA.wjnet 的设置”窗口，如图 11-29 所示。该窗口将用户可进行的操作分成“硬件”和“管理”两个组，通过这两个组的命令，可以对虚拟机根据实际需要完成符合要求的各类配置。

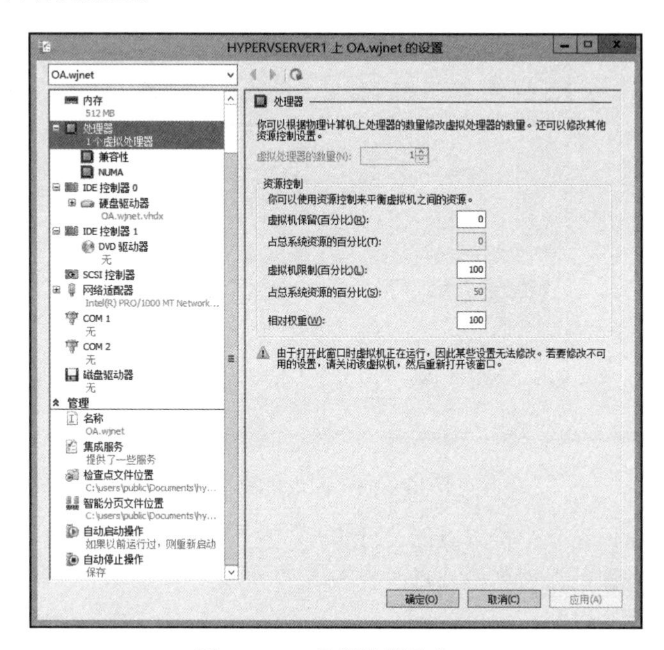

图 11-29　虚拟机设置窗口

注意

很多设置选项在虚拟机运行时是无法修改的，如果管理人员需要修改某些参数，如处理器个数、内存大小等参数，需要将虚拟机关闭，修改完成后再重新启动虚拟机。

(3)虚拟机常规操作

在“Hyper-V 管理器”窗口中，单击“Hyper-V 管理器”列表项中的“HYPERVSERVER1”服务器，选择“虚拟机”列表中名为“OA.wjnet”虚拟机，在“操作”列表中的“OA.wjnet”命令组下有关于虚拟机的常规操作命令。使用“强行关闭”命令，对处于死机或蓝屏状态的虚拟机进行强制关机操作；使用“关机”命令，对正在运行的虚拟机进行正常关机操作；使用“保存”命令，保存虚拟机当前运行状态，并关闭虚拟机；使用“启动”命令，可以启动处于关闭或休眠状态的虚拟机。

(4)创建检查点

当管理员需要在虚拟机上执行变动较大的操作时，如果直接操作，可能会出现虚拟机环境改变而无法对外提供服务，对整个企业产生影响。为了避免此类事件发生，可以利用检查点方式，将虚拟机现有的状态保存下来，如果后续的操作影响了虚拟机的正常运行，可以返回到检查点状态，使虚拟机能够快速回复正常。

在“OA.wjnet”虚拟机“操作”列表中的“OA.wjnet”命令组中，单击“检查点”命令，系统自动生成当前时间点的检查点，如图 11-30 所示。

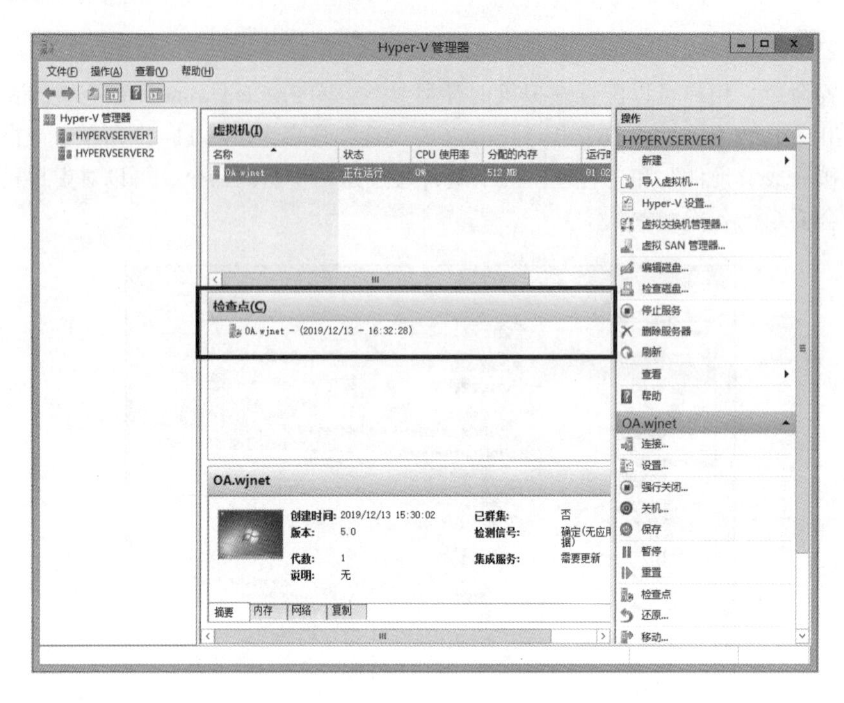

图 11-30 创建虚拟机检查点

如果虚拟机需要返回到某个检查点的运行状态，单击某个时间的检查点，选择“操作”列表中的“应用”选项，即可返回到检查点的状态。

3. **掌握虚拟机实时迁移**

早期的 Hyper-V 版本中，要想实现虚拟机在不同物理服务器间的迁移，一定要配置故障转移群集，在同一个群集内进行迁移。而配置群集不仅技术上比较复杂，还需要配置共享存储以及要求各结点有相同架构的处理器，这都为企业带来了直接的或间接的开销。Windows Server 2012 的 Hyper-V 服务在实时迁移方面增强了实施的便利性，支持虚拟机跨群集的迁移，或者无群集的迁移。

Hyper-V 实现虚拟机实时迁移需要在域环境下完成，首先在网络中部署域控制器，并将需要实现虚拟机迁移的 Hyper-V 服务器加入到域中。在域控制器上，按照以下步骤设置各 Hyper-V 服务器之间的委派权限。

① 打开域控制器所在服务器的服务器管理器，单击角色列表里的“AD DS”选项，在服务器列表中选择域控制器服务器，右击该服务器，在弹出的快捷菜单中选择“Active Directory 用户和计算机”命令。

② 在“Active Directory 用户和计算机”窗口中，选择“wjnet.com”域下的“Computers”文件夹，可以看到当前域下的所有计算机。右击“HyperVserver1”计算机，在弹出的快捷菜单中选择“属性”命令，如图 11-31 所示。

③ 在弹出的“HyperVserver1 属性”对话框中，单击“委派”选项卡，选择“仅信任此计算机来委派的指定服务”单选按钮，身份验证协议选择“仅使用 Kerberos”单选按钮，如图 11-32 所示。在“可由此账户提供委派凭据的服务”列表中，单击“添加”按钮。

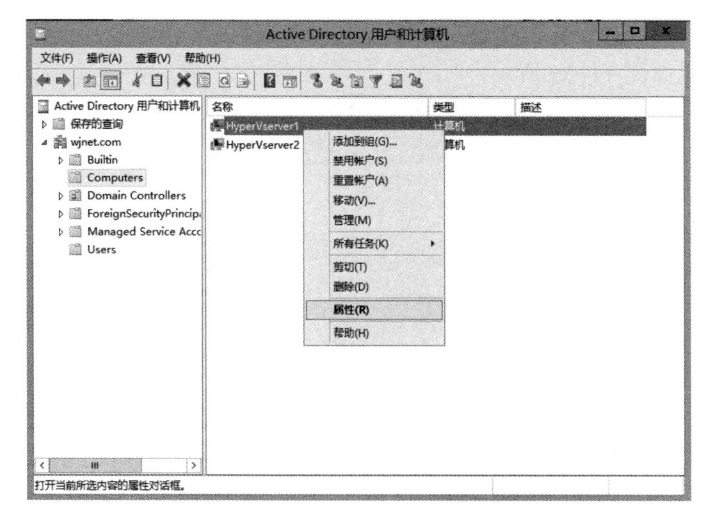

图 11-31　Active Directory 用户和计算机

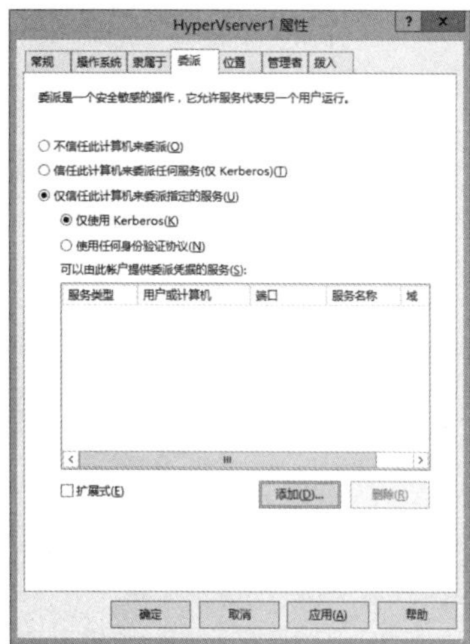

图 11-32　配置计算机委派

④ 在弹出的“添加服务”对话框中，单击“用户和计算机”按钮，输入“HyperVserver2”，单击“确定”。系统返回到“添加服务”对话框，“可用服务”列表中列出了可以委派给 HyperVserver2 的所有服务类型，选择“Microsoft Virtual Console Service”服务类型，如图 11-33 所示。单击“确定”按钮，在“HyperVserver1 属性”对话框中就把“Microsoft Virtual Console Service”服务权限委派给了“HyperVserver2”计算机，确认无误后单击“确定”即可完成委派，如图 11-34 所示。

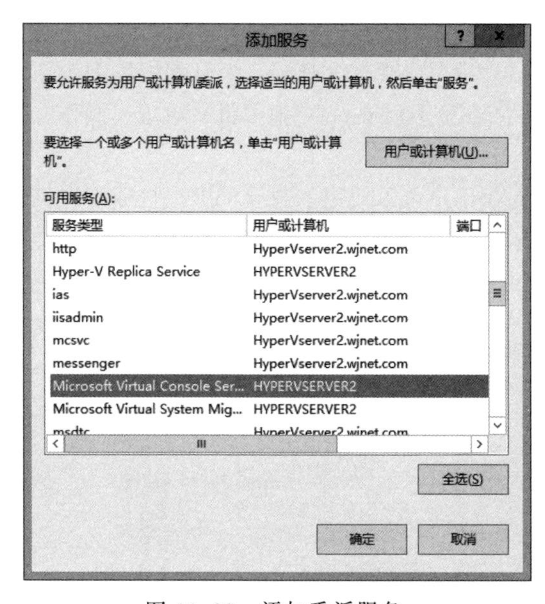

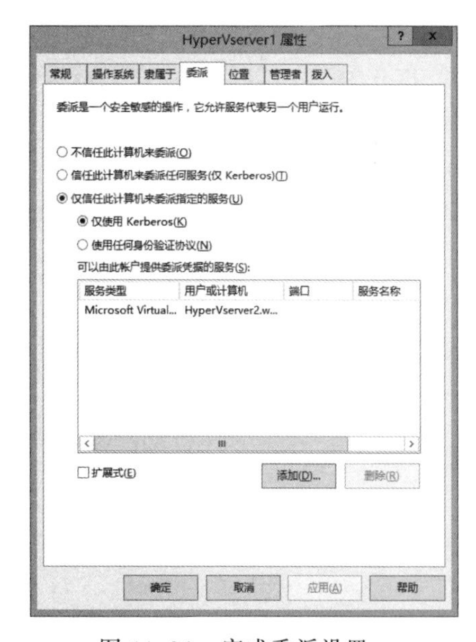

图 11-33　添加委派服务　　　　图 11-34　完成委派设置

在域控制器上按照上述操作再把“HyperVserver2”的“Microsoft Virtual Console Service”服务权限委派给“HyperVserver1”，具体操作过程就不再赘述。

⑤ 分别打开 HyperVserver1 和 HyperVserver2 的 Hvper-V 管理器，单击服务器名，选择“操作”列表中的“Hyper-V 设置”命令，选择“服务器”设置项中“实时迁移”的“高级功能”

选项，在右侧的“高级功能”标签中的“身份验证协议”选择“使用 Kerberos”单选按钮，“性能选项”选择“TCP/IP”单选按钮，如图 11-35 所示。

图 11-35　虚拟机实时迁移高级功能设置

两个服务器都设置好实时迁移的高级功能后便可以执行实时迁移操作。

⑥ 打开 HyperVserver1 的“Hyper-V 管理器”窗口，单击“Hyper-V 管理器”列表项中的“HYPERVSERVER1”服务器，选择虚拟机列表中名为“OA.wjnet”虚拟机，单击“操作”列表中“OA.wjnet”命令组的“实时迁移”命令。

⑦ 在“移动‘OA.wjnet’向导”对话框中提示用户可以使用本向导将虚拟机或虚拟机存储从一个位置移动到另一个位置，如图 11-36 所示。单击“下一步”按钮，在“选择移动类型”对话框中选择“移动虚拟机”单选按钮，如图 11-37 所示。

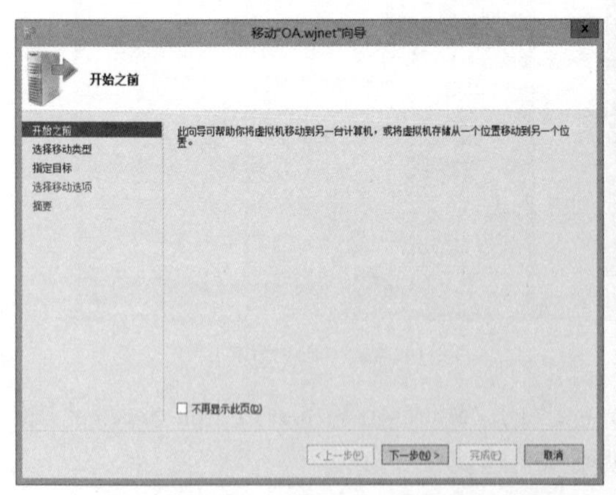

图 11-36　虚拟机移动向导

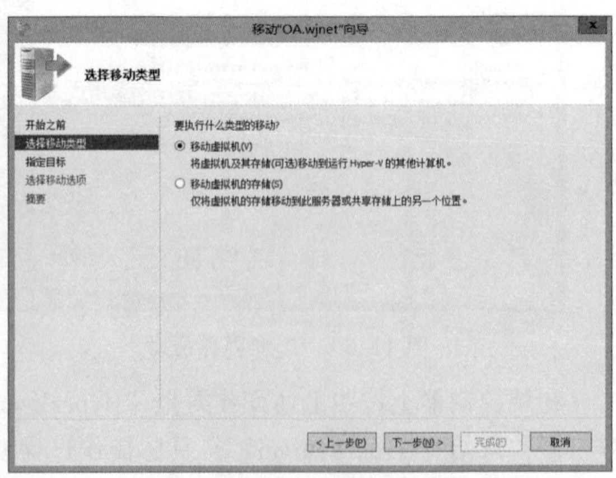

图 11-37　“选择移动类型”对话框

⑧ 单击“下一步”按钮，系统弹出“指定目标计算机”对话框，在“名称”文本框中直接输入 HyperVserver2，如图 11-38 所示。如果不知道目标计算机在域中的名称，可以单击“浏览”按钮，查找域中的计算机名称即可。

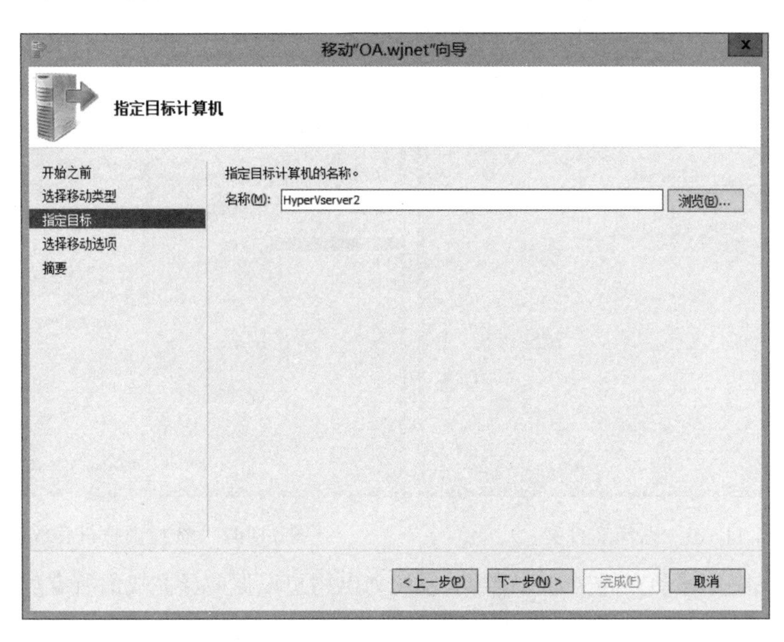

图 11-38 “指定目标计算机”对话框

⑨ 单击“下一步”按钮，系统弹出“选择移动选项”对话框，选择“将虚拟机的数据移动到一个位置”单选按钮，如图 11-39 所示。

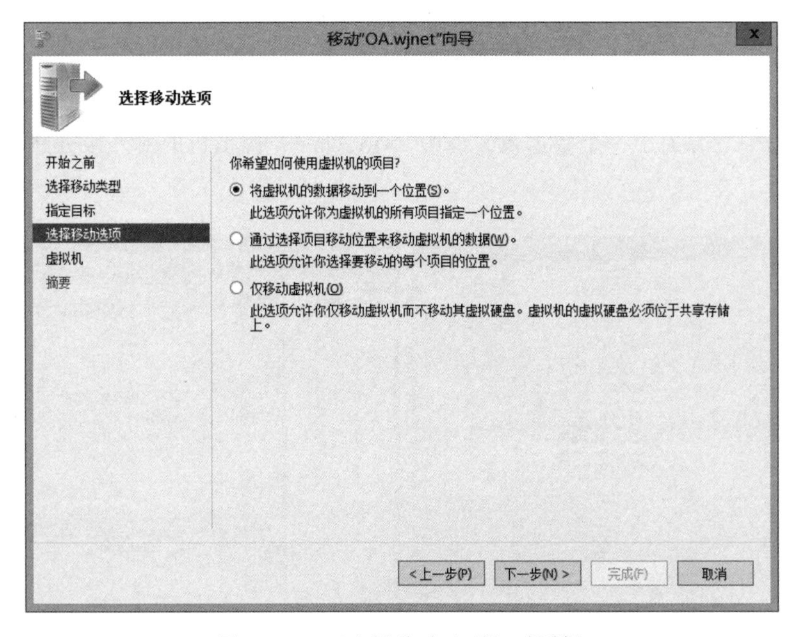

图 11-39 “选择移动选项”对话框

⑩ 单击“下一步”按钮，系统弹出“为虚拟机选择新位置”对话框，单击“目标位置”的“浏览”按钮，在弹出的“选择文件夹”对话框中打开“HyperVserver2”下的存放虚拟机的目录，单击“选择文件夹”按钮。系统返回“为虚拟机选择新位置”对话框，单击“下一步”按钮，完成目标文件夹选择，如图 11-40 和图 11-41 所示。

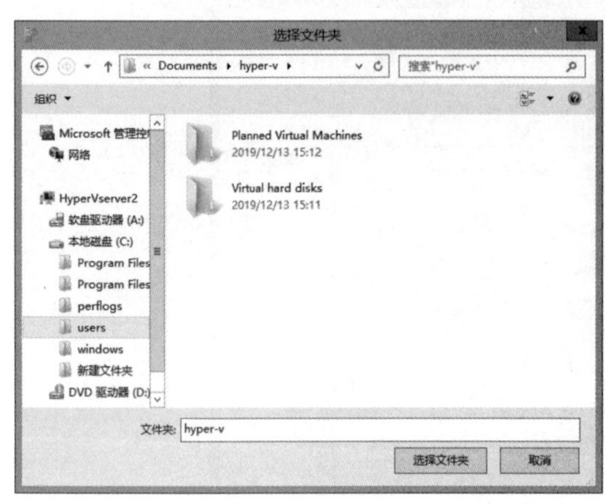

图 11-40　选择文件夹

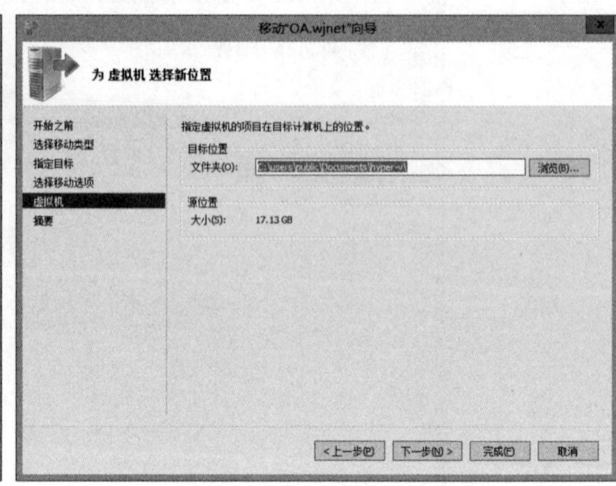

图 11-41　选择虚拟机存放位置

⑪ 在“正在完成移动向导”对话框中，系统列出用户根据向导完成的所有配置项，确认无误后单击“完成”按钮，如图 11-42 所示。Hyper-V 服务器自动将“OA.wjnet”虚拟机从“HyperVserver1”服务器通过 TCP/IP 协议移动到“HyperVserver2”服务器。

迁移完成后打开“HyperVserver1”的 Hyper-V 管理器，虚拟机列表中就没有了“OA.wjnet”，如图 11-43 所示。在“HyperVserver2”的 Hyper-V 管理器中可以看到除了原来的“CW.wjnet”虚拟机外，还多了一个“OA.wjnet”虚拟机，如图 11-44 所示，说明虚拟机迁移成功。

在虚拟机迁移时通过 ping 命令不间断 ping“OA.wjnet”虚拟机的 IP 地址，可以看到整个虚拟机迁移的过程中之丢失了一个数据包，说明“OA.wjnet”虚拟机的对外服务并没有中断，如图 11-45 所示。

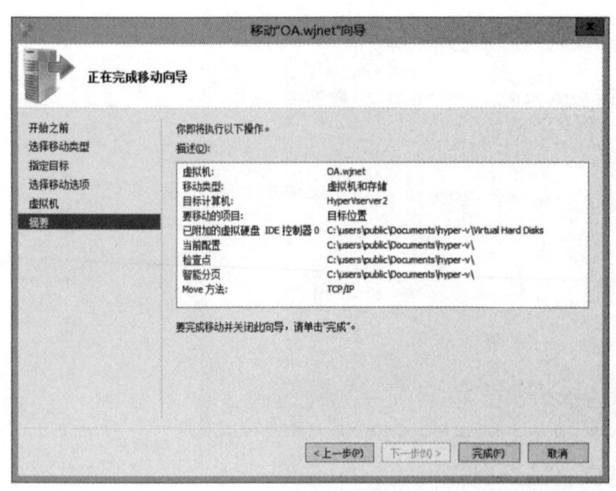

图 11-42　完成虚拟机移动向导

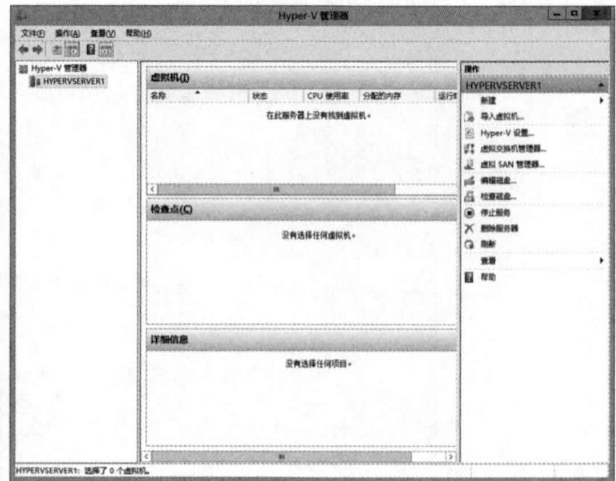

图 11-43　HyperVserver1 服务器下的虚拟机

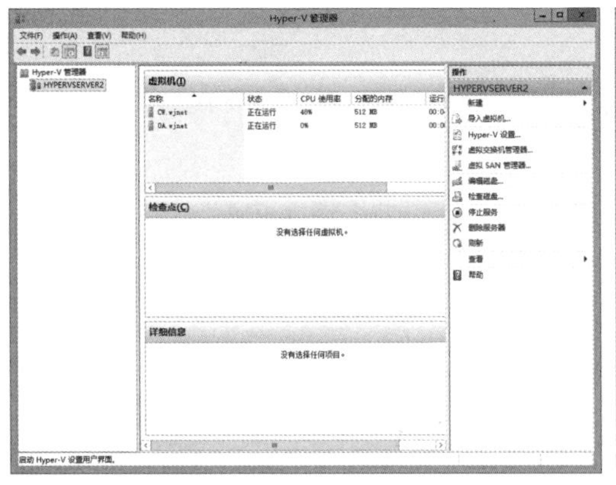

图 11-44 HyperVserver2 服务器下的虚拟机

图 11-45 虚拟机迁移过程中的数据通信

1. **练习场景**

在某企业域中有三台新购置的高性能服务器，分别安装了 Windows Server 2012 操作系统并启用了 Hyper-V 服务。为了提高企业业务系统的可用性，管理员需要在三台 Hyper-V 服务器上创建虚拟机，将业务系统部署在虚拟机中，并构建虚拟机实时迁移平台。

2. **练习目标**

① 掌握使用 Hyper-V 创建虚拟机的方法。

② 掌握虚拟机的操作和配置。

③ 掌握虚拟机实时迁移平台构建方法。

④ 掌握实时迁移虚拟机的操作。

3. **练习的具体要求与步骤**

① 使用 Hyper-V 创建虚拟机。

② 根据业务需求配置和启动虚拟机。

③ 在域控制器中设置 Hyper-V 服务器之间的委派关系。

④ 构建虚拟机实时迁移平台。

⑤ 迁移虚拟机。

拓展与提高

1. **故障转移群集**

故障转移群集是一组相互独立的计算机，通过协同工作改善群集角色的可用性与扩展性。群集中的服务器（即结点）通过物理线缆及软件连接在一起，如果一个或多个群集结点出现故障，其他结点可以自动接管故障结点的业务，继续提供服务，这一过程叫作故障转移。此外，群集的角色可以通过主动监控以验证结点是否正常工作，如果没能正常工作，则会重启动或转移到其他结点。

故障转移群集还提供了群集共享卷（CSV）功能，能为群集角色提供一致的分布式空间，供群集结点访问所有结点的共享存储。通过使用故障转移群集功能，可以把用户感受到的服务中断降到最低。

故障转移群集有多种非常实用的用法：

- 为类似 Microsoft SQL Server 等应用程序或 Hyper-V 虚拟机提供高可用或持续可用的文件共享存储。
- 为物理服务器或 Hyper-V 服务器中所运行的虚拟机提供高可用群集角色。

Windows Server 2012 支持创建包含最多 64 个结点的故障转移群集，从虚拟化的角度来看，每台 Hyper-V 服务器结点最多支持 1 024 个虚拟机，每个群集最多可同时运行 8 000 个虚拟机。

故障转移群集提供了具备高可用性的虚拟机。在非群集情况下，如果物理服务器出现故障，运行在该服务器中的虚拟机也会中断，造成破坏性关闭，并导致虚拟机停机。当出现故障的物理服务器是群集的某一结点时，剩余群集结点可通过协调将停机的虚拟机重新恢复，通过群集中的其他结点再次将其快速启动，这一过程是自动完成的，无须 IT 管理员的干预，因此可确保群集中运行的负载比独立物理服务器中运行的负载具备更高级别的可用性。

在 Windows Server 2012 中，故障转移群集可支持将虚拟机放置在文件共享中，使用 SMB 3.0 协议通过网络访问。这样管理员在部署基础架构时可获得更大程度的灵活性，并能简化部署与管理体验。

2. Active Directory 分离的群集

在 Windows Server 2012 中，可以在不依赖 Active Directory 域服务（AD DS）作为网络名的情况下部署故障转移群集，这种群集也叫作 Active Directory 分离的群集。在使用这种方式部署群集时，群集的网络名称及任何群集结点的网络名称都需要在 DNS 中注册，但在 AD DS 中不需要为群集创建计算机对象，包括群集名称对象（CNO）和虚拟计算机对象（VCO）。

通过这种部署方式，即可在不具备创建计算机对象权限的 AD DS，或无须求助 Active Directory 管理员在域控制器中更新计算机对象的情况下，直接创建故障转移群集。同时在增加或减少群集服务器时，也无须为群集管理并维护群集计算机对象。

Active Directory 分离的群集使用 Kerberos 对群集内通信进行身份验证。Windows Server 2012 群集可以不依赖 AD DS 启动，为在群集中运行虚拟化域控制器的数据中心提供更高程度的灵活性。

3. 群集感知更新

群集感知更新（CAU）是 Windows Server 2012 内建的一个重要功能，可以对群集中的所有服务器进行更新，更新过程几乎不会影响可用性，或者只产生最少量的影响。在更新过程中，CAU 用透明的方式将群集的每个结点设置为结点维护模式，将“群集角色”临时故障转移到其他结点，在给结点安装更新和其他必要的内容后，自动执行重启动操作，并让结点退出维护模式，把最初的群集角色重新转移到这个结点上，然后再对下一个结点执行更新。CAU 的工作与具体负载无关，非常适合 Hyper-V 及各种文件服务器负载。

从 Hyper-V 的角度来看，CAU 能与故障转移群集功能配合使用，将运行中的虚拟机迁移到不同物理结点，这样既可确保虚拟机中运行的重要应用程序和负载不会停机，同时物理服务器也能安装必要的更新，随时保持最新状态。

CAU 可以帮助企业促进 IT 进程的一致性。针对不同类型的故障转移群集创建更新运行配置文件，并通过文件共享集中管理，以确保整个 IT 组织内所部署的 CAU 能用一致的方式执行更新，就算群集是由其他业务员或管理员负责管理的也不受影响。

网络管理与维护经验

利用 Hyper-V 实时迁移扩容私有云平台

（1）案例分析

网坚公司的私有云平台已经运行了很长时间，第一批购买的服务器已经到了淘汰的时间，公司新购置一系列新的服务器，除了要把老服务器上的虚拟机迁移到新服务器上外，还需要在新服务器上创建故障转移群集，部署更多的对稳定性要求更高的业务系统。由于老服务器上的业务使用率比较高，公司希望能够在业务不中断的情况下将老服务器上的所有虚拟机迁移到新服务器构建的故障转移群集中。

（2）解决方案

保持现有私有云平台的正常运行，在公司域环境中，使用新购买的服务器搭建故障转移群集。由于 Windows Server 2012 的 Hyper-V 服务的实时迁移功能支持不同群集和非群集设备之间的虚拟机迁移，可以将老服务器上的虚拟机逐步迁移到新服务器群集上。所有虚拟机迁移完成后，即可淘汰下老服务器，完成私有云平台的升级和扩容。

（3）应用效果

通过实时迁移，可在业务不中断的情况下将虚拟机平稳迁移到新服务器群集中，提升虚拟机的容灾能力，提高业务系统稳定性。同时，新服务器群集性能远远高于旧服务器，可以部署更多的虚拟机，实现私有云平台的升级。

练　习　题

一、填空题

1. Windows Server 2012 中的 Hyper-V 角色在高可用性方面可以提供虚拟机复制、共享虚拟机部署、____________和____________等功能。

2. Hyper-V 提供 3 种虚拟交换机功能，分别为内部网络、________和________。

3. 在 x86 平台虚拟化技术中引入的虚拟化层通常称为虚拟机监控器，又称为________。

4. 若要安装 Hyper-V 虚拟化组件，需要在计算机中启用硬件虚拟化，Intel 的硬件虚拟化技术是________，AMD 的硬件虚拟化技术是________。

5. 在 Hyper-V 中，具有节约 IT 部署总体成本、提高基础架构的利用率、提高 IT 的灵活性和适应性、____________、____________和便于隔离应用等优势。

6. 每个 Windows Server 2012 的 Hyper-V 服务器结点最多支持________个虚拟机。

二、选择题

1. Windows Server 2012 内置了对（　　）技术的支持，直接向用户提供服务器虚拟化功能。

A. Hyper-V　　B. WINS　　C. DNS　　D. RAS

2. 在 Hyper-V 中，连接在（　　）网络中的虚拟机可以与物理机所在物理网络中其他计算机进行通信，也可以与 Internet 通信。

A. 内部　　B. 外部　　C. 专用　　D. 物理

3. Hyper-V 服务器实现虚拟机的实时迁移，必须要完成（　　）操作。

A. 启用实时迁移功能　　B. 在域控制器中设置委派权限

C. 设置实时迁移的身份验证协议　　D. 以上都是

4. 关于 Hyper-V 的叙述错误的是（　　）。

A. Hyper-V 启用虚拟化组件需要 CPU 支持硬件虚拟化

B. Hyper-V 群集需要在域环境下才能实施

C. Hyper-V 虚拟机迁移过程中可以做到业务不中断

D. 只要性能足够，一台 Hyper-V 服务器上可以运行 1 000 台虚拟机

参 考 文 献

[1] 戴有炜. Windows Server 2008 R2 Active Directory 配置指南[M]. 北京：清华大学出版社, 2011.
[2] 戴有炜. Windows Server 2012 网络管理与架站[M] . 北京：清华大学出版社, 2017.
[3] 戴有炜. Windows Server 2012 R2 Active Directory 配置指南[M]. 北京：清华大学出版社, 2014.
[4] 戴有炜. Windows Server 2012 系统配置指南[M] . 北京：清华大学出版社, 2014.
[5] 黄君羡，王碧武. Windows Server 2012 网络服务器配置与管理 [M]. 2 版.北京：电子工业出版社, 2017.
[6] 孟庆菊. 网络操作系统：windowsserver2012 R2 配置与管理[M]. 北京：航空工业出版社, 2019.
[7] 杨云，汪辉进. Windows Server 2012 网络操作系统项目教程[M]. 北京：人民邮电出版社, 2016.
[8] 陈永，米洪. 服务器安全配置与管理：Windows Server 2012 [M]. 北京：电子工业出版社, 2018.
[9] 陈景亮，钟小平，宋大勇. 网络操作系统：Windows Server 2012 R2 配置与管理[M]. 2 版. 北京：人民邮电出版社, 2017.

参 考 文 献